"十二五"普通高等教育本科国家级规划教材
普通高等教育"十一五"国家级规划教材
新工科电子设计类一流精品教材

EDA技术与VHDL设计
（第3版）

◎ 王金明　徐志军　编著

电子工业出版社
Publishing House of Electronics Industry
北京·BEIJING

内 容 简 介

本书根据电子信息类课程教学和实验基本要求，以提高学生的实践动手能力和工程设计能力为目的，对 EDA 技术和 VHDL 设计的相关知识进行系统和完整的介绍。全书以 Quartus Prime、ModelSim 软件为工具，以 VHDL-1993 和 VHDL-2008 语言标准为依据，以可综合的设计为重点，通过诸多精选设计案例，由浅入深地介绍 VHDL 工程开发的知识与技能。全书按"器件-软件-语言-案例"为主线展开，内容紧贴教学和科研实际，举例恰当丰富，富有启发性，既包含关于 EDA 技术、FPGA/CPLD 器件和 VHDL 硬件描述语言的系统介绍，又有丰富的设计应用实例。设计案例经过优选，具有典型性和趣味性，并全部基于口袋实验板进行验证。

本书共 12 章，主要内容包括：EDA 技术概述、FPGA/CPLD 器件、FPGA/CPLD 的结构与配置、原理图与基于 IP 核的设计、VHDL 设计初步、VHDL 结构与要素、VHDL 基本语句、VHDL 设计进阶、VHDL 有限状态机设计、VHDL 驱动常用 IO 外设、Test Bench 仿真与时序分析、VHDL 设计实例等，配套教学课件、程序代码、课程教学计划等教学资源。

本书可作为高等学校电子、通信、雷达、计算机应用、工业自动化、仪器仪表、信号与信息处理等专业本科生或研究生的 EDA 技术或数字系统设计课程的教材和实验指导书，也可供从事电路设计和系统开发的工程技术人员阅读参考。

未经许可，不得以任何方式复制或抄袭本书之部分或全部内容。
版权所有，侵权必究。

图书在版编目（CIP）数据

EDA 技术与 VHDL 设计 / 王金明，徐志军编著．—3 版．—北京：电子工业出版社，2022.10

ISBN 978-7-121-43791-5

Ⅰ．①E… Ⅱ．①王… ②徐… Ⅲ．①电子电路—电路设计—计算机辅助设计—高等学校—教材 ②VHDL 语言—程序设计—高等学校—教材 Ⅳ．①TN702 ②TP312

中国版本图书馆 CIP 数据核字（2022）第 177232 号

责任编辑：李宏日
印　　刷：北京捷迅佳彩印刷有限公司
装　　订：北京捷迅佳彩印刷有限公司
出版发行：电子工业出版社
　　　　　北京市海淀区万寿路 173 信箱　邮编　100036
开　　本：787×1 092　1/16　印张：20.75　字数：614 千字
版　　次：2007 年 9 月第 1 版
　　　　　2022 年 10 月第 3 版
印　　次：2025 年 1 月第 4 次印刷
定　　价：69.90 元

凡所购买电子工业出版社图书有缺损问题，请向购买书店调换。若书店售缺，请与本社发行部联系，联系及邮购电话：(010) 88254888，88258888。

质量投诉请发邮件至 zlts@phei.com.cn，盗版侵权举报请发邮件至 dbqq@phei.com.cn。
本书咨询联系方式：(010) 88254535，wyj@phei.com.cn。

前　　言

　　本书在前面两版的基础上做了认真细致的梳理和修订，订正了硬件描述语言语法的一些疏漏，根据 VHDL 语言的最新发展补充完善了相关内容；设计工具 Quartus Prime 和 ModelSim 也替换为较新的版本；对 FPGA 器件的结构和发展进行了重新梳理；所有例程重新改写，使之更规范，案例均经过下载和验证，这些案例也可移植到其他实验板或"口袋"板上，市面上多数实验板及"口袋"板的资源基本都能够满足这些案例下载的需要。

　　本书是"十二五"普通高等教育本科国家级规划教材和普通高等教育"十一五"国家级规划教材。本书的定位是作为 EDA 技术、FPGA 开发和 VHDL 数字逻辑设计方面的教材，在过去的二十多年里，EDA 技术课程已成为高等学校电子信息类专业一门重要的专业基础课程，在教学、科研和大学生电子设计竞赛等活动中起着重要作用。随着教学方法的不断改革，新教育理念的提出，对 EDA 课程教学的要求也不断提高，必须对教学内容不断更新和优化，与时俱进，以便与高等教育教学的快速发展相适应。

　　当前国内高校的 EDA 技术课程的教学与实践呈现出如下特点：首先，很多相关课程的教学均或多或少地融入了 EDA 技术，比如数字逻辑电路、计算机组成原理、计算机接口技术、数字通信技术、嵌入式系统设计等课程。这些课程的教学和实践，均不同程度地使用了 EDA 及 FPGA 设计技术，因此本课程成为上述课程的基础，怎样打牢基础以及如何与上述课程在教学内容上进行区分和衔接成为相关教师需要思考的问题。其次，开放式、自主式学习越来越成为 EDA 技术课程教学的主流。EDA 技术课程教学的资源越来越丰富，网络上相关的慕课和教学视频很多，学生的学习不仅限于在课堂上，慕课（MOOC）、微课（Microlecture）等形式也越来越多地应用于 EDA 技术课程教学中。再次，EDA 技术课程是一门实践类课程，实践教学所占比重甚至超过理论教学，所以在 EDA 教学中，需重视实践教学的效果和质量。在实践教学中，基于案例的教学模式以及基于问题导向的教学方法越来越得到重视，怎样在教学和教材中体现基于案例的教学模式和基于问题导向的教学方法，值得不断探索并不断加以实践。

　　正是基于以上的认识我们对本教材进行了梳理和修订，在此过程中，按照重视基础、面向应用的原则，力图在有限的篇幅内，将 EDA 技术与 VHDL 设计相关的知识简明扼要、深入浅出地进行阐述，贴近教学实践。

　　全书共 12 章。第 1 章对 EDA 技术做了综述；第 2 章介绍 FPGA/CPLD 器件的结构与配置；第 3 章介绍典型 FPGA/CPLD 器件的结构特点和配置方式；第 4 章是 Quartus Prime 集成开发工具的使用方法；第 5 章是 VHDL 设计入门基础；第 6、7 章系统介绍 VHDL 的结构、要素、语法、语句等；第 8 章介绍 VHDL 描述的方式，并讨论了设计优化的问题；第 9 章是有关有限状态机的内容；第 10 章列举了 VHDL 控制常用 I/O 外设的案例；第 11 章是 VHDL 仿真的内容；第 12 章是一些设计实例。

　　本书的教学总学时可安排 48 学时左右，其中理论教学学时和实践教学学时均为 24 学时，具体每一章的学时安排建议如表 0-1 所示。

　　有的章节可以安排学生自学，或者结合线上实施教学，比如第 4 章、第 6 章和第 7 章的内容均适合自学或慕课教学。选用本教材的学校也可根据自己的教学计划适当调整学时安排。

表 0-1 学时建议

章	理论学时	实践学时
1	2	0
2	2	0
3	2	0
4	0	4
5	2	0
6	2	0
7	4	2
8	4	2
9	4	4
10	0	6
11	2	2
12	0	4
总　　计	24	24

本书提供配套电子课件、课程教学计划、程序代码等教学资源，请登录华信教育资源网（http://www.hxedu.com.cn）免费注册下载。

本书是编著者在二十多年的 EDA 教学经验的基础上精心编写而成的，虽经改版和修正，但由于作者水平所限，加之时间仓促，书中错误与疏漏之处在所难免，诚挚希望广大读者批评指正。

E-mail：wjm_ice@163.com

编著者

2022 年 5 月

目 录

第1章 EDA 技术概述 ·········· 1
1.1 EDA 技术及其发展历程 ·········· 1
1.2 Top-down 设计思路 ·········· 3
    1.2.1 Top-down 设计 ·········· 3
    1.2.2 Bottom-up 设计 ·········· 4
1.3 IP 核复用 ·········· 5
    1.3.1 IP 核复用技术 ·········· 5
    1.3.2 片上系统 SoC ·········· 6
1.4 EDA 设计的流程 ·········· 6
    1.4.1 设计输入 ·········· 7
    1.4.2 综合 ·········· 7
    1.4.3 布局布线 ·········· 8
    1.4.4 时序分析与时序约束 ·········· 8
    1.4.5 功能仿真与时序仿真 ·········· 8
    1.4.6 编程与配置 ·········· 9
1.5 常用的 EDA 工具软件 ·········· 9
1.6 EDA 技术的发展趋势 ·········· 12
习题 1 ·········· 13

第2章 FPGA/CPLD 器件 ·········· 14
2.1 PLD 器件概述 ·········· 14
    2.1.1 PLD 器件的发展历程 ·········· 14
    2.1.2 PLD 器件的分类 ·········· 15
2.2 PLD 的原理与结构 ·········· 16
    2.2.1 PLD 器件的结构 ·········· 17
    2.2.2 PLD 电路的表示方法 ·········· 17
2.3 低密度 PLD 的原理与结构 ·········· 18
2.4 CPLD 的原理与结构 ·········· 22
    2.4.1 宏单元结构 ·········· 22
    2.4.2 典型 CPLD 的结构 ·········· 23
2.5 FPGA 的原理与结构 ·········· 24
    2.5.1 查找表结构 ·········· 25
    2.5.2 典型 FPGA 的结构 ·········· 27
2.6 FPGA/CPLD 的编程工艺 ·········· 30
2.7 边界扫描测试技术 ·········· 33
习题 2 ·········· 35

第3章 FPGA/CPLD 的结构与配置 ·········· 36
3.1 FPGA/CPLD 器件概述 ·········· 36
3.2 MAX 10 器件结构 ·········· 38
3.3 Cyclone IV 器件结构 ·········· 42
3.4 FPGA/CPLD 的编程与配置 ·········· 43
    3.4.1 在系统可编程 ·········· 43
    3.4.2 Cyclone IV 器件的配置 ·········· 44
    3.4.3 MAX 10 器件的配置 ·········· 47
3.5 FPGA/CPLD 的发展趋势 ·········· 48
习题 3 ·········· 49

第4章 原理图与基于 IP 核的设计 ·········· 50
4.1 Quartus Prime 设计流程 ·········· 50
4.2 Quartus Prime 原理图设计 ·········· 51
    4.2.1 半加器原理图设计输入 ·········· 51
    4.2.2 1 位全加器设计输入 ·········· 55
    4.2.3 编译 ·········· 57
    4.2.4 仿真 ·········· 58
    4.2.5 下载 ·········· 62
4.3 用 IP 核设计计数器 ·········· 66
4.4 用 ROM 核设计乘法器 ·········· 71
    4.4.1 用原理图方式实现 ·········· 71
    4.4.2 用文本例化 ROM 实现 ·········· 77
4.5 SignalTap II 的使用方法 ·········· 78
4.6 Quartus Prime 的优化设置 ·········· 82
习题 4 ·········· 85

第5章 VHDL 设计初步 ·········· 88
5.1 VHDL 的历史 ·········· 88
5.2 用 VHDL 设计组合电路 ·········· 89
5.3 用 VHDL 设计时序电路 ·········· 92
5.4 实体 ·········· 94
    5.4.1 类属参数说明 ·········· 94
    5.4.2 端口说明 ·········· 96
5.5 结构体 ·········· 96
5.6 VHDL 库和程序包 ·········· 97

  5.6.1 库 97
  5.6.2 程序包 98
 5.7 配置 100
 5.8 子程序 103
  5.8.1 过程 103
  5.8.2 函数 104
  5.8.3 过程、函数的使用方法 104
 习题 5 108

第 6 章 VHDL 结构与要素 109

 6.1 标识符 109
 6.2 数据对象 109
  6.2.1 常量 110
  6.2.2 变量 110
  6.2.3 信号 111
  6.2.4 别名 111
 6.3 VHDL 数据类型 112
  6.3.1 VHDL 标准数据类型 112
  6.3.2 INTEGER 数据类型 114
  6.3.3 IEEE 预定义数据类型 115
  6.3.4 UNSIGNED、SIGNED 数据类型 115
  6.3.5 用户自定义数据类型 117
  6.3.6 数组（ARRAY） 119
 6.4 数据类型的转换与位宽转换 120
  6.4.1 数据类型的转换 120
  6.4.2 位宽转换 122
 6.5 VHDL 运算符 123
  6.5.1 逻辑运算符 123
  6.5.2 关系运算符 124
  6.5.3 算术运算符 124
  6.5.4 并置运算符 126
  6.5.5 运算符重载 127
  6.5.6 省略赋值运算符 128
 习题 6 129

第 7 章 VHDL 基本语句 130

 7.1 顺序语句 130
  7.1.1 赋值语句 130
  7.1.2 IF 语句 130
  7.1.3 CASE 语句 135

  7.1.4 LOOP 语句 138
  7.1.5 NEXT 与 EXIT 语句 141
  7.1.6 WAIT 语句 141
  7.1.7 子程序调用语句 142
  7.1.8 断言语句 143
  7.1.9 REPORT 语句 143
  7.1.10 NULL 语句 144
 7.2 并行语句 145
  7.2.1 并行信号赋值语句 145
  7.2.2 进程语句 149
  7.2.3 块语句 151
  7.2.4 元件例化语句 152
  7.2.5 生成语句 154
  7.2.6 并行过程调用语句 156
 7.3 属性说明与定义语句 156
  7.3.1 数据类型属性 157
  7.3.2 数组属性 157
  7.3.3 信号属性 158
 习题 7 159

第 8 章 VHDL 设计进阶 161

 8.1 行为描述 161
 8.2 数据流描述 162
 8.3 结构描述 163
  8.3.1 用结构描述实现 1 位全加器 163
  8.3.2 用结构描述设计 4 位加法器 165
  8.3.3 用结构描述设计 8 位加法器 165
 8.4 三态逻辑设计 166
 8.5 分频器设计 168
  8.5.1 占空比为 50%的奇数分频 168
  8.5.2 半整数分频 169
  8.5.3 数控分频器 170
 8.6 乘法器设计 171
  8.6.1 用乘法运算符实现 171
  8.6.2 移位相加乘法器 173
  8.6.3 查找表乘法器 174
 8.7 存储器设计 178
  8.7.1 用数组例化存储器 179
  8.7.2 例化 lpm_rom 模块实现存储器 181

8.8 流水线设计 183
8.9 资源共享设计 186
8.10 用锁相环 IP 核实现倍频和相移 188
　　8.10.1 锁相环 188
　　8.10.2 锁相环 IP 核的定制 188
　　8.10.3 锁相环例化和仿真 190
习题 8 192

第 9 章 VHDL 有限状态机设计 194

9.1 有限状态机 194
　　9.1.1 有限状态机简介 194
　　9.1.2 枚举数据类型 196
9.2 有限状态机的描述方式 197
　　9.2.1 三进程表述方式 197
　　9.2.2 双进程表述方式 198
　　9.2.3 单进程表述方式 200
9.3 状态编码 201
　　9.3.1 常用的编码方式 201
　　9.3.2 状态编码的定义 203
　　9.3.3 用属性指定状态编码方式 206
9.4 有限状态机设计要点 207
　　9.4.1 起始状态的选择和复位 207
　　9.4.2 多余状态的处理 208
9.5 用有限状态机控制流水灯 209
9.6 用状态机控制交通灯 216
9.7 用状态机控制字符液晶 217
习题 9 223

第 10 章 VHDL 驱动常用 I/O 外设 225

10.1 4×4 矩阵键盘 225
10.2 汉字图形点阵液晶 231
10.3 VGA 显示器 237
　　10.3.1 VGA 显示原理与时序 237
　　10.3.2 VGA 彩条信号发生器 239
　　10.3.3 VGA 图像显示 243
10.4 TFT 液晶屏 248
　　10.4.1 TFT 液晶屏 248
　　10.4.2 TFT 液晶屏显示彩色圆环 251
　　10.4.3 TFT 液晶屏显示动态矩形 256

10.5 音乐演奏电路 260
　　10.5.1 音乐演奏实现的方法 261
　　10.5.2 实现与下载 262
习题 10 265

第 11 章 Test Bench 仿真与时序分析 267

11.1 VHDL 仿真 267
11.2 VHDL 测试平台 267
　　11.2.1 用 VHDL 描述仿真激励信号 268
　　11.2.2 用 TEXTIO 进行仿真 271
11.3 ModelSim SE 仿真实例 274
　　11.3.1 图形界面仿真方式 276
　　11.3.2 命令行仿真方式 280
　　11.3.3 ModelSim SE 时序仿真 281
11.4 时序约束与时序分析 282
　　11.4.1 时序分析的有关概念 283
　　11.4.2 用 Timing Analyzer 进行时序分析 285
习题 11 289

第 12 章 VHDL 设计实例 292

12.1 标准 PS/2 键盘 292
12.2 超声波测距 296
12.3 m 序列与 Gold 码产生器 301
　　12.3.1 m 序列产生器 301
　　12.3.2 Gold 码产生器 305
12.4 数字过零检测和等精度频率测量 306
　　12.4.1 数字过零检测 306
　　12.4.2 等精度频率测量 308
　　12.4.3 数字测量系统 309
12.5 FIR 滤波器 312
　　12.5.1 FIR 滤波器的参数设计 312
　　12.5.2 FIR 滤波器的 FPGA 实现 316
　　12.5.3 下载与验证 319
习题 12 320

附录 VHDL 保留字 322

参考文献 323

第 1 章　EDA 技术概述

本章概要：本章介绍 EDA 技术的发展历史，EDA 技术的实现目标，EDA 设计的流程和常用的设计工具。

知识要点：（1）现代 EDA 技术的特点；
（2）EDA 设计的流程；
（3）Top-down 设计方法；
（4）IP 核复用与 SoC；
（5）主流 FPGA 设计相关 EDA 工具。

教学安排：本章教学安排 2 学时。通过本章的学习，使学生了解 EDA 相关的基本概念，熟悉 EDA 设计的流程，了解常用的 EDA 设计工具。

1.1　EDA 技术及其发展历程

信息社会的发展离不开集成电路，当前集成电路正朝着速度快、容量大、体积小、功耗低的方向发展，实现这种进步的主要原因就是生产制造技术和电子设计技术的发展。前者以微细加工技术为代表，目前已进展到纳米阶段，可以在几平方厘米的芯片上集成数亿个晶体管；后者的核心就是 EDA（Electronic Design Automation）技术，目前已经渗透到电子产品设计的各环节。

EDA 是电子设计自动化的英文缩写，是随着集成电路和计算机技术的发展应运而生的一种快速、有效、智能化的电子设计自动化技术。EDA 技术没有一个精确的定义，我们可以这样来认识，所谓 EDA 技术就是设计者以计算机为工具，基于 EDA 软件平台，采用原理图或硬件描述语言（Hardware Description Language，HDL）完成设计输入，然后由计算机自动完成逻辑综合、优化、布局布线，直至对于目标芯片（FPGA/CPLD）的适配和编程下载等工作（甚至是完成 ASIC 专用集成电路掩膜设计），实现既定的电路功能，上述辅助进行电子设计的软件工具及技术统称为 EDA。EDA 技术的发展以计算机科学、微电子技术为基础，融合了应用电子技术、人工智能（Artificial Intelligence，AI），以及计算机图形学、拓扑学、计算数学等众多学科的最新成果。EDA 技术成为现代数字系统设计中一种普遍的工具，对设计者而言，熟练掌握 EDA 技术可极大地提高工作效率，收到事半功倍的效果。

EDA 技术的发展历程与大规模集成电路技术、计算机技术、FPGA/CPLD 器件，以及电子设计技术和工艺技术的发展是同步的。回顾 60 多年来电子技术的发展历程，可以将电子设计自动化技术大致分为 3 个发展阶段（如图 1.1 所示）：数字芯片从小规模集成电路 SSI（Small Scale Integration）、中规模集成电路 MSI（Medium Scale Integration）、大规模集成电路 LSI（Large Scale Integration），发展到甚大规模集成电路 VLSI（Very Large Scale Integration）、超大规模集成电路 ULSI（Ultra Large Scale Integration），直至现在的系统集成芯片 SoC（System on Chip），与其相对应的是 EDA 技术也经历了由简单到复杂、由初级到高级的不断发展进步的历程，从电子 CAD（Computer Aided Design）、电子 CAE（Computer Aided Engineering）到电子设计自动化（Electronic Design Automation，EDA），设计的自动化程度越来越高，设计的复杂性也越来越大。

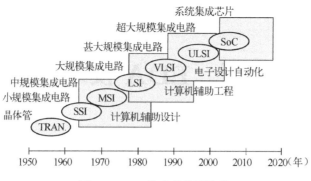

图 1.1　EDA 技术的发展阶段

1．CAD 阶段

CAD 阶段是 EDA 技术发展的早期阶段（大致为 20 世纪 70 年代至 80 年代初）。在这个阶段，一方面，计算机的功能还比较有限，个人计算机还没有普及；另一方面，电子设计软件的功能也较弱。人们主要借助计算机对所设计的电路的性能进行一些模拟和预测；另外，就是用计算机完成 PCB 的布局布线和简单版图的绘制等工作。

2．CAE 阶段

集成电路规模的逐渐扩大、电子系统设计的逐步复杂，使电子 CAD 的工具得到完善和发展，尤其是在设计方法学、设计工具集成化方面取得了长足的进步，EDA 技术进入 CAE 阶段（大致为 20 世纪 80 年代初至 90 年代初）。在这个阶段，各种单点设计工具、设计单元库逐渐完备，并且开始将许多单点工具集成在一起使用，大大提高了工作效率。

3．EDA 阶段

20 世纪 90 年代以来，集成电路工艺有了显著的发展和进步，工艺水平达到深亚微米级，在一个芯片上可以集成数目达上千万乃至上亿的晶体管，芯片的工作速度达到 Gbit/s 级——这就对电子设计的工具提出了更高的要求，也促进了设计工具性能的提高。

EDA 技术已成为电子设计的普遍工具，无论是设计芯片还是设计各种电子电路，没有 EDA 工具的支持都是难以完成的。EDA 技术的使用贯穿电子系统开发的各层级，如寄存器传输级（RTL）、门级和版图级；也贯穿电子系统开发的各领域，从低频电路到高频电路、从线性电路到非线性电路、从模拟电路到数字电路、从 PCB 领域到 FPGA 领域等。

进入 21 世纪后，EDA 技术得到了更快的发展，开始步入一个新的时期，突出表现在以下几个方面。

（1）电子设计各领域全方位融入 EDA 技术，除日益成熟的数字技术外，可编程模拟器件的设计技术也有了很大进步。EDA 技术使得电子领域各学科的界限更加模糊，相互包容和渗透，如模拟与数字、软件与硬件、系统与器件、ASIC 与 FPGA、行为与结构等，软硬件协同设计技术也成为 EDA 技术的一个发展方向。

（2）IP（Intellectual Property）核在电子设计领域得到广泛应用，进一步缩短了设计周期，提高了设计效率。基于 IP 核的 SoC 设计技术趋于成熟，电子设计成果的可重用性得到提高。

（3）嵌入式微处理器软核的出现、更大规模的 FPGA/CPLD 器件的不断推出，使得 SoPC（System on Programmable Chip，可编程片上系统）步入实用化阶段，在一片 FPGA 芯片中实现一个完备的系统成为可能。

（4）用 FPGA（Field Programmable Gate Array，现场可编程门阵列）器件实现全硬件 DSP（数字信号处理）成为可能，用纯数字逻辑进行 DSP 模块的设计，为高速数字信号处理算法提供了实现途径。

（5）在设计和仿真两方面支持标准硬件描述语言的 EDA 软件不断推出，系统级、行为验证级硬件描述语言的出现（如 System C）使得复杂电子系统的设计和验证更加高效。在一些大型的系统设计中，设计验证工作艰巨，这些高效的 EDA 工具的出现，减少了开发人员的工作量。

除了上述发展趋势，现代 EDA 技术和 EDA 工具还呈现出以下特点。

（1）硬件描述语言（Hardware Description Language，HDL）标准化程度提高。硬件描述语言不断进化，其标准化程度越来越高，便于设计的复用、交流、保存和修改，也便于组织大规模、模块化的设计。标准化程度最高的硬件描述语言是 Verilog HDL 和 VHDL，它们已成为 IEEE 标准，而且有新的版本不断推出（如 Verilog HDL 有 Verilog-1995 和 Verilog-2001 等版本），并且功能不断完善。

（2）EDA 工具的开放性和标准化程度不断提高。现代 EDA 工具普遍采用标准化和开放性的框架结构，可以接纳其他厂商的 EDA 工具一起进行设计工作。这样可实现各种 EDA 工具间的优化组合，并集成在一个易于管理的统一环境中，实现资源共享，有效提高设计者的工作效率，有利于大规模、有组织地进行设计开发。

EDA 工具已经能接受功能级或 RTL（Register Transport Level）级的 HDL 描述进行逻辑综合和优化。为了更好地支持自顶向下的设计方法，EDA 工具需要在更高的层级进行综合和优化，并进一步提高智能化程度，提高设计的优化程度。

（3）EDA 工具的各类库更加完备。EDA 工具要具有更强的设计能力和更高的设计效率，必须配有丰富的库，如元器件符号库、元器件模型库、工艺参数库、标准单元库、可复用的宏功能模块库、IP 核库等。在电路设计的各阶段，EDA 系统需要不同层次、不同种类元器件库的支持。例如，原理图输入时，需要原理图符号库、宏模块库；逻辑仿真时，需要逻辑单元的功能模型库；模拟电路仿真时，需要模拟器件的模型库；版图生成时，需要适应不同工艺的版图库等。模型库的规模和功能是衡量 EDA 工具优劣的一个重要指标。

从过去发展的过程来看，EDA 技术一直滞后于制造工艺的发展，它在制造技术的驱动下不断进步；从长远看，EDA 技术将随着微电子技术、计算机技术的不断发展而发展。"工欲善其事，必先利其器"，EDA 工具已成为现代电子设计的利器，它也在诸多因素的推动下不断提升自身性能。

1.2 Top-down 设计思路

数字系统的设计方法发生了深刻的变化。传统的数字系统采用搭积木式的方式设计，由一些固定功能的器件加上一定的外围电路构成模块，由这些模块进一步形成各种功能电路，进而构成系统。构成系统的积木块是各种标准芯片，如 74/54 系列（TTL）、4000/4500 系列（CMOS）芯片等，这些芯片的功能是固定的，用户只能根据需要从这些标准器件中选择，并按照推荐的电路搭成系统，设计的灵活性低，设计电路所需的芯片种类多且数量大。

PLD 器件和 EDA 技术的出现，改变了这种传统的设计思路，使人们可以立足于 PLD 芯片来实现各种功能，新的设计方法使设计者可以自己定义器件的内部逻辑，将原来由电路板完成的工作放到芯片的设计中完成。这就增加了设计的自由度、提高了效率，而且引脚定义灵活性的减少降低了原理图和印制板设计的工作量、降低了难度，同时，缩小了系统体积，降低了功耗，提高了可靠性。

在数字设计中，主要采用两种设计思路：一种是 Top-down（自顶向下）设计思路，另一种是 Bottom-up（自底向上）设计思路。

1.2.1 Top-down 设计

Top-down 设计，即自顶向下的设计。这种设计方法首先从系统设计入手，在顶层进行功能的划分；

在功能级进行仿真、纠错,并用硬件描述语言进行行为描述,然后用综合工具将设计转化为门级电路网表,其对应的物理实现可以是 PLD 器件或专用集成电路(ASIC)。设计的仿真和调试可以在高层级完成,一方面有利于在早期发现设计上的缺陷,避免设计时间的浪费,另一方面有助于提前规划模拟仿真工作,在设计阶段就考虑仿真,提高设计的一次成功率。

在 Top-down 设计中,将设计分成几个不同的层次:系统级、功能级、门级和开关级等,按照自上而下的顺序,在不同的层次上对系统进行描述与仿真。图 1.2 是 Top-down 设计方式的示意图。如图 1.2 所示,在 Top-down 的设计过程中,需要 EDA 工具的支持,有些步骤 EDA 工具可以自动完成,如综合等,有些步骤 EDA 工具为用户提供辅助。Top-down 设计必须经过"设计-验证-修改设计-再验证"的过程,不断反复,直至得到自己想要的结果,并且在速度、功耗、可靠性方面达到较为合理的平衡。

图 1.3 是用 Top-down 设计方式设计 CPU 的示意图。首先在顶层划分,将整个 CPU 划分为 ALU、PC、RAM 等模块,再对每个模块分别描述,然后通过 EDA 工具将整个设计综合为网表并实现它。在设计过程中,需要不断仿真和迭代,直至完成设计目标。

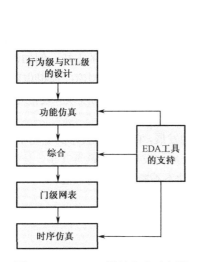
图 1.2　Top-down 设计方式示意图

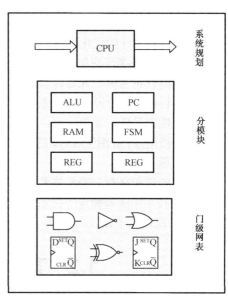
图 1.3　用 Top-down 设计方式设计 CPU 示意图

1.2.2　Bottom-up 设计

Bottom-up 设计,即自底向上的设计,这是一种传统的设计思路,一般是设计者选择标准集成电路,或者将门电路、加法器、计数器等模块做成基本单元库,调用这些单元,逐级向上组合,直到设计出满足自己需要的系统。这样的设计方法就如同用一砖一瓦建造金字塔,设计者往往需要更多地关注细节,而对整个系统缺乏规划,当设计出现问题需要修改时,就会陷入麻烦,甚至前功尽弃,不得不从头再来。

Top-down 设计方式符合人们的逻辑思维的习惯,便于对复杂的系统进行合理划分与不断优化,因此成为主流的设计思路;不过,Top-down 设计也并非是绝对的,在设计过程中,有时也需要用到自底向上的方法,两者相辅相成。在数字系统设计中,应以 Top-down 设计思路为主,而以 Bottom-up 设计为辅。

1.3 IP核复用

1.3.1 IP核复用技术

电子系统的设计越向高层发展，就越显示出基于 IP 复用（IP Reuse）的设计技术的优越性。IP（Intellectual Property）原来的含义是知识产权、著作权等，在 IC 设计领域，可将其理解为实现某种功能的设计，IP核（IP模块）则是指完成某种功能的设计模块。

IP核分为软核、固核和硬核 3 种类型。

（1）软核：软核指的是寄存器传输级（RTL）模型，表现为 RTL 代码（Verilog HDL 或 VHDL）。软核只经过了功能仿真，其优点是灵活性高、可移植性强。用户可以对软核的功能加以裁剪即可符合特定的应用，也可以对软核的参数进行重新载入。

（2）固核：固核指经过了综合（布局布线）的带有平面规划信息的网表，通常以 RTL 代码和对应具体工艺网表的混合形式提供。和软核相比，固核的设计灵活性稍差，但在可靠性上有较大提高。

（3）硬核：硬核指经过验证的设计版图，其经过前端和后端验证，并针对特定的设计工艺，用户不能对其进行修改。

这里以FPGA中的嵌入式处理器为例说明软核和硬核的区别。图 1.4 是 FPGA 器件中软核处理器和硬核处理器的示意图，软核处理器基于逻辑块（LBs）实现，几乎所有 FPGA 均可集成；硬核处理器则只存在于部分 FPGA 器件之中，一般硬核处理器性能更优，通用性更强，比如可运行通用操作系统（如 Linux）。

在 Intel 的 FPGA 中，Nios II 属于软核处理器，几乎所有 Intel 的 FPGA 芯片均可嵌入该软核，大约耗用 3000 个 LC 资源。Nios II 核除处理器内核、On-Chip Memory（片上存储器）和 JTAG UART 核等核心模块不可缺少外，其他组件，比如 PIO 核、

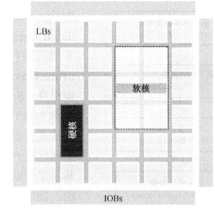

图 1.4 FPGA 器件中软核处理器和硬核处理器示意图

EPCS 核、SDRAM 核等均可根据需要灵活添加。Intel 的一部分 FPGA（比如 Arria 10、Arria V、Cyclone V 器件）中嵌入了 ARM 9 硬核。图 1.5 所示为 Cyclone V 器件结构框图，其内嵌入了 ARM Cortex-A9 多核处理器，除此之外，锁相环（PLL）、PCI 核、可变精度的 DSP 核（乘法器）、3Gbit/s 或 5Gbit/s 收发器等也都属于硬核。

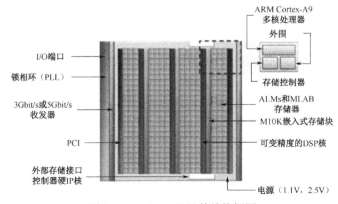

图 1.5 Cyclone V 器件结构框图

Xilinx 的 FPGA 中，MicroBlaze 属于软核处理器，几乎所有的 Xilinx 的 FPGA 均能嵌入该软核。一部分 Xilinx 的 FPGA 中嵌入了 ARM 硬核，比如 Zynq 器件。早期还有一些 Xilinx 的 FPGA 中嵌入了 IBM PowerPC 硬核，比如 Virtex-4 器件。

基于 IP 核的设计节省了开发时间，缩短了开发周期，避免了重复劳动，但也还存在一些问题，如 IP 版权的保护、IP 的保密、IP 间的集成等。

1.3.2 片上系统 SoC

片上系统（System on Chip，SoC），又称为芯片系统、系统芯片，是指把系统集成在一个芯片上，这在便携设备中用得较多。手机芯片是典型的 SoC，手机 SoC 集成了 CPU、GPU（Graphics Processing Unit，图形处理器）、RAM、Modem（调制解调器）、DSP（数字信号处理）、CODEC（编解码器）等部件，集成度很高，是 SoC 的典型代表。

微电子工艺的进步为 SoC 的实现提供了硬件基础，EDA 软件则为 SoC 的实现提供了工具。EDA 工具正在向着高层化发展，如果把电子设计看成是设计者根据设计规则用软件搭接已有的不同模块，那么早期的设计是基于晶体管的设计（Transistor Based Design，TBD）。在这一阶段，设计者最关心的是怎样减小芯片的面积，所以又称为面积驱动的设计（Area Driving Design，ADD）。随着设计方法的改进，出现了基于门级模块的设计（Gate Based Design，GBD）。在这一阶段，设计者在考虑芯片面积的同时，更多地关注门级模块之间的延时，所以这种设计又称为延时驱动的设计（Time Driving Design，TDD）。20 世纪 90 年代以来，芯片的集成度进一步提高，SoC 的出现使得以 IP 复用为基础的设计逐渐流行，这种设计方法称为基于模块的设计（Block Based Design，BBD）方法。在应用 BBD 方法进行设计的过程中，逐渐产生的一个问题是，在开发完一个产品后，如何尽快开发出其系列产品。这样就产生了新的概念——PBD，PBD 是基于平台的设计（Platform Based Design，PBD）方法，它是一种基于 IP 的、面向特定应用领域的 SoC 设计环境，可以在更短的时间内设计出满足需要的电路。PBD 的实现依赖如下关键技术的突破：高层次系统级的设计工具、软硬件协同设计技术等。图 1.6 是上述设计方法演变的示意图。

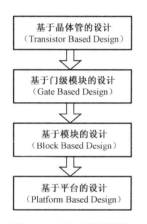

图 1.6 设计方法的演变

1.4 EDA 设计的流程

EDA 设计可选择用可编程逻辑器件（PLD）实现，也可以选择用专用集成电路（ASIC）实现，这两种方案各有优势。

PLD（FPGA/CPLD）是半定制类的器件，器件内已集成各种逻辑资源，只需对器件内的资源编程连接就能实现诸多功能，且可以反复修改，直到满足设计需求。PLD 灵活性高，成本低，且风险小。

专用集成电路（Application Specific Integrated Circuit，ASIC）用全定制方式（版图级）实现设计，也称为掩膜（Mask）ASIC。ASIC 实现方式能达到功耗更低、面积更省的目的，它需设计版图（CIF、GDSⅡ 格式）并交厂家（Foundry）流片，实现成本高，设计周期长，适用于性能要求高、批量大的应用场景。一般的设计用 FPGA/CPLD 实现即可，对于成熟的设计，可考虑用 ASIC 替换 PLD，以获得最优的性价比。

基于 FPGA/CPLD 器件的数字设计流程如图 1.7 所示，包括设计输入、综合（编译）、布局布线、时序分析、编程与配置等步骤。

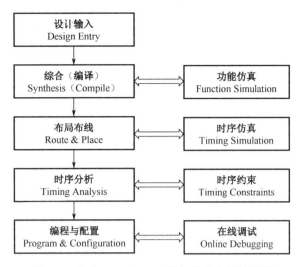

图 1.7 基于 FPGA/CPLD 器件的数字设计流程

1.4.1 设计输入

设计输入（Design Entry）是将设计者设计的电路以开发软件要求的某种形式表达出来，并输入到相应软件中的过程。设计输入最常用的方式是原理图输入和 HDL 文本输入。

（1）原理图输入：原理图（Schematic）是图形化的表达方式，使用元件符号和连线描述设计。其特点是适合描述连接关系和接口关系，表达直观，尤其表现层次结构和模块化结构更为方便，但它要求设计工具提供必要的元件库或宏模块库，设计的可重用性、可移植性也弱一些。

（2）HDL 文本输入：硬件描述语言（HDL）是一种用文本形式描述、设计电路的语言。硬件描述语言的发展至今不过 20 多年的历史，已成功应用于数字开发的各阶段：设计、综合、仿真和验证等。到 20 世纪 80 年代，已出现数十种硬件描述语言，进入 20 世纪 80 年代后期，硬件描述语言向着标准化、集成化的方向发展。最终，VHDL 和 Verilog HDL 适应了这种发展趋势，先后成为 IEEE 标准，在设计领域成为事实上的通用硬件描述语言。VHDL 和 Verilog HDL 各有优点，可用来进行算法级（Algorithm Level）、寄存器传输级（RTL）、门级（Gate Level）等各种层次的逻辑设计，也可以进行仿真验证、时序分析等。HDL 语言因其标准化特点而易于将设计移植到不同平台。

1.4.2 综合

综合（Synthesis）是一个很重要的步骤，是指将较高级抽象层次的设计描述自动转化为较低层次描述的过程。综合在有的工具中也被称为编译（Compile），综合有以下形式。

（1）将算法表示、行为描述转换到寄存器传输级（RTL），即从行为描述到结构描述。

（2）将 RTL 级描述转换到逻辑门级（包括触发器），称为逻辑综合。

（3）将逻辑门表示转换到版图表示，或转换到 PLD 器件的配置网表表示；根据版图信息能够进行 ASIC 生产，有了配置网表可完成基于 PLD 器件的系统实现。

综合器（Synthesizer）就是自动实现上述转换的软件工具，或者说，综合器是将原理图或 HDL 语言表达、描述的电路，编译成由与或阵列、RAM、触发器、寄存器等逻辑单元组成的电路结构网表的工具。

软件程序编译器和硬件描述语言综合器有着本质的区别，图 1.8 所示为表现两者区别的示意图，软件程序编译器将 C 语言或汇编语言等编写的程序编译为 0、1 代码流，而硬件描述语言综合器则将用硬件描述语言编写的程序代码转化为具体的电路网表结构。

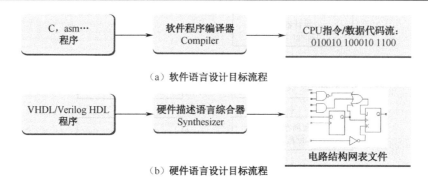

图 1.8 软件程序编译器和硬件描述语言综合器的比较

1.4.3 布局布线

布局布线（Place & Route），又称为适配（Fitting），可理解为将综合生成的电路逻辑网表映射到具体的目标器件中予以实现，并产生最终的可下载文件的过程。布局布线将综合后的网表文件针对某个具体的目标器件进行逻辑映射，把整个设计分为多个适合器件内部逻辑资源实现的逻辑小块，并根据用户的设定在速度和面积之间做出选择或折中；布局是将已分割的逻辑小块放到器件内部逻辑资源的具体位置，并使它们易于连线；布线则是利用器件的布线资源完成各功能块之间和反馈信号之间的连接。

布局布线完成后产生如下重要的文件：
（1）芯片资源耗用情况报告。
（2）面向其他 EDA 工具的输出文件，如 EDIF 文件等。
（3）产生延时网表文件，以便进行时序分析和时序仿真。
（4）器件编程文件，如用于 CPLD 编程的 JEDEC、POF 等格式的文件；用于 FPGA 配置的 SOF、JAM、BIT 等格式的文件。

布局布线与芯片的物理结构直接相关，因此，一般选择芯片制造商提供的开发工具进行此项工作。

1.4.4 时序分析与时序约束

时序分析（Timing Analysis），或称为静态时序分析（Static Timing Analysis，STA），是在最坏假设情况下估计所设计电路的最大工作频率和其他定时特性的一种方法。时序分析分析设计中所有的时序路径（Timing Path），计算每条时序路径的延时，检查每一条时序路径尤其是关键路径（Critical Path）是否满足时序要求，并给出时序分析和报告结果，只要该路径的时序裕量（Slack）为正，就表示该路径能满足时序要求。

时序分析前一般先要时序约束（Timing Constraint），以提供设计目标和参考数值。

静态时序分析的主要目的在于保证系统的稳定性、可靠性，并提高系统工作主频及数据处理能力。

注：静态时序分析（STA）只适用于同步电路，即带有时钟的电路。

1.4.5 功能仿真与时序仿真

仿真（Simulation）也称为模拟，是对所设计电路的功能的验证。用户可以在设计过程中对整个系统和各模块进行仿真，即在计算机上用软件验证功能是否正确、各部分的时序配合是否准确。有问题可以随时修改，避免了逻辑错误。高级的仿真软件还可以对整个系统设计的性能进行估计。规模越大的设计，越需要进行仿真。

仿真包括功能仿真（Function Simulation）和时序仿真（Timing Simulation）。不考虑信号时延等因素的仿真称为功能仿真，在有的 EDA 软件中又称 RTL（Register Transfer Level）仿真。时序仿真又称综合后仿真或门级仿真，它是在选择具体器件并完成布局布线后进行的包含门延时和连线延迟的仿真，其仿真结果比较接近实际电路时序性能。不同器件的内部延时不一样，不同的布局、布线方案也给延时造成较大影响，如果仿真结果达不到设计要求，就需要修改源代码或选择不同速度等级的器件，直至满足设计要求。

注：时序分析和时序仿真是两个不同的概念，时序分析是静态的，又称静态时序分析，不需要编写测试向量，但需编写时序约束，主要分析设计中所有可能的信号路径，并确定其是否满足时序要求；时序仿真是动态的，需编写测试向量（Test Bench 脚本）。

1.4.6 编程与配置

把适配后生成的编程文件装入 PLD 器件中的过程称为下载。通常将对基于 EEPROM 工艺的非易失结构 CPLD 器件的下载称为编程（Program），而将基于 SRAM 工艺结构的 FPGA 器件的下载称为配置（Configuration）。编程需要满足一定的条件，如编程电压、编程时序和编程算法等。下载完成后便可进行在线调试（Online Debugging），若发现问题，则需要重复上面的流程。

1.5 常用的 EDA 工具软件

EDA 工具软件有两种分类方法：一种是按公司类别进行分类，另一种是按照软件的功能进行划分。按公司类别分，大体有两类：一类是专业 EDA 软件公司开发的工具，也称为第三方 EDA 软件工具（Third-Party Tools），专业 EDA 公司较著名的有 Synopsys、Mentor Graphics、Cadence，其软件工具被广泛应用，这些专业 EDA 公司及其较为出名的 EDA 工具见表 1.1；另外一类是 PLD 器件厂商为销售其芯片而开发的 EDA 工具，较著名的有 Intel FPGA、Xilinx、Lattice 等。前者独立于半导体器件厂商，其推出的 EDA 软件针对用户的某一种应用需求设计开发而成；后者针对自己器件的工艺特点进行优化设计，提高资源利用率、降低功耗、改善性能，功能全面。

1. 集成的 FPGA/CPLD 开发工具

集成的 FPGA/CPLD 开发工具是由 FPGA/CPLD 生产厂家提供的，这些工具可以完成从设计输入、逻辑综合、仿真到适配下载等全部工作。常用的集成 FPGA/CPLD 开发工具见表 1.2，这些开发工具多数将一些专业的第三方软件集成在一起，方便用户在设计过程中选择其完成某些设计任务。

表 1.1 专业 EDA 公司及其较为出名的 EDA 工具

专业 EDA 公司	EDA 工具
Synopsys	Design Compiler（DC）（综合器） Synplify（综合器） VCS/Scirocco（仿真器）
Mentor Graphics	Precision Synthesis（综合器） ModelSim/QuestaSim（仿真器）
Cadence	Prime Time（PT）（静态时序分析器） Synergy（ASIC 综合器）

表 1.2 常用的集成 FPGA/CPLD 开发工具

软　件	说　明
MAX+PLUS II	MAX+Plus II 是 Intel FPGA 的集成开发软件，使用广泛，支持 Verilog HDL、VHDL 和 AHDL，MAX+Plus II 发展到 10.2 版本后，已不再推出新版本

续表

软件	说明
QUARTUS II	Quartus II 是 Altera 继 MAX+Plus II 后的第 2 代开发工具
Quartus Prime Design Software	从 Quartus II 15.1 开始，Quartus II 更名为 Quartus Prime。Quartus Prime 已发布的较新版本是 20.0，Quartus Prime 集成了新的 Spectra-Q 综合工具，支持数百万 LE 单元的 FPGA 器件的综合；集成了新的前端语言解析器，扩展了对 VHDL-2008 和 System Verilog-2005 的支持
ISE	ISE 是 Xilinx 的 FPGA/CPLD 的集成开发软件，提供从设计输入到综合、布线、仿真、下载的全套解决方案，并提供与其他 EDA 工具的接口
VIVADO	Vivado 设计套件是 Xilinx 公司 2012 年发布的新的集成设计环境，包括高度集成的设计环境和新一代从系统到 IC 级的工具，均建立在共享的可扩展数据模型和通用调试环境基础上。Vivado 是基于 AMBA AXI4 互连规范、IP-XACT IP 封装元数据、工具命令语言（TCL）、Synopsys 系统约束（SDC）及其他有助于根据客户需求量身定制设计流程并符合业界标准的开放式环境，支持多达 1 亿个等效 ASIC 门的设计
XILINX VITIS	Xilinx 于 2019 年 10 月发布的统一软件平台，进一步模糊了软硬件开发的边界，为云端、边缘和混合计算提供了统一的开发环境
ispLEVER CLASSIC	ispLEVER Classic 是 Lattice 的 FPGA 设计环境，支持 FPGA 器件的整个设计过程，从概念设计到 JEDEC 或位流编程文件输出
LATTICE DIAMOND	Diamond 软件也是 Lattice 的开发工具，支持 FPGA 从设计输入到位流编程文件下载的整个流程。支持 Windows 7、Windows 8 等操作系统

2. 设计输入工具

输入工具主要是帮助用户完成原理图和 HDL 文本的编辑和输入工作。好的输入工具支持多种输入方式，包括原理图、HDL 文本、波形图、状态机、真值表等。例如，HDL Designer Series 是 Mentor 公司的设计输入工具，包含于 FPGA Advantage 软件中，可以接受 HDL 文本、原理图、状态图、表格等多种设计输入形式，并将其转化为 HDL 文本表达方式，功能很强。输入工具可帮助用户提高输入效率，多数人习惯使用集成开发软件或者综合/仿真工具中自带的原理图和文本编辑器，也可以直接使用普通文本编辑器，如 Notepad++等。

3. 逻辑综合器（Synthesizer）

逻辑综合是将设计者在 EDA 平台上编辑输入的 HDL 文本、原理图或状态图描述，依据给定的硬件结构和约束控制条件进行编译、优化和转换，最终获得门级电路甚至更底层的电路描述网表文件的过程。

逻辑综合工具能够自动完成上述过程，产生优化的电路结构网表，输出.edf 文件，导入 FPGA/CPLD 厂家的软件进行适配和布局布线。专业的逻辑综合软件通常比 FPGA/CPLD 厂家的集成开发软件自带的逻辑综合功能更好一些，能得到更优的结果。

著名的用于 FPGA/CPLD 设计的 HDL 综合工具有 Synopsys 的 Synplify、Synplify Pro 和 Synplify Premier，Mentor Graphics 的 Precision Synthesis 和 Leonardo Spectrum，表 1.3 对这些综合工具的性能做了介绍。

表1.3 常用的 HDL 综合工具性能

软件	说明
Synplicity	Synplify、Synplify Pro 和 Synplify Premier 是 Synopsys 的 VHDL/Verilog HDL 综合软件。Synplify Premier 功能最强，内部集成 Identify RTL 调试仪，能快速查错；与 VCS 仿真器集成并支持 DesignWare IP 时序性能分析；支持 Verilog HDL、SystemVerilog、VHDL、VHDL-2008 和混合语言编程；支持单机或多机综合
Precision Synthesis	Precision Synthesis 是 Mentor Graphics 的综合工具，集成了支持最小面积、功耗及最佳性能等多项设计目标的优化策略的逻辑综合算法，支持 VHDL、Verilog-2001 及 System Verilog 等语言
Leonardo Spectrum	Leonardo Spectrum 也是 Mentor Graphics 的综合软件，并作为 FPGA Advantage 软件的一个组成部分，Leonardo Spectrum 可同时用于 FPGA/CPLD 和 ASIC 设计两类目标

4．仿真器

仿真工具提供了对设计进行模拟仿真的手段，包括布线以前的功能仿真（前仿真）和布线以后包含延时的时序仿真（后仿真）。在一些复杂的设计中，仿真比设计本身还要艰巨，因此有人认为仿真是 EDA 的精髓所在，仿真器的仿真速度、仿真的准确性、易用性等成为衡量仿真器性能的重要指标。

仿真器按对设计语言的处理方式分为两类：编译型仿真器和解释型仿真器。编译型仿真器的仿真速度快，但需要预处理，因此不能即时修改；解释型仿真器的仿真速度慢一些，但可以随时修改仿真环境和仿真条件。按处理的 HDL 语言类型，仿真器可分为 Verilog HDL 仿真器、VHDL 仿真器和混合仿真器，混合仿真器能够同时处理 Verilog HDL 和 VHDL。

常用的 HDL 仿真软件如表 1.4 所示。

表1.4 常用的 HDL 仿真软件

软件	说明
ModelSim/QuestaSim	ModelSim 是 Mentor Graphics 的 VHDL/Verilog HDL 混合仿真软件，属于编译型仿真器，速度快。QuestaSim 是 Modelsim 的增强版，增加了 System Verilog 仿真的功能，两者的指令操作基本相同
Active HDL/Riviera-PRO	Active HDL 是 Aldec 的 VHDL/Verilog HDL 仿真软件，简单易用，提供超过 120 种 EDA 软件接口；Riviera-PRO 是 Aldec 更为高端的 VHDL/Verilog HDL 仿真软件，支持 VHDL、Verilog HDL、EDIF、System Verilog、System C 等语言
NC-Verilog/NC-VHDL/NC-Sim	这几个软件都是 Cadence 公司的 VHDL/Verilog HDL 仿真工具，其中 NC-Verilog 的前身是著名的 Verilog HDL 仿真软件 Verilog-XL，用于对 Verilog HDL 程序进行仿真；NC-VHDL 用于 VHDL 仿真；而 NC-Sim 则能够对 VHDL/Verilog HDL 进行混合仿真
VCS/Scirocco	VCS 是 Synopsys 公司的编译型 Verilog HDL 仿真器，支持 OVI 标准的 Verilog HDL 语言、PLI 和 SDF；Scirocco 是 Synopsys 的 VHDL 仿真器

ModelSim 能够提供 Verilog HDL/VHDL 混合仿真，QuestaSim 是 ModelSim 的增强版，两者的指令操作基本相同；NC-Verilog 和 VCS 是基于编译技术的仿真软件，能够胜任行为级、RTL 级和门级各种层次的仿真，速度快。

5．IC 版图设计工具

提供 IC 版图设计工具的著名公司有 Synopsys、Cadence、Mentor。其中，Synopsys 的优势在于其逻辑综合工具，而 Mentor 和 Cadence 则能够在设计的各个层次提供全套的开发工具。在晶体管级或基本门级提供图形输入工具的有 Cadence 的 Composer、Viewlogic 公司的 Viewdraw 等。专用于 IC 的综合工具有 Synopsys 的 Design Compiler（DC）和 Behavial Compiler、Cadence 的 Synergy 等。SPICE 是著名的模拟电路仿真工具，SPICE 最早产生于美国加州伯克利大学，历经数十年的发展，随着晶体管线宽的不断缩小，SPICE 也引入了更多的参数和更复杂的晶体管模型，使其在亚微米和深亚微米工艺的今天依旧是模拟电路仿真的重要工具之一。此外，还有其他一些 IC 版图工具，如自动布局布线（Auto Plane & Route）工具、版图输入工具、物理验证（Physical Validate）和参数提取（LVS）工具，等等。半导体集成技术还在不断发展，相应的 IC 设计工具也不断地更新换代，以提供对 IC 设计的全方位支持。

6．其他 EDA 工具

除了上面介绍的 EDA 软件，一些公司还推出了一些开发套件和专用的开发工具，如 Quartus Prime 推出的 Platform Designer 就是一种基于 PBD（Platform Based Design）设计理念的开发工具，它是一种基于 IP 的面向 SoC 的设计环境，可以在更短的时间内设计出满足需要的电路。这些专用的 EDA 开发套件和开发工具如表 1.5 所示。

表 1.5 专用的 EDA 开发套件和开发工具

软件	说明
FPGA Advantage	Mentor 公司的 VHDL/Verilog HDL 完整开发系统，可以完成适配和编程以外的所有工作，包括三套软件：HDL Designer Series（输入及项目管理）、Leonardo Spectrum（逻辑综合）和 ModelSim（模拟仿真）
SOPC Builder Qsys Platform Designer	从 Quartus II 10 开始，SOPC Builder 已被 Qsys 代替，Qsys 是 SOPC Builder 的升级版，用于系统级的 IP 集成，能将不同 IP 模块以及 Nios II 核整合在一起，提高 FPGA 设计效率。从 Quartus Prime 17.1 版开始，Qsys 更名为 Platform Designer，内容与名字更为统一
Vivado HLS	Vivado HLS 支持直接使用 C、C++以及 System C 语言对 Xilinx 的 FPGA 器件进行编程，并转换为 RTL 级模型，通过高层次综合生成 HDL 级的 IP 核，从而加速 IP 创建
DSP Builder	Altera 的开发工具，支持在 MATLAB 和 Simulink 中进行 DSP 算法设计，然后自动将算法设计转化为 HDL 文件，实现 DSP 工具（MATLAB）到 EDA 工具（Quartus II）的无缝连接
System Generator	Xilinx 的 DSP 开发工具，实现 ISE 与 MATLAB 的接口，能有效地完成数字信号处理的仿真和最终 FPGA 实现

1.6 EDA 技术的发展趋势

1．高性能的 EDA 工具将得到进一步发展

随着市场需求的增长，集成工艺水平及计算机自动设计技术的不断提高，单片系统或系统集成芯片成为 IC 设计的主流，这一发展趋势表现在以下几个方面。

（1）超大规模集成电路技术水平的不断提高，超深亚微米（VDSM）工艺已走向成熟，在一个芯片上完成系统级的集成已成为现实。

（2）由于工艺线宽的不断减小，在半导体材料上的许多寄生效应已经不能简单地被忽略，这就对 EDA 工具提出了更高的要求。同时，这也使得 IC 生产线的投资更为巨大，可编程逻辑器件开始进入传统的 ASIC 市场。

（3）市场对电子产品提出更高的要求，如必须降低电子系统的成本，减小系统的体积、功耗等，从而对系统的集成度不断提出更高的要求。同时，设计效率也成为一个产品能否成功的关键因素，促使 EDA 工具更重视 IP 核的集成。

（4）高性能的 EDA 工具将得到长足的发展，其自动化和智能化程度将不断提升；另一方面，计算机技术的提高也为复杂的 SoC 设计提供了物质基础。

现在的硬件描述语言只提供行为级或功能级的描述，尚无法完成系统级的抽象描述，目前已开发出更趋于电路行为级设计的硬件描述语言，如 System C、System Verilog 等；还出现了一些系统级混合仿真工具，可在同一开发平台上完成高级语言（如 C/C++等）与标准硬件描述语言（Verilog HDL、VHDL）的混合仿真。

2. EDA 技术将促使 ASIC 和 FPGA 逐步走向融合

随着系统开发对 EDA 技术的目标器件各种性能指标要求的提高，ASIC 和 FPGA 将更大程度地相互融合。这是因为，虽然标准逻辑 ASIC 芯片尺寸小、功能强、耗电省，但设计复杂，并且有批量生产要求；可编程逻辑器件的开发费用低，能现场编程，但体积大、功耗大。因此，FPGA 和 ASIC 正在走到一起，两者之间正在诞生一种"杂交"产品，互相融合，取长补短，以满足成本和上市速度的要求。

3. EDA 技术的应用领域将更为广泛

从目前的 EDA 技术来看，其特点是使用普及、应用面广、工具多样。ASIC 和 PLD 器件正在向超高速、高密度、低功耗、低电压方向发展。EDA 技术水平不断进步，设计工具不断趋于完善。

习 题 1

1.1 EDA 技术的应用领域有哪些？
1.2 什么是 Top-down 设计方式？
1.3 数字系统的实现方式有哪些？各有什么优缺点？
1.4 什么是 IP 复用技术？IP 核对 EDA 技术的应用和发展有什么意义？
1.5 以自己熟悉的一款 FPGA 芯片为例，说明其内部集成了哪些硬核逻辑，其支持的软核有哪些？
1.6 基于 FPGA/CPLD 的数字系统设计流程包括哪些步骤？
1.7 什么是综合？常用的综合工具有哪些？
1.8 FPGA 与 ASIC 在概念上有什么区别？
1.9 功能仿真与时序仿真有何区别？

第 2 章　FPGA/CPLD 器件

本章概要：本章介绍 FPGA/CPLD 器件的结构、工作原理，以及相关的编程工艺和测试技术。
知识要点：（1）PLD 器件的发展、分类；
　　　　　　（2）低密度 PLD 器件的结构特点；
　　　　　　（3）CPLD 的原理与结构；
　　　　　　（4）FPGA 的原理与结构；
　　　　　　（5）FPGA/CPLD 的编程工艺；
　　　　　　（6）FPGA/CPLD 的测试技术。
教学安排：本章教学安排 2 学时，通过本章的学习，使学生了解 PLD 器件的发展和分类，了解 FPGA/CPLD 器件的基本结构、编程工艺和测试方法。

2.1　PLD 器件概述

可编程逻辑器件（Programmable Logic Device，PLD）是 20 世纪 70 年代发展起来的一种新型器件，它的应用给数字系统的设计方式带来了革命性的变化。PLD 器件发展迅速，其动力来自实际需求的增长和芯片制造商间的竞争。PLD 器件在工艺、结构、容量、速度和灵活性方面经历了一个不断发展变革的过程。

2.1.1　PLD 器件的发展历程

PLD 器件的雏形是 20 世纪 70 年代中期出现的可编程逻辑阵列（Programmable Logic Array，PLA）。PLA 在结构上由可编程的与阵列和可编程的或阵列构成，阵列规模小，编程烦琐。后来出现了可编程阵列逻辑（Programmable Array Logic，PAL）。PAL 由可编程的与阵列和固定的或阵列组成，采用熔丝编程工艺，它的设计较 PLA 灵活、快速，因而成为第一个得到普遍应用的 PLD 器件。

20 世纪 80 年代初，美国的 Lattice 公司发明了通用阵列逻辑（Generic Array Logic，GAL）。GAL 器件采用了 EEPROM 工艺和输出逻辑宏单元（OLMC）的结构，具有可擦除、可编程、可长期保持数据的优点，所以 GAL 得到更为广泛的应用。

之后，PLD 器件进入一个快速发展的时期，向着大规模、高速度、低功耗的方向发展。20 世纪 80 年代中期，Altera 公司推出一种新型的可擦除、可编程的逻辑器件（Erasable Programmable Logic Device，EPLD），EPLD 采用 CMOS 和 UVEPROM 工艺制成，集成度更高、设计更灵活，但其内部连线功能弱一些。

1985 年，美国 Xilinx 公司推出了现场可编程门阵列（Field Programmable Gate Array，FPGA），这是一种采用单元型结构的新型 PLD 器件。它采用 CMOS、SRAM 工艺制作，在结构上和阵列型 PLD 不同，它的内部由许多独立的可编程逻辑单元构成，各逻辑单元之间可以灵活地相互连接，具有密度高、速度快、编程灵活、可重新配置等优点，FPGA 成为当前主流的 PLD 器件之一。

CPLD（Complex Programmable Logic Device）即复杂可编程逻辑器件，是从 EPLD 改进而来的，

采用 EEPROM 工艺制作。同 EPLD 相比，CPLD 增加了内部连线，对逻辑宏单元和 I/O 单元也有重大改进，它的性能好，使用方便。尤其是在 Lattice 公司提出在系统可编程（In System Programmable，ISP）技术后，相继出现了一系列具备 ISP 功能的 CPLD 器件，CPLD 是当前另一主流的 PLD 器件。

PLD 器件仍处在不断发展变革中。由于 PLD 器件在其发展过程中出现了很多种类，不同公司生产的 PLD，其工艺与结构各不相同，因此产生了不同的分类标准，以对众多的 PLD 器件进行分类。

2.1.2 PLD 器件的分类

1. 按集成度分类

集成度是 PLD 器件的一项重要指标。如果从集成密度上划分，PLD 可分为低密度 PLD 器件（LDPLD）和高密度 PLD 器件（HDPLD），低密度 PLD 器件也可称为简单 PLD 器件（SPLD）。历史上，GAL22V10 是简单 PLD 和高密度 PLD 的分水岭，一般按照 GAL22V10 芯片的容量区分 SPLD 和 HDPLD。GAL22V10 的集成度大致在 500～750 门。如果按照这个标准，那么 PROM、PLA、PAL 和 GAL 属于简单 PLD，而 CPLD 和 FPGA 则属于高密度 PLD，PLD 器件按集成度分类如表 2.1 所示。

（1）简单的可编程逻辑器件（SPLD）：包括 PROM、PLA、PAL 和 GAL 四类。

① 可编程只读存储器（Programmable Read-Only Memory，PROM）。PROM 采用熔丝工艺编程，只能写一次，不可以擦除或重写。随着技术的发展和应用需求的变化，出现了一些可多次擦除和重写的存储器件，如 EPROM（紫外线擦除可编程只读存储器）和 EEPROM（电擦写可编程只读存储器）。PROM 具有成本低、编程容易的特点，适于存储数据、函数和表格。

② 可编程逻辑阵列（PLA）。PLA 现在基本已经被淘汰。

③ 可编程阵列逻辑（PAL）。GAL 可以完全代替 PAL 器件。

④ 通用可编程阵列逻辑（GAL）。由于 GAL 器件简单、便宜，使用也方便，因此在一些成本低、保密要求低、电路简单的场合仍有应用价值。

以上四类 SPLD 器件都是基于与或阵列结构的，不过其内部结构有明显区别，主要表现在与阵列、或阵列是否可编程，输出电路是否含有存储元件（如触发器），以及是否可以灵活配置（可组态）方面，具体的区别如表 2.2 所示。

表 2.1 PLD 器件按集成度分类

PLD 器件	简单 PLD（SPLD）	PROM
		PLA
		PAL
		GAL
	高密度 PLD（HDPLD）	CPLD
		FPGA

表 2.2 四类 SPLD 器件的区别

器件	与阵列	或列	输出电路
PROM	固定	可编程	固定
PLA	可编程	可编程	固定
PAL	可编程	固定	固定
GAL	可编程	固定	可组态

（2）高密度可编程逻辑器件（HDPLD）：包括 CPLD 和 FPGA 两类器件，这两类器件也是当前 PLD 器件的主流。

2. 按编程特点分类

（1）按编程次数分类：按照可以编程的次数分为两类。

① 一次性可编程器件（One Time Programmable，OTP）。

② 多次可编程器件。

OTP 类器件的特点是只允许对器件编程一次，不能修改；而多次可编程器件则允许对器件多次编程，适合在科研开发中使用。

（2）按不同的编程元件和编程工艺划分：PLD 器件的可编程特性是通过器件的可编程元件来实现的，按照不同的编程元件和编程工艺划分，PLD 器件可分为下面几类。

① 采用熔丝（Fuse）编程元件的器件，早期的 PROM 器件采用此类编程结构，编程过程根据设计的熔丝图文件来烧断对应的熔丝以达到编程的目的。

② 采用反熔丝（Antifuse）编程元件的器件，反熔丝是对熔丝技术的改进，在编程处通过击穿漏层使得两点之间获得导通，与熔丝烧断获得开路正好相反。

③ 采用紫外线擦除、电编程方式的器件，如 EPROM。

④ EEPROM 型，即采用电擦除、电编程方式的器件。目前，多数 CPLD 采用此类编程方式，它是对 EPROM 编程方式的改进，用电擦除取代了紫外线擦除，提高了使用的方便性。

⑤ 闪速存储器（Flash）型。

⑥ 采用静态存储器（SRAM）结构的器件，即采用 SRAM 查找表结构的器件，大多数 FPGA 采用此类结构。

一般将采用前 5 类编程工艺结构的器件称为非易失类器件，这类器件在编程后，配置数据会一直保持在器件内，直至被擦除或重写；而采用第 6 类编程工艺的器件则称为易失类器件，此类器件每次掉电后配置数据会丢失，因而每次上电都需要重新进行配置。

采用熔丝或反熔丝编程工艺的器件只能写一次，所以属于 OTP 类器件，其他种类的器件都可以反复多次编程。Actel、Quicklogic 的部分产品采用反熔丝工艺，这种 PLD 是不能重复擦写的，所以用于开发会比较麻烦，费用也比较高。反熔丝技术也有许多优点：布线能力强、系统速度快、功耗低，同时抗辐射能力强、耐高低温、可加密，所以适合在一些有特殊要求的领域运用，如军事及航空航天领域。

3．按结构特点分类

按照不同的内部结构可以将 PLD 器件分为如下两类。

（1）基于乘积项（Product-Term）结构的 PLD 器件：基于乘积项结构的 PLD 器件的主要结构是与或阵列，此类器件都包含一个或多个与或阵列，低密度的 PLD（包括 PROM、PLA、PAL 和 GAL 共 4 种器件）、EPLD 及绝大多数的 CPLD 器件（包括 Altera 的 MAX7000 系列、Xilinx 的 XC9500 系列等，Lattice、Cypress 的大部分 CPLD 产品）都是基于与或阵列结构的，这类器件多采用 EEPROM 或 Flash 工艺制作，配置数据掉在电后不会丢失，器件容量大多小于 5000 门的规模。

（2）基于查找表（Look Up Table，LUT）结构的 PLD 器件：查找表的原理类似于 ROM，其物理结构基于静态存储器（SRAM）和数据选择器（MUX），通过查表方式实现函数功能。函数值存放在 SRAM 中，SRAM 的地址线即输入变量，不同的输入通过数据选择器（MUX）找到对应的函数值并输出。查找表结构的功能强，速度快，N 个输入的查找表可以实现任意 N 输入变量的组合逻辑函数。

绝大多数的 FPGA 器件都基于 SRAM 查找表结构实现，如 Intel FPGA 的 Cyclone 器件，Xilinx 的 XC4000、Spartan 器件等。此类器件的特点是集成度高（可实现百万逻辑门以上设计规模）、逻辑功能强，可实现大规模的数字系统设计和复杂的算法运算，但器件的配置数据易失，需外挂非易失配置器件来存储配置数据，才能构成可独立运行的系统。

2.2　PLD 的原理与结构

PLD 是一类实现逻辑功能的通用器件，它可以根据用户的需要构成不同功能的逻辑电路。PLD 器件内部主要由各种逻辑功能部件（如逻辑门、触发器等）和可编程开关构成，这些逻辑部件通过可编程开关按照用户的需要连接起来，即可完成特定的功能。

2.2.1 PLD 器件的结构

任何组合逻辑函数均可化为"与或"表达式，用"与门—或门"二级电路实现，而任何时序电路又都可以由组合电路加上存储元件（触发器）构成。因此，从原理上说，与或阵列加上触发器的结构就可以实现任意的数字逻辑电路。PLD 器件就是采用这样的结构，再加上可以灵活配置的互连线，实现任意的逻辑功能。

图 2.1 表示的是 PLD 器件的基本结构，它由输入缓冲电路、与阵列、或阵列和输出缓冲电路 4 部分组成。"与阵列"和"或阵列"是主体，主要用来实现各种逻辑函数和逻辑功能；输入缓冲电路用于产生输入信号的原变量和反变量，并增强输入信号的驱动能力；输出缓冲电路主要用来对将要输出的信号进行处理，既能输出纯组合逻辑信号，也能输出时序逻辑信号，输出缓冲电路中一般有三态门、寄存器等单元，甚至有宏单元，用户可以根据需要灵活配置成各种输出方式。

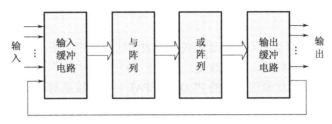

图 2.1 PLD 器件的基本结构

图 2.1 给出的是基于与或阵列的 PLD 器件的基本结构，这种结构的缺点是器件的规模不容易做得很大，随着器件规模的增大，设计人员又开发出另外一种可编程逻辑结构，即查找表（Look Up Table, LUT）结构，目前，绝大多数的 FPGA 器件都采用查找表结构。查找表的原理类似于 ROM，其物理结构是静态存储器（SRAM），N 个输入项的逻辑函数可以由一个 2^N 位容量的 SRAM 来实现，函数值存放在 SRAM 中，SRAM 的地址线起输入线的作用，地址即输入变量值，SRAM 的输出为逻辑函数值，由连线开关实现与其他功能块的连接。

2.2.2 PLD 电路的表示方法

首先回顾一下常用的数字逻辑电路符号。表 2.3 中是与门、或门、非门、异或门的逻辑电路符号，有两种表示方式：一种是 IEEE-1984 版的国际标准符号，称为矩形符号（Rectangular Outline Symbols）；另一种是 IEEE-1991 版的国际标准符号，称为特定外形符号（Distinctive Shape Symbols）。这两种符号都是 IEEE（Institute of Electrical and Electronics Engineers）和 ANSI（American National Standards Institute）规定的国际标准符号。显然，在大规模 PLD 器件中，特定外形符号更适于表示其内部逻辑结构。

对于 PLD 器件，为直观表示 PLD 器件的内部结构并便于识读，广泛采用下面这样的逻辑表示方法。

表 2.3 与门、或门、非门、异或门的逻辑电路符号

	与 门	或 门	非 门	异 或 门
矩形符号	A,B → & → F	A,B → ≥1 → F	A → 1 → $\bar{A}$	A,B → =1 → F
特定外形符号	A,B → ⟍ → F	A,B → ⟍ → F	A → ▷∘ → $\bar{A}$	A,B → ⟍ → F

1. PLD 缓冲电路的表示

PLD 的输入缓冲电路和输出缓冲电路都采用互补的结构,其表示方法如图 2.2 所示。

2. PLD 与门、或门表示

图 2.3 是 PLD 与阵列的表示符号,图中表示的乘积项为 $P = A \cdot B \cdot C$;图 2.4 是 PLD 或阵列的表示符号,图中表示的逻辑关系为 $F = P_1+P_2+P_3$。

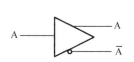

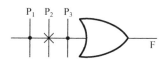

图 2.2　PLD 的输入缓冲电路　　　图 2.3　PLD 与阵列的表示符号　　　图 2.4　PLD 或阵列的表示符号

3. PLD 连接的表示

图 2.5 所示为 PLD 中阵列交叉点三种连接关系的表示法。其中,图 2.5(a)中的"·"表示固定连接,是厂家在生产芯片时连好的,不可改变;图 2.5(b)中的"×"表示可编程连接,表示该点既可以连接,也可以断开,在熔丝编程工艺的 PLD(如 PAL)中,接通对应于熔丝未熔断,断开对应于熔丝熔断;图 2.5(c)中的未连接有两种可能:一是该点在出厂时就是断开的;二是该点是可编程连接,但熔丝熔断。

4. 逻辑阵列的表示

在图 2.6 表示的简单阵列中,与阵列是固定的,或阵列是可编程的,与阵列的输入变量为 A_2、A_1 和 A_0,输出变量为 F_1 和 F_0,其表示的逻辑关系为 $F_1= A_2 A_1 \overline{A_0}$,$F_0= \overline{A_2}\,\overline{A_1} A_0 + A_2 A_1 A_0$。

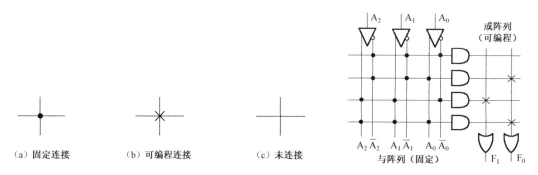

(a)固定连接　　　(b)可编程连接　　　(c)未连接

图 2.5　PLD 中阵列交叉点三种连接关系的表示法　　　图 2.6　简单阵列

2.3　低密度 PLD 的原理与结构

SPLD 包括 PROM、PLA、PAL 和 GAL 四类器件。SPLD 器件中最基本的结构是与或阵列,通过编程改变与阵列和或阵列的内部连接,就可以实现不同的逻辑功能。

1. PROM

PROM 开始是作为只读存储器出现的,最早的 PROM 是用熔丝编程的,在 20 世纪 70 年代就开始使用了。从存储器的角度来看,PROM 存储器结构可表示成图 2.7 所示的形式,由地址译码器和存储阵列构成。地址译码器用于完成 PROM 存储阵列行的选择。从可编程逻辑器件的角度来看,可以发现,地址译码器可看成一个与阵列,其连接是固定的。存储阵列可看成一个或阵列,其连接关系是可编程的。这样，可将 PROM 的内部结构用与或阵列的形式表示出来，图 2.8 所示为 PROM 的与或阵列结构表示形式，图中所示的 PROM 有 3 个输入端、8 个乘积项、3 个输出端。图中的"·"表示固定连接点，"×"表示可编程连接点。

图 2.9 是用 PROM 结构实现半加器逻辑功能的示意图，图 2.9（a）表示的是 2 输入的 PROM 阵列结构，图 2.9（b）是用该 PROM 结构实现半加器的电路连接图，其输出逻辑为 $F_0 = A_0\bar{A}_1 + \bar{A}_0 A_1$，$F_1 = A_0 A_1$。

图 2.7 PROM 存储器结构

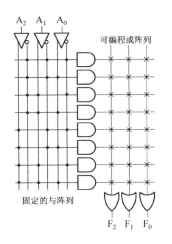

图 2.8 PROM 的与或阵列结构

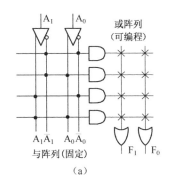

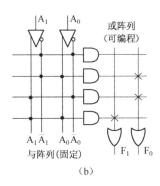

图 2.9 用 PROM 结构实现半加器逻辑功能

2. PLA

PLA 在结构上由可编程的与阵列和可编程的或阵列构成，图 2.10 是 PLA 逻辑阵列结构，其中，PLA 只有 4 个乘积项，实际中的 PLA 规模要大一些，典型的结构是 16 个输入、32 个乘积项、8 个输出。PLA 的与阵列、或阵列都可以编程，这种结构的优点是芯片的利用率高，节省芯片面积；缺点是对开发软件的要求高，优化算法复杂；此外，器件的运行速度低。因此，PLA 只在小规模逻辑芯片上得到应用，目前，PLA 在实际中已经被淘汰。

3. PAL

PAL 在结构上对 PLA 进行了改进，PAL 的与阵列是可编程的，或阵列是固定的，这样的结构使得送到或门的乘积项的数目是固定的，大大简化了设计算法。图 2.11 表示的是两个输入变量的 PAL 阵列结构，由于 PAL 的或阵列是固定的，因此图 2.11 表示的是 PAL 阵列结构也可以用图 2.12 表示。

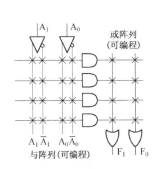

图 2.10 PLA 逻辑阵列结构

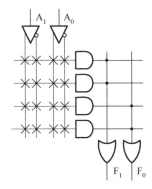

图 2.11 两个输入变量的 PAL 阵列结构

图 2.13 所示为用 PAL 实现 1 位全加器的电路连接图，其输出逻辑为

$$Sum = \overline{A}\overline{B}C_{in} + \overline{A}B\overline{C}_{in} + A\overline{B}\overline{C}_{in} + ABC_{in}$$

$$C_{OUT} = AC_{in} + BC_{in} + AB$$

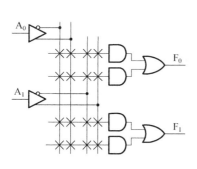
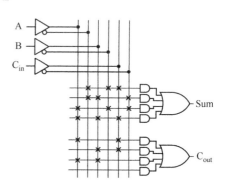

图 2.12　PAL 阵列结构　　　　　　　图 2.13　用 PAL 实现 1 位全加器

图 2.14 所示为 PAL22V10 器件的内部结构，从图中可以看到 PAL 的输出反馈，此外还可看出，PAL22V10 器件在输出端还加入了宏单元结构，宏单元中包含触发器，用于实现时序逻辑功能。

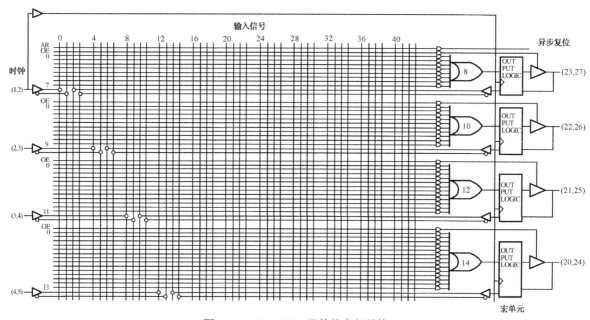

图 2.14　PAL22V10 器件的内部结构

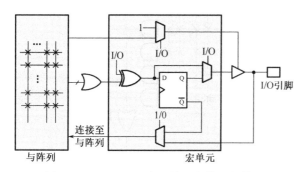

图 2.15　PAL22V10 内部的一个输出宏单元

图 2.15 展示了 PAL22V10 内部的一个输出宏单元的结构。来自与或阵列的输入信号连至宏单元内的异或门，异或门的另一输入端可编程设置为 0 或 1，因此该异或门可以用来为或门的输出求补；异或门的输出连接到 D 触发器，2 选 1 多路器允许将触发器旁路；无论触发器的输出还是三态缓冲器的输出，都可以连接到与阵列。如果三态缓冲器输出为高阻态，那么与之相连的 I/O 引脚可以用作输入。

PAL 器件触发器的输出可以反馈连接到与阵列，比如图 2.16 所示的 PAL 电路，其触发器输出的次态方程也表示为：$Q^{n+1} = D = \overline{A}B\overline{Q}^n + A\overline{B}Q^n$。

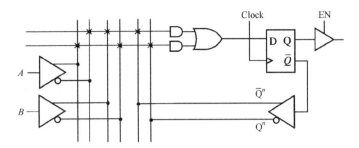

图 2.16　PAL 器件触发器的输出反馈到与阵列

4．GAL

1985 年，Lattice 公司在 PAL 的基础上设计出了 GAL 器件。GAL 首次采用了 EEPROM 工艺，使其具有了电擦除可重复编程的特点，解决了熔丝工艺不能重复编程的问题。GAL 器件在与或阵列上沿用 PAL 的结构，与阵列可编程，或阵列固定，但在输出结构上做了较大改进，设计了独特的输出逻辑宏单元（Output Logic Macro Cell，OLMC）。OLMC 是一种灵活的、可编程的输出结构，GAL 作为第一种得到广泛应用的 PLD 器件，其许多优点都源自 OLMC。图 2.17 所示为 GAL 器件 GAL16V8 的结构。

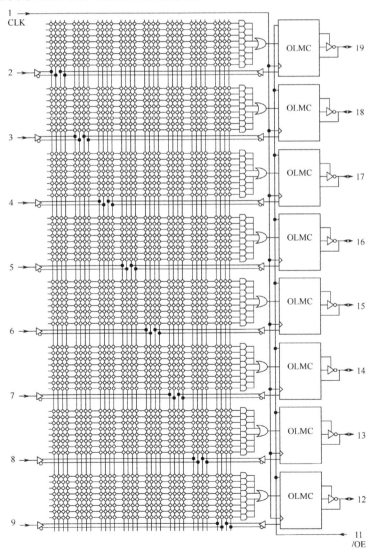

图 2.17　GAL 器件 GAL16V8 的结构

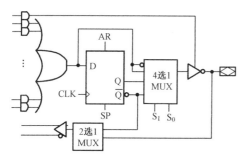

图 2.18　GAL16V8 的 OLMC 结构

图 2.18 所示为 GAL16V8 的 OLMC 的结构，从图中可以看出，OLMC 主要由或门、D 触发器、2 个数据选择器（MUX）和三态门构成。其中，4 选 1 MUX 用来选择输出方式和输出的极性，2 选 1 MUX 用来选择反馈信号。而这两个 MUX 的状态由两位可编程的特征码 S_1S_0 来控制，S_1S_0 有 4 种组态，因此，OLMC 有 4 种输出方式，分别为低电平有效寄存器输出方式、高电平有效寄存器输出方式、低电平有效组合逻辑输出方式、高电平有效组合逻辑输出方式。OLMC 结构使 GAL 器件具有比其他 SPLD 器件更高的灵活性。

2.4　CPLD 的原理与结构

CPLD 是在 PAL、GAL 基础上发展起来的阵列型 PLD 器件，CPLD 芯片中包含多个电路块，称为宏功能块，或称为宏单元，每个宏单元由类似 PAL 的电路块构成。图 2.19 所示的 CPLD 器件中包含了 6 个类似 PAL 的宏单元，宏单元再通过芯片内部的连线资源互连，并连接到 I/O 控制块。

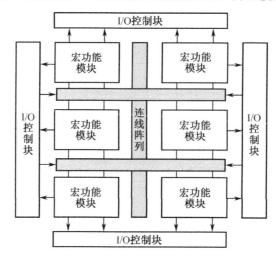

图 2.19　CPLD 器件的内部结构

2.4.1　宏单元结构

图 2.20 所示为宏单元内部结构及两个宏单元间互连结构示意图，即图 2.19 的细节展示图。可以看出，每个宏单元是由类似 PAL 结构的电路构成的，包括可编程的与阵列、固定的或阵列。或门的输出连接至异或门的一个输入端，由于异或门的另一个输入可以由编程设置为 0 或 1，所以该异或门可以用来为或门的输出求补。异或门的输出连接到 D 触发器的输入端，2 选 1 多路选择器可以将触发器旁路，也可以将三态缓冲器使能或者连接到与阵列的乘积项。三态缓冲器的输出还可以反馈到与阵列。如果三态缓冲器输出处于高阻状态，那么与之相连的 I/O 引脚可以用作输入。

很多 CPLD 都采用了与图 2.20 类似的结构，比如，Altera 的 MAX7000 系列（EEPROM 工艺）、Xilinx 的 XC9500 系列（Flash 工艺）和 Lattice 的部分产品。

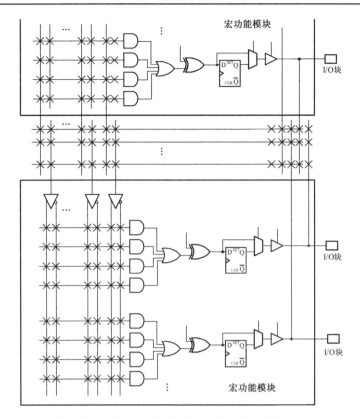

图 2.20　宏单元内部结构及单元间互连结构示意图

2.4.2 典型 CPLD 的结构

MAX 7000S 器件是 Altera 早期比较典型的 CPLD 器件，MAX 7000S 器件的宏单元结构如图 2.21 所示。每个宏单元主要由 3 个功能块组成：逻辑阵列、乘积项选择矩阵和可编程触发器。左侧是逻辑项阵列，实际就是与阵列，每一个交叉点都是一个可编程熔丝，导通就表示实现与逻辑；其后的乘积项选择矩阵是一个或阵列，两者一起完成组合逻辑；后面是可编程触发器，根据需要触发器可以分别配置为具有可编程时钟控制的 D、T、JK 或 SR 触发器工作方式，其时钟、清零端可编程选择，可使用专用的全局清零和全局时钟，也可使用内部逻辑（乘积项选择阵列）产生的时钟和清零。如果不需要触发器，也可将此触发器旁路，信号直接输出给 PIA 或输出到 I/O 引脚。可以看出，MAX 7000S 器件的宏单元结构与图 2.20 表示的宏单元基本结构类似，但更复杂一些。对于简单的逻辑函数，只需要一个宏单元就可以完成，但对于一个复杂的电路，单个宏单元就实现不了，此时需要通过并联扩展项和共享扩展项将多个宏单元相连，宏单元的输出可以连接到可编程连线阵列，作为另一个宏单元的输入，这样，CPLD 就可以实现更为复杂的逻辑关系了。

XC9500 系列器件是 Xilinx 的典型 CPLD 器件，包括 XC9500、XC9500XV 和 XC9500XL 3 个子系列，均采用 0.35 μm Flash 快闪存储工艺制作。XC9500 系列器件内有 36～288 个宏单元，宏单元的结构如图 2.22 所示，来自与阵列的 5 个直接乘积项作为原始的数据输入（到 OR 或 XOR 门）来实现组合功能，也可用作时钟、复位/置位和输出使能的控制输入。乘积项分配器的功能与每个宏单元如何利用 5 个直接项的选择有关。每个宏单元可以单独配置成组合或寄存逻辑功能，每个宏单元内包含一个寄存器，可根据需要配置成 D 或 T 触发器。宏单元也可以被旁路，从而使宏单元只作为组合逻辑使用。每个寄存器均支持非同步的复位和置位。在加电期间，所有的用户寄存器都被初始化为用户定义的预加载状态（默认值为 0）。所有全局控制信号，包括时钟、复位/置位和输出使能信号，对每个单独的宏单元都是有效的。

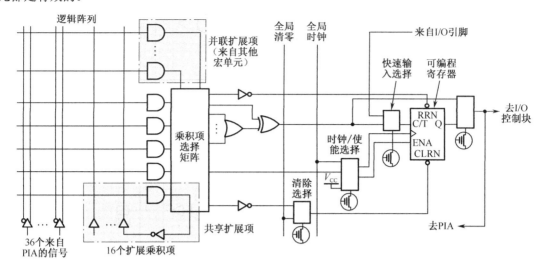

图 2.21　MAX 7000S 器件的宏单元结构

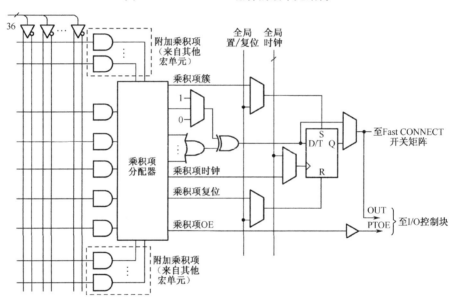

图 2.22　XC9500 系列器件的宏单元结构

由以上几种典型 CPLD 器件的结构可以看出，CPLD 是在 PAL、GAL 的基础上发展起来的阵列型的 PLD 器件，CPLD 芯片中的主要结构是宏单元（或称为宏功能块），每个宏单元由类似 PAL 结构的电路块构成，多数 CPLD 都采用了与图 2.21 类似的宏单元结构，同时，不同器件在结构细节上也不尽相同。

2.5　FPGA 的原理与结构

CPLD 是在小规模 PLD 器件的基础上发展而来的，在结构上主要以与或阵列为主，后来，人们又从 ROM 工作原理、地址信号与输出数据间的关系以及 ASIC 的门阵列法中得到启发，构造出另外一种可编程逻辑结构，即查找表（Look Up Table，LUT）。

2.5.1 查找表结构

大部分 FPGA 器件采用了查找表结构。查找表的原理类似于 ROM,其物理结构是静态存储器(SRAM),N 个输入项的逻辑函数可以由一个 2^N 位容量的 SRAM 来实现,函数值存放在 SRAM 中,SRAM 的地址线起输入线的作用,地址即输入变量值,SRAM 的输出为逻辑函数值,由连线开关实现与其他功能块的连接。

查找表结构的功能非常强。N 个输入的查找表可以实现任意 N 个输入变量的组合逻辑函数。从理论上讲,只要能够增加输入信号线和扩大存储器容量,用查找表就可以实现任意输入变量的逻辑函数。但在实际应用中,查找表的规模受技术和成本因素的限制。每增加 1 个输入变量,查找表 SRAM 的容量就要扩大 1 倍,SRAM 的容量与输入变量数 N 的关系是 2^N 倍。8 个输入变量的查找表需要容量为 256 bit 的 SRAM,而 16 个输入变量的查找表则需要 64 kbit 容量的 SRAM,这个规模已经不能忍受了。实际中,FPGA 器件的查找表的输入变量一般不超过 5 个,多于 5 个输入变量的逻辑函数可由多个查找表组合或级联实现。

图 2.23 是用 2 输入查找表实现表 2.4 所示的 2 输入或门功能的示意图,2 输入查找表中有 4 个存储单元,用来存储真值表中的 4 个值,输入变量 A、B 作为查找表中 3 个多路选择器的地址选择端,根据变量 A、B 值的组合从 4 个存储单元中选择一个作为 LUT 的输出,即实现了或门的逻辑功能。

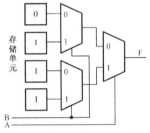

图 2.23 用 2 输入查找表实现或门功能

表 2.4 2 输入或门真值表

A B	F
0 0	0
0 1	1
1 0	1
1 1	1

用 3 输入的查找表实现一个 3 人表决电路,真值表见表 2.5,用 3 输入的查找表实现该真值表的电路如图 2.24 所示。3 输入查找表中有 8 个存储单元,分别用来存储真值表中的 8 个函数值,输入变量 A、B、C 作为查找表中 7 个多路选择器的地址选择端,根据 A、B、C 的值从 8 个存储单元中选择一个作为 LUT 的输出,即实现了 3 人表决电路的功能。

表 2.5 3 人表决电路的真值表

A B C	F
0 0 0	0
0 0 1	0
0 1 0	0
0 1 1	1
1 0 0	0
1 0 1	1
1 1 0	1
1 1 1	1

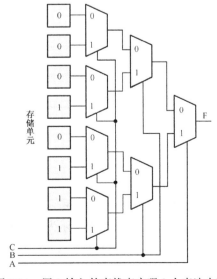

图 2.24 用 3 输入的查找表实现 3 人表决电路

综上所述，一个 N 输入查找表可以实现 N 个输入变量的任何逻辑功能。比如图 2.25 所示为 4 输入查找表及内部结构，能够实现任意的输入变量为 4 个或少于 4 个的逻辑函数。需要指出的是，一个 N 输入查找表对应 N 个输入变量构成的真值表，需要用 2^N 位容量的 SRAM 存储单元。显然，N 不可能很大，否则查找表的利用率很低。实际应用中，FPGA 器件的查找表的输入变量数一般是 4 个或 5 个，最多 6 个，所以存储单元的个数一般是 16 个、32 个或 64 个。更多输入变量的逻辑函数，可以用多个查找表级联来实现。

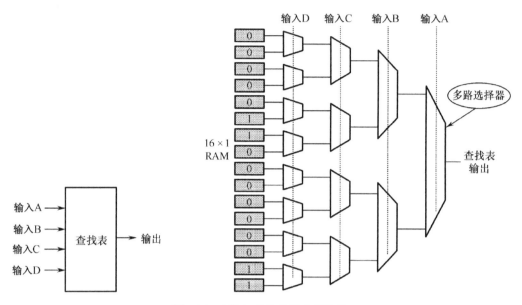

图 2.25　4 输入查找表及内部结构

在 FPGA 的逻辑块中，除了包含查找表，一般还包含触发器，其结构如图 2.26 所示。加入触发器的作用是将查找表输出的值保存起来，用以实现时序逻辑电路。当然也可以将触发器旁路掉，以实现纯组合逻辑功能，在图 2.26 所示的电路中，2 选 1 数据选择器的作用就是用于旁路触发器的。输出端一般还加 1 个三态缓冲器，以使输出更加灵活。

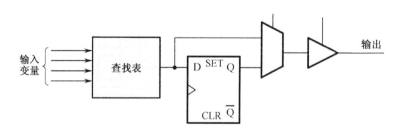

图 2.26　FPGA 的逻辑块结构（查找表加触发器）

FPGA 器件的规模可以做得非常大，其内部主要由大量纵横排列的逻辑块（Logic Block，LB）构成，每个逻辑块采用类似图 2.26 所示的结构构成。大量这样的逻辑块通过内部连线和开关就可以实现非常复杂的逻辑功能。图 2.27 所示为 FPGA 器件的内部结构，很多 FPGA 器件的结构都可以用该图来表示，比如，Altera 的 Cyclone、FLEX 10K 等器件，以及 Xilinx 的 XC4000、Spartan 等器件。

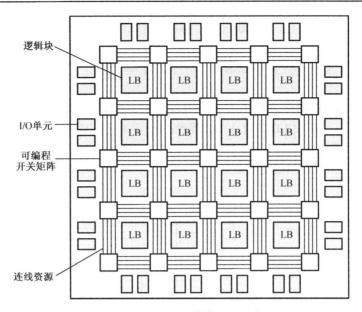

图 2.27　FPGA 器件的内部结构

2.5.2　典型 FPGA 的结构

图 2.28 所示为 Intel 的 Stratix IV 器件的逻辑模块 LM 结构示意图。Stratix IV 器件的基本单元称为逻辑模块（Logic Module，LM），每个 LM 包含两个 6 变量查找表（LUT-6）和两个触发器（FF）。每个 LUT-6 都有 2 个独立的输入，4 个共享的输入（一对 LUT-6 共享 4 个输入），它可以实现两个 6 变量的函数。输出可以是直接组合逻辑输出或经触发器输出。有两个嵌入式的 1 位带进位链的加法器。Stratix IV 逻辑模块的另一个特性是寄存器链，它用于实现移位寄存器或其他类型的触发器阵列，可独立于查找表分开使用。

Stratix V 器件的 LM 结构与 Stratix IV 器件的类似，区别在于 Stratix V 器件的 LM 中有 4 个触发器，而不是 Stratix IV 器件中的 2 个。

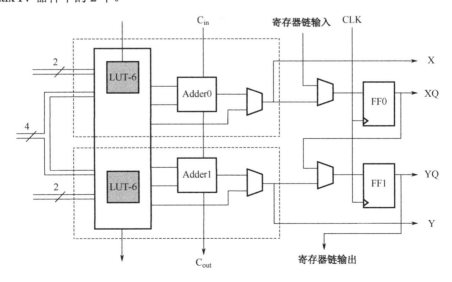

图 2.28　Stratix IV 器件的逻辑模块 LM 结构示意图

XC4000 器件属于 Xilinx 早期一款中等规模的 FPGA 器件，芯片的规模从 XC4013 到 XC40250，分别对应 2～25 万个等效逻辑门，XC4000 器件的基本逻辑块称为可配置逻辑块（Configurable Logic Block，CLB）。器件内部主要由 3 部分组成：可配置逻辑块（CLB）、输入/输出模块（I/O Block，IOB）和布线通道（Routing Channel）。大量 CLB 在器件中排列为阵列状，CLB 之间为布线通道，IOB 分布在器件的周围。

图 2.29 所示为 XC4000 器件的 CLB 结构，可以看出，CLB 由函数发生器、数据选择器、触发器和信号变换电路等组成。每个 CLB 含有 3 个查找表：G、F 和 H。G 和 F 是 4 输入查找表，H 为 3 输入查找表。3 输入查找表可将两个 4 输入查找表连接起来，这样 G、F、H 3 个查找表组合配置，一个 CLB 可实现 5 变量或最多 9 变量的逻辑函数。

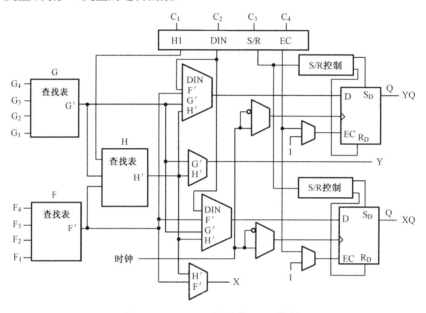

图 2.29 XC4000 器件的 CLB 结构

CLB 也可以配置成加法器模块。在这种模式中，CLB 中的每个 4 输入查找表能同时实现一个全加器的求和与进位两个函数。另外，不用来实现逻辑函数时，这个 CLB 还可以用作存储器模块。每个 4 输入的查找表可作为 16×1 的存储器块，两个 4 输入的查找表可以组合起来作为 32×1 的存储器块。多个 CLB 可组合成更大的存储器块。

每个 CLB 中含有两个 D 触发器，具有异步置位/复位端和时钟输入端，可用来实现寄存器逻辑。CLB 中还包含数据选择器（4 选 1、2 选 1 等），用来选择触发器的输入信号、时钟有效边沿和输出信号等。

CLB 的输入与输出可与 CLB 周围的互连资源相连，图 2.30 表示了 XC4000 器件内部的布线通道（Routing Channel）结构。从图中可看出，布线通道主要由单长线和双长线构成。单长线和双长线提供了 CLB 之间快速而灵活的互连，但是，传输信号每经过一个可编程开关矩阵（PSM）就增加一次延时。因此，器件内部的延时与器件的结构和布线有关，延时是不确定的，也是不可预测的。

图 2.31 所示为 Spartan 器件的 CLB 逻辑图，从图中可以看出，CLB 中包含 3 个用作函数发生器的查找表、两个触发器和两组数据选择器（见图中的虚线框 A 和 B）。其中，两个 4 输入的查找表（F-LUT 和 G-LUT）可实现 4 输入（F_1～F_4 或 G_1～G_4）的任何布尔函数。由于采用的是查找表方式，因此传播延时与实现的逻辑功能无关；第 3 个 3 输入查找表（H-LUT）能实现任意 3 输入的布尔函数，其中两个输入受可编程数据选择器控制，可以来自 F-LUT、G-LUT 或 CLB 的输入端（SR 和 DIN）。第 3 个输入固定来自 CLB 的输入端 H1。因此，CLB 可实现最高 9 个变量的函数。CLB 中的 3 个查找表还可

组合实现任意 5 输入的布尔函数。

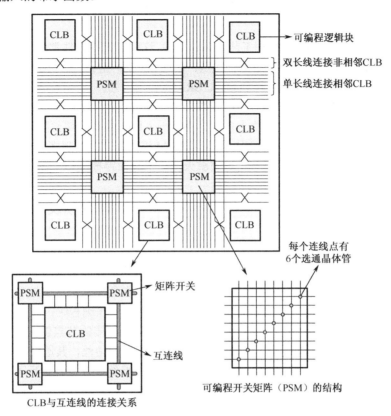

图 2.30　XC4000 器件的内部布线通道结构

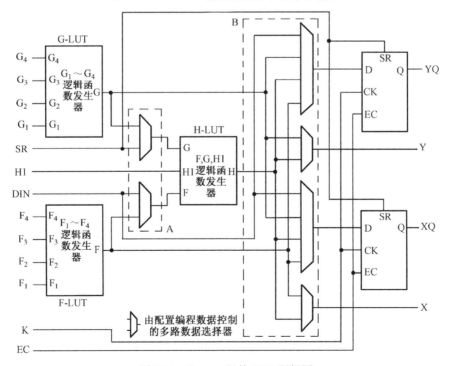

图 2.31　Spartan 器件 CLB 逻辑图

2.6 FPGA/CPLD 的编程工艺

FPGA/CPLD 器件可采用不同的编程工艺和编程元件,这些可编程元件常用来存储逻辑配置数据或作为电子开关。常用的可编程工艺有以下 4 种类型:熔丝(Fuse)型开关、反熔丝(Antifuse)型开关、浮栅编程工艺件(EPROM、EEPROM 和 Flash)、SRAM 编程工艺。

其中,前 3 类为非易失性器件,编程后配置数据一直保持在器件上;SRAM 编程工艺为易失性器件,每次掉电后配置数据都会丢失,再次上电时需重新导入配置数据。熔丝型开关和反熔丝型开关器件只能写一次,属于 OTP 类器件;浮栅编程工艺和 SRAM 编程工艺则可以多次重复编程。反熔丝型开关器件一般用在对可靠性要求较高的军事、航空航天产品上,而浮栅编程工艺一般用在民用、消费类产品中。

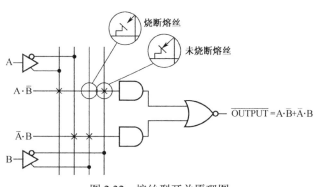

图 2.32 熔丝型开关原理图

1. 熔丝型开关

熔丝型开关是最早的可编程器件,它由可以用电流熔断的熔丝组成。使用熔丝编程技术的可编程逻辑器件,如 PROM、EPLD 等,一般在需要编程的互连节点上设置相应的熔丝开关,在编程时,根据设计的熔丝图文件,要保持连接的节点保留熔丝,要去除连接的节点烧掉熔丝,其原理图如图 2.32 所示。

熔丝型开关烧断后不能恢复,只可编程一次,而且熔丝开关很难测试其可靠性。在器件编程时,即使发生数量非常小的错误,也会导致器件功能的不正确。为了保证熔丝熔化时产生的金属物质不影响器件的其他部分,要留出较大的保护空间,因此熔丝占用的芯片面积较大。

2. 反熔丝型开关

熔丝型开关要求的编程电流大,占用的芯片面积大。为了克服熔丝型开关的缺点,出现了反熔丝编程技术。反熔丝技术主要通过击穿介质来达到连通的目的。反熔丝元件在未编程时处于开路状态,编程时,在其两端加上编程电压,反熔丝就会由高阻抗变为低阻抗,从而实现两个极之间的连通,且在编程电压撤除后保持导通状态。

图 2.33 所示为 QuickLogic 的器件采用的反熔丝编程结构 ViaLink 示意图,在未编程时,反熔丝是连接两个金属连线的非晶硅孔(Via),其电阻值大于 1000 MΩ,几乎处于绝缘状态,在其上施加 10~11 V 的编程电压后,绝缘的非晶硅转化为导电的多晶硅,从而在两金属层之间形成永久性的连接,ViaLink 导通后的电阻约为 50~80 Ω,编程电流约为 15mA。

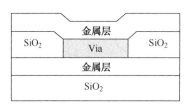
(a) 导通前

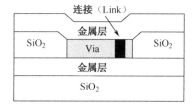
(b) 导通后

图 2.33 反熔丝编程结构 ViaLink 示意图

反熔丝在硅片上只占一个通孔的面积,占用的硅片面积小,适于作为集成度很高的 PLD 器件的编程工艺。Actel、Cypress 的部分 PLD 器件也采用了反熔丝工艺结构，但其工艺与上面的 ViaLink 结构有所不同。

3．浮栅编程工艺

浮栅编程工艺包括紫外线擦除电编程的 EPROM、电擦除电编程的 EEPROM 及 Flash 闪速存储器，这 3 种存储器都采用浮栅存储电荷的方法来保存编程数据，因此断电时存储的数据不会丢失。

1）EPROM

EPROM 编程工艺的基本结构是浮栅管。浮栅管相当于一个电子开关，当浮栅中没有注入电子时，浮栅管导通；浮栅中注入电子后，浮栅管截止。

如图 2.34 所示为浮栅管符号及用浮栅管作为互连单元的示意图。图 2.34（a）所示为浮栅管电路符号，浮栅管结构与普通 NMOS 管类似，但有 G1 和 G2 两个栅极。G1 栅无引出线，被包围在二氧化硅（SiO_2）中，称为浮栅。G2 为控制栅，有引出线，在漏极和源极间加上几十伏的电压脉冲，在沟道中产生足够强的电场，造成雪崩，令电子跃入浮栅中，从而使浮栅 G1 带上负电荷。由于浮栅周围都是绝缘 SiO_2 层，泄漏电流极小，所以一旦电子注入 G1 栅，就能长期保存。当 G1 栅有电子积累时，相当于存储了 0，反之，相当于存储了 1。

图 2.34（b）用浮栅管作为互连单元，浮栅管充当了一个开关的作用，如果对浮栅管的控制栅极施加高压，电荷被注入浮栅中，当高压去除时，电荷就会被存储起来，浮栅管会一直处于截止状态（存储电荷的作用是增加浮栅管阈值电压，使其不能接通），用浮栅管存储了 1 或 0 来控制两条连线的截止和连通。

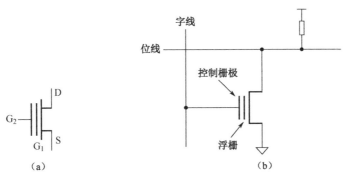

图 2.34　浮栅管符号及用浮栅管作为互连单元

浮栅管除用作互连单元，也可以用于构成 EPROM 存储器。EPROM 存储器芯片外形如图 2.35（a）所示，从外形上看，EPROM 存储器上都有一个石英窗口，当用光子能量较高的紫外光照射浮栅时，G_1 中的电子获得了足够的能量，穿过氧化层回到衬底中，这样可使浮栅上的电子消失，达到抹去存储信息的目的，相当于存储器又存了全 1，此过程如图 2.35（b）所示。EPROM 存储器出厂时为全 1 状态，用户可根据需要写 0，写 0 时，在漏极加二十几伏的正脉冲。这种采用光擦除的方法在实践中不够方便，因此，EPROM 早已被电擦除的 EEPROM 编程工艺所取代。

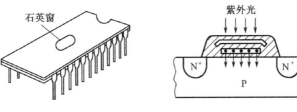

（a）EPROM 存储芯片器外形　　（b）光抹成全 1 状态

图 2.35　EPROM 存储器

2）EEPROM

EEPROM 也可写成 E²PROM，它是电擦除电编程的编程工艺。EEPROM 在结构上类似于 EPROM，但可以用电的方式去除栅极电荷，用 EEPROM 工艺可以实现互连功能，PAL 器件的与阵列的可编程连接点就是采用 EEPROM 元件进行互连的。图 2.36 是 EEPROM 互连元件示意图，图中采用 EEPROM 浮栅晶体管连接行线和列线，可根据需要将浮栅晶体管写 0 或者写 1，以达到断开或者连通连线的目的。EEPROM 浮栅管一旦被编程（写 0 或写 1），它将一直保持编程后的状态，直至被重新编程。

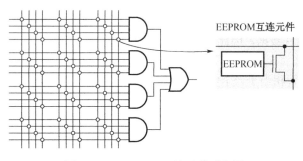

图 2.36　EEPROM 互连元件示意图

EEPROM 工艺也用于实现存储器，有专门的 EEPROM 存储芯片。

3）闪速存储器

闪速存储器（闪存，Flash Memory）是一种新型可编程工艺，它把 EPROM 的高密度、低成本与 EEPROM 的电擦除性能结合在一起，又具有快速擦除（因其擦除速度快，因此被称为闪存）的功能，性能优越。闪速存储器与 EPROM 和 EEPROM 一样属于浮栅编程器件，其单元也是由带两个栅极的 MOS 管组成。其中一个栅极称为控制栅，另一个栅极称为浮栅，其处于绝缘二氧化硅的包围之中。

最早采用浮栅技术的存储元件都要求使用两种电压，即 5 V 工作电压和 12～21 V 的编程电压，现在已趋于单电源供电，由器件内部的升压电路提供编程和擦除电压。现在，多数浮栅可编程器件工作电压为 5 V 和 3.3 V，也有部分芯片为 2.5 V。另外，EPROM、EEPROM 和闪速存储器都属于可重复擦除的非易失器件，在现有的工艺水平上，EEPROM 和 Flash 编程元件的擦写寿命已达 10 万次以上。

4．SRAM 编程工艺

SRAM（Static RAM）是指静态存储器，SRAM 编程工艺是 FPGA 的主流工艺，绝大多数 FPGA 基于 SRAM 设计和制作。

典型的 SRAM 基本单元由 6 个 CMOS 晶体管组成，图 2.37 显示了典型 6 管 CMOS 型 SRAM 单元（SRAM cell）的结构，左边的图是门级原理图，右边的图是晶体管级原理图。从图中可以看出，一个 SRAM 单元由 2 个 CMOS 反相器和 2 个用来控制写入的 MOS 导通管（Pass Transistors，PT）构成，其中，每个 CMOS 反相器由两个 MOS 管（1 个 N 型 MOS 管和 1 个 P 型 MOS 管）构成，2 个 CMOS 反相器能够稳定存储 0 和 1 状态，存储的 0 和 1 信息会一直保留在由两个非门构成的反馈回路中，类似于触发器，并通过 PT 进行写入。普通静态存储器可以通过 PT 读取状态，而在 FPGA 中是从触发器中（图中的 Q 端）输出，而不是通过 PT 读取。

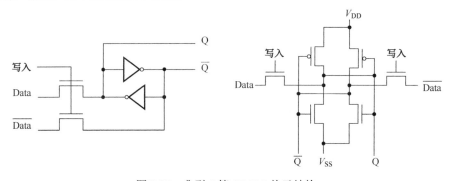

图 2.37　典型 6 管 SRAM 单元结构

SRAM 单元在 FPGA 中用于构成查找表（LUT）结构，图 2.38 所示为用 SRAM 单元构成 2 输入查找表的存储单元示意图，逻辑表达式的真值表存储在 SRAM 单元中，用多路选择器 MUX 查表得到结果。Xilinx 是第一个使用 SRAM 作为编程工艺实现 FPGA 芯片的公司，之后由于 SRAM 工艺实现 FPGA 带来的灵活性和可重复编程特性导致了 FPGA 的广泛流行，已成为目前 FPGA 编程工艺的主流，但各家实现的方案不尽相同。

SRAM 单元也可用于构成 FPGA 中的逻辑块互连，比如，可通过存储在 SRAM 单元中的控制位作为多路选择器 MUX 的地址选择端，控制 MUX 的输出；也可通过存储在 SRAM 单元中的控制位实现行列连线的可编程互连，如图 2.39 所示为用 SRAM 单元控制导通管（PT）的栅极，如果 SRAM 单元中为 0，则该 PT 管关闭；如果 SRAM 单元中为 1，则该 PT 管导通。

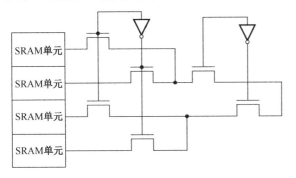

图 2.38　用 SRAM 单元构成 2 输入查找表的存储单元示意图

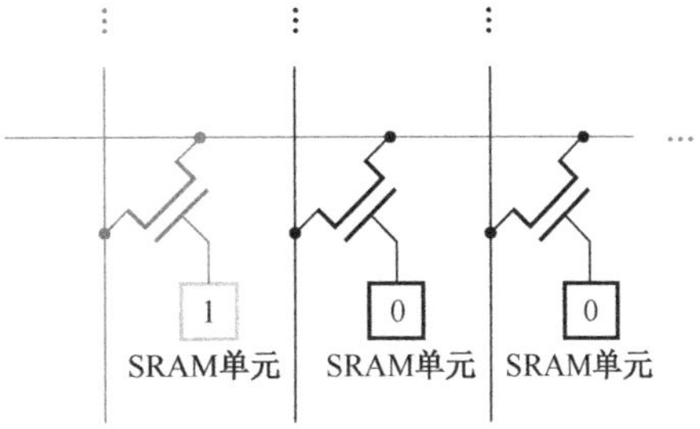

图 2.39　SRAM 单元用于控制导通管（PT）栅极

从每个单元占用的硅片面积来说，SRAM 结构并不节省，例如，如果一个 FPGA 有 100 万个可编程点，意味着大约 500 或 600 万个晶体管来实现这种可编程性。但 SRAM 结构的优点也是很突出的：可重复编程，编程迅速，静态功耗低，抗干扰能力强。在采用 SRAM 编程结构的 FPGA 器件中，大量 SRAM 单元按点阵分布，在配置时写入，一般情况下，控制读/写的 MOS 传输开关处于断开状态，不影响单元的稳定性，而且功耗极低。需指出的是，由于 SRAM 是易失元件，FPGA 每次上电必须重新加载配置数据。

2.7　边界扫描测试技术

随着芯片变得越来越复杂，对芯片的测试变得越来越困难。ASIC 芯片功能千变万化，很难用一种固定的测试策略和测试方法来验证其功能。

为了解决超大规模集成电路（VLSI）的测试问题，1986 年 IC 领域的专家成立了联合测试行动组（Joint Test Action Group，JTAG），并制定了 IEEE 1149.1 边界扫描测试（Boundary Scan Test，BST）技术规范。边界扫描测试技术提供了有效测试高密度器件的能力。

图 2.40 是 JTAG 边界扫描测试结构示意图，可以看出，该测试方法提供了一个串行扫描路径，它能捕获器件核心逻辑的内容，且可以在器件正常工作时捕获功能数据。测试数据从左边的一个边界扫描单元串行移入，捕获的数据从右边的一个边界扫描单元串行移出，通过与标准数据进行比较，即可知道芯片性能。

在 JTAG 测试中，使用 5 个引脚完成测试，分别是 TCK、TMS、TDI、TDO 和 TRST。其中，TRST 引脚用来对 TAP 控制器进行初始化或者复位，该信号在 IEEE 1149.1 标准中是可选的，因为通过 TMS 也可以对 TAP 控制器进行复位。其他 4 个引脚（TCK、TMS、TDI、TDO）则是必需的，这 5 个引脚的功能具体如表 2.7 所示。

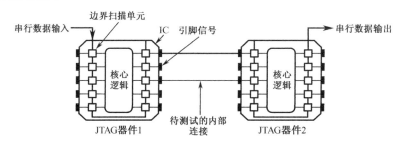

图 2.40　JTAG 边界扫描测试结构示意图

表 2.7　JTAG 引脚功能

引　脚	名　称	功　能
TDI（Test Data Input）	测试数据输入	指令和测试数据的串行输入引脚，数据在 TCK 的上升沿时刻移入
TDO（Test Data Output）	测试数据输出	指令和测试数据的串行输出引脚，数据在 TCK 的下降沿时刻移出；如果没有数据移出器件，此引脚处于高阻态
TMS（Test Mode Selection）	测试模式选择	控制 TAP 在不同的状态间相互转换，TMS 信号在 TCK 的上升沿有效，在正常工作状态下 TMS 是高电平
TCK（Test ClocK）	测试时钟输入	时钟引脚，TAP 的所有操作都是通过这个时钟信号来驱动的
TRST（Test Reset）	测试电路复位	低电平有效，用于初始化或异步复位边界扫描电路

图 2.41 所示为边界扫描测试框图，JTAG 由测试访问端口（Test Access Port，TAP）控制器管理，该 TAP 控制器驱动 3 个寄存器：一个 3 位指令寄存器用来引导扫描测试数据流；一个 1 位旁路数据寄存器用来提供旁路通路（不进行测试时）；一个大型测试数据寄存器（或称为边界扫描寄存器）位于器件的周边。边界扫描寄存器（见图 2.42）是一个大型的串行移位寄存器，它使用 TDI 引脚作为输入，使用 TDO 引脚作为输出，从图中可看出测试数据是如何沿着器件的周边进行串行移位的。边界扫描寄存器由一些 3 位的周边单元组成，它们可以是 I/O 单元（IOE）、专用输入，也可以是一些专用的配置引脚。用户使用边界扫描寄存器测试外部引脚的连接，或在器件运行时捕获内部数据。

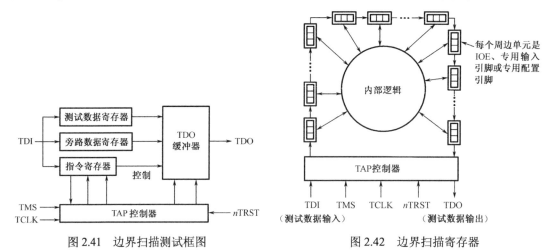

图 2.41　边界扫描测试框图　　　　图 2.42　边界扫描寄存器

JTAG 边界扫描测试技术提供了一种有效的方法，对高集成度、引脚密集的芯片和系统进行测试。目前生产的几乎所有高密度数字器件（FPGA、CPU、DSP、ARM 等）都具备标准的 JTAG 接口。同时，除了在系统测试，JTAG 接口也被赋予了更多功能，如编程下载、在线调试等。JTAG 接口还常用于实现 ISP 在线编程功能，对 Flash 编程工艺的器件进行编程。同时还可通过 JTAG 接口对芯片进行在线调试。例如，Quartus 软件中的 Signal Tap II 嵌入式逻辑分析仪，可使用 JTAG 接口进行逻辑分析，使开发人员能够在系统实时调试硬件。Nios II 嵌入式软核是通过 JTAG 接口进行调试的。

习 题 2

2.1 PLA 和 PAL 在结构上有何区别？
2.2 说明 GAL 的 OLMC 有什么特点，它如何实现可编程组合电路和时序电路？
2.3 简述基于乘积项的可编程逻辑器件的结构特点。
2.4 基于查找表的可编程逻辑结构的原理是什么？
2.5 某 PLD 阵列如图 2.43 所示，写出 F_1、F_2、F_3 的函数表达式。

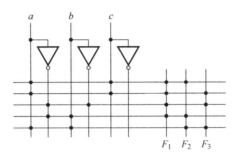

图 2.43 某 PLA 阵列

2.6 基于乘积项和基于查找表的结构各有什么优点？
2.7 FPGA 和 CPLD 在结构上有什么明显的区别？各有什么特点？
2.8 边界扫描测试技术有什么优点？

第 3 章　FPGA/CPLD 的结构与配置

本章概要：本章以 Intel FPGA（Altera）器件为例，介绍典型 FPGA/CPLD 器件的结构和配置方式。
知识要点：（1）以 Cyclone IV 器件为例介绍 FPGA 器件的结构；
　　　　　　（2）以 MAX 10 器件为例介绍 CPLD 器件的结构；
　　　　　　（3）FPGA/CPLD 的编程配置方式。
教学安排及要求：本章教学安排 2 学时。通过本章的学习，使学生了解 FPGA/CPLD 器件的结构与特点，掌握 FPGA/CPLD 器件的编程配置方式。

3.1　FPGA/CPLD 器件概述

FPGA/CPLD 的生产商主要有 Intel FPGA（Altera）、Xilinx 和 Lattice 几家，本节介绍 Intel FPGA 的 FPGA/CPLD 系列。

Intel FPGA 的 FPGA/CPLD 分为高端、中端和低成本等系列，每个系列不断更新换代，Intel FPGA 还与 TSMC（台积电）合作，在制作工艺上不断提升。

1. Agilex 高端 FPGA 系列

Agilex 器件采用异构 3D 系统级封装（SiP）技术，采用了 Intel FPGA 首款基于 10 nm 制程工艺的 FPGA 架构，可用于数据中心、网络、边缘计算等应用场景；Agilex 器件还集成了四核 Arm Cortex-A53 处理器。

Agilex 器件分为 F 系列、I 系列和 M 系列。F 系列集成了带宽为 58 Gbit/s 的收发器、增强 DSP 功能、第 2 代 Hyperflex 架构，适用于数据中心、网络和边缘计算等场景；I 系列针对高性能处理器接口和带宽密集型应用做了优化，提供面向 Intel 至强处理器、增强型 PCIe Gen 5 支持和 112 Gbit/s 带宽的收发器；M 系列针对计算密集型和内存密集型应用进行了优化，提供面向 Intel 至强处理器、HBM 集成、增强型 DDR5 支持，针对需要大量内存和高带宽的数据密集型应用。

2. Stratix 高端 FPGA 系列

Stratix 高端 FPGA 系列从 I 代、II 代发展到现在的 Stratix V、Stratix 10 等，各代的推出年份和采用的制程技术如表 3.1 所示。

表 3.1　Stratix 系列高端 FPGA 器件

器件系列	Stratix	Stratix II	Stratix III	Stratix IV	Stratix V	Stratix 10
推出年份	2002	2004	2006	2008	2010	2013
制程技术（nm）	130	90	65	40	28	14，三栅极

Stratix 器件是 2002 年推出的，采用 1.5 V、130 nm 全铜工艺制作；Stratix II 器件采用 1.2 V、90 nm 工艺制作，最大容量达到 18 万个 LE 单元和多达 9 Mbit 的嵌入式 RAM；Stratix III 器件采用 65 nm 工艺制程，最大容量达到 34 万个 LE，分为 3 个子系列：Stratix III 系列，主要用于标准型应用；L 系列，

侧重 DSP 应用，内含大量乘法单元和 RAM 资源；GX 系列，集成高速串行收发模块。Stratix IV 采用 40 nm 工艺制作，内部集成了速度达到 11.3 Gbit/s 的收发器；Stratix V 采用 TSMC 的 28 nm 高 K 金属栅极工艺制作，达到 119 万个 LE；片内集成了 28.05 Gbit/s 的高速收发器和 1066 MHz 的 DDR3 存储器接口。

Stratix 10 于 2013 年推出，采用 Intel 14 nm 三栅极制造工艺，最大容量达到 550 万个 LE，并集成 1.5 GHz 四核 64 位 ARM Cortex-A53 硬核处理器，可提供 144 个收发器，数据速率达到 30 Gbit/s；支持 2666 Mbit/s 的 DDR4，整体性能显著提升。

3．Arria 中端 FPGA 系列

Arria 是面向中端应用的 FPGA 系列，面向对成本和功耗敏感的收发器及嵌入式应用。Arria 器件各代推出的年份和采用的制程技术如表 3.2 所示。

表 3.2　Arria 系列中端 FPGA 器件

器 件 系 列	Arria GX	Arria II GX	Arria II GZ	Arria V GX, GT, SX	Arria V GZ	Arria 10 GX, GT, SX
推出年份	2007	2009	2010	2011	2012	2013
制程技术（nm）	90	40	40	28	28	20

Arria GX 器件系列在 2007 年推出，采用 90 nm 工艺。收发器速率为 3.125 Gbit/s，支持 PCIe、以太网、Serial RapidIO 等协议。Arria II 器件基于 40 nm 工艺，其架构包括 ALM、DSP 模块和嵌入式 RAM，以及 PCI Express 硬核。Arria II 包括两个型号：Arria II GX 和 Arria II GZ，后者功能更强一些。Arria V GX 和 GT 器件使用了 28 nm 低功耗工艺实现了低静态功耗，集成了 HPS（包括处理器、外设和存储器控制器）。Arria V GZ 的 3L 速率等级器件静态功耗更低。2013 年推出的 Arria 10 器件采用了 20 nm 制程工艺，性能更强，功耗更低，其串行接口速率达到 28.05Gbit/s，硬核浮点 DSP 模块速率达到每秒 1 500×10^9 次浮点运算。

4．Cyclone 低成本 FPGA 系列

Cyclone 低成本 FPGA 系列从 I 代、II 代、III 代发展到 Cyclone IV、Cyclone V、Cyclone 10，每一代推出的年份和采用的制程技术如表 3.3 所示。

表 3.3　Cyclone 低成本 FPGA 家族系列

器 件 系 列	Cyclone	Cyclone II	Cyclone III	Cyclone IV	Cyclone V	Cyclone 10
推出年份	2002	2004	2007	2009	2011	2017
制程技术（nm）	130	90	65	60	28	20

Cyclone 器件的制程工艺是 130 nm；Cyclone II 器件的制程工艺是 90 nm；Cyclone III 器件工艺是 65 nm，含有 5000～12 万个 LE 单元，单个 RAM 块增加到 9 kbit，最大容量达到 4 Mbit，18 位乘法器数量达到 288 个。

从 Quartus II14.0 版本后，已不再支持 Cyclone、Cyclone II 和 Cyclone III 器件。

Cyclone IV 器件是 2009 年推出，采用 60 nm 低功耗工艺，分为两种型号。一种型号是 Cyclone IV GX，具有 15 万个逻辑单元(LE)、6.5 Mbit RAM 和 360 个乘法器，8 个 3.125 Gbit/s 收发器及 PCI Express（PCIe），采用 Wirebond 封装，大小只有 11mm×11mm，适合低成本场合应用；另一个型号是 Cyclone IV E 器件，不带收发器，但内核电压只有 1.0 V，比 Cyclone IV GX 功耗更低。

Cyclone V 器件在 2011 年推出，采用 TSMC（台积电）的 28 nm 低功耗（28LP）工艺制作，提供集成收发器型号和具有基于 ARM 硬核处理器系统（HPS）的型号，HPS 包括处理器、外设和存储器控制器。Cyclone 10 器件于 2017 年推出，分为两个子系列：GX 和 LP 系列。GX 系列支持 12.5 Gbit/s 收

发器、1.4 Gbit/s LVDS 和最高 72 位宽、1866 Mbit/s 的 DDR3 SDRAM 接口，逻辑容量从 8.5～22 万个 LE 单元，适用于对成本敏感的高带宽、高性能应用，如工业视觉、机器人和车载娱乐多媒体系统等；LP 系列适用于不需要高速收发器的应用场景，包含 6000～12 万个 LE 单元。

5．Intel FPGA 的 CPLD 器件

Intel FPGA 的 CPLD 器件均是基于非易失体系结构的，不需外挂配置器件。早期的 CPLD 器件，如 MAX 7000S、MAX 3000A 等采用 EEPOM 工艺，集成度为 32～512 个宏单元，工作电压多为 5.0 V。2004 年后推出的 MAX II、MAX V、MAX 10 系列器件，兼具 FPGA 和 CPLD 的双重优点，解决了非易失、单芯片、低成本、低功耗、高密度的芯片实现方案。Intel FPGA 的 CPLD 器件每一代推出的年份和采用的制程技术如表 3.4 所示。

表 3.4　Intel FPGA 的 CPLD 器件系列

器件系列	早期的 CPLD	MAX II	MAX IIZ	MAX V	MAX 10
推出年份	1995～2002	2004	2007	2010	2014
制程技术	0.50～0.30 μm	180 nm	180 nm	180 nm	55 nm
主要特点	5.0V I/O	I/O 数量较多	低静态功耗	低功耗	非易失集成

MAX II 采用 0.18 μm Flash 工艺制作，基于查找表结构，其内部集成 8 kbit 的 Flash 存储器，可存储配置数据，无须外挂配置器件；MAX V 器件采用 180 nm 工艺制作，采用非易失结构，器件内集成闪存、RAM、振荡器和锁相环等结构，静态功耗低至 45 μW。

2014 年推出的 MAX 10 器件采用 TSMC 的 55 nm 嵌入式 NOR 闪存制造技术，基于非易失结构，使用单核或者双核电压供电，其密度范围在 2000～5 万个 LE 之间，采用小圆晶片级封装（3 mm×3 mm），MAX 10 内集成了模数转换器（ADC）、双配置闪存和温度传感器，具有 736 KB 用户闪存代码存储功能，支持 Nios II 软核、DSP 模块和 DDR3 存储控制器软核等。

6．Intel 的宏功能模块及 IP 核

随着百万门级 PLD 芯片的推出，片上系统（SoC）成为可能，Intel FPGA（Altera）提出的概念为 SoPC（System on a Programmable Chip），即可编程片上系统，将一个完整的系统集成在一个 PLD 器件内。为了支持 SoPC 的实现，Intel 提供了宏模块、IP 核及系统集成等解决方案。Intel FPGA 的 IP 核包括光传输类、以太网、PCI Express、RapidIO II、视频图像处理类等。

3.2　MAX 10 器件结构

MAX 10 器件的主要片内资源如表 3.5 所示。

表 3.5　MAX 10 器件的主要片内资源

器件	逻辑单元 LE（K）	M9K 存储器（KB）	闪存（KB）	嵌入式 18×18 乘法器	锁相环（PLL）	最大用户 I/O	内部配置映像	ADC
10M02	2	108	96	16	2	160	1	—
10M04	4	189	1 248	20	2	246	2	1
10M08	8	378	1 376	24	2	250	2	1
10M16	16	549	2 368	45	4	320	2	1
10M25	25	675	3 200	55	4	380	2	2
10M40	40	1 260	5 888	125	4	500	2	2
10M50	50	1 638	5 888	144	4	500	2	2

图 3.1 所示为 MAX 10 芯片平面布局图（Floorplan）。从图中可以看出，MAX 10 芯片与 Intel FPGA 的其他 FPGA 结构类似，由纵横排列的逻辑阵列块 LAB 构成，芯片内还集成了锁相环 PLL、嵌入式乘法器、嵌入式存储器等硬核结构。

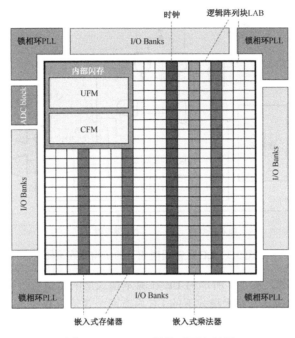

图 3.1 MAX 10 器件平面布局图

MAX 10 器件具有以下特点。

（1）MAX 10 器件的基本逻辑块称为逻辑单元（Logic Element，LE），每 16 个 LE 单元构成一个 LAB 逻辑块，其 LE 的结构如图 3.2 所示，观察图 3.2 可发现，LE 主要由一个 4 输入查找表、进位链逻辑、寄存器链和可编程寄存器构成。4 输入查找表用来完成组合逻辑功能；每个 LE 中的可编程寄存器可被配置成 D、T、JK 和 SR 触发器模式，并具有数据、时钟、时钟使能、异步置数、清零信号。如果是纯组合逻辑应用，可将触发器旁路，这样查找表的输出直接作为 LE 的输出。每个 LE 的输出都可以连接到局部连线、行列、寄存器链等布线资源。

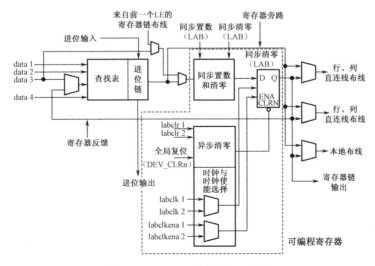

图 3.2 MAX 10 器件的 LE 结构

LE 单元可工作于两种模式：普通模式和算术模式。在不同的 LE 操作模式下，LE 的内部结构和 LE 之间的互连有些差异，图 3.3 所示为 LE 在普通模式下的结构和连接图。普通模式下的 LE 适合通用逻辑和组合逻辑的实现，并支持寄存器打包和寄存器反馈。

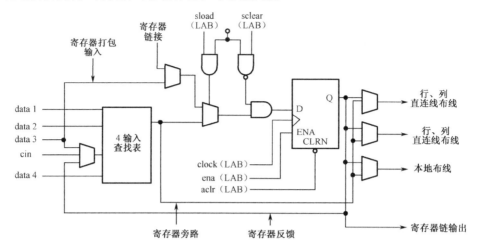

图 3.3 LE 在普通模式下的结构和连接图

LE 还可工作于算术模式，图 3.4 所示为 LE 在算术模式下的结构图，采用此模式能更好地实现加法器、计数器、累加器和比较器。算术模式下的 LE 内有两个 3 输入查找表，可被配置成 1 位全加器和基本进位链结构，其中一个 3 输入查找表用于计算，另一个 3 输入查找表用于生成进位输出信号。算术模式下的 LE 支持寄存器打包和寄存器反馈。

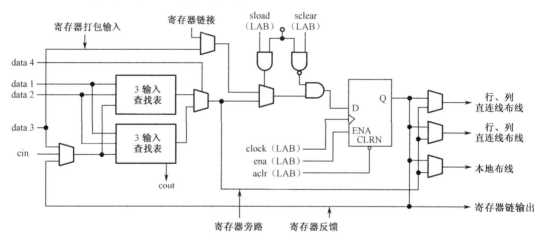

图 3.4 LE 在算术模式下的结构图

（2）MAX 10 器件特色的地方还在于其内部集成了内部闪存（Internal Flash）。内部闪存主要有两种用途：

① 用作配置闪存 CFM（Configuration Flash Memory），可用于存储配置数据，具有非易失特性，因此无须外挂配置芯片。

② 用作用户闪存 UFM（User Flash Memory），可用于存储用户数据，UFM 只能使用 Quartus Prime 软件中的 IP 核访问。

（3）MAX 10 器件内集成有 1 个或者 2 个模数转换器（ADC），此 ADC 模块量化精度为 12bit，采用逐次逼近型 ADC 电路，还集成有片上温度传感器，监控外部温度。MAX 10 器件的 ADC 模块的特性如表 3.6 所示。

表 3.6 MAX 10 器件的 ADC 特性

功　能	说　明
12bit 量化精度	12bit 量化精度，采用逐次逼近型 ADC 转换电路
高达 1 MSPS 的采样率	采样最高达到每秒 1 兆采样
单 ADC 器件支持 17 路外部输入 A/D 转换	具有 1 个专用模拟输入引脚和 16 个双功能输入引脚
双 ADC 器件支持 18 路外部输入 A/D 转换	每个 ADC 模块具有 1 个专用模拟输入引脚和 8 个双功能输入引脚
片上温度传感器	通过每秒 5 万的采样率监控外部温度数据

ADC 模块可工作在两种模式下：
- 正常模式：监控单端外部输入，采样率达每秒 100 万样点（1MSPS）。
- 温度传感模式：监控外部温度数据输入，采样率达每秒 5 万样点。在双 ADC 芯片中，只有第 1 个 ADC 模块支持此模式。

（4）支持 32bit Nios II 软核；支持 DDR3 存储控制器软核，可外挂 DDR3 器件。

（5）片内 RAM 由 M9K 存储块组成，每个 M9K 存储器块（9 kbit 包括奇偶校验位）模块可提供 1 个能够运行在高达 284 MHz 的片上存储器，M9K 存储器块列可配置成：RAM、ROM、移位寄存器和 FIFO 缓存器等。

（6）最多集成有 144 个 18×18 bit 嵌入式乘法器，每个乘法器模块可实现 1 个 18×18 bit 乘法操作或 2 个 9×9 bit 乘法操作；另外还集成了数字信号处理（DSP）模块等资源。

（7）集成全局时钟（GCLK）网络，GCLK 驱动整个芯片，芯片中的所有资源，如 I/O 单元、逻辑阵列块（LAB）、专用乘法器块和 M9K 内存块，都可以使用 GCLK 作为时钟源，用作时钟使能、异步清零或其他控制信号。

（8）集成内部环形振荡器与时钟多路复用器和分频器，内部环形振荡器工作频率可达到 232MHz。

（9）集成锁相环 PLL（Phase Locked Loop），其特点是基于模拟技术，能将压控振荡器（VCO）的相位和频率同步到输入的参考时钟上，并实现消抖、改变占空比、移相等功能。

（10）I/O 特性为，支持各种 I/O 标准，用户可以自由灵活地为自己的设计选择合适的 I/O 电平标准。I/O 引脚和 I/O 缓冲区还支持输出摆率可控、预加重、弱上拉、漏极开路等特性，支持高速 LVDS 协议。

注：I/O 电平标准：现代 FPGA 器件的 I/O 块允许将信号转换为各种 I/O 信号标准，其中一些标准如下：

LVTTL（Low-voltage Transistor-Transistor Logic）：低压 TTL 电平标准；

PCI（Peripheral Component Interconnect）：外设互联电平标准；

LVCMOS（Low-voltage CMOS）：低压 CMOS 电平标准；

LVPECL（Low-voltage Positive Emitter-coupled Logic）：低压正射极耦合逻辑；

LVDS（Low-Voltage Differential Signaling）：低压差分信号；

SSTL（Stub-series Terminated Logic）：短截线串联终端逻辑；

AGP（Advanced Graphics Port）：高级图形端口电平标准；

GTL（Gunning Transceiver Logic）：射极收发逻辑电平标准；

HSTL（High-speed Transceiver Logic）：高速收发逻辑电平标准。

以上 I/O 电平标准采用的信号电平有 5V、3.3V、2.5V，甚至 1.5V。LVTTL 为 3.3V 电平，可兼容 5V；LVCMOS 为 2.5V，可兼容 5V 的信号。PCI 标准有 5V 和 3.3V 版本；有的 I/O 电平需要参考电压（VREF）；SSTL 用于和 DDR SDRAM 的接口连接，SSTL 可细分为 SSTL3、SSTL2、SSTL18、SSTL15，

分别表示3.3V、2.5V、1.8V和1.5V电平标准,其中SSTL3用于SDRAM,SSTL2用于DDR,SSTL18用于DDR2,SSTL15用于DDR3;LVDS、GTL、HSTL等I/O标准支持较高的传输速度。

(11) 电源管理为,采用单电源(3.0或3.3V外部电源,由内部电压调节器调整到1.2V,核心逻辑工作于1.2V)或者双电源(2.5V和1.2V)供电,并采用3 mm×3 mm小型封装。

3.3 Cyclone IV 器件结构

Cyclone IV 器件属于低成本、低功耗 FPGA 器件,采用 60 nm 工艺制程,分两种型号。

(1) Cyclone IV E:低功耗、低成本。

(2) Cyclone IV GX:低功耗、低成本,集成了 3.125 Gbit/s 收发器。

Cyclone IV GX 器件最高达到 15 万个逻辑单元(LE)、6.5 Mbit RAM 和 360 个乘法器,8 个支持主流协议的收发器,可以达到 3.125 Gbit/s 的数据收发速率,还为 PCI Express(PCIe)提供硬核 IP,其封装大小只有 11 mm×11 mm,适合低成本、便携场合的应用;另一个型号为 Cyclone IV E 的器件,不带收发器,但可以在 1.0 V 和 1.2 V 内核电压下使用,功耗更低。

Cyclone IV E 器件的主要片内资源如表 3.7 所示。

表 3.7 Cyclone IV E 器件的主要片内资源

器件	逻辑单元（LE）	嵌入式存储器（kbit）	嵌入式18×18bit乘法器	全局时钟网络	锁相环（PLL）	最大用户I/O
EP4CE6	6 272	270	15	10	2	179
EP4CE10	10 320	414	23	10	2	179
EP4CE15	15 408	504	56	20	4	343
EP4CE22	22 320	594	66	20	4	153
EP4CE30	28 848	594	66	20	4	532
EP4CE40	39 600	1 134	116	20	4	532
EP4CE55	55 856	2 340	154	20	4	374
EP4CE75	75 408	2 745	200	20	4	426
EP4CE115	114 480	3 888	266	20	4	528

Cyclone IV 器件体系结构主要包括 FPGA 核心架构、I/O 特性、时钟管理、外部存储器接口、高速收发器(仅适用于 Cyclone IV GX 器件)等。其核心架构包括由 4 输入查找表构成的 LE 单元、存储器模块和乘法器等。每一个 Cyclone IV 器件的 M9K 存储器模块都具有 9 Kbit 的嵌入式 SRAM 存储器,可以把 M9K 模块配置成单端口、简单双端口、真双端口 RAM,以及 FIFO 缓冲器或者 ROM。Cyclone IV 器件中的乘法器模块可以实现一个 18×18 bit 或两个 9×9 bit 乘法器。

(1) LE 结构:Cyclone IV 器件的基本逻辑块也是 LE 模块,Cyclone IV 器件 LE 模块的结构与 MAX 10 器件相同(参见图 3.1),LE 也是由一个 4 输入查找表、进位链逻辑、寄存器链和一个可编程的寄存器构成。4 输入的查找表用来完成组合逻辑功能;LE 中的可编程寄存器可被配置成 D、T、JK 和 SR 触发器模式。LE 的输出可连接到局部连线、行列、寄存器链等布线资源。

LE 可工作于两种模式:普通模式和算术模式。在不同的 LE 操作模式下,LE 的内部结构和 LE 之间的互连有些差异,这一点与 Intel 的其他 FPGA 基本类似。

(2) 时钟管理:Cyclone IV E 器件包含 10~20 个全局时钟网络(GCLK),以及 2~4 个锁相环 PLL,每个 PLL 上均有 5 个输出端,以提供可靠的时钟管理与综合。设计者可以在用户模式中对 Cyclone IV

器件的 PLL 进行动态重配置来改变时钟频率或者相位。

Cyclone IV GX 器件支持两种类型的 PLL，即多用途 PLL 和通用 PLL。

① 多用途 PLL：主要用于同步收发器模块。当没有用于收发器时钟时，多用途 PLL 也可用于通用时钟。

② 通用 PLL：用于芯片内部及外设中的普通应用，如外部存储器接口。

（3）I/O 结构：Cyclone IV 的 I/O 引脚支持可编程总线保持、可编程上拉、可编程延迟、可编程驱动能力及可编程摆率控制，并可实现信号完整性以及热插拔的优化。

（4）电源管理：Cyclone IV E 片内需要提供的几种供电电压分别如下。

① VCCINT：FPGA 内核电压，为 1.0V/1.2V，一般接 1.2V。

② VCCA：锁相环 PLL 模拟电压，为 2.5V，需注意的是即使 FPGA 设计中未使用 PLL 仍要提供 VCCA 电压。

③ VCCD_PLL：锁相环 PLL 数字电压，为 1.0V/1.2V，一般接 1.2V。

④ VCCIO：I/O 电压，可选 1.2V/1.5V/1.8V/2.5V/3.0V/3.3V，可以分别配置 8 个 BANK 的 I/O 电压，此电压根据 I/O 连接的外设而定。Cyclone IV 器件的 I/O 口分成了 8 组，每一组称为一个 I/O Bank，同一个 Bank 中的所有 I/O 供电相同，各 Bank 的 I/O 供电可以不同。I/O 供电支持 1.2V、1.5V、1.8V、2.5V、3.0V、3.3V 多种电压标准，具体可根据该 I/O Bank 上的 I/O 功能确定，比如，某个 I/O Bank 上连接的是 DDR2 存储器，则该 I/O Bank 的供电应设置为 1.8V；同理，若某 I/O Bank 需使用 LVDS 功能，则该 I/O Bank 的电压应配置为 2.5V。

3.4 FPGA/CPLD 的编程与配置

3.4.1 在系统可编程

FPGA/CPLD 器件都支持在系统可编程功能，所谓在系统可编程（In System Programmable，ISP），是指对器件、电路板或整个电子系统的逻辑功能可随时进行修改或重构的能力。这种重构或修改可以发生在产品设计、生产过程的任意环节，甚至是在交付用户后，在有的文献中也称为在线可重配置（In Circuit Reconfigurable，ICR）。

在系统可编程技术使器件的编程变得容易，允许用户先制板后编程，在调试过程中发现问题，可在基本不改动硬件电路的前提下，通过对 FPGA/CPLD 的修改设计和重新配置，实现逻辑功能的改动，使设计和调试变得方便。图 3.5 所示为在系统可编程（ISP）示意图，只需在 PCB 上预留编程接口，就可实现 ISP 功能。

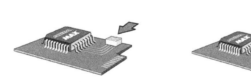

图 3.5 在系统可编程（ISP）示意图

在系统可编程一般采用 IEEE 1149.1 JTAG 接口进行。JTAG 接口原本是进行边界扫描测试用的，同时作为编程接口，可以减少对芯片引脚的占用，由此在 IEEE 1149.1 边界扫描测试接口规范的基础上产生了 IEEE 1532 编程标准，以对 JTAG 编程进行标准化。

下面以 Intel FPGA（Altera）的 FPGA/CPLD 的配置为例介绍编程方式与编程电路。Intel FPGA 提供了多种编程下载电缆，如 ByteBlaster MV、ByteBlaster II 并行下载电缆，以及采用 USB 接口的 USB-Blaster 下载电缆。USB-Blaster 电缆除了可以作为编程下载电缆，还可以作为 SignalTap II 逻辑分析仪的调试电缆，也可以作为 Nios II 嵌入式处理器的调试工具。

Intel FPGA 器件主要配置方式（Configuration Scheme）如下。

（1）JTAG 方式：用下载电缆通过 JTAG 接口完成。

（2）AS（Active Serial）方式：主动串行配置方式，由 FPGA 器件引导配置过程，它控制外部存储器和初始化过程。EPCS 系列配置芯片（如 EPCS1、EPCS4）专供 AS 方式，在此方式中，FPGA 器件处于主动地位，配置器件处于从属地位，配置数据通过 DATA0 引脚送入 FPGA，配置数据被同步在 DCLK 输入上，1 个时钟周期传送 1 位数据。

（3）PS（Passive Serial）方式：被动串行配置方式，由外部主机（Host）控制配置过程。在 PS 配置期间，配置数据从外部储存器通过 DATA0 引脚送入 FPGA，配置数据在 DCLK 上升沿锁存，1 个时钟周期传送 1 位数据。

表 3.8 对 Intel FPGA 器件配置方式进行了汇总。

表 3.8　Intel FPGA 器件配置方式

配 置 方 式	说　　明
PS（Passive Serial）	被动串行，由外部主机（MAX II 芯片或微处理器）控制配置过程
AS（Active Serial）	主动串行，用串行配置器件（如 EPCS1、EPCS4、EPCS16）配置
AP（Active Parallel）	主动并行
JTAG	使用下载电缆通过 JTAG 接口进行配置

不同的配置方式所需的编程文件也有所不同，表 3.9 对常用编程文件进行了汇总。

表 3.9　常用编程文件

配置文件	JTAG	AS	PS	说　　明
.sof（SRAM Object File）	√		√	编程电缆下载
.pof（Programmer Object File）		√	√	编程电缆下载或用配置器件下载
.rbf（Raw Binary File）			√	未压缩原始二进制配置文件
.hex（hexadecimal file）			√	微处理器配置或第 3 方编程器
.jic（JTAG Indirect Configuration File）	√	√	√	可以将.sof 转换为.jic 文件，通过 JTAG 方式和 JTAG 接口将.jic 文件下载到 EPCS 配置器件中
.jam（Jam File）	√			编程电缆下载或微处理器配置

3.4.2　Cyclone IV 器件的配置

Cyclone IV 器件支持的配置方式有多种，这里只介绍最常用的三种：JTAG 方式、AS 方式和 PS 方式。其中，以 JTAG 方式和 AS 方式最为重要。一般的 FPGA 实验板多采用 AS+JTAG 的方式，这样可以用 JTAG 方式调试，最后程序调试无误之后，再用 AS 方式把程序烧到配置芯片里去，将配置文件固化到实验板上，达到脱机运行的目的。也可以在实验板上只保留 JTAG 接口，通过 JTAG 接口达到将配置文件固化到实验板上的目的，这需要将.sof 转换为.jic 文件，通过 JTAG 方式和 JTAG 接口将.jic 文件下载至 EPCS 配置器件中（配置文件先从 PC 传输至 FPGA，再从 FPGA 转给配置芯片，FPGA 起中转作用），将配置文件固化到实验板上，达到脱机运行的目的。

Cyclone IV 器件的配置方式是通过 MSEL 引脚设置为不同的电平组合来选择的。表 3.10 是 Cyclone IV E 器件选择不同的配置方式时 MSEL 引脚电平的设置一览表，主要列举了 AS、PS 和 JTAG 三种方式。多数 Cyclone IV E 器件的 MSEL 引脚为 4 个，少数为 3 个，具体应查阅器件手册。

表 3.10 Cyclone IV E 器件配置方式的 MSEL 引脚的电平设置

配置方式	MSEL3	MSEL2	MSEL1	MSEL0	速度
AS	1	1	0	1	快速
	0	1	0	0	快速
	0	0	1	0	标准
	0	0	1	1	标准
PS	1	1	0	0	快速
	0	0	0	0	标准
JTAG	建议接为 0000				—

1. AS 配置方式

在 AS 配置方式下，必须使用一个串行 Flash 来存储 FPGA 的配置数据，以作为串行配置器件，选用哪一种芯片由 FPGA 的容量决定。表 3.11 列出了 Intel 目前提供的常用串行配置器件。

表 3.11 Intel 的常用串行配置器件

串行配置器件系列	型号	容量/Mbit	封装	工作电压/V	适用的 FPGA 器件
EPCQ-L	EPCQL256	256	24 引脚 BGA	1.8	Stratix 10、Arria 10 和 Cyclone 10 GX FPGA
	EPCQL512	512	24 引脚 BGA	1.8	
	EPCQL1024	1024	24 引脚 BGA	1.8	
EPCQ	EPCQ16	16	8 引脚 SOIC	3.3	Stratix V、Arria V、Cyclone V、Cyclone 10 LP，以及早期的 FPGA 系列
	EPCQ32	32	8 引脚 SOIC	3.3	
	EPCQ64	64	16 引脚 SOIC	3.3	
	EPCQ128	128	16 引脚 SOIC	3.3	
	EPCQ256	256	16 引脚 SOIC	3.3	
	EPCQ512/A	512	16 引脚 SOIC	3.3	
EPCS	EPCS1	1	8 引脚 SOIC	3.3	兼容 Stratix IV、Arria II、Cyclone 10 LP 和更早的 FPGA，但建议使用 EPCQ 系列（Asx1 模式）
	EPCS4	4	8 引脚 SOIC	3.3	
	EPCS16	16	8 引脚 SOIC	3.3	
	EPCS64	64	16 引脚 SOIC	3.3	
	EPCS128	128	16 引脚 SOIC	3.3	

采用 EPCS 对单个 Cyclone IV 器件的 AS 方式配置电路如图 3.6 所示，串行配置器件通过一个 4 引脚（DATA、DCLK、nCS 和 ASDI）组成的串行接口与 FPGA 连接。系统上电时，FPGA 和串行配置器件都进入上电复位周期，此时 FPGA 将 nSTATUS 信号和 CONF_DONE 信号驱动为低电平，表示此时 FPGA 没有完成配置。上电复位周期大约持续 100 ms，然后 FPGA 释放 nSTATUS 信号并进入配置模式，此时 FPGA 将 nCSO 信号驱动为低电平以使能串行配置器件。FPGA 内置的振荡器产生串行时钟 DCLK，ASDO 引脚发送控制信号，DATA0 引脚串行传输配置数据。串行配置器件在 DCLK 的上升沿锁存输入的信号，在 DCLK 的下降沿驱动配置数据；FPGA 在 DCLK 的下降沿驱动控制信号，在 DCLK 的上升沿锁存配置数据。当配置完成后，FPGA 释放 CONF_DONE 信号，外部电路将其拉为高电平，FPGA 开始初始化。串行时钟 DCLK 是由 Cyclone 器件的内置振荡器产生的，其频率范围为 20～40 MHz，典型值为 30 MHz。

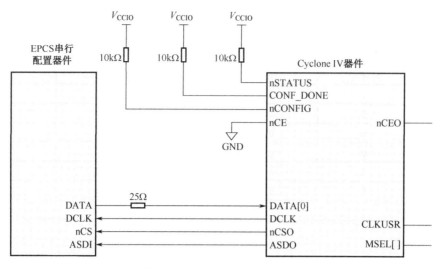

图 3.6 EPCS 配置器件对单个 Cyclone IV 器件的 AS 方式配置电路

2. PS 配置方式

在 PS 配置方式中，由外部主机（MAX II 芯片或微处理器）控制配置过程。图 3.7 所示是外部主机 PS 方式配置单个 Cyclone IV 器件的电路连接，配置数据在 DCLK 时钟信号的每个上升沿，通过 DATA0 引脚串行输入 Cyclone IV 器件。

与 PS 配置方式相关的配置文件格式有.rbf、.hex 和.ttf 格式等。

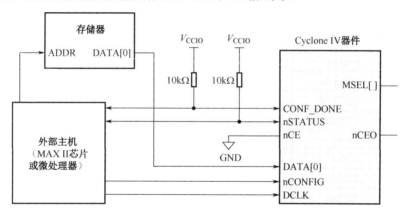

图 3.7 外部主机 PS 方式配置单个 Cyclone IV 器件的电路连接

3. JTAG 配置方式

JTAG 方式是最基本也是最常用的配置方式，JTAG 方式具有比其他配置方式更高的优先级。Cyclone IV 系列 FPGA 的非 JTAG 配置过程中，一旦发起 JTAG 配置命令，则非 JTAG 配置被终止，进入 JTAG 配置方式。通过 JTAG 方式既可以直接将 PC 上的配置数据加载到 FPGA 上在线运行，也可以通过 FPGA 器件的中转将数据烧写到 Flash 外挂配置芯片中，实现配置数据的固化。

Cyclone IV 器件的 JTAG 方式配置电路如图 3.8 所示，PC 端的 Quartus Prime（或 Quartus II）软件通过下载线缆和 10 芯的下载接口将配置数据（.sof 文件）下载到 FPGA 内部，下载速度快，适于在线调试。JTAG 方式有 4 个专用配置引脚：TDI、TDO、TMS 和 TCK。TDI 引脚用于配置数据串行输入，数据在 TCK 的上升沿移入 FPGA；TDO 用于配置数据串行输出，数据在 TCK 的下降沿移出 FPGA；TMS 提供控制信号用于测试访问（TAP）端口控制器的状态机转移；TCK 则用于提供时钟。

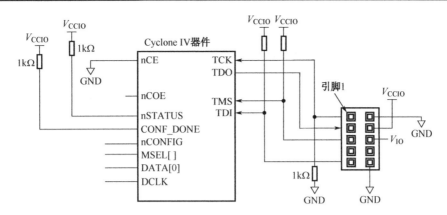

图 3.8 Cyclone IV 器件的 JTAG 方式配置电路

在 JTAG 方式配置完成后，Quartus Prime 软件将对其进行验证，方法是检测 CONF_DONE 信号，CONF_DONE 信号为高电平则表明配置成功，否则配置失败。

3.4.3 MAX 10 器件的配置

一般的 FPGA 属于易失性芯片，类似于 RAM，芯片上的数据和程序在掉电后不会保留，上电后配置数据需要从外部非易失性芯片（如 EPCS 器件）中加载。

而 MAX 10 器件的配置则很灵活，因其芯片内嵌配置闪存模块 CFM，可用于存放配置数据映像。图 3.9 所示为 MAX 10 器件的两种配置方式示意图。

（1）JTAG 配置：通过 JTAG 接口（TDI、TDO、TMS 和 TCK 引脚）将配置数据（.sof 文件）写入芯片内的配置内存 CRAM（Configuration RAM）中，配置数据掉电后易失。

（2）JTAG 在线固化配置：首先通过 JTAG 接口将配置数据（.pof 文件）写入配置闪存 CFM（Configuration Flash Memory）中，然后内部配置（Internal Configuration）过程自动从 CFM 加载配置数据至配置内存 CRAM（Configuration RAM）。从这一点来看，MAX 10 器件具有 CPLD 的特点，配置数据会固化在 CFM 中，系统可脱机独立运行。

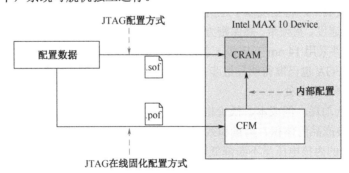

图 3.9 MAX 10 器件的配置过程

具体到 CFM 内部，可分为 3 个扇区：CFM0、CFM1 和 CFM2，根据对 3 个扇区的不同使用情况，MAX 10 内部配置可分为 5 种模式，如图 3.10 所示。5 种内部配置模式如下。

① Dual Compressed Image：双压缩映像。
② Single Uncompressed Image：单未压缩映像。
③ Single Uncompressed Image with Memory Initialization：单未压缩映像带内存初始化。
④ Single Compressed Image with Memory Initialization：单压缩映像带内存初始化。

⑤ Single Compressed Image：单压缩映像。

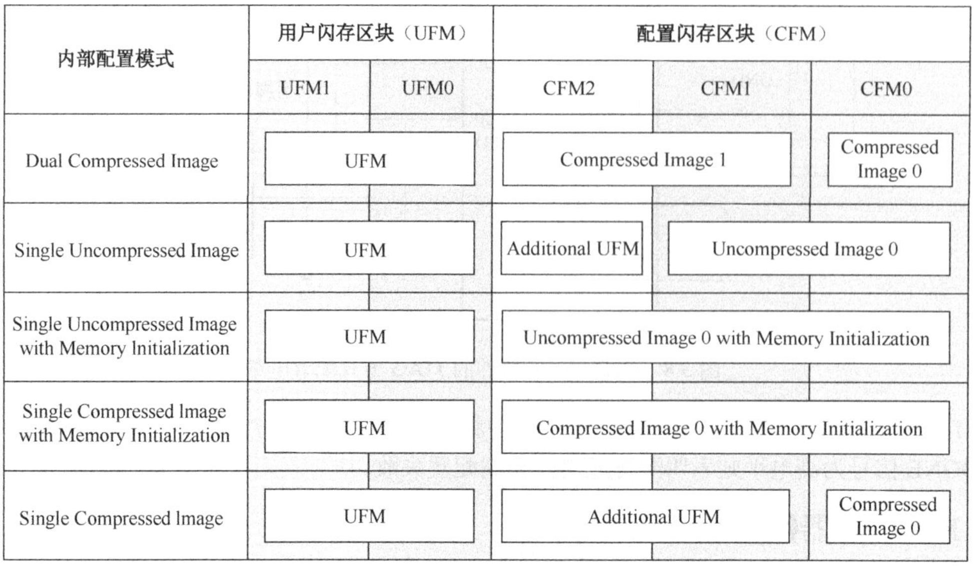

内部配置模式	用户闪存区块（UFM）		配置闪存区块（CFM）		
	UFM1	UFM0	CFM2	CFM1	CFM0
Dual Compressed Image	UFM		Compressed Image 1		Compressed Image 0
Single Uncompressed Image	UFM		Additional UFM	Uncompressed Image 0	
Single Uncompressed Image with Memory Initialization	UFM		Uncompressed Image 0 with Memory Initialization		
Single Compressed Image with Memory Initialization	UFM		Compressed Image 0 with Memory Initialization		
Single Compressed Image	UFM		Additional UFM		Compressed Image 0

图 3.10　MAX 10 内部配置的 5 种模式

其中，第①、②、⑤种模式，3 个 CFM 扇区都用于存放映像；而第③、④种模式，未使用的扇区，主要是 CFM1 和 CFM2，可用作扩展用户闪存 UFM（Additional UFM），用于存储用户数据。

注：CFM 最多可存储 2 个压缩映像，在双压缩映像模式中，通过 CONFIG_SEL 引脚来选择配置映像。

3.5　FPGA/CPLD 的发展趋势

FPGA/CPLD 器件在 40 年的时间中取得了巨大成功，在性能、成本、功耗、容量和编程能力方面不断提升。在未来的发展中，将呈现以下趋势。

（1）向高密度、高速度、宽频带、高保密方向进一步发展。14 nm 制程工艺目前已用于 FPGA/CPLD 器件（如 Stratix 10 器件采用 14 nm 三栅极工艺制作），FPGA 在性能、容量方面取得的进步非常显著。在高速收发器方面，FPGA 也已取得明显进步，可以解决视频、音频及数据处理的 I/O 带宽问题，这正是 FPGA 优于其他解决方案之处。

（2）向低电压、低功耗、低成本、低价格的方向发展。功耗已成为电子设计开发中最重要的考虑因素之一，影响着最终产品的体积、重量和效率。

FPGA/CPLD 器件的内核电压呈不断降低的趋势，经历了 5 V→3.3 V→2.5 V→1.8 V→1.2 V→1.0 V 的演变，未来会更低。工作电压的降低使得芯片的功耗显著减小，使 FPGA/CPLD 器件适用于便携、低功耗应用场合，如移动通信设备、个人数字助理等。

（3）向 IP 软/硬核复用、系统集成的方向发展。FPGA 平台已经广泛嵌入片内存储器模块，以及 DSP 模块（硬件乘法器），以便于信号处理及应用；还有越来越多的 FPGA 集成了硬核处理器（ARM/MIPS），这些硬核配合越来越丰富的软核，使系统集成更为方便。

（4）向模数混合可编程方向发展。迄今为止，PLD 开发和应用的大部分工作都集中在数字逻辑电路上，模拟电路及数模混合电路的可编程技术在未来将得到进一步发展，比如，Intel 已在 MAX 10 FPGA 中集成模拟模块、ADC 及温度传感器，这样的芯片将来会更多。

（5）FPGA/CPLD 器件将在物联网、人工智能、云计算等领域大显身手。处理器+FPGA 的创新架构将极大提升数据处理的效能并降低功耗，FPGA/CPLD 器件将在物联网、人工智能、云计算等领域大显身手。

习 题 3

3.1 了解 FPGA 器件中存储器块（Block RAM）和分布式存储器（Distributed Memory）的概念，分别指的是什么？了解 M9K、EAB 存储器块，说明其有何作用？

3.2 MAX 10 芯片的片内嵌配置闪存模块 CFM 有何独特之处，为该器件带来哪些优缺点？

3.3 了解 Intel 的 FPGA 采用的锁相环（Phase Locked Loop，PLL）技术与 Xilinx 的 FPGA 内集成的延时锁定环（Delay-Locked Loop，DLL）有何区别，各有什么优缺点？

3.4 了解 Intel 的 FPGA 中集成了哪些硬核？有何用处？举例说明。

3.5 FPGA 器件的 JTAG 接口有哪些功能？

第 4 章 原理图与基于 IP 核的设计

本章概要：本章介绍集成开发软件 Quartus Prime 的使用方法，以及原理图设计过程和基于 IP 核的设计流程。

知识要点：（1）基于 Quartus Prime 的设计流程；

（2）原理图设计过程；

（3）基于 IP 核的设计流程。

教学安排及要求：本章可安排 4 学时的实践教学。通过本章的实践教学，使学生掌握基于原理图的设计方法和基于 IP 核的设计流程。

4.1 Quartus Prime 设计流程

Quartus Prime 是 Intel FPGA（Altera）新版的集成开发工具，从 Quartus II 15.1 开始，Quartus II 开发工具改称为 Quartus Prime。

从 Quartus II 10.0 版本开始，Quartus II 软件中取消了自带的波形仿真工具，采用第三方仿真工具 ModelSim 进行仿真。

从 Quartus II 13.1 版本开始，Quartus II 软件已不再支持 Cyclone I 和 Cyclone II 器件，能支持 Cyclone II 器件的 Quartus II 软件的最高版本是 Quartus II 13.0 sp1。

Quartus II 13.1 也是支持 32 位（32 位、64 位二合一）操作系统（如 Windows XP）的最后一版，之后的 Quartus II 只支持 64 位操作系统（Windows 7/8/10），建议用 15.0 以上版本，因为除了支持 Arria 10 系列新器件，还多了很多免费 IP，且编译速度更快，Quartus II 15.0 采用新的编译算法 Spectra-Q Engine，编译速度提高 5 倍以上。

Quartus Prime 分为 Pro、Standard、Lite 三个版本，其中 Lite 版本属于免费版本。

Quartus Prime 软件中集成了新的 Spectra-Q 综合工具，支持数百万 LE 单元的 FPGA 器件；同时也集成了新的前端语言解析器，扩展了对 System Verilog-2005 和 VHDL-2008 的支持，增强了 RTL 级的设计功能。基于 Quartus Prime 进行 FPGA 的设计流程如图 4.1 所示，主要包括以下步骤。

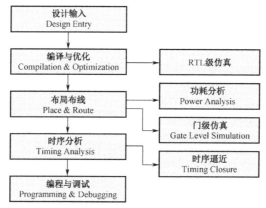

图 4.1 基于 Quartus Prime 进行 FPGA 的设计流程

(1) 设计输入：包括原理图输入、HDL 文本输入等形式。

(2) 编译与优化：根据设计要求设定编译方式和编译策略，如器件的选择、逻辑综合方式的选择等，然后根据设定的参数和策略对设计项目进行网表提取、逻辑综合。在综合阶段，应利用设计指定的约束文件将 RTL 级设计功能实现并优化到具有相等功能且具有单元延时（但不含时序信息）的基本器件中，如触发器、逻辑门等，得到的结果是功能独立于 FPGA 的网表。

(3) 布局布线（Place & Route），或称为适配（Fitter）：布局布线将综合后的网表文件针对某一个具体的目标器件进行逻辑映射、器件适配，然后装配（Assembler）到器件，并产生编程文件（.pof，.sof）、资源耗用的报告文件（.rpt）等。

(4) 时序分析（Timing Analysis）：Quartus Prime 软件包含 Timing Analyzer 时序分析器，可对设计进行静态时序分析（Static Timing Analysis，STA），此工具支持行业标准 Synopsys Design Constraints（SDC）格式时序约束，提取网表文件，可使用图形菜单或者命令行方式对设计中的所有时序路径（Timing Path）进行时序约束、时序分析和报告结果。

(5) 仿真（Simulation）：Quartus Prime 软件的仿真分为 RTL 级仿真（RTL Simulation）和门级仿真（Gate Level Simulation）两种。

Quartus Prime 取消了自带的波形仿真，采用专业第三方仿真工具 ModelSim 进行仿真。RTL 级仿真属于功能仿真，是对设计的语法和基本功能进行验证，其输入为 RTL 级代码与 Test Bench 激励脚本，在设计的初始阶段发现问题；门级仿真是布局布线（适配）后，具体来说是执行了 EDA Netlist Writer（产生传输延迟文件.sdo）后进行的仿真，是考虑了电路的路径延迟与门延迟的仿真，因此叫门级仿真。

6）编程与调试（Programming & Debugging）：用得到的编程文件通过编程电缆配置 FPGA，加入实际激励，进行在线测试。

在以上设计过程中，如果发现错误，需重新回到设计输入阶段，改正错误或调整电路后重复上述过程。

4.2 Quartus Prime 原理图设计

本节以 1 位全加器的设计为例，介绍用 Quartus Prime 软件工具进行原理图设计的流程。本书采用的是 Quartus Prime 18.1，其他不同版本的 Quartus 软件（如 Quartus II 13.0 sp1、Quartus II 13.1、Quartus Prime 17.1 等）使用方法与此类似。

1 位全加器通过两步实现，首先实现半加器，然后调用半加器构成 1 位全加器。

4.2.1 半加器原理图设计输入

在进行设计之前，应首先建立工作目录，每个设计都是一项工程（Project），一般单独建一个工作目录。本例设立的工作目录为 D:\adder。

启动 Quartus Prime，出现如图 4.2 所示的主界面，界面分为几个区域，分别是工作区、设计项目层次显示区（Project Navigator）、信息提示窗口（Messages）、IP 目录（IP Catalog）、任务区（Tasks）等，以及各种工具按钮栏。可根据自己的喜好调整该界面。

1. 输入源设计文件

选择菜单 File→New，在弹出的 New 对话框中选择源文件的类型。本例选择 Block Diagram/Schematic File 类型（如图 4.3 所示），弹出如图 4.4 所示的原理图编辑界面。

在图 4.4 所示的原理图编辑界面中，选择菜单 Edit→Insert Symbol（或者双击空白处），弹出如图 4.5 所示的输入元器件对话框。

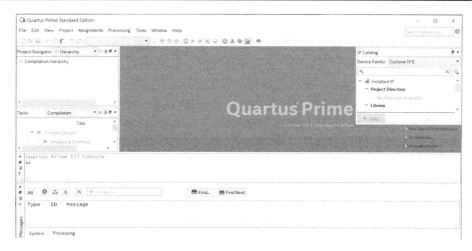

图 4.2 Quartus Prime 的主界面

图 4.3 选择源文件类型对话框

图 4.4 原理图编辑界面

在图 4.5 所示的输入元器件对话框的 Name 栏中直接输入元器件的名字(如果知道元器件的名字)，或者在元器件库中寻找，调入元器件（如 and2 器件可在 logic 库中找到）。

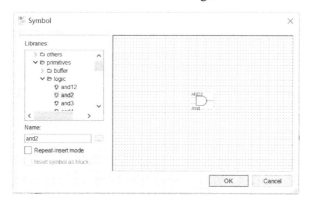

图 4.5 输入元器件对话框

在原理图中调入与门（and2）、异或门（xor）、输入引脚（input）、输出引脚（output）等元器件，并将这些元器件连线，构成半加器电路，如图 4.6 所示。

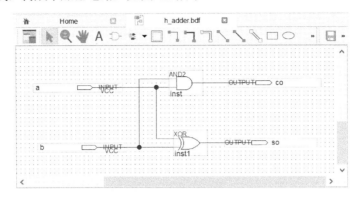

图 4.6　半加器电路图

将设计好的半加器电路图保存于已建立的工作目录 D:\adder 中，取文件名为 h_adder.bdf（文件名不可与库中已有的元器件名重名）。

2. 用 New Project Wizard 创建工程

每个设计都是一项工程（Project），所以需要创建工程。这里利用 New Project Wizard 建立工程，在此过程中要设定工程名、目标器件、选用的综合器和仿真器等，其过程如下。

选择菜单 File→New Project Wizard，弹出如图 4.7 所示的 Introduction 对话框，可以看出，工程创建大致需要 5 步。

图 4.7　Introduction 对话框

1）设置工程名和顶层实体名

单击图 4.7 中的 Next 按钮，弹出 Directory,Name,Top-Level Entity 对话框（如图 4.8 所示），单击该框最上一栏右侧的 按钮，找到文件夹 D:\adddder，作为当前工作目录。在第二栏中填写 fulladder，作为当前工程的名字（一般将顶层文件的名字作为工程名）；第三栏是顶层文件的实体名，一般与工程名相同。

2）将设计文件加入当前工程中

单击图 4.8 中的 Next 按钮，弹出 Add Files 对话框（如图 4.9 所示），单击 Add All 按钮，将所有相关的文件都加入当前工程中。在本工程中，目前只有一个源设计文件 h_adder.bdf，因此，只需将该文件加入工程中即可。

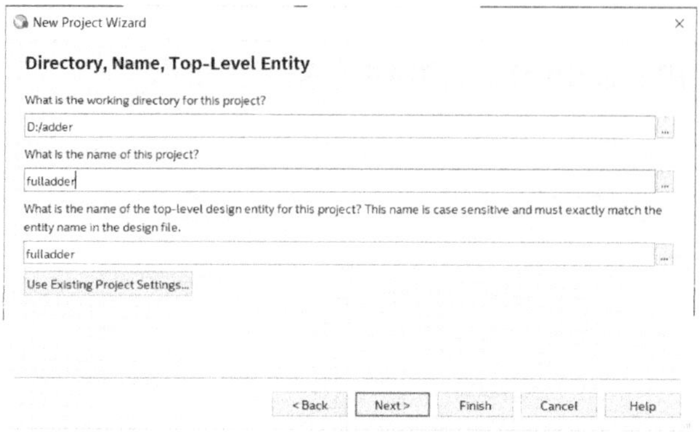

图4.8 Directory,Name,Top-Level Entity 对话框

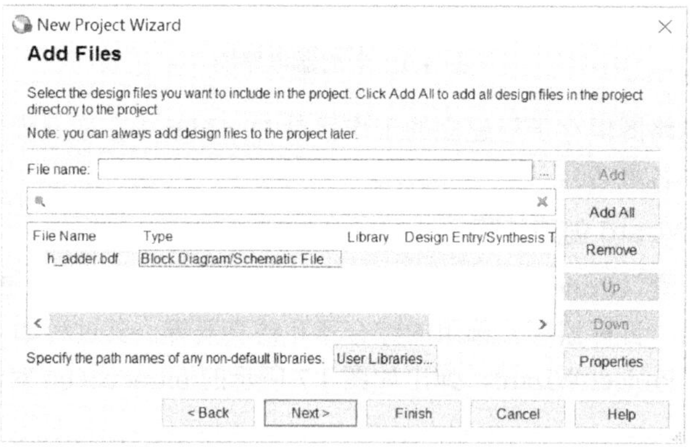

图4.9 Add Files 对话框

3）选择目标器件

单击 Next 按钮，弹出如图 4.10 所示的 Family, Device & Board Settings 的对话框，在 Device family 栏中选择 MAX 10（DA/DF/DC/SA/SC）器件系列，具体的目标器件应根据使用的目标器件进行选择，此处因为目标下载板为 DE10-Lite 开发板，FPGA 芯片为 10M50DAF484C7G，所以 Available devices 选择 10M50DAF484C7G。

图4.10 Family, Device & Board Settings 对话框

4）选择综合器和仿真器

单击图 4.10 中的 Next 按钮，弹出选择仿真器和综合器的 EDA Tool Settings 对话框，如图 4.11 所示。在 Design Entry/Synthesis 一行，如果选择默认的 None，则表示选择 Quartus Prime 自带的综合器进行综合（也可选择 Synplify Pro 等进行综合，但必须已安装好）；在 Simulation 行，选择 ModelSim-Altera，表示选择该仿真器进行仿真，在 Format(s)一栏选择 Verilog HDL。

图 4.11　选择综合器、仿真器

5）结束设置

单击 Next 按钮，出现工程设置信息汇总（Summary）对话框，如图 4.12 所示，对前面所做的设置情况进行汇总。单击对话框中的 Finish 按钮，完成当前工程的创建。在工程管理对话框中，出现当前工程的层次结构显示。

图 4.12　工程设置信息汇总显示

4.2.2　1 位全加器设计输入

1. 将半加器创建成一个元件符号

选择菜单 File→Create/Update→Create Symbol Files for Current File，弹出如图 4.13 所示的 Create Symbol File 对话框，单击 Save 按钮，将前面的半加器生成为一个器件符号（以文件 h_adder.bsf 存在当前目录下），以供调用。

图 4.13　Create Symbol File 对话框

2. 全加器原理图输入

创建一个新的原理图文件。选择菜单 File→New，在弹出的 New 对话框中选择 Block Diagram/Schematic File 类型，打开一个新的原理图编辑窗口。选择菜单 Edit→Insert Symbol（或者双击图中空白处），弹出 Symbol 元器件输入对话框，与图 4.5 不同的是，现在除 Quartus Prime 软件自带的元器件外，设计者自己生成的元器件也同样出现在库元器件列表中，如图 4.14 所示，前一步中生成的 h_adder 半加器出现在可调用库元器件列表中，将其调入原理图中。

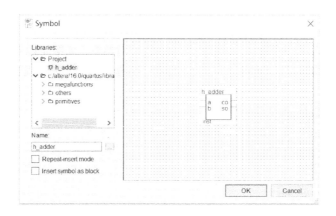

图 4.14　在可调用库元件列表中调用 h_adder 半加器

在原理图中继续调入或门（or2）、输入引脚（input）、输出引脚（output）等元器件，将这些元器件进行连线，构成全加器，最后的 1 位全加器原理图如图 4.15 所示。将设计好的 1 位全加器以名字 fulladder.bdf 存于同一目录中（D:\adder）。

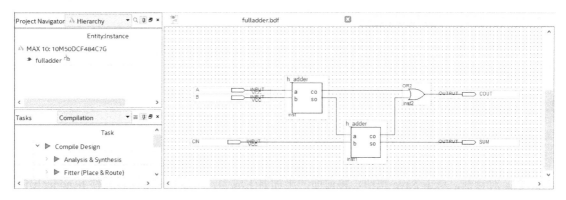

图 4.15　1 位全加器原理图

4.2.3 编译

完成工程文件的创建和源文件的输入后,即可对设计进行编译。在编译前须进行必要的设置。

1. 编译模式的设置

可以设置编译模式。选择菜单 Assignments→Settings,在如图 4.16 所示的 Settings 窗口中,单击左边的 Compilation Process Settings 选项,在右边出现的 Compilation Process Settings 界面中,选择使能 Use smart compilation 和 Preserve fewer node names to save disk space 等选项(见图 4.16)。这样可使每次的重复编译运行得更快。

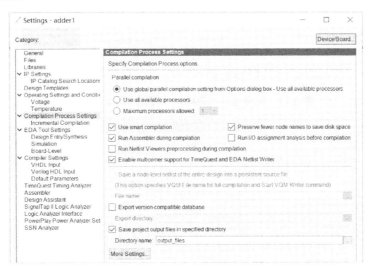

图 4.16 Settings 窗口

2. 编译

选择菜单 Project→Set as Top-Level Entity,将全加器 fulladder.bdf 设为顶层实体,对其进行编译。

Quartus Prime 编译器是由几个处理模块构成的,分别对设计文件进行分析检错、综合、适配等,并产生多种输出文件,如定时分析文件、器件编程文件、各种报告文件等。

选择菜单 Processing→Start Compilation,或者单击按钮 ▶,启动完全编译。这里的完全编译包括如下 5 个过程(见图 4.17):

- 分析与综合(Analysis & Synthesis);
- 适配(Fitter)或布局布线(Place & Route);
- 装配(Assembler);
- 时序分析(Timing Analysis);
- 网表文件提取(EDA Netlist Writer)。

也可以只启动某几项编译,比如选择菜单 Processing→Start→Start Analysis & Synthesis,则只启动分析与综合处理;选择菜单 Processing→Start→Start Fitter,则只启动前 2 项处理。编译处理的进度在任务(Tasks)和状态(Status)窗口中实时显示,如图 4.17 所示。

3. 查看编译结果

编译完成后会将有关的编译信息汇总(Flow Summary)显示。本例的编译汇总信息如图 4.18 所示,可知本例耗用的 LE 数为 3,占用的引脚数为 5,没有耗用其他资源(如存储器、嵌入式乘法器、锁相环等)。

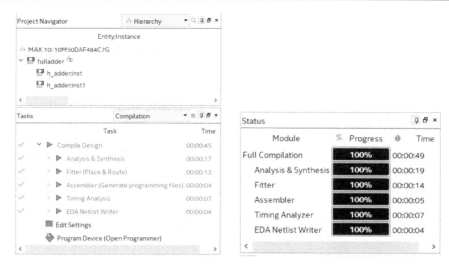

图 4.17　编译任务（Tasks）和状态（Status）窗口

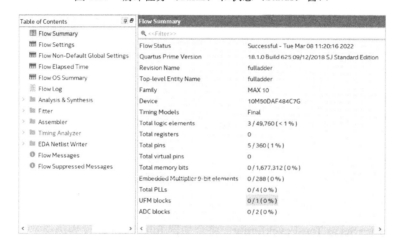

图 4.18　编译汇总信息

4.2.4　仿真

从 Quartus II 10.0 版本开始，Quartus II 软件中取消了自带的波形仿真工具（Waveform Editor），采用第三方仿真软件 ModelSim 进行仿真，所以在 Quartus Prime 中，只能调用 ModelSim 进行仿真。在安装 Quartus Prime 18.1 时，配套的是 ModelSim-INTEL FPGA STARTER EDITION 10.5b 版本仿真器。下面以 1 位全加器的仿真为例，介绍在 Quartus Prime 中调用 ModelSim STARTER 进行仿真的过程。

1．建立 Quartus Prime 和 Modelsim 的链接

如果是第一次使用 ModelSim-Altera，需建立 Quartus Prime 和 Modelsim 的链接。

在 Quartus Prime 主界面执行菜单 Tools→Options…命令，弹出 Options 对话框，在 Options 对话框的 Category 栏中选中 EDA Tool Options，在右边的 ModelSim-Altera 栏中指定安装路径，本例中为 C:\intelFPGA\18.1\modelsim_ase\win32aloem，如图 4.19 所示。

2．设置仿真文件的格式和目录

ModelSim-Altera 的时序仿真中需要用到 VHDL 或 Verilog HDL 输出网表文件（.vho 或.vo）、传输延迟文件（.sdo）。.vho（或.vo）和.sdo 文件在 Quartus Prime 完全编译（在图 4.17 中执行至 EDA Netlist

Writer）后会生成，ModelSim-Altera 自动调用上述文件，将延时和时序信息通过波形图展示出来，实现时序仿真。

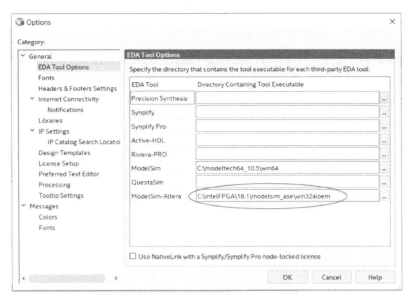

图 4.19　建立 Quartus Prime 和 Modelsim 的链接

上述文件的格式和目录需要在 Quartus Prime 软件中进行设置。在 Quartus Prime 主界面中选择菜单 Assignments→Settings，弹出 Settings 对话框，选中 EDA Tool Settings 选项，单击 Simulation 按钮，弹出如图 4.20 所示的 Simulation 对话框，下面对其进行设置。在 Tool name 中选择 ModelSim-Altera；在 Format for output netlist 中选择 VHDL；在 Output directory 处指定网表文件的输出路径，.vho 文件存放的默认路径为 simulation\modelsim（完整路径为 D:\adder\simulation\modelsim）。

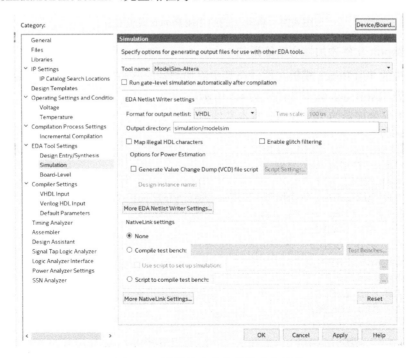

图 4.20　设置仿真文件的格式和目录

3. 建立测试脚本（Test Bench）

建立测试脚本文件（Test Bench），Test Bench 可以自己写，也可以由 Quartus Prime 自动生成，不过生成的只是模板，核心功能语句还需自己添加。Test Bench 脚本的编写可参考本书第 11 章的相关内容。

在 Quartus Prime 主界面中选择菜单 Processing→Start→Start Test Bench Template Writer，自动生成 Test Bench 模板文件。图 4.21 所示为自动生成的 Test Bench 模板文件的内容，该文件后缀为.vht，在当前工程所在的 D:\adder\simulation\modelsim 目录下可找到。

```
27  LIBRARY ieee;
28  USE ieee.std_logic_1164.all;
29  ENTITY fulladder_vhd_tst IS
30  END fulladder_vhd_tst;
31  ARCHITECTURE fulladder_arch OF fulladder_vhd_tst IS
32  -- constants
33  -- signals
34  SIGNAL A : STD_LOGIC;
35  SIGNAL B : STD_LOGIC;
36  SIGNAL CIN : STD_LOGIC;
37  SIGNAL COUT : STD_LOGIC;
38  SIGNAL SUM : STD_LOGIC;
39  COMPONENT fulladder
40      PORT (
41      A : IN STD_LOGIC;
42      B : IN STD_LOGIC;
43      CIN : IN STD_LOGIC;
44      COUT : OUT STD_LOGIC;
45      SUM : OUT STD_LOGIC);
46  END COMPONENT;
47  BEGIN
48      i1 : fulladder
49      PORT MAP (
50      -- list connections between master ports and signals
51      A => A,
52      B => B,
53      CIN => CIN,
54      COUT => COUT,
55      SUM => SUM);
56  init : PROCESS
57  -- variable declarations
58  BEGIN
59          -- code that executes only once
60  WAIT;
61  END PROCESS init;
62  always : PROCESS
63  -- optional sensitivity list (           )
64  -- variable declarations
65  BEGIN
66          -- code executes for every event on sensitivity list
67  WAIT;
68  END PROCESS always;
69  END fulladder_arch;
```

图 4.21　自动生成的 Test Bench 模板文件

4. 为 Test Bench 文件添加核心功能语句

打开自动生成的 Test Bench 模板文件，在其中添加测试的核心功能语句，保存后退出。

修改后的完整 Test Bench 脚本文件如例 4.1 所示。

【例 4.1】　1 位全加器的 Test Bench 脚本文件。

```
LIBRARY ieee;
  USE ieee.std_logic_1164.all;
ENTITY fulladder_vhd_tst IS
END fulladder_vhd_tst;
ARCHITECTURE fulladder_arch OF fulladder_vhd_tst IS
CONSTANT dely : TIME := 80 ns;       -- constants
SIGNAL a,b : STD_LOGIC;
SIGNAL cin : STD_LOGIC;
SIGNAL sum,cout : STD_LOGIC;
COMPONENT fulladder
PORT (a : IN STD_LOGIC;
      b : IN STD_LOGIC;
      cin : IN STD_LOGIC;
      cout : OUT STD_LOGIC;
      sum : OUT STD_LOGIC);
END COMPONENT;
```

```
BEGIN
 i1 : fulladder
PORT MAP(a => a, b => b, cin => cin, cout => cout, sum => sum);
init : PROCESS
BEGIN
    a<='0'; b<='0'; cin<='0';
    WAIT FOR dely; cin<='1';
    WAIT FOR dely; b<='1';
    WAIT FOR dely; a<='1';
    WAIT FOR dely; b<='0';
    WAIT FOR dely; cin<='0';
    WAIT FOR dely; b<='1';
    WAIT FOR dely; a<='0';
    WAIT;
END PROCESS init;
END fulladder_arch;
```

5. Test Bench 的进一步设置

还需对 Test Bench 做进一步的设置，在 Quartus Prime 中选择菜单 Assignments→Settings，弹出 Settings 对话框，选中 EDA Tool Settings 下的 Simulation 项，对其进行设置。单击 Compile test bench 栏右边的 Test Benches...按钮，弹出 Test Benches 对话框，单击其中的 New 按钮，弹出 New Test Bench Settings 对话框。在其中填写 Test bench name 为 fulladder_vhd_tst，同时，Top level module in test bench 也填写为 fulladder_vhd_tst；使能 Use test bench to perform VHDL timing simulation，在 Design instance name in test bench 栏中填写 i1，End simulation at 选择 600ns；Test bench and simulation files 选择 D:\adder\simulation\modelsim\fulladder.vht，并将其加载（Add）。上述设置过程如图 4.22 所示。

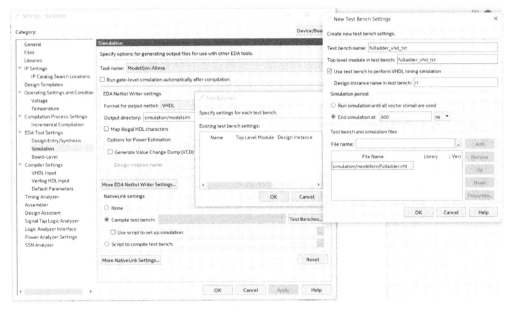

图 4.22　对 Test Bench 进一步设置

6. 启动仿真，观察仿真结果

选择菜单 Tools→Run EDA Simulation Tool→Gate Level Simulation…，启动对 1 位全加器的门级仿真。命令执行后，系统自动打开 ModelSim-Altera 主界面和相应的窗口，如结构（Structure）、命令

（Transcript）、目标（Objects）、波形（Wave）、进程（Processes）等窗口。1 位半加器的门级仿真输出波形如图 4.23 所示。

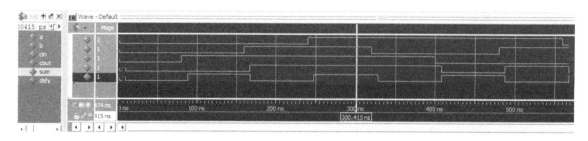

图 4.23　1 位全加器门级仿真输出波形图

从仿真波形可以检验所设计的电路功能是否正确，如果不正确，可修改设计，重新执行上述过程，直至完全满足设计要求。

注：Quartus Prime 采用第三方工具 ModelSim 进行仿真，支持 RTL 仿真（RTL Simulation）和门级仿真（Gate Level Simulation）。原理图设计（.bdf 文件）只能进行门级仿真，上面的 1 位全加器如果要进行 RTL 仿真，可采用如下方法：选择菜单 File→Create/ Update→Create HDL Design File from Current File，分别将半加器原理图文件 h_adder.bdf 和全加器原理图文件 fulladder.bdf 转化为 .v 文件；将 fulladder.v 设置为顶层实体文件，重新编译（编译前，应选择菜单 Assignments→Settings，在 Files 页面中将 h_adder.bdf 和 fulladder.bdf 从当前工程中移除，只保留 h_adder.v 和 fulladder.v），后面的仿真过程与前面的介绍相同，既可以对设计进行门级仿真，也可以进行 RTL 仿真。

4.2.5　下载

1. 器件和引脚的锁定

前面建工程时已经选定目标器件。此时，针对下载的实验板，要更换 FPGA 目标器件，可选择菜单 Assignments→Device，在弹出的 Device 对话框中重新设置目标器件。

本例的目标板为 DE10-Lite，故目标器件应为 10M50DAF484C7G。在 DE10-Lite 开发板中，外部设备（如拨动开关、LED 灯、数码管等）与目标芯片的连接是固定的，所以需将源设计中的 I/O 引脚进行锁定，使之与板上外设连接。

选择菜单 Assignments→Pin Planner，在弹出的如图 4.24 所示的 Pin Planner 对话框中进行引脚的锁定。本例中 5 个引脚的锁定如下：

```
A     →PIN_C10      SW0（拨动开关）
B     →PIN_C11      SW1（拨动开关）
CIN   →PIN_D12      SW2（拨动开关）
SUM   →PIN_A8       LEDR0（LED 灯）
COUT  →PIN_A9       LEDR1（LED 灯）
```

注：有多种方法可实现引脚锁定，有关引脚锁定的更多方法可参考本书 9.5 节相关内容。

2. 未用引脚状态的设置

为屏蔽实验板上未用的设备（如数码管、LED 灯等），便于观察实验效果，可对 FPGA 的未用引脚进行设置。选择菜单 Assignments→Device，在出现的如图 4.25 所示的 Device 窗口中，单击 Device and Pin Options 按钮，在弹出的 Device and Pin Options 对话框中，选中左侧 Category 栏中的 Unused Pins，在右侧出现的 Unused Pins 界面中将 Reserve all unused pins 的处理方式选为 As input tri-stated，即作为输入三态。此项设置对于很多实验项目都是必要的。

第 4 章 原理图与基于 IP 核的设计

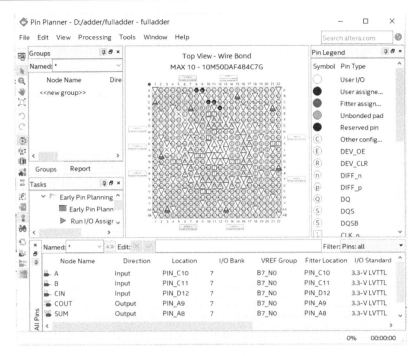

图 4.24 锁定引脚

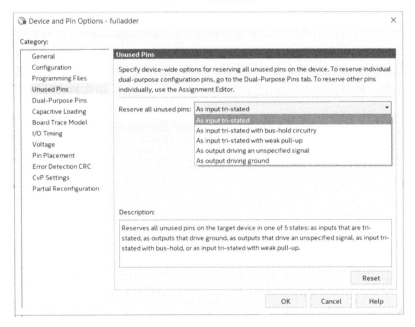

图 4.25 闲置引脚状态的设置

3．选择配置方式和配置器件

编译产生的默认配置文件格式是.sof，适用于 JTAG 等配置模式；要生成.pof 格式的可固化配置文件，则需做一些设置。

在图 4.25 所示的 Device and Pin Options 对话框中，选择 Category 栏中的 Configuration，出现如图 4.26 所示的 Configuration 界面。设置 Configuration scheme 为 Internal Configuration，即内部配置模式；设置 Configuration mode 为 Single Compressed Image，即单压缩映像模式。

图 4.26 选择配置方式

4．更多编程文件格式的生成

除了.sof 和.pof 配置文件，假如还要产生更多其他格式的编程配置文件，则需要做一些必要的设置。在图 4.26 所示的 Device and Pin Options 对话框中，选择 Category 栏中的 Programming Files，出现如图 4.27 所示的 Programming Files 界面。可以看到，可用于器件配置编程的其他文件格式有*.jam，*.jbc，*.svf 等，选中其中的一种或几种文件格式，这样编译器会自动编译生成该格式的配置文件供用户使用。

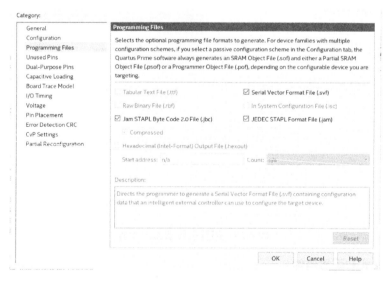

图 4.27 选择编程文件格式

5．重新编译与编程下载

在完成上述设置后，为将这些设置信息融入设计文件，需重新对设计工程进行编译。

选择菜单 Processing→Start Compilation（或者单击 ▶ 按钮），启动重新编译。

启动下载流程，选择菜单 Tools→Programmer，或者单击 ◆ 按钮，弹出编程下载窗口，如图 4.28

所示,设定编程接口为 USB-Blaster[USB-0]方式(单击 Hardware Setup 按钮进行设置),编程模式 Mode 选择 JTAG 方式,单击 Add File 按钮,找到 D:\adder\output_files\fulladder.sof 文件并加载,单击 Start 按钮,将 fulladder.sof 文件下载至目标板的目标器件中。

图 4.28　将.sof 文件下载至目标板

6．配置数据固化与脱机运行

如果需要将配置数据固化,可以将.pof 配置数据烧写至 MAX 10 器件的配置闪存模块 CFM (Configuration Flash Memory)中,CFM 中的配置数据不会因掉电而丢失,首先通过 JTAG 将配置数据写入到 CFM 中,然后内部配置过程自动从 CFM 加载配置数据至 MAX 10 的配置内存 CRAM (Configuration RAM),达到脱机独立运行的目的。

选择菜单 Tools→Programmer,或者单击 ♦ 按钮,弹出编程下载窗口,如图 4.29 所示,设定编程接口为 USB-Blaster[USB-0]方式(单击 Hardware Setup 按钮进行设置),编程模式 Mode 选择 JTAG 方式,单击 Add File 按钮,找到 D:\adder\output_files\fulladder.pof 文件并加载,单击 Start 按钮,将 fulladder.pof 文件下载至目标板的目标器件的 CFM0 扇区中。

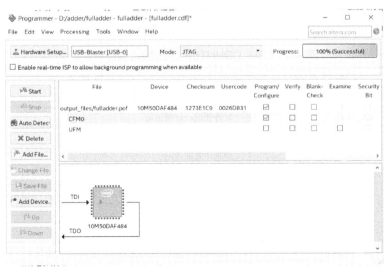

图 4.29　将.pof 文件固化至目标板

7. 观察下载效果

至此，已完成 1 位全加器的整个设计流程。在 DE10-Lite 开发板上扳动 SW2～SW0 滑动开关，组成加数 A、B 和进位 CIN 的不同电平组合，在红色发光二极管 LEDR0 和 LEDR1 上观察和数 SUM、进位 COUT 的结果，验证 1 位全加器的功能。

4.3 用 IP 核设计计数器

Quartus Prime 软件为设计者提供了丰富的 IP 核，包括参数化宏功能模块（Library Parameterized Megafunction，LPM）、MegaCore 等，这些 IP 核均针对 Altera 的 FPGA 器件做了优化，基于 IP 核完成设计可极大地提高电路设计的效率与可靠性。

图 4.30　MAX 10 器件支持的 IP 核目录

选择菜单 Tools→IP Catalog，在 Quartus Prime 界面中会弹出 IP 核目录（IP Catalog）窗口，自动将目标器件支持的 IP 核列出来。图 4.30 所示为 MAX 10 器件支持的 IP 核目录，包括基本功能类（Basic Functions）、数字信号处理类（DSP）、接口协议类（Interface Protocols）等，每一类又包括若干子类。

在 Quartus Prime 软件中，用 IP 目录（IP Catalog）和参数编辑器（Parameter Editor）代替 Quartus II 中的 MegaWizard Plug-In Manager，用 Parameter Editor 可定制 IP 核的端口（Ports）和参数（Parameters）；Quartus 软件中的 Platform Designer（PD）则是 SOPC Builder 的升级版，用于系统级的 IP 集成，能将不同 IP 模块、Nios II 核方便快捷地整合成一个系统，提高设计效率。

本例以参数化计数器（LPM_COUNTER）为例说明 Quartus 软件中 IP 核的用法。LPM_COUNTER 在 IP Catalog 中属于基本功能类（Basic Functions）中的算术运算模块子类（Arithmetic），其输入/输出端口和参数在表 4.1 中给出。本节利用该模块设计一个模 24 方向可控计数器。

表 4.1　LPM_COUNTER 输入/输出端口和参数

	端口名称	功能描述
输入端口	clock	输入时钟
	clk_en；cnt_en	时钟使能；计数使能
	aclr/sclr	异步清零/同步清零
	updown	控制计数的方向
	sset	同步置数，将输出全部置 1，或置为 LPM_AVALUE
	aset	异步置数，将输出全部置 1，或置为 LPM_AVALUE
	cin	进位输入
	aload/sload	异步预置端/同步预置端
	data[ ]	并行输入预置数（在使用 aload 或 sload 的情况下）
输出端口	q[ ]	计数输出
	cout	进位输出

续表

	端口名称	功能描述
参数设置	LPM_WIDTH	计数器位宽
	LPM_DIRECTION	计数方向
	LPM_MODULUS	模
	LPM_AVALUE	异步预置数
	LPM_SVALUE	同步预置数

1. 创建工程，定制 LPM_COUNTER 模块

参照 4.2 节的内容，利用 New Project Wizard 建立工程，本例中设立的工程名为 count24。

在 Quartus Prime 主界面的 IP Catalog 栏的 Basic Functions 的 Arithmetic 目录下找到 LPM_COUNTER 宏模块，双击该模块，弹出 Save IP Variation 对话框，如图 4.31 所示，在其中输入 LPM_COUNTER 模块的名字，比如 counter24，同时，选择其语言类型为 VHDL。

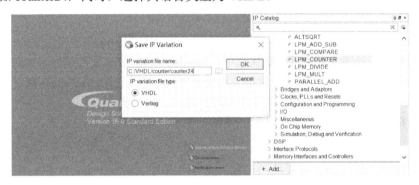

图 4.31 LPM_COUNTER 模块命名

单击 OK 按钮，启动 MegaWizard Plug-In Manager，对 LPM_COUNTER 模块进行参数设置。首先对输出数据总线宽度和计数的方向进行设置，如图 4.32 所示。计数器可以设为加法或者减法计数，还可以通过增加一个 updown 信号来控制计数的方向，为 1 时加法计数，为 0 时减法计数，此处选择 updown 方式，输出数据总线 q 的宽度设置为 8 bits。

单击 Next 按钮，进入如图 4.33 所示对话框，在这里设置计数器的模，还可根据需要增加控制端口，包括时钟使能 Clock Enable、计数使能 Count Enable、进位输入 Carry-in 和进位输出 Carry-out 端口。在本例中设置计数器模为 24，并带有一个进位输出端口 Carry-out。

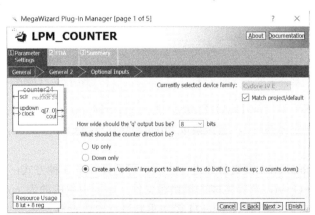

图 4.32 计数器输出数据总线宽度和计数方向设置

单击 Next 按钮，进入如图 4.34 所示的对话框，在该页面中可增加同步清零、同步预置、异步清零、异步预置等控制端口。在本例中增加同步清零，即在 Synchronous inputs 选项组中启用 Clear 项。

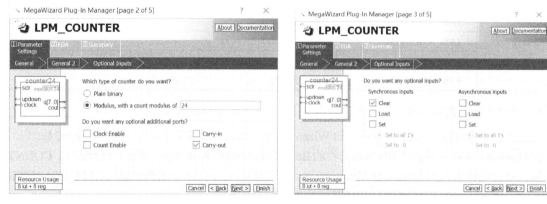

图 4.33　计数器模和控制端口设置　　　　图 4.34　更多控制端口设置

继续单击 Next 按钮，弹出如图 4.35 所示对话框，在该对话框中选择需要生成的一些文件。其中，counter24.vhd 文件是设计源文件，系统默认选中；counter24_inst.vhd 文件是展示如何在文本顶层设计中例化 counter24 模块的文件，如果顶层调用采用文本方式，建议选中；counter24.bsf 文件是模块符号文件（Block Symbol File），如果顶层调用采用原理图方式，建议选中。

单击 Finish 按钮，结束参数设置的过程，现在已完成 counter24 模块的设置。

2．编译

单击 Finish 按钮完成 counter24 模块的设置后会自动出现 Quartus Prime IP Files 对话框，如图 4.36 所示，单击 Yes 按钮选择将生成的 counter24.qip 文件加入当前工程中。

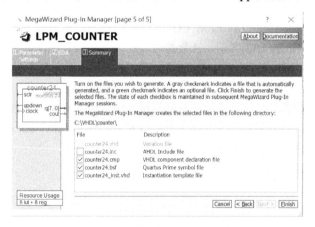
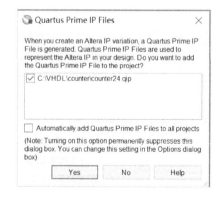

图 4.35　选择需要生成的文件　　　　图 4.36　Quartus Prime IP Files 对话框

选择菜单 Project→Set as Top-Level Entity，将 counter24.qip 设为顶层实体（或者将前面生成的 counter24.vhd 设置为顶层实体亦可），选择菜单 Processing→Start Compilation，或单击 ▶ 按钮，对工程进行编译。

如果要对定制好的 counter24 模块参数进行更改，可选择如下 3 种方式：

（1）选择菜单 File→Open，选择生成的模块源文件（本例中生成的为 counter24.vhd 文件），可启动 MegaWizard Plug-In Manager，对 counter24 模块重新进行参数设置。

（2）选择菜单 View→Utility Windows→Project Navigator，在图 4.37 所示界面中选择 IP Components，

然后双击 counter24 实体,也可启动 MegaWizard Plug-In Manager,对 LPM_COUNTER 模块重新进行参数设置。

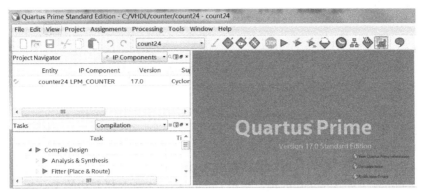

图 4.37　更改 counter24 模块参数

(3) 选择菜单 Project→Upgrade IP Components,弹出 Upgrade IP Components 对话框,在图中选中 counter24 实体,单击 Upgrade in Editor 按钮,可启动 MegaWizard Plug-In Manager,对 counter24 模块重新进行参数设置。

3. 仿真

参照 4.1.4 节的内容用 ModelSim-Altera 对计数器进行仿真,过程不再重复。

在 Quartus Prime 主界面中选择菜单 Processing→Start→Start Test Bench Template Writer,自动生成 Test Bench 文件,在当前工程所在的 C:\VHDL\counter\simulation\modelsim 目录下打开自动生成的 Test Bench 文件(counter24.vht),在其中添加激励语句。

修改后的完整的 Test Bench 文件如例 4.2 所示。

【例 4.2】　模 24 方向可控计数器的 Test Bench 激励脚本。

```
LIBRARY ieee;
  USE ieee.std_logic_1164.all;
ENTITY counter24_vhd_tst IS
END counter24_vhd_tst;
ARCHITECTURE counter24_arch OF counter24_vhd_tst IS
CONSTANT dely: TIME := 40 ns;
SIGNAL clock : STD_LOGIC;
SIGNAL cout : STD_LOGIC;
SIGNAL q : STD_LOGIC_VECTOR(7 DOWNTO 0);
SIGNAL sclr : STD_LOGIC;
SIGNAL updown : STD_LOGIC;
COMPONENT counter24
    PORT(clock : IN STD_LOGIC;
     cout : BUFFER STD_LOGIC;
     q : BUFFER STD_LOGIC_VECTOR(7 DOWNTO 0);
     sclr : IN STD_LOGIC;
     updown : IN STD_LOGIC);
END COMPONENT;
BEGIN
i1 : counter24
    PORT MAP(clock => clock, cout => cout,
        q => q, sclr => sclr, updown => updown);
init : PROCESS
```

```
BEGIN
    sclr<='1';updown<='0';
    WAIT FOR dely*2;   sclr<='0';
    WAIT FOR dely*30;  updown<='1';
    WAIT;
END PROCESS init;
always : PROCESS
BEGIN
    clock <='1';  WAIT FOR dely/2;
    clock <='0';  WAIT FOR dely/2;
END PROCESS always;
END counter24_arch;
```

还需对 Test Bench 做进一步的设置，选择菜单 Assignments→Settings，在弹出的 Settings 对话框中选择 EDA Tool Settings 下的 Simulation 项，单击 Compile test bench 栏右边的 Test Benches 按钮，弹出 Test Benches 对话框，单击其中的 New 按钮，弹出 New Test Bench Settings 对话框，在其中填写 Test bench name 为 counter24_vhd_tst，同时，Top level module in test bench 也填写为 counter24_vhd_tst；使能 Use test bench to perform VHDL timing simulation，在 Design instance name in test bench 栏中填写 i1，End simulation at 选择 3μs；Test bench and simulation files 选择 C:\VHDL\counter \simulation\modelsim\counter24.vht，并将其加载。

上述的设置过程如图 4.38 所示。

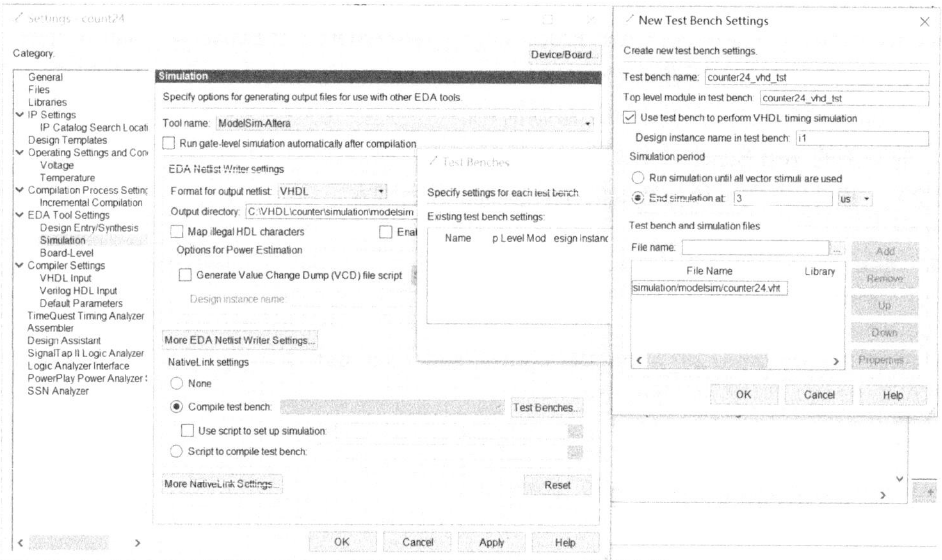

图 4.38　对 Test Bench 进一步设置

选择菜单 Tools→Run EDA Simulation Tool→RTL Simulation，启动对模 24 计数器的 RTL 级仿真。命令执行后，系统会自动打开 ModelSim-Altera 主界面和相应的窗口，其仿真波形如图 4.39 所示。

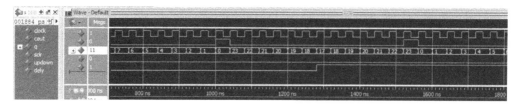

图 4.39　模 24 方向可控计数器 RTL 级时序仿真波形图

也可以选择菜单 Tools→Run EDA Simulation Tool→Gate Level Simulation,启动对模 24 方向可控计数器的 RTL 级仿真并查看时序仿真波形。

4.4 用 ROM 核设计乘法器

本例用 LPM_ROM 模块采用查表方式实现 4×4 无符号数乘法器。

4.4.1 用原理图方式实现

LPM_ROM 宏模块的端口及参数见表 4.2。

表 4.2 LPM_ROM 宏模块的端口及参数

	端口名称	功能描述
输入端口	address[ ]	地址
	inclock	输入数据时钟
	outclock	输出数据时钟
	memenab	输出数据使能
输出端口	q[ ]	数据输出
参数设置	LPM_WIDTH	存储器数据线宽度
	LPM_WIDTHAD	存储器地址线宽度
	LPM_FILE	.*mif 或*.hex 文件,包含 ROM 的初始化数据

1. 定制 LPM_ROM 模块

如图 4.40 所示,在 IP Catalog 栏中的 Basic Functions 下的 On Chip Memory 目录下找到 ROM:1-PORT 宏模块,双击该模块,弹出 Save IP Variation 对话框,在其中为自己的 LPM_ROM 模块命名,比如 my_rom,选择其语言类型为 VHDL。

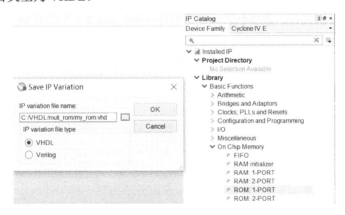

图 4.40 Save IP Variation 对话框

单击 OK 按钮,启动 MegaWizard Plug-In Manager,对 LPM_ROM 模块进行参数设置。首先在如图 4.41 所示的界面中设置芯片的系列、数据线和存储单元数目(地址线宽度),本例中数据线宽度设为 8 bits,存储单元的数目为 256。在 "What should the memory block type be?" 栏中选择以何种方式实现存储器,由于芯片的不同,选择也会不同,一般按照默认选择 Auto 即可。在最下面的 What clocking method would you like to use?栏中选择时钟方式,可以使用一个时钟,也可为输入和输出分别使用各自的时钟。在大多数情况下，使用一个时钟就足够了，此处选择 Single clock。

单击 Next 按钮，在如图 4.42 所示的界面中可以增加时钟使能信号和异步清零信号，它们只对寄存器方式的端口（registered port）有效，在"Which ports should be registered?"栏中选中输出端口'q' output port，将其设为寄存器型。

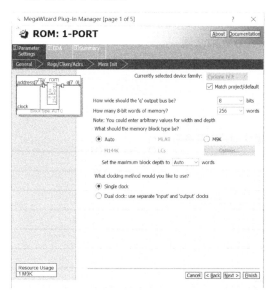 

图 4.41　数据线、地址线宽度设置　　　　　图 4.42　控制端口设置

单击 Next 按钮，进入如图 4.43 所示的界面，在这里将 ROM 的初始化文件（.mif）加入 lpm_rom 中，在"Do you want to specify the initial content of the memory?"栏中选中 Yes,use this file for the memory content data，然后单击 Browse…按钮，将已编辑好的*.mif 文件（本例中为 mult_rom.mif）添加进来（如何生成*.mif 文件下面说明）。

继续单击 Next 按钮，弹出如图 4.44 所示界面，在该界面中选择需要生成的一些文件。其中，my_rom.vhd 文件是设计源文件，系统默认选中，再选中 my_rom.bsf 文件和 my_rom_inst.vhd 文件。

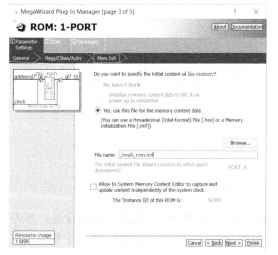 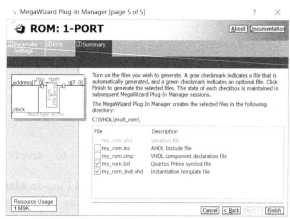

图 4.43　添加.mif 文件　　　　　图 4.44　选择需要生成的文件

单击 Finish 按钮，结束设置参数的过程，完成 LPM_ROM 模块的定制。

2. 原理图输入

选择菜单 File→New，在弹出的 New 对话框中选择源文件的类型为 Block Diagram/Schematic File，新建一个原理图文件。

在原理图中调入刚定制好的 my_rom 模块，再调入 input、output 等元器件，连线（注意总线型连线的网表命名方法），完成原理图设计。图 4.45 所示为基于 lpm_rom 实现的 4×4 无符号数乘法器原理图，将该原理图存盘（本例为 C:\VHDL\mult_rom\mult_ip.bdf）。

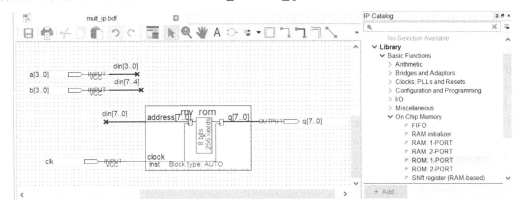

图 4.45 基于 lpm_rom 实现的 4×4 无符号数乘法器原理图

3. mif 文件的生成

ROM 存储器的内容存储在*.mif 文件中，生成*.mif 文件的步骤如下：在 Quartus Prime 软件中，选择菜单 File→New，在 New 对话框中选择 Memory Files 下的 Memory Initialization File（见图 4.46），单击 OK 按钮后，弹出如图 4.47 所示的对话框，在对话框中填写 ROM 的大小为 256，数据位宽取 8，单击 OK 按钮，将出现空的 mif 数据表格，如图 4.48 所示，可直接将乘法结果填写到表中，填好后保存文件，取名为 mult_rom.mif。

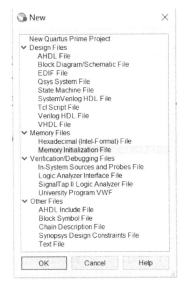

图 4.46 新建 mif 文件

图 4.47 存储器尺寸设置

图 4.48 mif 数据表格

填写 mif 数据表格的另一个好的方法是编写 MATLAB 程序完成此项任务，可用如下的 MATLAB 程序生成本例的 mult_rom.mif 文件。

【例 4.3】 生成 mult_rom.mif 文件的 MATLAB 程序。

```
fid=fopen('D:\mult_rom.mif','w');
fprintf(fid,'WIDTH=8;\n');
fprintf(fid,'DEPTH=256;\n\n');
fprintf(fid,'ADDRESS_RADIX=UNS;\n');
fprintf(fid,'DATA_RADIX=UNS;\n\n');
fprintf(fid,'CONTENT BEGIN\n');
for i=0:15  for j=0:15
fprintf(fid,'%d : %d;\n',i*16+j,i*j);
end
end
fprintf(fid,'END;\n');
fclose(fid);
```

在 MATLAB 环境下运行上面的程序，即在 D 盘根目录下生成 mult_rom.mif 文件。

用纯文本编辑软件（如 Notepad++）打开生成的 mult_rom.mif 文件，可以看到该文件的内容如下。

```
WIDTH=8;
DEPTH=256;
ADDRESS_RADIX=UNS;
DATA_RADIX=UNS;
CONTENT BEGIN
[0..16]: 0;
17 : 1; 18 : 2; 19 : 3; 20 : 4; 21 : 5; 22 : 6; 23 : 7;
24 : 8;25 : 9;26 : 10;27 : 11;28 : 12;29 : 13;30 : 14;31 : 15;32 : 0;
33 : 2;34 : 4;35 : 6;36 : 8;37 : 10;38 : 12;39 : 14;40 : 16;41 : 18;
42 : 20;43 : 22;44 : 24;45 : 26;46 : 28;47 : 30;48 : 0;49 : 3;50 : 6;
51 : 9;52 : 12;53 : 15;54 : 18;55 : 21;56 : 24;57 : 27;58 : 30;59 : 33;
60 : 36;61 : 39;62 : 42;63 : 45;64 : 0;65 : 4;66 : 8;67 : 12;68 : 16;
69 : 20;70 : 24;71 : 28;72 : 32;73 : 36;74 : 40;75 : 44;76 : 48;77 : 52;
78 : 56;79 : 60;80 : 0;81 : 5;82 : 10;83 : 15;84 : 20;85 : 25;86 : 30;
87 : 35;88 : 40;89 : 45;90 : 50;91 : 55;92 : 60;93 : 65;94 : 70;95 : 75;
96 : 0;97 : 6;98 : 12;99 : 18;100 : 24;101 : 30;102 : 36;103 : 42;
104 : 48;105 : 54;106 : 60;107 : 66;108 : 72;109 : 78;110 : 84;111 : 90;
112 : 0;113 : 7;114 : 14;115 : 21;116 : 28;117 : 35;118 : 42;119 : 49;
120 : 56;121 : 63;122 : 70;123 : 77;124 : 84;125 : 91;126 : 98;127 : 105;
128 : 0;129 : 8;130 : 16;131 : 24;132 : 32;133 : 40;134 : 48;135 : 56;
136 : 64;137 : 72;138 : 80;139 : 88;140 : 96;141 : 104;142 : 112;
143 : 120;144 : 0;145 : 9;146 : 18;147 : 27;148 : 36;149 : 45;150 : 54;
151 : 63;152 : 72;153 : 81;154 : 90;155 : 99;156 : 108;157 : 117;
158 : 126;159 : 135;160 : 0;161 : 10;162 : 20;163 : 30;164 : 40;165 : 50;
166 : 60;167 : 70;168 : 80;169 : 90;170 : 100;171 : 110;172 : 120;
173 : 130;174 : 140;175 : 150;176 : 0;177 : 11;178 : 22;179 : 33;
180 : 44;181 : 55;182 : 66;183 : 77;184 : 88;185 : 99;186 : 110;187 : 121;
188 : 132;189 : 143;190 : 154;191 : 165;192 : 0;193 : 12;194 : 24;
195 : 36;196 : 48;197 : 60;198 : 72;199 : 84;200 : 96;201 : 108;
202 : 120;203 : 132;204 : 144;205 : 156;206 : 168;207 : 180;208 : 0;
209 : 13;210 : 26;211 : 39;212 : 52;213 : 65;214 : 78;215 : 91;216 : 104;
217 : 117;218 : 130;219 : 143;220 : 156;221 : 169;222 : 182;223 : 195;
224 : 0;225 : 14;226 : 28;227 : 42;228 : 56;229 : 70;230 : 84;231 : 98;
232 : 112;233 : 126;234 : 140;235 : 154;236 : 168;237 : 182;238 : 196;
239 : 210;240 : 0;241 : 15;242 : 30;243 : 45;244 : 60;245 : 75;246 : 90;
247 : 105;248 : 120;249 : 135;250 : 150;251 : 165;252 : 180;
253 : 195;    254 : 210;    255 : 225;
END;
```

注：上面数据的书写格式应一个数据一行，此处为节省篇幅，做了改动。

4. 编译

至此已完成源文件输入，参照前面的例子，利用 New Project Wizard 建立工程，本例中设立的工程名为 design，选择菜单 Project→Set as Top-Level Entity，将 mult_ip.bdf 设为顶层实体，选择菜单 Processing→Start Compilation（或者单击▶按钮），对设计进行编译。

编译时需要注意的是设置配置模式，本例中乘法结果以.mif 文件的形式指定给 ROM 模块，如果目标器件是 MAX 10，则需要设置其配置模式，步骤如下：选择菜单 Assignments→Device，弹出 Device 窗口，单击 Device and Pin Options 按钮，弹出如图 4.49 所示的 Device and Pin Options 对话框，选中左侧 Category 栏中的 Configuration，在右侧 Configuration 界面中将配置模式 Configuration scheme 选择为 Internal Configuration（内部配置），配置方式 Configuration mode 选择为 Single Uncompressed Image with Memory Initialization（512Kbits UFM），即单未压缩映像带内存初始化模式。

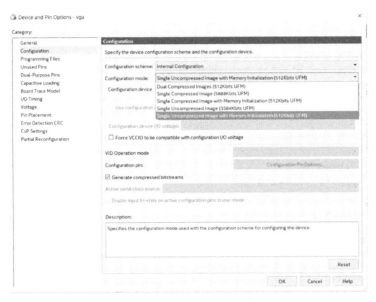

图 4.49 设置 MAX 10 器件的配置模式

编译完成后的 Flow Summary 界面如图 4.50 所示，可以发现，本例主要使用了 2056（8×256）bit 的存储器实现。

Flow Summary

Flow Status	Successful - Thu Apr 07 16:16:31 2022
Quartus Prime Version	18.1.0 Build 625 09/12/2018 SJ Standard Edition
Revision Name	mult_rom
Top-level Entity Name	mult_ip
Family	MAX 10
Device	10M50DAF484C7G
Timing Models	Final
Total logic elements	1 / 49,760 (< 1 %)
Total registers	0
Total pins	17 / 360 (5 %)
Total virtual pins	0
Total memory bits	2,048 / 1,677,312 (< 1 %)
Embedded Multiplier 9-bit elements	0 / 288 (0 %)
Total PLLs	0 / 4 (0 %)
UFM blocks	0 / 1 (0 %)
ADC blocks	0 / 2 (0 %)

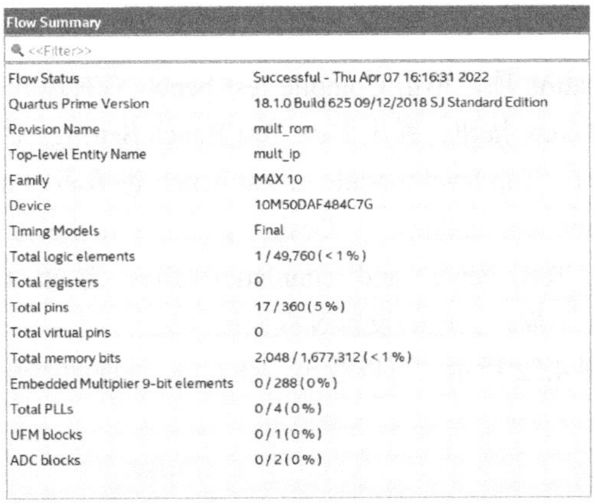

图 4.50 4×4 无符号数乘法器的 Flow Summary 页面

5. 仿真

本例的 Test Bench 激励文件如例 4.4 所示。

【例 4.4】 4×4 无符号数乘法器的 Test Bench 文件。

```
LIBRARY ieee;
  USE ieee.std_logic_1164.all;
ENTITY mult_ip_vhd_tst IS
END mult_ip_vhd_tst;
ARCHITECTURE mult_ip_arch OF mult_ip_vhd_tst IS
CONSTANT dely: TIME := 40 ns;
SIGNAL a : STD_LOGIC_VECTOR(3 DOWNTO 0);
SIGNAL b : STD_LOGIC_VECTOR(3 DOWNTO 0);
SIGNAL clk : STD_LOGIC;
SIGNAL q : STD_LOGIC_VECTOR(7 DOWNTO 0);
COMPONENT mult_ip
PORT(a : IN STD_LOGIC_VECTOR(3 DOWNTO 0);
     b : IN STD_LOGIC_VECTOR(3 DOWNTO 0);
     clk : IN STD_LOGIC;
     q : OUT STD_LOGIC_VECTOR(7 DOWNTO 0));
END COMPONENT;
BEGIN
i1 : mult_ip
PORT MAP(a => a, b => b, clk => clk, q => q);
init : PROCESS
BEGIN  a<=x"6";b<=x"8";
   WAIT FOR dely*2;  b<=x"9";
   WAIT FOR dely*2;  b<=x"a";
   WAIT FOR dely*2;  a<=x"7";
   WAIT FOR dely*2;  a<=x"8";
   WAIT FOR dely*2;  a<=x"9";
   WAIT;
END PROCESS init;
always : PROCESS
BEGIN
   clk <='1';  WAIT FOR dely/2;
   clk <='0';  WAIT FOR dely/2;
END PROCESS always;
END mult_ip_arch;
```

还需对 Test Bench 做进一步的设置，选择菜单 Assignments→Settings，弹出 Settings 对话框，选中 EDA Tool Settings 下的 Simulation 项，单击 Compile test bench 栏右边的 Test Benches 按钮，弹出 Test Benches 对话框，单击其中的 New 按钮，弹出 New Test Bench Settings 对话框，在其中填写 Test bench name 为 mult_ip_vhd_tst，同时，Top level module in test bench 也填写为 mult_ip_vhd_tst；使能 Use test bench to perform VHDL timing simulation，在 Design instance name in test bench 栏中填写 i1，End simulation at 选择 800ns；Test bench and simulation files 选择 C:\VHDL\mult_rom\simulation\modelsim\mult_ip.vht，并将其加载。上述的设置过程如图 4.51 所示。

本例的门级仿真结果如图 4.52 所示，可以看出，在 CLK 时钟的上升沿到来时，ROM 模块将相应地址存储的数据输出。

6. 下载

将本例完成指定目标器件、引脚分配和锁定，并在 DE10-Lite 目标板上下载验证，用 8 个电平开关作为输入,输出用 8 个 LED 灯显示,下载配置文件.sof 至 FPGA 目标板,验证乘法操作是否正确。

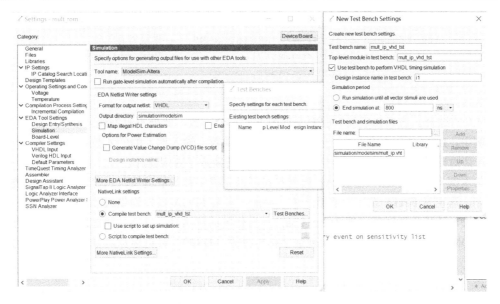

图 4.51　对 Test Bench 进一步设置

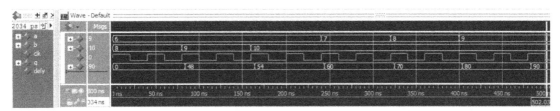

图 4.52　基于 LPM_ROM 的 4×4 无符号数乘法器门级仿真结果

4.4.2　用文本例化 ROM 实现

以上采用了原理图设计方法实现了 ROM 乘法器,如果对 ROM 模块很熟悉,可以直接用 VHDL 语言例化 ROM 模块的方式实现 4×4 乘法器,其实现的效果与上面的原理图设计完全一致,但效率更高。用 VHDL 例化 ROM 模块实现 4×4 乘法器的源码如下。

【例 4.5】　用 VHDL 例化 ROM 模块实现 4×4 乘法器。

```
LIBRARY IEEE;
  USE ieee.std_logic_1164.all;
  USE ieee.std_logic_unsigned.all;
LIBRARY lpm;                              --使用 lpm 库
  USE lpm.lpm_components.all;             --lpm_rom 所在的库
ENTITY mult_lpm_rom IS
  PORT(clk: in std_logic;
      a,b : IN STD_LOGIC_VECTOR(3 DOWNTO 0);   --被乘数、乘数
      q: OUT STD_LOGIC_VECTOR(7 DOWNTO 0));    --乘操作结果
END;
ARCHITECTURE one OF mult_lpm_rom IS
SIGNAL  addr: STD_LOGIC_VECTOR(7 DOWNTO 0);    --rom 地址
BEGIN
----------------例化 lpm_rom 模块--------------------------
u1:lpm_rom                                     --例化 lpm_rom
```

```
        GENERIC MAP (lpm_widthad => 8,           --设地址宽度为 8 位
                    lpm_width => 8,              --设数据宽度为 8 位
                    lpm_outdata => "UNREGISTERED",   --输出数据未寄存
                    lpm_address_control => "REGISTERED",  --地址寄存
                    lpm_file => "mult_rom.mif")  --指定.mif 文件
     PORT MAP(inclock=>clk, address=>addr, q=>q);
     addr <= b & a;
     END one;
```

对例 4.5 的综合、仿真和下载与前面原理图方式完全一致，此处不再赘述。

在本例中，LPM_ROM 输入地址的高 4 位作为被乘数，输入地址的低 4 位作为乘数，计算结果存储在该地址所对应的存储单元中，这样就把乘法运算转换成了查表操作。

采用与本例类似的方法，用 ROM 查表方式可以完成多种数值运算，也可以用于实现波形信号发生器的设计，这也是 FPGA 设计中常用方法。目前，多数 FPGA 器件均集成了片内存储器，这些片内存储器速度快，读操作的时间一般为 3～4 ns，写操作的时间大约为 5 ns，或更短，用片内存储器可实现 RAM、ROM 或 FIFO 等功能，为实现数字信号处理（DSP）、数据运算等复杂数字逻辑的设计提供了便利。

4.5 SignalTap II 的使用方法

Quartus Prime 的嵌入式逻辑分析仪 SignalTap II 为设计者提供了一种方便高效的硬件测试手段，它可随设计文件一起下载到目标芯片中，捕捉目标芯片内信号节点或总线上的数据，将这些数据暂存于目标芯片的嵌入式 RAM 中，然后通过器件的 JTAG 端口将采到的信息和数据送到计算机进行显示，供用户分析。

本节以正弦波信号产生器为例，介绍嵌入式逻辑分析仪 SignalTap II 的使用方法。正弦波信号产生器的源程序如例 4.5 所示。

【例 4.5】 正弦波信号产生器。
```
ENTITY sinout IS
  PORT(clk,clr : IN BIT;
       dout : OUT INTEGER RANGE 0 TO 255);
END sinout;
ARCHITECTURE one OF sinout IS
SIGNAL cnt : INTEGER RANGE 0 TO 127;
BEGIN
PROCESS(clk,clr)  BEGIN
   IF clr='0'  THEN cnt<=0;
    ELSIF clk'EVENT AND clk='1'  THEN cnt<=cnt+1;  END IF;
END PROCESS;
PROCESS(clk)  BEGIN
  CASE cnt IS                       --用 CASE 语句描述
WHEN 0 => dout<=127;WHEN 1 => dout<=134;WHEN 2 => dout<=140;
WHEN 3 => dout<=146;WHEN 4 => dout<=152;WHEN 5 => dout<=159;
WHEN 6 => dout<=165;WHEN 7 => dout<=171;WHEN 8 => dout<=176;
WHEN 9 => dout<=182;WHEN 10 => dout<=188;WHEN 11 => dout<=193;
WHEN 12 => dout<=199;WHEN 13 => dout<=204;WHEN 14 => dout<=209;
WHEN 15 => dout<=213;WHEN 16 => dout<=218;WHEN 17 => dout<=222;
WHEN 18 => dout<=226;WHEN 19 => dout<=230;WHEN 20 => dout<=234;
WHEN 21 => dout<=237;WHEN 22 => dout<=240;WHEN 23 => dout<=243;
WHEN 24 => dout<=246;WHEN 25 => dout<=248;WHEN 26 => dout<=250;
```

```
WHEN 27 => dout<=252;WHEN 28 => dout<=253;WHEN 29 => dout<=254;
WHEN 30 => dout<=255;WHEN 31 => dout<=255;WHEN 32 => dout<=255;
WHEN 33 => dout<=255;WHEN 34 => dout<=255;WHEN 35 => dout<=254;
WHEN 36 => dout<=253;WHEN 37 => dout<=252;WHEN 38 => dout<=250;
WHEN 39 => dout<=248;WHEN 40 => dout<=246;WHEN 41 => dout<=243;
WHEN 42 => dout<=240;WHEN 43 => dout<=237;WHEN 44 => dout<=234;
WHEN 45 => dout<=230;WHEN 46 => dout<=226;WHEN 47 => dout<=222;
WHEN 48 => dout<=218;WHEN 49 => dout<=213;WHEN 50 => dout<=209;
WHEN 51 => dout<=204;WHEN 52 => dout<=199;WHEN 53 => dout<=193;
WHEN 54 => dout<=188;WHEN 55 => dout<=182;WHEN 56 => dout<=176;
WHEN 57 => dout<=171;WHEN 58 => dout<=165;WHEN 59 => dout<=159;
WHEN 60 => dout<=152;WHEN 61 => dout<=146;WHEN 62 => dout<=140;
WHEN 63 => dout<=134;WHEN 64 => dout<=128;WHEN 65 => dout<=121;
WHEN 66 => dout<=115;WHEN 67 => dout<=109;WHEN 68 => dout<=103;
WHEN 69 => dout<=96;WHEN 70 => dout<=90;WHEN 71 => dout<=84;
WHEN 72 => dout<=79;WHEN 73 => dout<=73;WHEN 74 => dout<=67;
WHEN 75 => dout<=62;WHEN 76 => dout<=56;WHEN 77 => dout<=51;
WHEN 78 => dout<=46;WHEN 79 => dout<=42;WHEN 80 => dout<=37;
WHEN 81 => dout<=33;WHEN 82 => dout<=29;WHEN 83 => dout<=25;
WHEN 84 => dout<=21;WHEN 85 => dout<=18;WHEN 86 => dout<=15;
WHEN 87 => dout<=12;WHEN 88 => dout<=9;WHEN 89 => dout<=7;
WHEN 90 => dout<=5;WHEN 91 => dout<=3;WHEN 92 => dout<=2;
WHEN 93 => dout<=1;WHEN 94 => dout<=0;WHEN 95 => dout<=0;
WHEN 96 => dout<=0;WHEN 97 => dout<=0;WHEN 98 => dout<=0;
WHEN 99 => dout<=1;WHEN 100 => dout<=2;WHEN 101 => dout<=3;
WHEN 102 => dout<=5;WHEN 103 => dout<=7;WHEN 104 => dout<=9;
WHEN 105 => dout<=12;WHEN 106 => dout<=15;WHEN 107 => dout<=18;
WHEN 108 => dout<=21;WHEN 109 => dout<=25;WHEN 110 => dout<=29;
WHEN 111 => dout<=33;WHEN 112 => dout<=37;WHEN 113 => dout<=42;
WHEN 114 => dout<=46;WHEN 115 => dout<=51;WHEN 116 => dout<=56;
WHEN 117 => dout<=62;WHEN 118 => dout<=67;WHEN 119 => dout<=73;
WHEN 120 => dout<=79;WHEN 121 => dout<=84;WHEN 122 => dout<=90;
WHEN 123 => dout<=96;WHEN 124 => dout<=103;WHEN 125 => dout<=109;
WHEN 126 => dout<=115;WHEN 127 => dout<=121;
END CASE;
END PROCESS;
END one;
```

将源文件存盘（比如存为 D:\VHDL\sin\sinout.vhd），建立工程（本例的工程名为 sinout）进行编译。

在使用逻辑分析仪之前，需要锁定芯片和一些关键的引脚，本例中，需要锁定外部时钟输入（clk），复位（clr）两个引脚，为逻辑分析仪提供时钟源，否则将得不到逻辑分析的结果。本例的引脚锁定基于 DE10-Lite，先指定芯片为 10M50DAF484C7G，再将 clk 引脚锁定为 PIN_P11（50 MHz 时钟频率输入），将 clr 引脚锁定为 PIN_C10（SW0）。

完成引脚锁定并通过编译后，就进入嵌入式逻辑分析仪 SignalTap II 的使用阶段，分为新建 SignalTap II 文件，调入待测信号，SignalTap II 参数设置，文件存盘、编译与下载，运行分析等步骤。

1. 新建 SignalTap II 文件

执行菜单 File→New 命令，在弹出的如图 4.53 所示的 New 对话

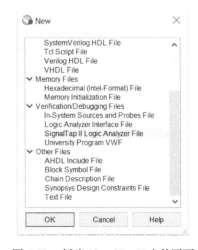

图 4.53　新建 SignalTap II 文件页面

框中，选择 SignalTap II Logic Analyzer File，弹出 SignalTap II 编辑窗口，见图 4.54。

2．调入待测信号

SignalTap II 编辑窗口见图 4.54，包含 Instance 标签页、Data 标签页、Setup 标签页等。

首先单击 Instance 栏内的 auto_signaltap_0，更名为 stp1。

执行菜单 Edit→Add notes 命令（或者双击信号观察窗口的空白处），弹出 Node Finder 对话框，如图 4.54 所示，在 Filter 栏中选择 Pins:all 项后，单击 List 按钮，在 Matching Nodes 栏内列出了当前工程的全部引脚，选中需要观察的引脚 clr 和 dout（clk 引脚由于要作为 SignalTap II 的工作时钟信号，故不列入观察信号引脚），将其移至右边的 Nodes Found 栏，单击 Insert 按钮，选中的节点就会出现在信号观察窗口中。

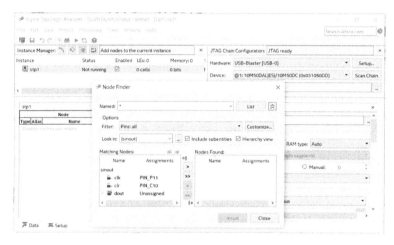

图 4.54　SignalTap II 编辑窗口

3．SignalTap II 参数设置

单击图 4.54 左下角的 Setup 标签页，弹出图 4.55 所示的参数设置窗口。连接好 DE10-Lite 目标板及 USB-Blaster 调试线，加电后进行如下参数设置。

图 4.55　SignalTap II 参数设置窗口

① 首先设置 SignalTap II 的工作时钟信号，在图 4.55 右边的 Signal Configuration 栏中，单击时钟 Clock 栏右边的查阅按钮，弹出 Node Finder 对话框，在对话框中将工程文件的时钟信号选中（clk 引脚）。

② 在 Data 框的 Sample Depth 栏选择样本深度为 4K 位，样本深度的选择应根据实际需要和器件的片内存储器的大小来确定。

③ 在 trigger 栏中，选择 clr 引脚为触发信号，并在 Trigger Condition 的下拉菜单中选择 High（高电平）作为触发方式。

④ 在 Hardware 栏中，单击右边的 Setup 按钮，在弹出的硬件设置对话框中选中 USB-Blaster 下载线。

⑤ 单击 Scan Chain 按钮，系统自动搜索所连接的开发板，如果在栏中出现板上的 FPGA 芯片的型号，表示 JTAG 连接正常。

⑥ 单击 Sof Manager 右边的查阅按钮，弹出选择编程文件对话框。在对话框中选择下载文件为 D:\VHDL\sin\output_files\sinout.sof。

4．文件存盘、编译与下载

选择菜单 File→Save As，将 SignalTap II 文件存盘，默认的存盘文件名是 stp1.stp，单击保存按钮后，会弹出一个提示对话框，如图 4.56 所示，单击 Yes 按钮，表示同意将 SignalTap II 文件与当前工程一起编译，一同下载至芯片中实现实时探测。也可以这样设置：在 Quartus Prime 主界面中选择菜单 Assignments→Settings，弹出 Settings 对话框，在 Category 栏中选中 SignalTap II Logic Analyzer，在如图 4.57 所示对话框中，使能 Enable SignalTap II Logic Analyzer 复选框，并找到已存盘的 SignalTap II 文件 stp1.stp，单击 OK 按钮即可。

图 4.56　提示对话框

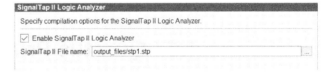

图 4.57　使能或删除 SignalTap II 加入编译

当利用 SignalTap II 将芯片中的信号全部测试结束后，需将 SignalTap II 从设计中移除，重新下载，以免浪费资源。

选择菜单 Processing→Start Compilation，或者单击 ▶ 按钮，启动全程编译。

编译完成后单击 Sof Manager 栏中的下载按钮，将 sinout.sof 下载至目标芯片中。

5．运行分析

单击数据按钮，展开信号观察窗口。用鼠标右击被观察的信号名 dout[7..0]，弹出选择信号显示模式的快捷菜单，在快捷菜单中选择 Bus Display Format（总线显示方式）中的 Unsigned Line Chart，将输出 dout[7..0]设置为无符号线图显示模式。

单击运行分析（Run Analysis）按钮或自动运行分析（Autorun Analysis）按钮，在信号观察窗口上可以见到 SignalTap II 数据窗口显示的实时采样的正弦波信号发生器的输出波形（此时 DE10-Lite 实验板的 SW0 开关应拨到 1 的位置，使 clr 信号为 1），如图 4.58 所示。由于本例的样本深度为 4K，因此一个样本深度可以采样到 4 个周期的波形数据，对实时采样的信号波形 dout[7..0]展开如图 4.59 所示。

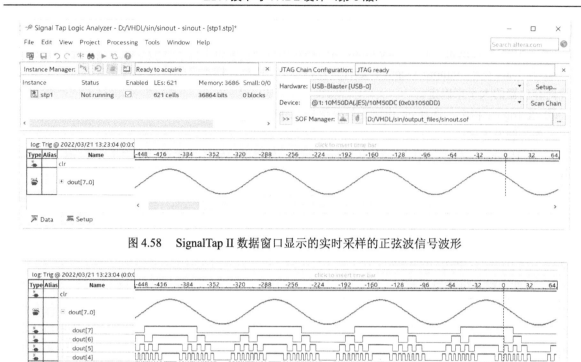

图 4.58　SignalTap II 数据窗口显示的实时采样的正弦波信号波形

图 4.59　对实时采样的信号波形展开

4.6　Quartus Prime 的优化设置

1. 编译设置

选择菜单 Assignments→Settings，在 Settings 对话框中，选择 Compiler Settings，弹出如图 4.60 所示的界面，在此页面中可以指定编译器高层优化的策略（Specify high-level optimization settings for the Compiler），有以下几种选择。

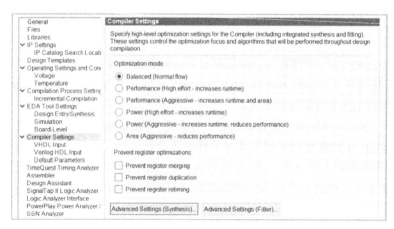

图 4.60　编译器设置

- Balanced：平衡模式，兼顾性能、面积和功率等指标。
- Performance（High effort）：性能优先，高成本模式，会增加编译时间。
- Performance（Aggressive）：性能优先，激进模式，会增加耗用面积和编译时间。
- Power（High effort）：功率优先，高成本模式，着重降低功耗，会增加编译时间。
- Power（Aggressive）：功率优先，激进模式，着重降低功耗，会降低性能。
- Area（Aggressive）：面积优先，激进模式，着重减少耗用的面积，会降低性能。

一般选择 Balanced 模式即可。图 4.60 中还有如下几个关于寄存器优化的选项。

- Prevent register merging：禁止进行寄存器合并。
- Prevent register duplication：禁止进行寄存器复制。禁止 Quartus Prime 软件在布局布线期间使用寄存器复制对寄存器进行物理综合优化。
- Prevent register retiming：禁止进行寄存器重新定时。禁止 Quartus Prime 软件在布局布线期间使用寄存器重新定时对寄存器进行物理综合优化。

2．网表查看器（Netlist Viewer）

工程编译后，可以使用网表查看器查看综合后的网表结构，以分析综合结果是否与设想的一致。网表查看器分为 RTL Viewer（RTL 视图）和 Technology Map Viewer（门级视图）。RTL 视图与器件无关，而门级视图则与锁定的器件相关。Technology Map Viewer 又分为 Post-Mapping（映射后视图）和 Post-Fitting（适配后视图）两种。

选择菜单 Tools→Netlist Viewers→RTL Viewer，即可观察当前设计的 RTL 级电路视图，比如，图 4.61 所示为一个 4 位计数器的 RTL 综合视图，可以看出，该设计由 1 个加法器、1 个 4 位寄存器和 1 个 2 选 1 数据选择器 3 个模块实现。

选择菜单 Tools→Netlist Viewers→Technology Map Viewer，可观察当前设计的门级电路网表，门级电路视图与锁定的 FPGA 芯片有关。

3．器件资源利用报告

编译后，还可以查看器件资源利用信息，这些信息对分析设计中的布局布线问题有时非常必要。

要确定资源使用情况，可查看 Compilation Report 中的 Flow Summary，得到逻辑资源利用百分比，用了多少 LE 单元、引脚、存储器、乘法器、锁相环等。可查看 Compilation Report 的 Fitter 部分中的 Resource Section 的报告，了解详细的资源信息。Fitter Resource Usage Summary 报告将逻辑使用信息分成几部分，并表明逻辑单元的使用情况，提供包括每一类存储器模块中比特数在内的其他资源信息。

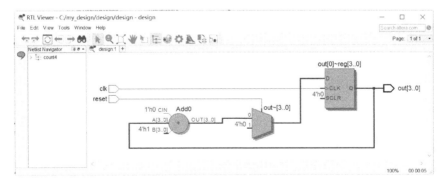

图 4.61　4 位计数器的 RTL 综合视图

还有一些报告描述编译期间执行的一些优化。例如，如果使用 Quartus Prime 集成综合，那么 Analysis & Synthesis 部分中 Optimization Results 文件夹的报告会显示包括综合期间移除的寄存器的信息。使用此报告对某部分设计的器件资源利用情况进行评估，以确保寄存器不会因为丢失而与其他部分的连接被移除。

编译流程的每个阶段都会产生信息，包括信息提示、警告和严重警告，在 Quartus Prime 的 Message 栏可查看到这些信息，通过这些信息可以查出所有设计问题。

4. 设计可靠性检查

选择菜单 Assignments→Settings，在 Settings 对话框的 Category 中选择 Design Assistant，然后在右边的对话框中选中 Run Design Assistant during compilation 选项，对工程编译后，可在 Compilation Report 界面中查看 Design Assistant 的相关信息，如图 4.62 所示。

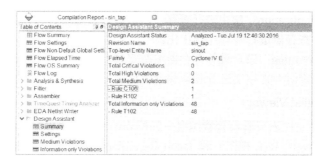

图 4.62 查看 Design Assistant 的相关信息

在图 4.62 所示的 Compilation Report 中，Dessign Assistant 将违反规则的情况分为 4 个等级。
- Critial Violations：非常严重地违反规则，影响到设计的可靠性。
- High Violations：严重地违反规则，影响到设计的可靠性。
- Medium Violations：中等程度地违规。
- Information only Violations：一般程度地违规。

5. 利用 Optimization Advisors（优化建议）对设计进行优化

可利用 Optimization Advisors（优化建议）对设计进行优化。选择菜单 Tools→Advisors→Resource Optimization Advisor，软件会对资源的优化利用提出建议。图 4.63 所示为某设计的资源优化建议，可以看到分为 LE 单元、存储器、DSP 模块等，分别提出了各种片内资源优化利用的建议，设计者可评估这些建议，按照提示进行设置，重新编译后，与之前的资源耗用进行对比，查看优化的效果。

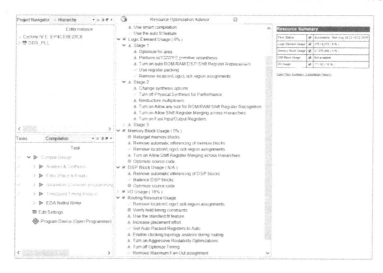

图 4.63 资源优化建议（Resource Optimization Advisor）

选择菜单 Tools→Advisors→Timing Optimization Advisor，将弹出时序优化建议，会在最高运行频率、I/O 时序、建立时间和最小延时等方面都提出了时序优化设置的建议，可以参照这些建议进行设置，重新编译。

Quartus 软件的 Advisors 还包括 Power Optimization Advisor，根据当前设计工程的设置和约束提供具体的功耗优化意见和建议，选择菜单 Tools→Advisors→Power Optimization Advisor，可查看功耗优化意见和建议，参照建议修改设计并重新编译，然后运行 Power Play Power Analyzer，可检查功耗结果的变化情况。

习 题 4

4.1 基于 Quartus Prime 软件，采用原理图设计方式，使用 D 触发器设计一个 2 分频电路；并在此基础上，设计一个 4 分频和 8 分频电路并进行仿真。（参考设计如图 4.64 所示。）

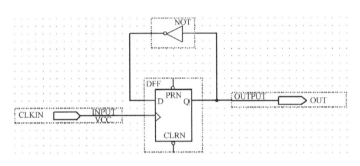

图 4.64　2 分频电路

4.2 基于 Quartus Prime 软件，采用原理图设计方式，用 74161 设计一个模 10 计数器，并进行编译和仿真。（参考设计如图 4.65 所示。）

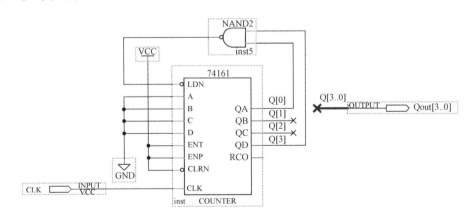

图 4.65　利用 74161 实现的模 10 计数器电路

4.3 基于 Quartus Prime 软件，用 74161 设计一个模 99 计数器，个位和十位都采用 8421BCD 码的编码方式，分别用置 0 和置 1 两种方法实现，完成原理图设计、输入、编译、仿真和下载整个过程。（参考设计如图 4.66 所示。）

4.4 基于 Quartus Prime 软件，用 7490 设计一个模 71 计数器，个位和十位都采用 8421BCD 码的编码方式设计，完成原理图设计输入、编译、仿真和下载的整个过程。（参考设计如图 4.67 所示。）

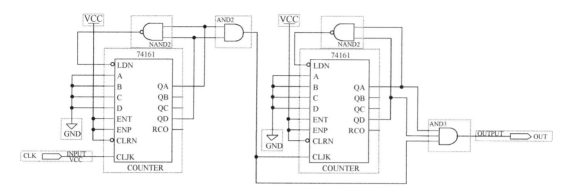

图 4.66 模 99 计数器原理图（采用 8421BCD 码）

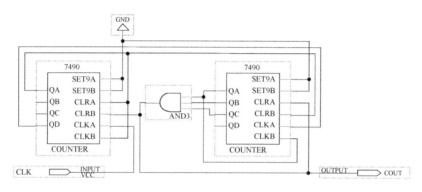

图 4.67 7490 模 71 计数器原理图（采用 8421BCD 码）

4.5 基于 Quartus Prime 软件，用 74283（4 位二进制全加器）设计实现一个 8 位全加器，并进行综合和仿真，查看综合结果和仿真结果。（参考设计如图 4.68 所示。）

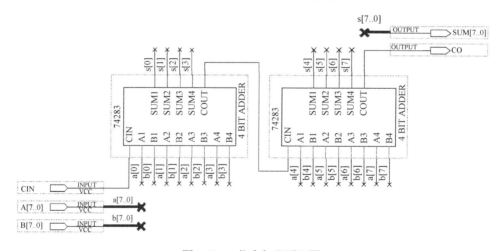

图 4.68 8 位全加器原理图

4.6 基于 Quartus Prime，用 74194（4 位双向移位寄存器）设计一个 00011101 序列产生器电路，进行编译和仿真，查看仿真结果。

参考设计：图 4.69 所示为 00011101 序列产生器原理图，序列产生器采用 74194 和 74153（双 4 选 1 数据选择器）构成。

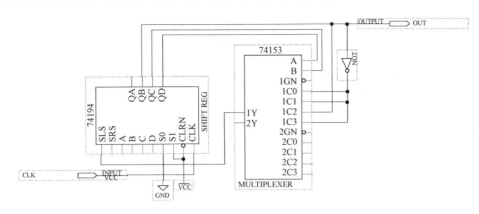

图 4.69　00011101 序列产生器原理图

4.7　用 D 触发器构成按循环码（000→001→011→111→101→100→000）规律工作的六进制同步计数器。

4.8　采用 Quartus Prime 软件的 IP 核 lpm_counter 设计一个模为 60 的加法计数器，进行编译和仿真，查看仿真结果。

4.9　采用 Quartus Prime 软件的 IP 核 lpm_rom，用查表方式实现两个 8 位无符号数加法的电路，并进行编译和仿真。

4.10　用数字锁相环实现分频。假定输入时钟频率为 10 MHz，要得到 6 MHz 的时钟信号，试用 IP 核 altpll 实现该电路。

4.11　设计消抖动电路，并对其功能进行仿真。

参考设计：由 4 个触发器和一个 4 输入与门构成的消抖动电路如图 4.70 所示，消抖动电路实质上就是一个信号过滤器，能够将信号中的毛刺、抖动等都滤除掉，图 4.71 是其时序仿真波形图，从波形图可以看出，输出信号实现了消抖动，同时可以发现如下特点：

① 输出脉宽变小了，它只等于 CLK 的一个周期的宽度。

② CLK 的频率不能太低，应至少有 4 个上升沿包含在正常信号脉冲中；CLK 的频率也不能太高，其周期不能太多地小于干扰或抖动信号的脉宽。

③ 增加 D 触发器的数量，可以改善消抖动效果。

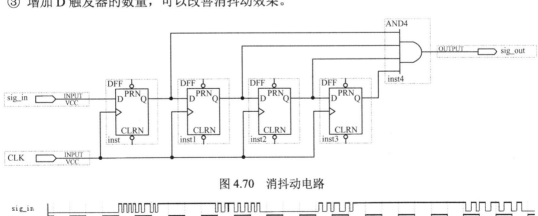

图 4.70　消抖动电路

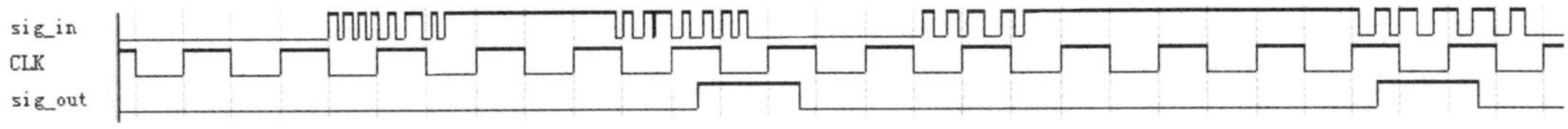

图 4.71　消抖动电路时序仿真波形

第 5 章　VHDL 设计初步

本章概要：本章通过 VHDL 例程，介绍 VHDL 的结构、要素及基本语法，使学生能迅速从总体把握 VHDL 程序的基本结构和特点，达到快速入门的目的。

知识要点：（1）VHDL 的发展史；
（2）用 VHDL 设计基本组合电路；
（3）用 VHDL 设计基本时序电路；
（4）VHDL 基本结构（实体、结构体、库和程序包）；
（5）子程序（过程、函数）。

教学安排及要求：本章教学安排 2 学时。通过本章的学习，掌握 VHDL 基本结构、实体、结构体、库和程序包的用法，掌握过程、函数的使用方法，使学生对用 VHDL 设计基本的组合电路和时序电路有初步和完整的认识。

5.1　VHDL 的历史

VHDL 是一种标准化程度较高的硬件描述语言，它源于美国国防部（DOD）提出的超高速集成电路计划，其目的是为了在各承担国防部订货的集成电路厂商间建立一个统一的设计数据和文档交换格式，其名字的全称是超高速集成电路硬件描述语言（Very High Speed Integration Circuit HDL，VHDL），VHDL 语言的发展经历了下面几个重要节点：

- 1983 年 VHDL 语言正式提出。
- 1987 年 IEEE 将 VHDL 采纳为标准，即 IEEE Std 1076—1987，从而使 VHDL 成为硬件描述语言的业界标准之一，各 EDA 公司相继推出自己的 VHDL 设计环境，或宣布自己的设计工具支持 VHDL。
- 1993 年，IEEE 对 VHDL 做了修订，从更高的抽象层次和系统描述能力上扩展了 VHDL 的功能，公布了新版本的 VHDL 标准，即 IEEE Std 1076—1993 版本。
- 1997 年，VHDL 综合程序包 IEEE Std 1076.3—1997 发布。
- 2002 年 IEEE 发布了 IEEE Std 1076—2002 版标准，对 VHDL 有修订，但修订的幅度不大。
- 2008 年 IEEE 公布了 IEEE Std 1076—2008 版本，在此版本中，增加了定点程序包和浮点程序包；增加了类属类型和类属程序包；改进了编写测试平台用的 I/O。

VHDL 的出现是为了适应数字系统设计日益复杂的需求，以及设计者在设计可重用、可移植性方面提出的更高的要求，VHDL 已被广泛用于电路与系统设计、数字逻辑综合、电路仿真等领域，可胜任数字系统的结构、行为、功能级描述，并不断进化，具备了浮点运算能力，可满足数字信号处理等领域的需求。VHDL 语言的特点如下：

- 语法严谨，结构规范，移植性强。VHDL 语言是一种被 IEEE 标准化的硬件描述语言，几乎被所有 EDA 工具所支持，可移植性强，便于多人合作进行大规模复杂电路的设计；VHDL 语言语法严谨、规范，具备强大的电路行为描述能力，尤其擅长于复杂的多层次结构的数字系统设计。

- 数据类型丰富：VHDL 有整型、布尔型、字符型、位型（Bit）、位矢量型（Bit_Vector）等数据类型，这些数据类型具有鲜明的物理意义，VHDL 也允许设计者自己定义数据类型，自定义的数据类型可以是标准数据类型复合而成的枚举、数组或记录（Record）等类型。
- 支持层次结构设计：VHDL 适于采用 Top-down 的设计方法，对系统进行分模块、分层次描述，同样也适于 Bottom-up 的设计思路；在对数字系统建模时支持结构描述、数据流描述和行为描述，可以像软件程序那样描述模块的行为特征和功能，而不需关注其物理实现结构。
- 便于设计复用：VHDL 提供了丰富的库、程序包，便于设计复用，还提供了配置、子程序、函数、过程等结构便于设计者构建自己的设计库。

5.2 用 VHDL 设计组合电路

本节通过实例来认识 VHDL 程序的基本结构和基本语法。

1. 用 VHDL 设计三人表决电路

图 5.1 所示为一个三人表决电路。

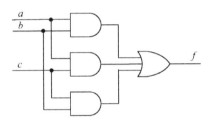

图 5.1 三人表决电路

该电路表示的逻辑函数可表示为：$f = ab + bc + ac$，可用 VHDL 对该电路描述如下。

【例 5.1】 三人表决电路的 VHDL 描述。

```
ENTITY vote IS                              --实体部分
    PORT(a,b,c: IN BIT;
            f: OUT BIT);
END ENTITY vote;

ARCHITECTURE one OF vote IS                 --结构体部分
BEGIN
f<=(a AND b) OR (a AND c) OR (b AND c);     -- f=ab+bc+ac
END ARCHITECTURE one;
```

通过上面的例子可发现，从书写形式看，VHDL 程序具有以下特点。
① VHDL 每个语句的最后一般用分号（;）结束。
② VHDL 程序书写格式自由，可通过增加空格、转行等提高程序的可读性。
③ 以"--"开始的语句为注释语句，用来增强程序的可读性和可维护性，注释语句不参与编译。
④ VHDL 关键字（或称为保留字）对大小写不敏感（大写、小写均可），在本书中一律用大写表示。

此外还能看出，一个基本的 VHDL 程序至少包括如下两个部分。
- 实体（ENTITY）部分：实体描述设计模块的外部信息（外观），包括模块的端口和参数定义。
- 结构体（ARCHITECTURE）部分：结构体描述模块的逻辑功能或内部构造，一个实体可以有多个结构体，在结构体中可对模块做行为描述或结构描述。

实体和结构体是每个 VHDL 程序必备的。有的 VHDL 程序还包括第 3 部分，即库（LIBRARY）和包（PACKAGE），比如例 5.2 所示。

【例 5.2】 三人表决电路的另一种描述形式。

```
LIBRARY IEEE;                        --打开 IEEE 库
USE IEEE.STD_LOGIC_1164.ALL;  --允许使用 STD_LOGIC_1164 程序包中的所有内容
ENTITY vote3 IS
    PORT(a,b,c: IN STD_LOGIC;
           f: OUT STD_LOGIC);
END ENTITY;
ARCHITECTURE one OF vote3 IS
BEGIN
    f<=(a AND b) OR (a AND c) OR (b AND c);
END ARCHITECTURE one;
```

例 5.2 与例 5.1 功能完全相同，但在结构上增加了一个部分，即库（LIBRARY）和包（PACKAGE）。之所以增加库和包，是因为在例 5.2 中将输入变量 a、b、c 和输出变量 f 的数据类型定义为 STD_LOGIC 型，而 STD_LOGIC 数据类型是在 IEEE 库的 STD_LOGIC_1164 程序包中扩展的。因此，在例 5.2 中增加了两条语句，分别打开 IEEE 库，并允许使用 IEEE 库中的 STD_LOGIC_1164 程序包。

如果对例 5.1 和例 5.2 做进一步分析，可了解更多的 VHDL 语法。

- 端口定义：以 PORT( )语句定义模块端口及端口数据类型。
- 端口模式（或端口的方向）：用 IN、OUT、INOUT、BUFFER 描述端口上数据的流动方向。
- 数据类型：端口、信号、变量等数据对象都要指定数据类型，常见的数据类型包括 INTEGER、BIT、STD_LOGIC、STD_LOGIC_VECTOR 等。
- 信号赋值：用符号<=对信号进行赋值。
- 逻辑操作符：包括 AND、OR、NOT、NAND、XOR、XNOR 等。
- 文件取名：建议文件名与 VHDL 程序实体名一致，文件名后缀是.vhd，比如例 5.1 应存盘为 vote.vhd。
- 工作目录：VHDL 设计文件应存于当前设计工程所在的目录中，此目录将被设定为 WORK 库，WORK 库的路径即为此目录的路径。

综上所述，VHDL 程序的基本结构如图 5.2 所示。一个 VHDL 模块一般由如下 3 个部分构成，也称为 VHDL 程序的三大要素：库（LIBRARY）和程序包（PACKAGE）、实体（ENTITY）、结构体（ARCHITECTURE）。有的 VHDL 程序还可以包括配置部分。在实体中定义端口及数据类型，结构体主要用于描述电路的功能或者结构，可采用进程语句、并行语句、子程序例化语句、元件例化语句等。

2. 用 VHDL 设计二进制加法器

加法器也是常用的组合逻辑电路，例 5.3 是用 VHDL 描述的 4 位二进制加法器。

【例 5.3】 4 位二进制加法器的 VHDL 描述。

```
ENTITY add4 IS
    PORT(a,b : IN INTEGER RANGE 0 TO 15;
          sum : OUT INTEGER RANGE 0 TO 31);
END add4;
ARCHITECTURE one OF add4 IS
BEGIN
  sum<=a+b;                          --用算术运算符进行设计
END one;
```

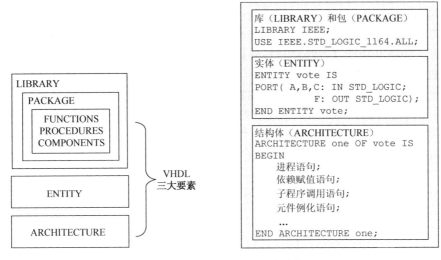

图 5.2 VHDL 程序的基本结构

与上例有关的 VHDL 语法如下。

① INTEGER 数据类型。上例中将 a、b、sum 定义为 INTEGER（整数）数据类型，INTEGER 型数据是 VHDL 的 10 种标准数据类型之一，不需做任何声明即可使用。在可综合的设计中，要求用 RANGE 语句限定 INTEGER 型数据取值范围，综合器会据此来决定其位宽。如在上例中，a、b 会用 4 位二进制数表示，sum 用 5 位二进制数表示。

② 算术运算符。上例中使用了算术运算符+实现加法运算，加法运算符能直接应用于 INTEGER 型数据。

将例 5.3 进行综合，综合器选择 Quartus Prime，图 5.3 是该例的 RTL 级综合结果。综合器能将文本描述转化为电路网表结构，并以原理图的形式呈现出来，便于语言的学习。

图 5.3 4 位二进制全加器的 RTL 级综合结果

3. 用 VHDL 设计 BCD 码加法器

例 5.4 描述的是 1 位 BCD 码加法器，采用的是逢十进一的规则。

【例 5.4】 BCD 码加法器。

```
LIBRARY IEEE;
  USE IEEE.STD_LOGIC_1164.ALL;
  USE IEEE.NUMERIC_STD.ALL;          --声明运算符重载的程序包
ENTITY add_bcd IS
PORT(opa,opb : IN UNSIGNED(3 DOWNTO 0);   --操作数
         result: OUT UNSIGNED(4 DOWNTO 0));  --结果
END;
ARCHITECTURE behav OF add_bcd IS
SIGNAL temp: UNSIGNED(4 DOWNTO 0);
SIGNAL adjust: STD_LOGIC;
BEGIN
    temp <= ('0'&opa)+opb;              --用并置操作符扩展 op1 的位宽
    adjust<='1' WHEN temp>9 ELSE '0';
    result<=temp WHEN (adjust='0') ELSE temp+6;
END behav;
```

与上例有关的 VHDL 语法如下。

① WHEN ELSE 语句：属于条件信号赋值语句。

② 运算符重载：算术运算符+（加）、-（减）、*（乘）等能够直接应用于 INTEGER 型数据而无须做任何声明，如将其用于 UNSIGNED 型数据则牵涉到运算符重载，必须调用 IEEE 库中的 NUMERIC_STD 程序包（将算术运算符"+"的功能扩展到 UNSIGNED 型数据的函数是在该程序包中定义的），因此上例中声明使用了 NUMERIC_STD 程序包。

③ 并置运算符&：上例中使用了并置运算符&来完成位的扩展和拼接。VHDL 是一种强类型语言，不同类型之间的数据不能相互传递，即使数据类型相同，如果位宽不同，相互间也不能赋值。因此，本例中首先将 opa 的位宽用并置运算符&扩展了 1 位（在最高位补 0），以与赋值符号左边 temp 信号的位宽一致。

图 5.4 所示为 BCD 码加法器 RTL 综合视图，对比图 5.3，可发现其构成中多了比较器、数据选择器等部件。

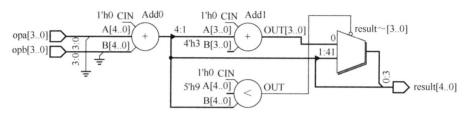

图 5.4 BCD 码加法器 RTL 综合视图

5.3 用 VHDL 设计时序电路

1. D 触发器

时序电路最基本的器件是触发器，如例 5.5 所示为基本 D 触发器的 VHDL 描述。

【例 5.5】 基本 D 触发器的 VHDL 描述。

```
LIBRARY IEEE;
  USE IEEE.STD_LOGIC_1164.ALL;
ENTITY dff_a IS
  PORT(d,clk: IN STD_LOGIC;
          q: OUT STD_LOGIC);
END dff_a;
ARCHITECTURE one OF dff_a IS
BEGIN
PROCESS(clk)  BEGIN
    IF clk'EVENT AND clk='1' THEN       --时钟上升沿触发
       q<=d;  END IF;
END PROCESS;
END one;
```

与上例有关的 VHDL 语法如下。

① IF 语句：本例中使用了非完整的 IF 语句，省掉了 ELSE 语句，非完整的 IF 语句常用于描述触发器。

② PROCESS 进程语句：IF 语句是顺序语句，只能在进程（PROCESS）中使用，对于进程来说，它只有两种状态：等待状态和执行状态。其状态取决于敏感信号，当敏感信号中的任何一个信号发生变化并满足条件时，进程就会启动进入工作状态，否则进程处于等待或挂起状态。

③ 时钟边沿的表示：时序电路一个很重要的特点是经常需要用到时钟边沿的概念。在上例中，用

语句"clk'EVENT AND clk='1'"来表示上升沿。它表示 clk 信号的值发生了变化，并且经过一个相对短的时间，检测到其值变为 1，由此可判断，clk 信号上有上升沿产生，此句也可以表示为"clk='1' AND clk'EVENT"，综合器在综合时均会将其翻译为上升沿电路结构。

例 5.6 是在基本 D 触发器的基础上增加了同步复位端口。

【例 5.6】 带同步复位端的 D 触发器。

```
LIBRARY IEEE;
  USE IEEE.STD_LOGIC_1164.ALL;
ENTITY dff_b IS
  PORT(clk,d,clr: IN STD_LOGIC;     --clr 是同步复位端
       q: OUT STD_LOGIC);
END;
ARCHITECTURE one OF dff_b IS
BEGIN
PROCESS(clk) BEGIN                  --敏感信号列表只有 clk 信号
  IF RISING_EDGE(clk) THEN          --RISING_EDGE 函数表示上升沿
    IF clr='0' THEN q<='0';         --clr 为低电平时，输出为 0
    ELSE q<=d;
  END IF; END IF;
END PROCESS;
END one;
```

上例中的 RISING_EDGE 是 STD_LOGIC_1164 程序包中定义的一个函数，表示上升沿。

例 5.7 描述了带异步置 1 和异步复位端的 D 触发器，该例中异步置 1 的优先级高于异步复位。

【例 5.7】 带异步置 1/异步复位端的 D 触发器。

```
LIBRARY IEEE;
  USE IEEE.STD_LOGIC_1164.ALL;
ENTITY dff_c IS
  PORT(clk,d,set,clr: IN STD_LOGIC;  --set,clr 分别是异步置 1 和异步复位端
       q: OUT STD_LOGIC);
END;
ARCHITECTURE behav OF dff_c IS
BEGIN
PROCESS(clk,set,clr)                 --在敏感信号列表中应加入 set,clr 信号
BEGIN
  IF set='0' THEN q<='1';            --set 为低电平时，输出置 1
  ELSIF clr='0' THEN q<='0';         --clr 为低电平时，输出清零
    ELSIF clk='1' AND clk'EVENT THEN q<=d;
  END IF;
END PROCESS;
END behav;
```

例 5.6 和例 5.7 的 RTL 综合结果分别如图 5.5 和图 5.6 所示。

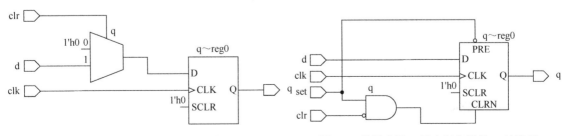

图 5.5 带同步复位端的 D 触发器 　　　　图 5.6 带异步置 1/异步复位端的 D 触发器

2. 计数器

计数器也是一种典型的时序逻辑电路，用 VHDL 能非常方便地描述各类计数器电路，例 5.8 实现了 4 位二进制加法计数器。

【例 5.8】 4 位二进制加法计数器。

```
ENTITY cnt4 IS
PORT(clk: IN BIT;
     q: BUFFER INTEGER RANGE 15 DOWNTO 0);   --q定义为BUFFER模式
END cnt4;
ARCHITECTURE behav OF cnt4 IS
BEGIN
PROCESS(clk)  BEGIN
  IF clk'EVENT AND clk ='1'
      THEN q<=q+1;             --q允许反馈，可出现在赋值符号"<="右侧
  END IF;
END PROCESS;
END behav;
```

图 5.7 所示为本例的 RTL 综合原理图，由加法器和寄存器构成。

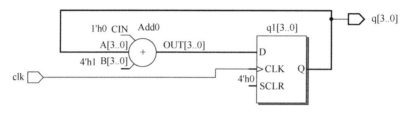

图 5.7　4 位二进制加法计数器 RTL 综合原理图

5.4　实　体

VHDL 程序通常包含实体（ENTITY）、结构体（ARCHITECTURE）、配置（CONFIGURATION）、程序包（PACKAGE）和库（LIBRARY）五个部分。其中，实体和结构体是每个程序必备的，是最基本的 VHDL 程序组成部分。

实体主要用于描述模块的输入/输出端口，其定义格式如下：

```
ENTITY 实体名 IS
    [GENERIC(参数名：数据类型);]              --[ ]表示可选项
    [PORT(端口表);]
END ENTITY 实体名;
```

实体均以"ENTITY 实体名 IS"开始，以"END ENTITY 实体名;"结束。

注：以"END ENTITY 实体名;"结束是 VHDL'93 标准中要求的，在 VHDL'87 标准中，结尾语句只需写成"END;"或者"END 实体名;"即可。EDA 工具基本都兼容这两个标准，因此无须特别注意两者间的区别，根据自己的习惯书写即可。

实体名可自己命名，一般根据模块的功能或特点取名；GENERIC 类属说明语句用于定义类属参数；PORT 语句用于定义模块端口信息；方括号内的语句可选，只在需要时加上。

5.4.1　类属参数说明

类属说明语句用于定义参数，其格式如下：
```
GENERIC ( 参数名1：数据类型 := 数值;
```

```
           参数名 2: 数据类型 := 数值;
                  ...);
```
例如:
```
ENTITY my_entity IS
    GENERIC (m: INTEGER := 8;
             n: BIT_VECTOR(3 DOWNTO 0) := "0101");
PORT (...);
END my_entity;
```
用类属说明语句可指定参数,如总线宽度等,它以关键词 GENERIC 引导一个类属参量表,在表中提供时间参数或总线宽度等信息,通过参数传递,很容易改变一个设计实体内部电路规模。比如,下面是一个译码器电路的设计实体定义:
```
ENTITY  decoder IS
    GENERIC(n: INTEGER: = 3);
     PORT(data: IN BIT_VECTOR(1 to n);
          dout:  OUT BIT_VECTOR(1 to 2**n));
END ENTITY decoder;
```
上例中,用 GENERIC 语句定义了一个类属参量 n,并定义其数据类型为 INTEGER 整型,赋初值 3;在后面定义了译码器输入端口 data 的宽度为 n,输出端口 dout 的宽度是 2^n,显然这里设计的是 3-8 译码器(或 3 线-8 线译码器),如果将 n 赋值 2,则表示 2-4 译码器(或 2 线-4 线译码器),n 赋值 4 则表示 4-16 译码器(或 4 线-16 线译码器)。可见,通过参数传递,很容易修改电路的线宽和规模。

在例 5.9 中,采用类属说明语句定义了加法器操作数的数据宽度,如果要改变加法器的规模,比如改为 8 位、32 位的加法器,只需改变类属参量 width 的赋值即可。

【例 5.9】 用类属说明语句设计加法器。
```
LIBRARY IEEE;
  USE IEEE.STD_LOGIC_1164.ALL;           --调用库和包
   USE IEEE.NUMERIC_STD.all;
ENTITY adder IS
  GENERIC(width: INTEGER :=16);          --定义类属参量 width
  PORT(a,b: IN UNSIGNED(width-1 DOWNTO 0);
       sum: OUT UNSIGNED(width DOWNTO 0));
END ENTITY;
ARCHITECTURE behav OF adder IS
BEGIN
    sum<=('0'&a)+b;
END behav;
```
类属说明语句也经常用来定义仿真时的延时参数等信息,比如例 5.10 中用类属说明语句定义了门电路输出与输入间存在的延迟。

【例 5.10】 用类属说明语句定义门电路延时。
```
ENTITY and_gate IS
GENERIC(delay: TIME := 5ns)            --定义类属参量 delay,数据类型为 TIME
      PORT(a,b : IN BIT; c : OUT BIT);
END ENTITY and_gate;
ARCHITECTURE behav OF and_gate IS
  BEGIN
  PROCESS(a,b)
  BEGIN
  c <= a AND b AFTER delay;            --定义延迟时间
END PROCESS;
END behav;
```

5.4.2 端口说明

端口是实体与外部进行通信的接口，类似于电路图符号的引脚。

端口说明语句定义格式如下：
PORT(端口名：端口模式 数据类型；
　　{端口名：端口模式 数据类型})；

端口说明语句由 PORT 引导，包括端口名、端口模式、数据类型等。

端口名是赋予每个实体外部引脚的名称，通常用英文字母或英文字母加数字命名，如 d0、sel、q0 等。端口名字的定义有一些惯例，如 clk 表示时钟，d 开头的端口名表示数据，a 开头的端口名表示地址等。

端口模式是指该端口的数据传输方向，有以下 4 种模式。
- IN：输入模式，传输方向是从外部进入实体。
- OUT：输出模式，传输方向是离开实体到实体外部。
- BUFFER：缓冲模式，缓冲模式允许信号输出到实体外部，同时也可在实体内部引用该端口的信号。缓冲模式端口常用于计数器的设计。
- INOUT：双向模式，此模式允许信号双向传输（既可以进入实体，也可以离开实体）。

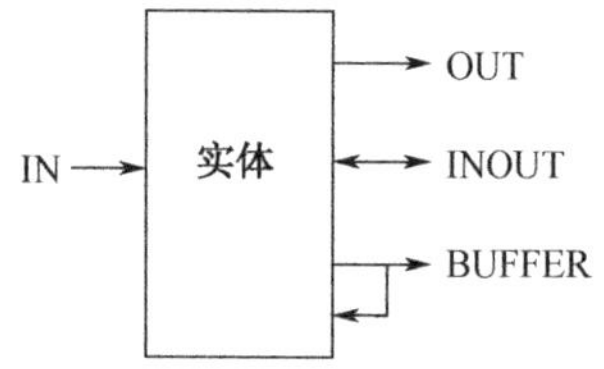

图 5.8 所示为上述 4 种端口模式的示意图。

数据类型指的是端口信号的取值类型，VHDL 是一种强数据类型的语言，它要求只有相同数据类型的端口信号才能相互作用，VHDL 提供了丰富的数据类型，有关数据类型的内容将在 6.3 节详细介绍。

图 5.8　4 种端口模式的示意图

5.5　结　构　体

结构体（ARCHITECTURE）也称为构造体，结构体是对实体的逻辑行为、功能或内部构造的具体描述。

结构体的定义格式如下：
ARCHITECTURE 结构体名 OF 实体名 IS
　[说明语句]
BEGIN
　[功能描述语句]
END ARCHITECTURE 结构体名；

结构体的组成如图 5.9 所示，主要包括结构体名、结构体说明语句、结构体功能描述语句等。

（1）结构体名

结构体名可自行定义，"OF"后面的实体名指明了该结构体对应的实体。一个实体可以有多个结构体，但这些结构体不能同名。

（2）结构体说明语句

结构体说明语句用于对结构体内部将要使用的信号、常数、数据类型、元器件、函数和过程等加以说明，结构体说明语句必须放在关键词 ARCHITECTURE 和 BEGIN 之间。

在一个结构体中定义的信号、常数、数据类型、元器件、函数和过程只能作用于该结构体中。结构体中的信号定义和端口说明一样，应有

图 5.9　结构体的组成

信号名称和数据类型定义,因为它是内部连接用的信号,因此不需要说明传输方向。

(3) 结构体功能描述语句

结构体功能描述语句位于 BEGIN 和 END 之间,具体描述结构体的行为、功能或连接关系。图 5.9 列出了 5 种功能描述语句。

① 块语句:块语句是由一系列并行语句构成的组合体,其功能是将结构体中的并行语句组成一个或多个子模块。

② 进程语句:进程由顺序语句组成,用以将从外部获得的信号值或内部运算数据赋值给其他的信号。

③ 信号赋值语句:将设计体内的处理结果赋值给信号或端口。

④ 子程序调用语句:可以例化子程序(函数和过程),并将结果赋值给信号。

⑤ 元件例化语句:将其他的设计实体打包成元件,例化元件并将元件的端口与其他元件、信号或高层实体的端口进行连接。

(4) 结构体描述方式

结构体主要有 3 种描述方式,即行为描述、数据流描述和结构描述。在给结构体命名时可用不同的名字来区分这 3 种描述方式,比如用 behavior、dataflow 和 structural 分别表示行为、数据流和结构描述。不过在实际设计中很难完全区分这 3 种描述方式,因此对描述方式不必过于纠结。

5.6 VHDL 库和程序包

一个实体中定义的数据类型、子程序和元器件只能用于该实体本身,为了使这些信息能被不同的实体共享,VHDL 提供了库和程序包结构。

5.6.1 库

库(LIBRARY)是已编译数据的集合,存放程序包定义、实体定义、结构体定义和配置定义。库以 VHDL 源文件的形式存在,在综合时综合器可随时读入库文件使用,便于设计者利用已编译过的设计结果。

常用的 VHDL 库有:STD 库、WORK 库、IEEE 库、ASIC 库和用户自定义库等。

1. STD 库

STD 库是 VHDL 的标准库,在库中存放 STANDARD 和 TEXTIO 两个程序包,在使用 STANDARD 程序包中的内容时不需要声明,但在使用 TEXTIO 程序包中的内容时需要用 USE 语句显式地声明。

2. WORK 库

WORK 是现行工作库,用户设计和定义的一些电路单元和元器件都存放在 WORK 库中。WORK 库自动满足 VHDL 语言标准,使用该库无须声明。在计算机上用 VHDL 做设计时,不允许在根目录下进行,而必须为项目创建或指定一个文件夹,用于保存该项目所有文件,VHDL 综合器将此文件夹默认为 WORK 库。

3. IEEE 库

IEEE 库是 VHDL 设计中最为常用的库,它包含 IEEE 标准程序包和其他一些支持工业标准的程序包。IEEE 库中的程序包主要包括 STD_LOGIC_1164、NUMERIC_STD 和 NUMERIC_BIT 等。

一些 EDA 公司提供的程序包,虽非 IEEE 标准,但由于已成为事实上的工业标准,也都并入了 IEEE

库，如 SYNOPSYS 公司的 STD_LOGIC_ARITH、STD_LOGIC_SIGNED 和 STD_LOGIC_UNSIGNED 程序包；又如 VITAL 库中的 VITAL_timing 和 VITAL_primitives，这两个程序包主要用于仿真，可提高门级时序仿真的精度，现在的 EDA 开发工具都已将这两个程序包合并到 IEEE 库了。

4．ASIC 厂商库

ASIC 厂商库是由 EDA 工具商提供的库，比如，Intel FPGA 公司的软件 Quartus 提供了 lpm、megacore、maxplus2 等程序包，可通过软件安装目录的\quartus\libraries\vhdl 查看。

5．用户自定义库

用户自己设计开发的程序包、设计实体等，也可汇集在一起定义为一个库。在进行电路设计时，较好的库设置方法是：自定义一个资源库，把过去的设计资料分类装入自建库备用。自定义库在使用时需加以说明，比如，在 Quartus Prime 软件中可进行如下设置，选择菜单 Tools→Options，在弹出的 Options 对话框（如图 5.10 所示）左边栏中选择 Libraries，在右边的 Global User Libraries（all projects）项中将自定义库文件目录添加进来，图 5.3 中添加的库目录为 C:\vhdl\mylab，此处添加的库是面向所有设计项目的；在下面的 Project Libraries 项中添加的库文件，则只面向当前设计工程。

图 5.10 用户自定义库的设置（Quartus Prime）

5.6.2 程序包

程序包（PACKAGE）主要用来存放各个设计能够共享的信号说明、常量定义、数据类型、子程序定义、属性说明和元件封装等部分。

程序包由两部分组成，即程序包首和程序包体。其定义格式为：
```
PACKAGE 程序包名 IS            --程序包首
   程序包首说明部分
END 程序包名；


PACKAGE BODY 程序包名 IS       --程序包体
   程序包体说明部分
      包体内容
END 程序包名；
```

程序包首部分主要对数据类型、子程序、常量、信号、元器件、属性等进行说明，所有说明语句是对外可见的，这一点与实体说明部分相似。

程序包体部分由程序包说明部分指定的函数和过程的程序体组成，即用来定义程序包的实际功能，包体部分的描述方法与结构体的描述方式相同。

在 VHDL 的 STD 库、IEEE 库中预定义了如下几个最为常用的程序包。

(1) STANDARD 和 TEXTIO 程序包

这是 STD 库中预定义的程序包。STANDARD 程序包中定义了许多基本的数据类型、子类型和函数，它是 VHDL 的标准程序包，使用时无须用 USE 语句声明。

TEXTIO 程序包定义了支持文本和文件操作的许多类型和子程序，主要供仿真器使用。可用文本编辑器建立一个数据文件，文件中包括仿真时需要的数据，然后在仿真时用 TEXTIO 程序包中的子程序存取这些数据。

使用 TEXTIO 程序包前，应显式地声明，比如：

```
USE STD.TEXTIO.ALL;
```

(2) STD_LOGIC_1164 程序包

这是 IEEE 库定义的程序包，包含一些常用的数据类型、子类型和函数定义。比如，使用广泛的 STD_LOGIC 和 STD_LOGIC_VECTOR 数据类型就是在此程序包中定义的。

(3) NUMERIC_STD 和 NUMERIC_BIT 程序包

这两个程序包都预先编译在 IEEE 库中，扩展了 UNSIGNED 和 SIGNED 数据类型，多用于算术运算。

(4) STD_LOGIC_UNSIGNED 和 STD_LOGIC_SIGNED 程序包

这两个程序包都是 SYNOPSYS 公司的程序包，均预先编译在 IEEE 库中。这些程序包重载了可用于 INTEGER 类型及 STD_LOGIC 和 STD_LOGIC_VECTOR 类型混合运算的运算符，并定义了一个由 STD_LOGIC_VECTOR 型到 INTEGER 型的转换函数。这两个程序包的区别是后者定义的运算符考虑到了符号，是有符号数的运算。

(5) FIXED_PKG 和 FLOAT_PKG 程序包

VHDL2008 中引入的程序包，在 FIXED_PKG 程序包中定义了无符号和有符号的定点数据类型 UFIXED 和 SFIXED，以及相关操作符；在 FLOAT_PKG 程序包中定义了浮点数数据类型 FLOAT 及相关运算符。

综上，我们把常用 VHDL 库及其程序包汇总在表 5.1 中。

表 5.1 常用 VHDL 库及其程序包

VHDL 库	所包含的程序包	说　　明
STD 库	STANDARD 程序包	VHDL 标准库，调用 STD 库及 STD 库中的 STANDARD 程序包，无须声明，使用 TEXTIO 程序包需声明
	TEXTIO 程序包	
WORK 库		现行作业库，使用该库也无须声明
IEEE 库	STD_LOGIC_1164 程序包	常用的程序包
	NUMERIC_STD 程序包	
	NUMERIC_BIT 程序包	
	STD_LOGIC_UNSIGNED 程序包	
	STD_LOGIC_SIGNED 程序包	
ASIC 厂商库	lpm、maxplus2、megacore 等	由 ASIC 厂商提供的库
用户自定义库		用户自己的库

在表 5.1 列举的库中，除 STD 库和 WORK 库外，其他库在使用前都必须显式地声明，如果要使用库中的程序包，也要用 USE 语句声明。

声明使用库和程序包的语句格式如下：

LIBRARY 库名;
USE 库名.程序包名.ALL;

上面的声明语句表示指定库中的特定程序包中的所有内容向本设计实体开放。

如果只使用指定程序包中的特定项目可采用如下的声明语句:

LIBRARY 库名;
USE 库名.程序包名.项目名;

比如:

```
LIBRARY IEEE;                          --声明打开 IEEE 库
USE IEEE.STD_LOGIC_1164.ALL;           --使用 STD_LOGIC_1164 程序包中所有资源
USE IEEE.STD_LOGIC_1164.STD_ULOGIC;
                  --只使用 STD_LOGIC_1164 程序包中的 STD_ULOGIC 项目
```

用 USE 语句直接指定项目名,可节省综合器从程序包中查找相关项目与元器件的时间。

注: 库说明语句的作用范围从一个实体说明开始到它所属的结构体、配置为止,当在一个源程序中出现两个以上实体时,库的声明语句应在每个设计实体说明语句前重复书写。

5.7 配 置

配置主要用于指定实体和结构体之间的对应关系。一个实体可以有多个结构体,每个结构体对应着实体的一种实现方案,但在每次综合时,综合器只能接收一个结构体,通过配置语句可以为实体指定或配置一个结构体;仿真时,可通过配置使仿真器为同一实体配置不同的结构体,从而使设计者比较不同结构体的仿真差别。

配置也可以用于指定元器件和设计实体之间的对应关系,或者为例化的各元器件实体指定结构体,从而形成一个所希望的例化元器件层次构成的设计。

对应于不同的使用情况,配置说明有多种形式。默认配置是最简单的配置方式,其书写格式为:

```
CONFIGURATION 配置名 OF 实体名 IS
  FOR 选配结构体名
  END FOR;
END 配置名;
```

利用上面的配置语句,可以为一个实体选择或指定不同的结构体。

例 5.11 中用 3 种方法实现了 4 选 1 数据选择器,每种实现方案用一个结构体来描述,最后采用配置从中选择一个实现方案。

【例 5.11】 用配置语句描述 4 选 1 MUX。

```
LIBRARY IEEE;
  USE IEEE.STD_LOGIC_1164.ALL;
ENTITY mux41_cfg IS
  PORT (a,b,c,d: IN STD_LOGIC;
        sel : IN STD_LOGIC_VECTOR(1 DOWNTO 0);
        y : OUT STD_LOGIC);
END ENTITY mux41_cfg;

ARCHITECTURE one OF mux41_cfg IS
BEGIN
  y <=(a AND NOT(sel(1)) AND NOT(sel(0))) OR
     (b AND NOT(sel(1)) AND sel(0)) OR
     (c AND sel(1) AND NOT(sel(0))) OR
     (d AND sel(1) AND sel(0));
END one;
```

```
ARCHITECTURE two OF mux41_cfg IS
BEGIN
WITH sel SELECT
    y <= a WHEN "00",
         b WHEN "01",
         c WHEN "10",
         d WHEN OTHERS;
END two;
ARCHITECTURE three OF mux41_cfg IS
BEGIN
mux4_1: PROCESS (a,b,c,d,sel)
BEGIN  CASE sel IS
            WHEN "00"  =>  y <= a;
            WHEN "01"  =>  y <= b;
            WHEN "10"  =>  y <= c;
            WHEN OTHERS =>  y <= d;
        END CASE;
END PROCESS mux4_1;
END three;

CONFIGURATION cfg1 OF mux41_cfg IS       --配置
    FOR one                               --选择第一个结构体
    END FOR;
END cfg1;
```

在上例中，有 3 个不同的结构体，都可以实现 4 选 1 数据选择器，可通过配置语句，分别选择这 3 个结构体，选择不同的实现方案。选择不同的结构体综合后生成的网表是不同的，图 5.11 所示为选择结构体 one 综合生成的 RTL 视图；图 5.12 所示为选择结构体 two 和 three 综合生成的 RTL 视图。这两种实现方案有所不同。

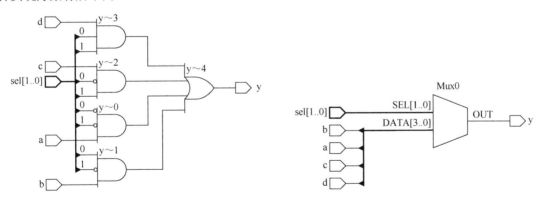

图 5.11 选择结构体 one 综合生成的 RTL 视图　　图 5.12 选择结构体 two 和 three 综合生成的 RTL 视图

在例 5.12 中用两种方法实现模 10 分频器，分别用两个结构体（ARCHITECTURE a 和 ARCHITECTURE b）描述，最后用配置从中选择一种实现方案。

【例 5.12】 模 10 分频器。

```
LIBRARY IEEE;
  USE IEEE.STD_LOGIC_1164.ALL;
  USE IEEE.STD_LOGIC_UNSIGNED.ALL;

ENTITY count10_cfg IS
    PORT(clk,reset: IN STD_LOGIC;
```

```vhdl
                        cout: BUFFER STD_LOGIC);
END count10_cfg;

ARCHITECTURE a OF count10_cfg IS
BEGIN
PROCESS(clk)
VARIABLE temp : STD_LOGIC_VECTOR(2 DOWNTO 0);
BEGIN
   IF clk'EVENT AND clk='1' THEN              --上升沿
       IF reset ='1' THEN temp:=(OTHERS =>'0');   --同步复位
          ELSIF temp=4 THEN
             cout<=not cout; temp:=(OTHERS=>'0');
       ELSE temp:=temp+1;
   END IF;  END IF;
  END PROCESS;
END a;
ARCHITECTURE b OF count10_cfg IS
SIGNAL  temp : STD_LOGIC_VECTOR(3 DOWNTO 0);
BEGIN
PROCESS(clk)
BEGIN
   IF clk'EVENT AND clk='1' THEN
   IF reset ='1' THEN temp<=(OTHERS=>'0');     --同步复位
      ELSIF temp < 9 THEN temp<=temp+1;
      ELSE temp<=(OTHERS=>'0');
   END IF;  END IF;
END PROCESS;
PROCESS(temp)                                  --双进程
BEGIN
    IF (temp<2) THEN cout<='1';
    Else cout<='0';
    END IF;
  END PROCESS;
END b;

CONFIGURATION cfg1 OF count10_cfg IS           --配置
   FOR a                                       --选择结构体a
   END FOR;
END cfg1;
```

上例中两个结构体都实现了模 10 分频，但采用的方案不同。结构体 a 采用了单进程的描述方式，并当计数到 4 时，输出信号翻转，这样得到了占空比为 50%的输出波形；结构体 b 采用了双进程的描述方式，在进程 1 中进行模 10 计数，在进程 2 中进行输出信号的赋值（计数值小于 2 时，输出信号为 1，其他时候，输出信号为 0），这样即可非常方便地改变输出信号的占空比。通过配置可从上述两种方案中，每次选择一种进行综合和仿真，图 5.13 和图 5.14 分别是选择结构体 a 和 b 时的 RTL 级综合视图。可以看出，选择结构体 a 实现时，所采用的模块有加法器、数据选择器、寄存器和逻辑门，而选择结构体 b 实现时，采用的模块除加法器、数据选择器、寄存器和逻辑门外，还增加了比较器模块，可见这两种实现方案是不同的。图 5.15 和图 5.16 分别是选择结构体 a 和 b 的功能仿真波形图，从仿真波形也可以看出两种实现方案的不同。

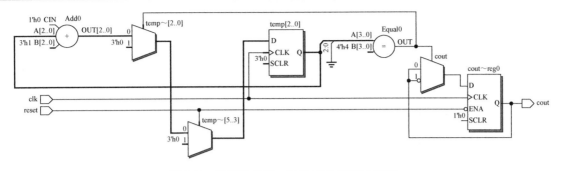

图 5.13　选择结构体 a 时的 RTL 级综合视图

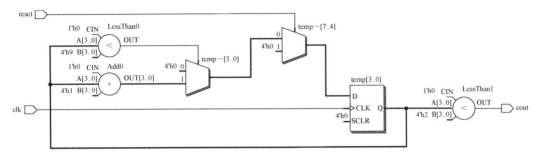

图 5.14　选择结构体 b 时的 RTL 级综合视图

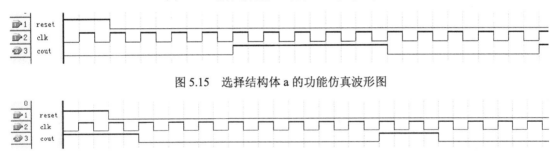

图 5.15　选择结构体 a 的功能仿真波形图

图 5.16　选择结构体 b 的功能仿真波形图

5.8　子　程　序

子程序（SUBPROGRAM）是可供主程序调用并将结果返回主程序的程序模块，从这个角度来看，VHDL 程序的子程序与其他高级语言（如 C 语言）的子程序的概念类似。

子程序是 VHDL 的一个程序模块，综合后的子程序对应于一个电路模块，可以在 VHDL 程序的结构体或程序包的任何位置对子程序进行调用，每次调用子程序都会产生同样的一个电路模块。

子程序有两种类型：过程（PROCEDURE）和函数（FUNCTION）。

5.8.1　过程

过程（PROCEDURE）语句的格式为：

```
PROCEDURE 过程名(参数表)              --过程首

PROCEDURE 过程名(参数表) IS           --过程体
    [说明部分]
BEGIN
```

```
        顺序语句;
    END PROCEDURE 过程名;
```

过程由过程首和过程体构成,过程首不是必需的。如果仅仅在一个结构体中定义并调用过程,是不需要定义过程首的,只需要定义过程体;只有当想要将所定义的过程打包成程序包入库时,才需要定义过程首,这样,这个过程就可以在任何设计中被调用了。

过程首由过程名和参数表组成,比如:
```
PROCEDURE pr1(CONSTANT a:IN INTEGER;
    SIGNAL b:IN STD_LOGIC;
SIGNAL f: OUT STD_LOGIC);
```

在上面的语句中,定义了一个名为 pr1 的过程首,其中有 3 个参量,参量 a 是常数,数据类型为 INTEGER,信号模式是 IN;参量 b 定义为信号,类型为 STD_LOGIC,也是输入信号;参量 f 是输出信号,属于信号,类型为 STD_LOGIC。定义为 IN 的参量,如果没有定义数据对象,则默认为常量;定义为 OUT 和 INOUT 的参量,如果没有定义数据对象,则默认为信号。

过程体由顺序语句组成,调用过程即启动了过程体顺序语句的执行。过程体中的说明语句是局部的,其有效范围只限于该过程体内部。

5.8.2 函数

函数(FUNCTION)的定义格式为:
```
FUNCTION 函数名(参数表) RETURN 数据类型          --函数首

FUNCTION 函数名(参数表) RETURN 数据类型 IS       --函数体
    说明部分];
BEGIN
    顺序语句;
END FUNCTION 函数名;
```

函数与过程的定义有类似的地方,也有明显的区别。函数也由函数首和函数体构成,函数首不是必需的,可以只使用函数体,如果仅仅在一个结构体中定义并调用函数,则不需要定义函数首,只需要定义函数体即可。在将所定义的函数打包成程序包入库时,则需要定义函数首,这样,这个函数就可以在任意设计中被调用。函数首由函数名、参数表和返回值的数据类型组成,而函数的具体功能在函数体中定义。

5.8.3 过程、函数的使用方法

1. 定义程序包、函数和过程

子程序(过程和函数)可在程序包、结构体、进程中定义,但一般在程序包中定义,过程首和函数首定义在程序包的包说明位置,过程体和函数体在定义在程序包体部分。

在例 5.6 中,首先定义了一个名为 my_pkg 的程序包,在程序包中定义了 2 个过程(comp 和 f_adder) 和 4 个函数(carry、sum、parity 和 max),其中在 f_adder 过程中还调用了函数 carry 和 sum。

注:需注意过程和函数在定义时的区别。

不妨将例 5.13 以 my_pkg.vhd 的名字存盘于当前工程目录下,以供调用。

【例 5.13】 定义程序包、函数和过程。
```
LIBRARY IEEE;
  USE IEEE.STD_LOGIC_1164.ALL;

PACKAGE my_pkg IS                                  --定义程序包
FUNCTION carry(a, b, c : STD_LOGIC) RETURN STD_LOGIC;--定义函数首
```

```
FUNCTION sum(a, b, c : STD_LOGIC) RETURN STD_LOGIC;    --定义函数首
FUNCTION max(a,b: STD_LOGIC_VECTOR) RETURN STD_LOGIC_VECTOR;
FUNCTION parity(din: STD_LOGIC_VECTOR) RETURN STD_LOGIC;
PROCEDURE comp(a,b: IN STD_LOGIC_VECTOR;              --定义过程首
          f: OUT STD_LOGIC_VECTOR);
PROCEDURE f_adder(a, b, c : IN STD_LOGIC;             --定义过程首
          s, co : OUT STD_LOGIC);
END;
-----------------------------------------------------------
PACKAGE body my_pkg is
FUNCTION carry(a, b, c : STD_LOGIC) RETURN STD_LOGIC is
BEGIN                                                  --定义函数体
  RETURN (a AND b) or (a AND c) or (b AND c);
END;
FUNCTION sum(a, b, c : STD_LOGIC) RETURN STD_LOGIC IS
BEGIN                                                  --定义函数体
  RETURN a xor b xor c;
END;
FUNCTION max(a,b: STD_LOGIC_VECTOR)                   --定义函数体
RETURN STD_LOGIC_VECTOR IS
VARIABLE tmp: STD_LOGIC_VECTOR(a'RANGE);
BEGIN
  IF(a>b) THEN  tmp:=a; ELSE tmp:=b;  END IF;
  RETURN tmp;
END;
FUNCTION parity(din: STD_LOGIC_VECTOR) RETURN STD_LOGIC is
VARIABLE par:STD_LOGIC;
BEGIN
  par:=din(0);
  FOR i IN din'LOW+1 TO din'HIGH LOOP
  par:= par XOR din(i); END LOOP;
RETURN par;
END parity;

PROCEDURE comp(a,b: IN STD_LOGIC_VECTOR;              --定义过程体
         f: OUT STD_LOGIC_VECTOR) IS
BEGIN
  IF(a>b) THEN  f :=a; ELSE f := b;  END IF;
END;
PROCEDURE f_adder(a, b, c : IN STD_LOGIC;             --定义过程体
s, co : OUT STD_LOGIC) IS
BEGIN
  s := sum (a, b, c);               --过程定义中使用了sum函数
  co := carry (a, b, c);            --过程定义中使用了carry函数
END;
END;
```

2. 过程的例化

在例 5.14 的 my_pkg 程序包中定义了 comp 过程，其功能是从 2 个输入数据中选择最大值，在下例中例化了该过程，实现从输入的 3 个输入数据 d1、d2 和 d3 中选择最大值的功能，故需要例化 comp 过程 2 次。

【例 5.14】 comp 过程的例化。

```
LIBRARY IEEE;
  USE IEEE.STD_LOGIC_1164.ALL;
  USE WORK.my_pkg.ALL;              --声明使用my_pkg程序包
ENTITY comp_ex IS                   --过程例化实例
  PORT(d1,d2,d3: IN STD_LOGIC_VECTOR(3 DOWNTO 0);
       max: OUT STD_LOGIC_VECTOR(3 DOWNTO 0));
END;
ARCHITECTURE one OF comp_ex IS
BEGIN
PROCESS(d1,d2,d3)
VARIABLE tmp1,tmp2: STD_LOGIC_VECTOR(3 DOWNTO 0);
BEGIN
   comp(d1,d2,tmp1);                --comp过程例化
   comp(tmp1,d3,tmp2);               --comp过程例化
   max<=tmp2;
END PROCESS;
END one;
```

子程序（过程和函数）综合后会映射为芯片中的一个相应的电路模块，故每次例化都会生成相似的电路模块，上例的 RTL 综合结果如图 5.17 所示，从图中可以看出，调用了 max 过程块两次，生成了两个电路模块，即每调用一次过程，就相应地生成一个电路模块。

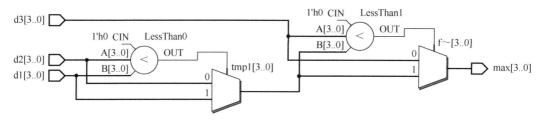

图 5.17 例 5.14 的 RTL 综合结果

过程的调用：在调用过程前，将实参传递给形参。然后就会顺序执行过程语句，最后将输出值送到定义的变量或者信号中。

在例 5.14 中，过程例化采用了位置关联的方法，此时参数的排列顺序应与过程定义时参数的排列顺序一致，也可以采用端口名字关联的方式来例化过程，其格式为：

过程名[([形参名=> 实参名, {形参名 => 实参表达式})];

例 5.15 是 f_adder 过程例化的例子，调用了 my_pkg 程序包中定义的 f_adder 过程，实现 1 位全加器的功能，该过程的例化，采用了端口名字关联的方式实现。

【例 5.15】 f_adder 过程的例化。

```
LIBRARY IEEE;
  USE IEEE.STD_LOGIC_1164.ALL;
  USE WORK.my_pkg.ALL;                       --声明使用my_pkg程序包
ENTITY fadder_ex IS
  PORT(a,b,ci: IN STD_LOGIC;
       s,cout: OUT STD_LOGIC);
END;
ARCHITECTURE one OF fadder_ex IS
BEGIN
PROCESS(a,b,ci)
  VARIABLE t1,t2: STD_LOGIC;
BEGIN
```

```
      f_adder(a=>a,b=>b,c=>ci,s=>t1,co=>t2);    --过程例化,端口名字关联方式
      s<=t1;
      cout<=t2;
  END PROCESS;
END one;
```

上例的 RTL 综合结果如图 5.18 所示,显然这是一个 1 位全加器的实现电路。

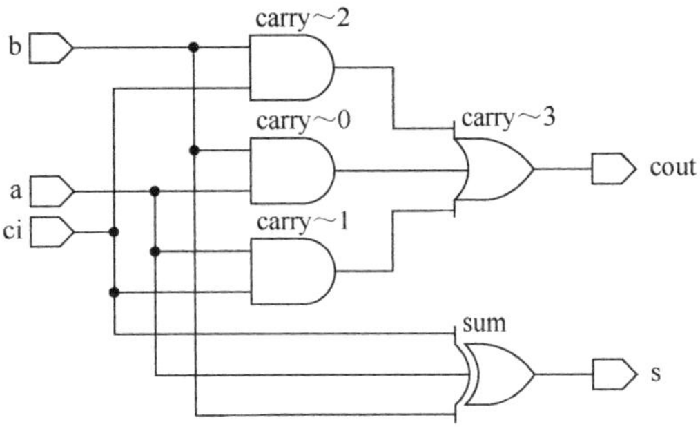

3. 函数的例化

函数的例化通常是作为表达式的一部分,在赋值语句或者表达式中完成例化。

例 5.16 中例化了 parity 函数,parity 函数的功能是对输入数据产生偶校验位。

【例 5.16】 parity 函数例化。
```
LIBRARY IEEE;
  USE IEEE.STD_LOGIC_1164.ALL;
  USE WORK.my_pkg.ALL;
    --声明使用 my_pkg 程序包
ENTITY parity_ex IS
port( data: in STD_LOGIC_VECTOR(7 DOWNTO 0);
 pout: OUT STD_LOGIC);
END;
ARCHITECTURE dataflow OF parity_ex IS
BEGIN
pout<= parity(data);                --parity 函数例化
END ARCHITECTURE;
```

图 5.18 f_adder 过程例化的 RTL 综合结果

在例 5.14 的 my_pkg 程序包中,还定义了一个 max 函数。max 函数的功能与 comp 过程相同,均是从 2 个输入数据中选择最大值,不同仅仅是把用过程实现的功能换成用函数来实现。在例 5.17 中对 max 函数进行了例化,调用了 max 函数,从输入数据 d1、d2 和 d3 中选择最大值输出。该例化采用了端口名字关联方式。

【例 5.17】 max 函数例化。
```
LIBRARY IEEE;
  USE IEEE.STD_LOGIC_1164.ALL;
  USE WORK.my_pkg.ALL;              --声明使用 my_pkg 程序包
ENTITY max_ex IS
  PORT(d1,d2,d3: IN STD_LOGIC_VECTOR(7 DOWNTO 0);
      max_out: OUT STD_LOGIC_VECTOR(7 DOWNTO 0));
END;
ARCHITECTURE one OF max_ex IS
  SIGNAL tmp : STD_LOGIC_VECTOR(7 DOWNTO 0);
BEGIN
  tmp <=max(a=>d1, b=>d2);         --max 函数例化,端口名字关联方式
  max_out <=max(a=>tmp, b=>d3);    --max 函数例化,端口名字关联方式
END one;
```

注:过程和函数的区别。从上面的例子,可以总结过程和函数的区别如下。

(1)一个函数只返回一个值,必须有 return,所有参数均定义为输入,当调用函数时,将其返回值分配给一个参数。

(2)过程可以接受任意数量的输入,并可返回任意数量的值,过程不使用 return,参数可以定义为

输入、输出或双向。

（3）函数的输入列表中只能包含信号和常量，而不允许包含变量；过程的输入列表可以包含变量、信号和常量。

（4）函数和过程都可以放在程序包中，也可以在结构体中定义。

例5.18用函数定义了一个简单的组合电路，直接在结构体中定义了函数体，并在PROCESS进程中调用了该函数。

如果要在其他结构体中调用该函数，则宜将函数打包进程序包，重新定义，此时应定义函数首。

本例的RTL综合视图如图5.19所示。

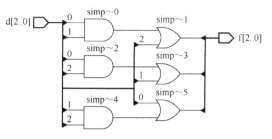

图5.19　例5.18 RTL综合视图

【例5.18】　在结构体中定义函数。

```
ENTITY func_ex IS
  PORT(d: IN BIT_VECTOR(2 DOWNTO 0);
       f: OUT BIT_VECTOR(2 DOWNTO 0));
END;
ARCHITECTURE one OF func_ex IS
  FUNCTION simp(a,b,c: BIT) RETURN BIT IS
  BEGIN  RETURN(a AND b) OR c;
  END FUNCTION simp;
BEGIN
PROCESS(d)
BEGIN
f(0)<=simp(d(0),d(1),d(2));
f(1)<=simp(d(2),d(0),d(1));
f(2)<=simp(d(1),d(2),d(0));
END PROCESS;
END one;
```

习　题　5

5.1　写出74151数据选择器的实体部分。

5.2　写出74138译码器的实体部分。

5.3　用VHDL设计8位加法器，进行综合和仿真，查看综合和仿真结果。

5.4　用VHDL设计8位二进制加法计数器，带异步复位端口，进行综合和仿真，查看综合和仿真结果。

5.5　用VHDL描述如图5.20所示的电路，并进行综合，查看综合结果。

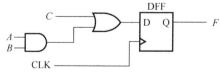

图5.20　题5.5电路

5.6　用VHDL设计模为60的BCD码计数器，进行综合和仿真，查看综合和仿真的结果。

第6章　VHDL 结构与要素

本章概要：本章主要介绍 VHDL 文字规则、数据对象、数据类型、运算符等基本要素。
知识要点：（1）VHDL 数据对象；
（2）VHDL 数据类型；
（3）数据类型转换和位宽转换；
（4）VHDL 运算符。
教学安排：本章教学安排 2 学时。通过本章的学习，让学生理解 VHDL 的基本结构，掌握 VHDL 的文字规则、数据对象、数据类型、运算符等编程要素。

对于 VHDL 语法的学习应该有足够的重视，只有对 STD_LOGIC_VECTOR、UNSIGNED、SIGNED 等各种数据类型，以及 STD_LOGIC_1164、NUMERIC_STD 等常用程序包足够的熟悉，加深理解，才有可能对 VHDL 编程达到精通的目标。

本章内容适合学生自学，也适合作为 VHDL 编程、改错时的语法参考。

6.1　标　识　符

标识符用来命名和区分端口、常数、变量、信号、子程序或参数，它表现为用 26 个大写和小写的英文字符、0～9（10 个数字）和下画线（_）组成的字符串。

标识符的命名必须遵循以下规则：
（1）必须以英文字母开头。
（2）不允许连续出现两个下画线。
（3）最后一个字符不能是下画线。
（4）标识符中英文字母不区分大小写。
（5）VHDL 中的保留字不能作为短标识符来使用。
比如，以下是合法的标识符：
counter, coder_1, data_bus, addr_bus, FIR, ram_address。
以下是非法的标识符：

```
_coder_1              --起始为非英文字母
2fft                  --起始为数字
sin_#                 --符号"#"不能出现在标识符中
SELECT                --保留字不能作为标识符
not-ack               --符号"-"不能出现在标识符中
RST_                  --标识符的最后不能是下画线"_"
begin                 --保留字不能作为标识符
```

6.2　数　据　对　象

VHDL 程序中凡是可以赋值的客体都称为数据对象（Data Object），VHDL 有如下几种数据对象：

- 常量（CONSTANT）；
- 变量（VARIABLE）；
- 信号（SIGNAL）。

还有别名（ALIAS）也可以看作是数据对象的一种，在 VHDL 设计中也经常被采用。

每个数据对象应有名称，并指定其数据类型，还可赋初值，其定义格式为：

数据对象　对象名 : 数据类型 := 初始值;

6.2.1 常量

常量或称为常数，定义后其值不再改变，可在实体、结构体、程序包、子程序和进程中定义，具有全局性。

使用常量可提高程序的可读性和可维护性，可以使程序中全局参数的修改变得容易。例如，在编写 VHDL 程序时，往往会遇到程序中多处使用同一个数值的情况，此时为了方便，就可以定义一个常量来代替此数值。这样做的好处是：如果需要改变数值，只需在常量定义处修改就可以了，而不需要在程序中的多处进行修改。

常量在使用前必须进行定义，常量定义的格式如下：

```
CONSTANT 常量名 : 数据类型 := 数值;
```

例如：

```
CONSTANT bit: INTEGER := 16;
CONSTANT words: INTEGER := 2**bit;
CONSTANT rise_time : TIME :=8ns;
          --常量 rise_time，TIME 类型，赋值为 8ns
CONSTANT mask: BIT_VECTOR(1 TO 8) := "00001111";
```

注：常量所赋的值应和定义的数据类型一致。

下面的语句定义了一个常量 b，并为其赋初值 00100，这 4 条语句是等价的。

```
CONSTANT b : BIT_VECTOR(0 TO 4):="00100";
CONSTANT b : BIT_VECTOR(0 TO 4):=('0','0','1','0','0');
CONSTANT b : BIT_VECTOR(0 TO 4):=(0=>'0',1=>'0',2=>'1',3=>'0',4=>'0');
CONSTANT b : BIT_VECTOR(0 TO 4):=(2=>'1',OTHERS=>'0');
```

6.2.2 变量

变量只能在进程和子程序（函数和过程）中定义和使用，是一个局部量。在仿真过程中，它不像信号那样，到了规定的仿真时间才进行赋值，变量的赋值是立即生效的。变量的主要作用是在进程中作为临时性的数据存储单元。

变量定义的格式为：

```
VARIABALE 变量名 : 数据类型 [:= 初始值];
```

例如：

```
VARIABLE data : BIT_VECTOR(7 DOWNTO 0);    --变量 data 是 11 位宽的位矢量型
VARIABLE sum :INTEGER RANGE 0 TO 100: =10;
          --定义变量 sum 为整型，范围从 0 到 100，且赋初始值 10
```

在变量定义语句中可以定义初始值，很多综合器支持初始值设置，但需注意有的综合器并不支持变量赋初始值。

变量作为局部量，其有效范围仅限于定义了变量的进程或子程序，另外，变量的值将随变量赋值语句先后顺序的改变而改变。变量赋值的格式为：

变量名 := 表达式;

变量赋值符号是":="，变量数值的改变是通过变量赋值来实现的。赋值语句右方的表达式必须是

与变量名具有相同数据类型的数值,或是一个运算表达式。通过赋值操作,变量获得新的数值。例如:
```
data :="1000 1100";
sum := 21;
```

6.2.3 信号

信号常用来表示电路节点或内部连线。信号通常在结构体、程序包和实体中声明。

信号声明语句的一般格式为:
```
SIGNAL  信号名 : 数据类型 [:= 初始值];
```
例如:
```
SIGNAL sys_busy : BIT :='1';
SIGNAL count : BIT_VECTOR(7 DOWNTO 0);
SIGNAL a: STD_LOGIC_VECTOR(7 DOWNTO 0);
SIGNAL b: STD_LOGIC_VECTOR(0 TO 7);
```
信号在声明语句中用符号":="赋初始值。多数综合器(比如 Quartus Prime)支持信号的初始值设置,可综合。

信号在赋值语句中用符号"<="赋值,可以包含延时,比如:
```
t1<=t2 AFTER 10 ns;         --信号 t2 的值延时 10ns 之后赋给信号 t1
```
信号和变量在赋值符号、适用范围和行为特性等方面都有明显区别,在表 6.1 中将信号和变量做了比较。

表 6.1 信号和变量的比较

	信 号	变 量
赋值符号	<=	:=
适用范围	全局	进程或子程序内部
行为特性	在进程的最后才赋值	立即赋值
功能	节点和连线	进程中暂存数据

在进程中,信号在进程结束时赋值才起作用,而变量赋值是立即起作用的,比如:

```
p1: PROCESS(a,b,c)              P2: PROCESS(a,b,c)
BEGIN                           VARIABLE d: std_logic; --d为变量
d<= a;      --d为信号           BEGIN  d:= a;
x<= b+d;                        x<= b+d;
d<= c;                          d:= c;
y<= b+d;                        y<= b+d;
END PROCESS p1;                 END PROCESS p2;
```

对上面两个进程仿真,会发现进程 p1 的结果为:x<=b+c,y<=b+c;进程 p2 的仿真结果为:x<=b+a,y<=b+c;可见,变量赋值语句的排序对结果有直接的影响。

6.2.4 别名

还有一种数据对象称为别名,别名(ALIAS)是指对一个数据对象或数据对象部分重新命名,其声明格式如下:
```
ALIAS 别名名称: 别名的数据类型 is 数据对象
```
别名命名的对象可以是常量、信号、变量等。

例 6.1 实现的是 2 位 BCD 码加法器,其输入是 2 个 8 位二进制数,结果用 3 位 BCD 码表示,例中使用了 ALIAS，用于命名输出的 3 位十进制数字。

【例 6.1】 2 位 BCD 码加法器。

```
LIBRARY IEEE;
  USE IEEE.NUMERIC_BIT.ALL;
ENTITY add_als IS
  PORT(op_a,op_b : IN UNSIGNED(7 DOWNTO 0);      --被加数、加数
    sum: OUT UNSIGNED(11 DOWNTO 0));              --结果，BCD 码
END;
ARCHITECTURE one OF add_als IS
ALIAS sdig2: UNSIGNED(3 DOWNTO 0) is sum(11 DOWNTO 8);  --定义别名
ALIAS sdig1: UNSIGNED(3 DOWNTO 0) is sum(7 DOWNTO 4);   --定义别名
ALIAS sdig0: UNSIGNED(3 DOWNTO 0) is sum(3 DOWNTO 0);   --定义别名
SIGNAL s0, s1: UNSIGNED(4 DOWNTO 0);
SIGNAL ci: BIT;
BEGIN
  s0 <= '0' & op_a(3 DOWNTO 0) + op_b(3 DOWNTO 0);
  sdig0 <= s0(3 DOWNTO 0) + 6 WHEN s0 > 9 ELSE
           s0(3 DOWNTO 0);
  ci <= '1' WHEN s0 > 9 ELSE '0';
  s1 <= '0' & op_a(7 DOWNTO 4) + op_b(7 DOWNTO 4) + UNSIGNED'(0=>ci);
  sdig1 <= s1(3 DOWNTO 0)+6  WHEN s1 > 9 ELSE
           s1(3 DOWNTO 0);
  sdig2 <= "0001" WHEN s1 > 9 ELSE "0000";
END one;
```

6.3 VHDL 数据类型

VHDL 中的信号、常量、变量等都要指定数据类型。VHDL 提供了多种标准的数据类型，为方便设计，还可以由用户自定义数据类型。VHDL 是一种强类型语言，不同类型之间的数据不能相互传递；数据类型相同，位宽不同，也不能赋值。

VHDL 中的数据类型可以分为预定义数据类型和自定义数据类型两大类。预定义数据类型又分为 VHDL 标准数据类型、IEEE 预定义数据类型及其他预定义数据类型；自定义数据类型则包括枚举型、数组型、文件型和记录型等。

6.3.1 VHDL 标准数据类型

VHDL 的 STD 库中 STANDARD 程序包中定义了 10 种数据类型，称为标准数据类型，如表 6.2 所示，其中能够被综合器支持的数据类型在表中用符号 √ 做了标注。这 10 种数据类型设计者可直接使用而无须声明。

表 6.2 VHDL 标准数据类型

数据类型	说　明	是否可综合
BOOLEAN	布尔类型，逻辑"真"或"假"	√
BIT	位，逻辑 '0' 或 '1'	√
BIT_VECTOR	位矢量，多位 '0' 和 '1' 的组合	√
INTEGER	整数，32 位，−2147483647～2147483647	√

续表

数据类型	说　　明	是否可综合
NATURAL, POSITIVE	自然数：≥0 的整数； 正整数：≥1 的整数	√
REAL	实数，−1.0E+38～+1.0E+38	
CHARACTER	字符，ASCII 字符	√
STRING	字符串，ASCII 字符序列	√
TIME	时间，单位为 fs, ps, ns, μs, ms, sec, min, hr	
SEVERITY LEVEL	错误等级，NOTE, WARNING, ERROR, FAILURE	

1）布尔型（BOOLEAN）

布尔类型的数据只能取逻辑"真"和"假"（TRUE 和 FALSE）。综合时，综合工具将 FALSE 译为 0，将 TRUE 译为 1。布尔量不属于数值，不能用于运算，它只能通过关系运算获得。在 STD 库的 STANDARD 程序包中是如下定义布尔数据类型的：

```
TYPE BOOLEAN is(FALSE,TRUE);
```

2）位（BIT）

位数据类型取值只能是"0"或者"1"。位与整数中的"0"和"1"不同，前者是逻辑值，后者是数值。在 STANDARD 程序包中是如下定义 BIT 数据类型的：

```
TYPE BIT is('0','1');
```

3）位矢量（BIT_VECTOR）

位矢量是 BIT 类型数据构成的 1 维数组。它代表一串 0、1，在形式上用二进制（B）、八进制（O）、十六进制（X）的形式来表示。例如：

```
d1 <= B"101_010_101"        --二进制，位矢量宽度为 9
d2 <= O"15"                 --八进制，位矢量宽度为 6
d3 <= X"AD0"                --十六进制，位矢量宽度为 12
```

4）整数（INTEGER）

INTEGER 类型的数包括正整数、负整数和零。在 VHDL 中，整数用 32 位有符号的二进制数表示（取值范围为−2147483647～+2147483647）。

5）自然数（NATURAL），正整数（POSITIVE）

这两类数据是 INTEGER 类型的子类，NATURAL 型只能取大于等于 0 的整数，POSITIVE 型只能取大于等于 1 的整数，这两种类型的定义如下：

```
SUBTYPE natural is INTEGER range 0 to INTEGER'HIGH;
SUBTYPE positive is INTEGER range 1 to INTEGER'HIGH;
```

6）实数（REAL）

VHDL 的实数类型也类似于数学上的实数，或称浮点数。实数取值范围为−1.0E38～+1.0E38。实数有正负数之分，书写时一定要带小数点。例如：

−1.0, +2.5, 1.455, 8.8E−2（=0.088），−1.0E38

7）字符（CHARACTER）

字符是用单引号括起来的字母或符号，字符可以是 A～Z 中任一个字母，0～9 中的任一个数字以及空白符或者特殊字符，例如：

'a','*','Z','U','0','1','−','L'

字符区分大小写，'A'、'a'、'B'、'b'都是不同的字符。STANDARD 程序包中给出了预定义的 128 个 ASCII 字符。字符'1'与整数 1 和实数 1.0 都是不相同的。

8）字符串（STRING）

字符串是由双引号括起来的一个字符序列，常用于程序的提示和说明。例如：

```
"ERROR", "Both S and Q equal to 1", "X", "8bit_bus"
```

9) 时间 (TIME)

TIME 型数据主要用于表示系统仿真时信号的延时。完整的时间数据应包含整数和单位两部分，而且整数和单位之间应至少留一个空格的位置。在 STD 库的 STANDARD 程序包中是如下定义 TIME 数据类型的：

```
TYPE time IS RANGE -2147483647 TO 2147483647
    UNITS
        fs;                      --飞秒，最小时间单位
        ps =1000 fs;             --皮秒
        ns =1000 ps;             --纳秒
        us =1000 ns;             --微秒
        ms =1000 us;             --毫秒
        sec =1000 ms;            --秒
        min =60 sec;             --分
        hr =60 min;              --时
    END UNITS;
```

10) 错误等级 (SEVERITY LEVEL)

错误等级类型数据用来表示仿真中出现的错误等级，分 4 级：NOTE（注意）、WARNING（警告）、ERROR（出错）、FAILURE（失败），便于调试者了解系统仿真情况。在 STANDARD 程序包中是如下定义错误等级的：

```
type SEVERITY_LEVEL is(NOTE, WARNING, ERROR, FAILURE);
```

6.3.2 INTEGER 数据类型

INTEGER 类型属于 VHDL 十种标准数据类型之一，因其常用，这里加以详述。

VHDL 仿真器通常将 INTEGER 类型作为有符号数处理；VHDL 综合器一般将整数作为无符号数处理，并要求用 RANGE 语句限定整数的取值范围，然后根据所限定的范围决定该信号或变量的二进制位宽，比如：

```
a: IN INTEGER RANGE 0 TO 9;           --综合后，a 用 4 位二进制数表示
b : OUT INTEGER RANGE 31 DOWNTO 0;    --综合后，b 用 5 位二进制数表示
```

也可以将整数定义为自定义类型，以限定其取值范围，比如：

```
TYPE digit IS INTEGER RANGE 0 TO 9;
-- digit 为自定义整数型，综合后用 4 位宽度的二进制码表示
```

没有标明进制的整数都认为是十进制数，数字间的下画线仅仅是为了提高文字的可读性，并不影响数值大小。例如，845_256 等于 845256，156E2 等于 15600。

用进制表示的整数必须表示成"进制#数值#指数"的形式。#在其中起分隔作用，十进制用 10 表示，十六进制用 16 表示，八进制用 8 表示，二进制用 2 表示。数值与进制有关，指数部分用十进制表示，如果指数部分为 0，则可以省略不写。比如：

```
SIGNAL d1,d2,d3,d4 : INTEGER RANGE 0 TO 255;
d1 <= 10#254#;                --十进制数 254
d2 <= 16#FE#;                 --十六进制数 FE，等于 254
d3 <= 2#1111_1110#;           --二进制数，等于 254
d4 <= 8#376#;                 --八进制数，等于 254
```

INTEGER 类型数据适用加"+"、减"-"、乘"*"、除"/"等算术运算符。

综上，以下是一些标准数据类型赋值的例子：

```
d1 <= '1';                  -- BIT 型
d2 <= "10011111";           -- BIT_VECTOR 型
d3 <= "1001_1111";          -- 可加下划线
```

```
d4 <= B"101111"          -- 二进制数，等于十进制数 47
d5 <= O"57"              -- 八进制数，等于十进制数 47
d6 <= X"2F"              -- 十六进制数，等于十进制数 47
n <= 1200;               -- INTEGER 型
m <= 1_200;              -- INTEGER 型，可加下划线
IF ready THEN...         -- ready 为 BOOLEAN 型
y <= 1.2E-5;             -- REAL 型，不可综合
q <= d after 10 ns;      -- TIME 型，不可综合
```

6.3.3 IEEE 预定义数据类型

在 IEEE 库的 STD_LOGIC_1164 程序包中预定义了如下两种应用广泛的数据类型。
① STD_LOGIC：标准逻辑型。
② STD_LOGIC_VECTOR：标准逻辑矢量型，是多个 STD_LOGIC 型信号的组合。
STD_LOGIC 数据类型在 STD_LOGIC_1164 程序包中是如下定义的：

```
TYPE STD_LOGIC IS
       ( 'U',           --Uninialized；初始值
         'X',           --Forcing unknown；不定态
         '0',           --Forcing 0；逻辑 0
         '1',           --Forcing 1；逻辑 1
         'Z',           --High Impedance；高阻态
         'W',           --Weak Unknown；弱信号不定
         'L',           --Weak 0；弱信号 0
         'H',           --Weak 1；弱信号 1
         '-',           --Don't care；不可能情况);
```

所以，STD_LOGIC 是具有'U'、'X'、'0'、'1'、'Z'、'W'、'L'、'H'、'－'等 9 值状态的数据类型，但通常，只有'0'、'1'、'Z'数值状态能被 EDA 综合器支持，可综合，其他状态主要用于仿真。

注：（1）虽然 VHDL 语言不区分大小写，但此处的'X'、'Z'等却不能写为小写'x'、'z'的形式，因为这里的九值逻辑系统是 STD_LOGIC_1164 程序包特殊定义的一种数据类型。

（2）STD_LOGIC 属于决断（Resolved）类型，还有一种 STD_ULOGIC 属于未决断类型。决断类型是指如果一个信号有多个驱动器驱动，则调用预先定义的决断函数以解决冲突并决定赋予信号哪个值，这意味着 STD_LOGIC 可用在三态总线等情况下；而 STD_ULOGIC 类型信号则不能用于多驱动器驱动的情况下，因为 VHDL 不允许非决断信号由两个以上的驱动器驱动。故在可综合的设计中应优先使用 STD_LOGIC 决断类数据类型。

6.3.4 UNSIGNED、SIGNED 数据类型

在 IEEE 库的 NUMERIC_STD 程序包中扩展了 UNSIGNED（无符号型）、SIGNED（有符号型）两种数据类型，在可综合的算术运算电路中应用广泛。

UNSIGNED、SIGNED 类型在 NUMERIC_STD 程序包中的定义如下：

```
TYPE SIGNED IS ARRAY (NATURAL RANGE < > ) OF STD_LOGIC;
TYPE UNSIGNED IS ARRAY (NATURAL RANGE < > ) OF STD_LOGIC;
```

可见，UNSIGNED、SIGNED 类型的元素是 STD_LOGIC 型，其范围为 NATURAL 型，即不能用负整数表示其范围。

1）UNSIGNED：无符号型
下面的语句将信号 a 和信号 b 定义为 UNSIGNED 类型。

```
SIGNAL a: UNSIGNED(1 TO 4);
SIGNAL b: UNSIGNED(7 DOWNTO 0);
```

在综合时，信号 a 和 b 被编译为一个二进制数值，并且最左边是其最高位，比如上例中，a(1)是数据 a 的最高位，b(7)是数据 b 的最高位。

2）SIGNED：有符号型

SIGNED 用来表示带符号位的数值。综合器综合时，SIGNED 型数值被解释为补码，其最高位是符号位。比如：

```
SIGNAL x: SIGNED(0 TO 7);          --x(0)是符号位
SIGNAL y: SIGNED(7 DOWNTO 0);      --y(7)是符号位
```

例 6.2 是无符号 4 位加法器的例子，使用了 UNSIGNED 型数据类型和 NUMERIC_BIT 程序包实现，该例的 RTL 级综合视图如图 6.1 所示。

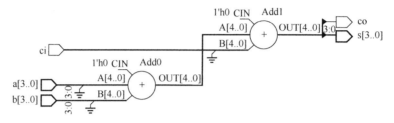

图 6.1 无符号 4 位加法器的 RTL 级综合视图

【例6.2】 无符号 4 位加法器。

```
LIBRARY IEEE;
  USE IEEE.NUMERIC_BIT.all;
ENTITY adder4 IS
  PORT( ci: IN BIT;
    a, b: IN UNSIGNED(3 DOWNTO 0);     --无符号，4位宽度
    s: OUT UNSIGNED(3 DOWNTO 0);       --无符号，4位宽度
    co: OUT BIT);                      --输出
END adder4;
ARCHITECTURE one OF adder4 IS
SIGNAL sum5: UNSIGNED(4 DOWNTO 0);
BEGIN
sum5 <= '0' & a + b + UNSIGNED'(0=>ci);
s <= sum5(3 DOWNTO 0);
co <= sum5(4);
END one;
```

注：使用数据类型和定义数据类型的程序包时应注意如下几点：

（1）建议在算术运算电路中采用 UNSIGNED、SIGNED 数据类型。

（2）STD_LOGIC_VECTOR、UNSIGNED、SIGNED 是关系密切的 3 种数据类型（UNSIGNED、SIGNED 可看作是 STD_LOGIC 类型的扩展），但也应注意此 3 种数据类型的区别。

比如同样是二进制数"1001"，UNSIGNED 将其解释为无符号十进制数 9，SIGNED 将其解释为有符号数-7（补码）；STD_LOGIC_VECTOR 中就表示二进制序列 1001。

再如：SIGNED 型变量"0101"表示+5；"1011"则表示-5。

8 位宽度的二进制数，对于 UNSIGNED 型，可以表示的范围是 0～255（"00000000"～"11111111"）；而对于 SIGNED 型，可表示的范围是-128～+127（"10000000"～"01111111"），最高位是符号位。

（3）在 IEEE 库的 NUMERIC_BIT 程序包中也定义了 UNSIGNED 型和 SIGNED 型，NUMERIC_BIT 是针对 BIT 型定义的，而 NUMERIC_STD 程序包是针对 STD_LOGIC 型定义的。

（4）除 NUMERIC_STD 程序包外，在 STD_LOGIC_UNSIGNED、STD_LOGIC_SIGNED、STD_LOGIC_ARITH 程序包中也定义了 UNSIGNED 和 SIGNED 数据类型。

NUMERIC_STD 是 IEEE 标准库程序包，STD_LOGIC_UNSIGNED、STD_LOGIC_SIGNED、STD_LOGIC_ARITH 原来是 Synopsys 公司的扩展程序包，如果同时声明使用这些程序包，会导致 UNSIGNED 和 SIGNED 数据类型在函数重载时产生冲突，建议只使用 NUMERIC_STD，在绝大多数情况下可替代其他 3 个程序包。

表 6.3 对常用的可综合的 VHDL 预定义数据类型进行了汇总。

表 6.3 常用的可综合的 VHDL 预定义数据类型汇总

库	程序包	数据类型
STD	STANDARD	BIT、BIT_VECTOR
		BOOLEAN、BOOLEAN_VECTOR
		INTEGER
		NATURAL
		POSITIVE
		STRING
IEEE	STD_LOGIC_1164	STD_LOGIC
		STD_LOGIC_VECTOR
	NUMERIC_STD NUMERIC_BIT	UNSIGNED
		SIGNED
	FIXED_GENERIC_PKG	UFIXED
		SFIXED
	FLOAT_GENERIC_PKG	FLOAT

6.3.5 用户自定义数据类型

VHDL 允许用户自己定义新的数据类型，其定义格式为：
TYPE 数据类型名 IS 数据类型定义；

用户自定义数据类型包括枚举型、数组型、存取型、文件型、记录型，以及用户自定义整数型、子类型等，这些数据类型有些是 VHDL 标准数据类型和 IEEE 预定义数据类型中已有的，可认为是这些数据类型加了一定约束范围的子类型，有些数据类型则是全新的。

1．枚举（ENUMERATION）类型

枚举类型数据的定义格式为：
TYPE 数据类型名 IS (元素,元素,…)；
VHDL 预定义数据类型中有几种是采用枚举类型定义的，比如：
TYPE BOOLEAN IS(FLASE,TRUE);
TYPE BIT IS('0','1');
TYPE STD_LOGIC IS('U','X','0','1','Z','W','L','H','-');
枚举数据类型经常用在状态机设计中，可将表示状态变量的数据类型定义为枚举类型，比如：
TYPE state_type IS(A, B, C, D, E);
SIGNAL state: state_type;
TYPE state_style IS(idle, read, write, add, shift);
SIGNAL cs_state, nx_state: state_style;

2．记录（RECODE）类型

记录与数组类似，数组由同一数据类型的元素构成，而记录则可以由具有不同数据类型的元素构成，其元素的数据类型可以是预定义数据类型，也可以是用户自定义数据类型，比如：

```
TYPE memo IS RECORD
    addr : STD_LOGIC_VECTOR(7 DOWNTO 0);
    block: INTEGER RANGE 0 TO 3;
    data : INTEGER RANGE 0 TO 255;
END RECORD;
```
从记录中提取元素数据类型时应使用"."。

3. 文件（FILE）

文件类型是 VHDL'93 标准新增加的，主要用于仿真，在需要传输大量数据时，如输入测试激励数据和仿真输出时常用文件来实现。

要声明文件对象，必须先创建一个 FILE 类型。

文件声明的格式如下：

FILE 文件标识符 : 类型名称 [[OPEN open_mode] IS "文件名"];

其中，可选的部分包括关键字 OPEN，以及文件打开模式（read_mode、write_mode 或 append_mode，在 STANDARD 程序包中定义），最后双引号内为文件名。

比如：
```
TYPE bit_file IS FILE OF BIT;
FILE f1: bit_file IS "my_file.txt";
FILE f: TEXT OPEN WRITE_MODE IS "file_name";
        --以写模式打开一个文件，其中 f 是文件标识符
FILE f:TXET IS IN "test.in";
        --f 被定义为文件，并指向文件名为 test.in 的文件
TYPE text IS FILE OF STRING;
```
在 TEXTIO 程序包中有两个预定义的标准文本文件：
```
FILE input: text OPEN read_mode IS "STD_INPUT";
FILE output: text OPEN write_mode IS "STD_OUTPUT";
```

4. 用户自定义的整数类型

整数类型在 VHDL 标准数据类型中已存在，这里所说的是用户自定义的整数类型，可认为是整数的一个子类型，即加了一定约束范围的整数类型，其定义格式为：

TYPE 数据类型名 IS 数据类型定义 约束范围;

比如：
```
TYPE my_integer IS RANGE -32 TO 32;
```
用户自定义整数类型，如果其约束范围大于等于 0，则其综合后以相应宽度的二进制码表示；如果其约束范围有负数，则其综合后以相应宽度的二进制补码表示。比如：
```
TYPE digit1 IS INTEGER RANGE 0 TO 10;           --综合为4位宽度的二进制码
TYPE digit2 IS INTEGER RANGE 100 DOWNTO 1;      --综合为7位宽度的二进制码
TYPE digit3 IS INTEGER RANGE －1 TO 100;        --综合为8位宽度的二进制补码
```

5. 子类型

子类型是对已定义的数据类型做一些范围限制而形成的一种新的数据类型。子类型定义的一般格式为：

SUBTYPE 子类型名 IS 数据类型名 [范围];

NATURAL 数据类型就是 INTEGER 类型的子类型，其定义如下：
```
SUBTYPE natural IS INTEGER RANGE 0 TO INTEGER'HIGH;
```
例如，在 STD_LOGIC 类型基础上自定义子类型：
```
SUBTYPE my_logic IS STD_LOGIC RANGE '0' TO 'Z';
-- 由于 STD_LOGIC=('X','0','1','Z','W','L','H','-')
-- 故 my_logic=('0','1','Z')
```

6.3.6 数组（ARRAY）

数组也属于用户自定义数据类型的一种，它是将一组具有相同数据类型的元素集合在一起，作为一个数据对象来处理的数据类型，因此属于复合类型。

数组可以是一维（每个元素只有一个下标）数组或多维数组（每个元素有多个下标）。图6.2是数组类型的示意图，包括1维数组（向量）、1维×1维数组（向量组）、2维数组（矩阵）。VHDL综合器多数只支持1维数组和1维×1维数组，而仿真器支持多维数组，因为多维数组不可综合，所以图6.2中没有展示。

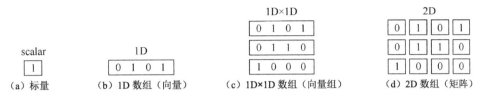

图6.2 数组类型示意图

数组定义的格式为：
TYPE 数据类型名 IS ARRAY （范围） OF 数组元素类型；
比如：
TYPE type1 IS ARRAY (0 TO 3) OF NATURAL;
CONSTANT c1: type2 := (2, 0, 9, 4);
TYPE type2 IS ARRAY (7 DOWNTO 0) OF BIT;
CONSTANT c2: type2 := "00001111";

数组的元素可以是任何一种数据类型，用来定义数组元素的下标范围的子句决定了数组中元素的个数，以及元素的排序方向。

以下是定义1维×1维数组（向量组）的例子：
TYPE matrix_index IS ARRAY(3 DOWNTO 0) OF STD_LOGIC_VECTOR(7 DOWNTO 0);
CONSTANT R : matrix_index := (x"1A", x"10", x"07", x"06");
          --定义了常数数组R,在R数组中R[0]=x"06",R[3]=x"1A"
SIGNAL a : matrix_index;
          --a是8*4数组,数组元素为a(3),a(2),a(1),a(0)
在定义了数组后，可以对数组的元素进行赋值，比如对于上面定义的二维数组a：
a(2) <= "11001101";
a(3)(4) <= '1';
a(1 DOWNTO 0)(2)<="11";

再比如：
TYPE type3 IS ARRAY (NATURAL RANGE <>) OF BIT_VECTOR(2 DOWNTO 0);
CONSTANT c3: type3(1 DOWNTO 0) := ("000", "111");
CONSTANT c3: type3(1 DOWNTO 0) := (('0','0','0'), ('1','1','1'));
TYPE type4 IS ARRAY (1 TO 4) OF STD_LOGIC_VECTOR(2 DOWNTO 0);
CONSTANT c4: type4 := ("000", "011", "100", "100");

以下是一个二维数组的例子：
TYPE type5 IS ARRAY (1 TO 3, 1 TO 4) OF BIT;
CONSTANT c5: type5 := (("0000","0000","0000"));

再比如：
TYPE mat4x3 IS ARRAY(1 TO 4, 1 TO 3) OF INTEGER;
VARIABLE matix: mat4x3 := ((1, 2, 3), (4, 5, 6), (7, 8, 9), (10, 11, 12));

则变量matix将被初始化为：
1   2   3

```
 4  5  6
 7  8  9
10 11 12
```

数组常用于 ROM 和 RAM 模块的建模。在函数和过程语句中，若使用无限制范围的数组，其范围一般由例化语句所传递的参数来确定。

多维数组需要用两个以上的范围来描述，多维数组仅用于仿真，而不能用于逻辑综合。

6.4 数据类型的转换与位宽转换

6.4.1 数据类型的转换

在 VHDL 语言中，数据类型的定义是很严格的，实体中的常量、信号、变量和参数都必须明确指定数据类型，在数据传递时更有严格限制，不同类型的数据间不能进行运算或者赋值。当常量、变量和信号之间进行运算或赋值操作时，必须要保证赋值符号两侧数据对象的数据类型的一致性，否则仿真和综合过程中 EDA 工具会报错。故在 VHDL 程序设计中，经常需要用到数据类型转换（Type Conversions），可通过下面两种方法，实现数据类型转换。

1. 类型名称转换

直接利用数据类型的名称实现类型的转换，此方法只适用于关系比较密切的数据类型之间的转换。例如，UNSIGNED、SIGNED、STD_LOGIC_VECTOR 三种数据类型关系紧密（UNSIGNED、SIGNED 可看作是 STD_LOGIC 数据类型的扩展），相互之间可以直接通过名称实现类型的转换：

```
SIGNAL temp : STD_LOGIC_VECTOR(7 DOWNTO 0);
SIGNAL data : UNSIGNED(7 DOWNTO 0);
data <= STD_LOGIC_VECTOR(temp);
```

2. 用函数转换

在 NUMERIC_STD 程序包中提供了转换函数，专门用于实现数据类型之间的转换。图 6.3 是 NUMERIC_STD 程序包中数据类型转换函数的图示。UNSIGNED、SIGNED、INTEGER、STD_LOGIC_VECTOR 四种数据类型之间均有函数实现相互之间的转换，需要注意的是，INTEGER 型和 STD_LOGIC_VECTOR 型数据之间要进行转换，必须先转换为 UNSIGNED 和 SIGNED 两种数据类型。

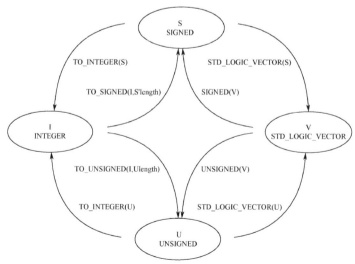

图 6.3 NUMERIC_STD 程序包中数据类型转换函数

表6.4 中进一步汇总了 STD_LOGIC_1164、NUMERIC_STD 程序包中的数据类型转换函数的名称和用法，可直接调用这些函数来完成数据类型的转换。

表6.4 数据类型转换函数

所在程序包	转换函数名	功 能
STD_LOGIC_1164	TO_STDLOGIC(a)	将 BIT 转换成 STD_LOGIC
	TO_STDLOGICVECTOR(a)	将 BIT_VECTOR 转换为 STD_LOGIC_VECTOR
STD_LOGIC_1164	TO_BIT(a)	将 STD_LOGIC 转换成 BIT
	TO_BITVECTOR(a)	将 STD_LOGIC_VECTOR 转换为 BIT_VECTOR
NUMERIC_STD	TO_INTEGER(u)	将 UNSIGNED 类型数据 u 转换成 INTEGER
	TO_INTEGER(s)	将 SIGNED 类型数据 s 转换成 INTEGER 类型
	TO_UNSIGNED(i, u'LENGTH)	将 INTEGER 类型数据 i 转换成 UNSIGNED 类型
	TO_SIGNED(i, s'LENGTH)	将 INTEGER 类型数据 i 转换成 SIGNED 类型
STD_LOGIC_ARITH	CONV_STD_LOGIC_VECTOR(a, 位长)	将 INTEGER 等类型转换成 STD_LOGIC_VECTOR
	CONV_INTEGER(a)	将 UNSIGNED、SIGNED 类型转换成 INTEGER
STD_LOGIC_UNSIGNED	CONV_INTEGER(a)	将 STD_LOGIC_VECTOR 转换成 INTEGER

下面是 STD_LOGIC_1164 程序包中对 To_bitvector 转换函数的定义。

```
FUNCTION To_bitvector(s : std_logic_vector; xmap : BIT :='0')
  RETURN BIT_VECTOR;
```

转换函数 To_bitvector 的函数体则是如下定义的。

```
FUNCTION To_bitvector(s : std_logic_vector; xmap : BIT:='0' )
   RETURN BIT_VECTOR IS
   ALIAS sv : std_logic_vector(s'LENGTH-1 DOWNTO 0 ) IS s;
   VARIABLE result : BIT_VECTOR(s'LENGTH-1 DOWNTO 0 );
BEGIN
   FOR i IN result'RANGE LOOP
      CASE sv(i) IS
         WHEN '0'|'L' => result(i):='0';
         WHEN '1'|'H' => result(i):='1';
         WHEN OTHERS => result(i):=xmap;
      END CASE;  END LOOP;
   RETURN result;
END;
```

例 6.3 用数据类型转换函数实现了 4-16 解码器的设计，在该设计中用 NUMERIC_STD 程序包完成了 INTEGER 和 STD_LOGIC_VECTOR 两种数据类型间的转换，并实现了 4-16 译码。

【例 6.3】 用数据类型转换函数实现解码器。

```
LIBRARY IEEE;
  USE IEEE.STD_LOGIC_1164.all;
  USE IEEE.NUMERIC_STD.all;
ENTITY decoder IS
   PORT(din : IN STD_LOGIC_VECTOR(3 DOWNTO 0);
       en : IN STD_LOGIC;
      dout : OUT STD_LOGIC_VECTOR(15 DOWNTO 0));
END;
ARCHITECTURE one OF decoder IS
BEGIN
PROCESS(en,din)
```

```
   BEGIN
      dout <= STD_LOGIC_VECTOR(TO_UNSIGNED(0,16));
      IF en='1' THEN dout(TO_INTEGER(UNSIGNED(din))) <= '1';
      END IF;
   END PROCESS;
   END one;
```

注：定义数据类型转换的程序包有 STD_LOGIC_1164、NUMERIC_STD、STD_LOGIC_UNSIGNED、STD_LOGIC_ARITH 等，在使用时应注意以下几点：

（1）NUMERIC_STD 程序包支持 UNSIGNED、SIGNED 数据类型，以及这两种数据类型的算术运算符、移位运算符等，但不支持 STD_LOGIC_VECTOR 类型的算术运算，如果需要进行 STD_LOGIC_VECTOR 数据类型的算术运算，可将其先转换为 UNSIGNED、INTEGER 类型；也可使用 STD_LOGIC_UNSIGNED 程序包，但 STD_LOGIC_UNSIGNED 和 NUMERIC_STD 程序包不能同时使用，易产生冲突。

（2）STD_LOGIC_ARITH 程序包定义了函数 CONV_STD_LOGIC_VECTOR(a,位长)，可将 INTEGER、UNSIGNED 和 SIGNED 转换成 STD_LOGIC_VECTOR 类型，该函数先将欲转换的数据转换成 2 的补码形式，然后根据需要的位长从低到高截短输出。比如：

```
   a <= CONV_STD_LOGIC_VECTOR (-79, 6)      --转换结果 a="110001"
   b <= CONV_STD_LOGIC_VECTOR (-2, 6)       --转换结果 b="111110"
   c <= CONV_STD_LOGIC_VECTOR (100, 5)      --转换结果 c="00100"
```

6.4.2 位宽转换

在 VHDL 语言中，当常量、变量和信号之间进行运算或赋值操作时，必须要保证数据宽度的一致性，故在 VHDL 程序设计中，需要用到数据位宽转换。

NUMERIC_STD 程序包提供了 RESIZE 函数，支持 UNSIGNED、SIGNED 型数据的位宽转换，从而实现有符号和无符号数位宽的截断和扩展。

（1）用 RESIZE 函数实现 SIGNED 型数据位宽扩展，是在数值左侧用符号位（最高位）填充；用 RESIZE 函数实现 UNSIGNED 型数据位宽扩展，则是在数值左侧用 0 填充。

比如：
```
   SIGNAL a:  SIGNED(7 DOWNTO 0) := "10101010";
   SIGNAL b : SIGNED(9 DOWNTO 0);
   SIGNAL c: UNSIGNED(7 DOWNTO 0) := "10101010";
   SIGNAL d : UNSIGNED(9 DOWNTO 0);
   b <= RESIZE(a, b'LENGTH);      --b ="11_10101010",用最高位填充
   d <= RESIZE(c, d'LENGTH);      --d ="00_10101010",高位用 0 填充
```

（2）SIGNED 型数据位宽缩减，保留符号位（最高位），末位对齐，高位截断。
UNSIGNED 型数据位宽缩小，直接保留低位，高位多余的位截断。比如：
```
   SIGNAL e:  SIGNED(9 DOWNTO 0) := "1010101010";
   SIGNAL f : SIGNED(6 DOWNTO 0);
   SIGNAL g: UNSIGNED(9 DOWNTO 0) := "1010101010";
   SIGNAL h : UNSIGNED(6 DOWNTO 0);
   f <= RESIZE(e, f'LENGTH);      --f ="1_101010",保留符号位
   h <= RESIZE(g, h'LENGTH);      --h ="0101010",末位对齐,高位截断
```

例 6.4 用 NUMERIC_STD 程序包中的 RESIZE 函数实现了 SIGNED 型数据位宽转换。

【例 6.4】 SIGNED 型数据位宽转换。
```
LIBRARY IEEE;
  USE IEEE.STD_LOGIC_1164.all;
```

```
  USE IEEE.NUMERIC_STD.all;
ENTITY sign_resize IS
    PORT(din : IN SIGNED(7 DOWNTO 0);
         dout : OUT SIGNED(15 DOWNTO 0));
END;
ARCHITECTURE one OF sign_resize IS
BEGIN
dout <= RESIZE(din, dout'LENGTH);
END one;
```

6.5 VHDL 运算符

运算符（Operators）是 VHDL 表达式中必不可少的元素，VHDL 有 4 类运算符，分别是逻辑运算符（Logical Operators）、关系运算符（Relational Operators）、算术运算符（Arithmetic Operators）和并置运算符（Concatenation Operators），可分别进行逻辑运算、关系运算和算术运算等操作。

6.5.1 逻辑运算符

VHDL 提供了 7 种逻辑运算符：

NOT	取反
AND	与
OR	或
NAND	与非
NOR	或非
XOR	异或
XNOR	同或

例 6.5 是采用逻辑运算符描述的 2 选 1 数据选择器，其综合视图如图 6.4 所示。

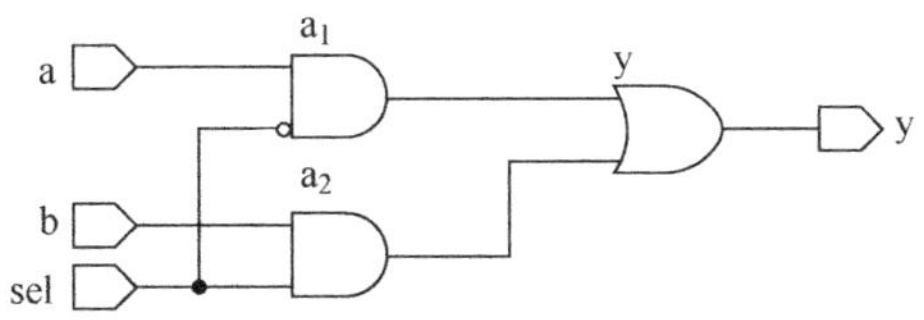

图 6.4　2 选 1 数据选择器 RTL 综合视图

【例 6.5】 采用逻辑运算符描述的 2 选 1 数据选择器。
```
ENTITY mux21 IS
  PORT(a,b,sel : IN BIT;  y : OUT BIT);
END ENTITY mux21;
ARCHITECTURE one OF mux21 IS
SIGNAL a1,a2 : BIT;
BEGIN
    a1 <= a AND (NOT Sel);
    a2 <= b AND sel;
    y <= a1 OR a2;
END ARCHITECTURE one;
```
使用逻辑运算符时应注意：

（1）逻辑运算符适用的数据类型有 BOOLEAN、BIT、BIT_VECTOR、STD_LOGIC 和 STD_LOGIC_VECTOR 等。

（2）逻辑运算符左右两边操作数的数据类型必须相同。

（3）对于数组的逻辑运算来说，要求数组的维数必须相同，其结果也是相同维数的数组。

（4）逻辑运算符中，NOT 的优先级最高，其余 6 种逻辑运算符的优先级相同；当表达式中有多个逻辑运算符时，建议使用括号控制逻辑运算的次序和优先级，防止出现综合错误。

【例 6.6】 逻辑运算符的使用。
```
ENTITY men IS
PORT(a,b,c,d: IN BIT;  f: OUT BIT);
END ENTITY men;
ARCHITECTURE one OF men IS
BEGIN
  f <=a AND b OR NOT c AND d;    --该语句不可综合
END ARCHITECTURE one;
```
例 6.6 的程序在综合时会报错，原因是综合工具不知道从何处着手进行逻辑运算，对于这种情况，可采用加括号的方法来控制逻辑运算的优先级，以确定表达式的运算次序，上面的语句可改为：
```
f <=(a AND b) OR (NOT c AND d);
```

6.5.2 关系运算符

VHDL 提供了 6 种关系运算符，如表 6.5 所示。

表 6.5 VHDL 的关系运算符

关系运算符	适用的数据类型
=（等于）	可以适用所有数据类型
/=（不等于）	
>（大于）	适用 INTEGER 型；在程序包 STD_LOGIC_UNSIGNED 中将其扩展，可适用于 STD_LOGIC、STD_LOGIC_VECTOR 型
<（小于）	
>=（大于等于）	
<=（小于等于）	

使用关系运算符时应注意：

（1）关系运算符为二元运算符，要求运算符左右两边数据的类型必须相同，运算结果为 BOOLEAN 型数据（即结果只能为 TRUE 或 FALSE）。

（2）不同关系运算符对其左右两边操作数的数据类型有不同要求。其中，等于（=）和不等于（/=）可以适用所有类型的数据。只有当两个数据 a 和 b 的数据类型相同，其数值也相等时，"a=b" 的运算结果才为 TRUE，"a/=b" 的运算结果为 FALSE。其他 4 种关系运算符（<，<=，>，>=）在程序包 STD_LOGIC_UNSIGNED 中做了功能扩展，使其不仅适用于整型（INTEGER）数据，也适用于 STD_LOGIC 和 STD_LOGIC_VECTOR 型数据。

（3）在利用关系运算符对 STD_LOGIC_VECTOR 型数据进行比较时，比较过程是从最左边的位开始，从左至右按位进行比较。在位长不同的情况下，只能以从左至右的比较结果作为关系运算的结果。例如：
```
SIGNAL a :STD_LOGIC_VECTOR(3 DOWNTO 0);
SIGNAL b :STD_LOGIC_VECTOR(2 DOWNTO 0);
a <="1010";  b <="111";
IF(a>b)   THEN
```
上面 a 和 b 比较的结果是 b 比 a 大，因为位矢量是自左至右按位比较的，由于"111">"101"，因此比较的结果是 b 大于 a。

6.5.3 算术运算符

VHDL 提供了 16 种算术运算符（Arithmetic Operators），如表 6.6 所示，对这 16 种算术运算符做了分类和说明。其中能够被综合器支持的算术运算符在表中用符号√做了标注。

表 6.6 VHDL 的 16 种算术运算符

分 类	算术运算符	适用的数据类型	可综合性说明
算术运算	+（加）	适用 INTEGER、UNSIGNED、SIGNED 型；在程序包 STD_LOGIC_UNSIGNED 中将其扩展，可适用于 STD_LOGIC_VECTOR 型	√
	−（减）		
	*（乘）	适用 INTEGER*INTEGER；在程序包 STD_LOGIC_UNSIGNED 中扩展至 STD_LOGIC_VECTOR*STD_LOGIC_VECTOR	√
	/（除）	适用 INTEGER 型	除数是 2^N 时可综合
其他运算	MOD（求模）	INTEGER 型	
	REM（取余）		
	**（指数）	左操作数可以是整数或是实数，但是右操作数必须是整数	$y<=x**a$ 当 x=2 和 a 为整数时可综合；或者 a=2 时也可综合，其他情况，不可综合
	ABS（取绝对值）	INTEGER 型	
符号运算符	+（正号）	INTEGER 型	
	−（负号）		
移位运算符	SLL（逻辑左移）	左操作数应是一维数组，数组中元素必须是 BIT 或 BOOLEAN 型数据，移位的位数应是 INTEGER 整数	有的综合器不支持 SLA、SRA，其他可综合
	SRL（逻辑右移）		
	SLA（算术左移）		
	SRA（算术右移）		
	ROL（逻辑循环左移）		
	ROR（逻辑循环右移）		

使用算术运算符时应注意：

（1）+（加）、−（减）是最常用的算术运算符，适用于 INTEGER、UNSIGNED 和 SIGNED 型数据；在程序包 STD_LOGIC_UNSIGNED 和 STD_LOGIC_SIGNED 中对+（加）、−（减）的功能做了扩展，使其可适用于 STD_LOGIC_VECTOR 型数据。

（2）*（乘）运算的适用数据类型是 INTEGER，即 INTEGER*INTEGER；在程序包 STD_LOGIC_UNSIGNED 中将*扩展至 STD_LOGIC_VECTOR 型数据，可实现 STD_LOGIC_VECTOR*STD_LOGIC_VECTOR 的乘法运算。在可综合的设计中，使用乘法运算符*时应慎重，特别是当操作数位较长时，因为综合后耗用的逻辑门数量会很大。

（3）/（除）运算的适用数据类型是 INTEGER，除法运算只有当除数是 2^N 时才可综合。

（4）MOD（取模）、REM（取余）运算符适用于整数类型。MOD 和 REM 的实现依赖除法电路，所以其可综合性也与除法运算符相同。

注：MOD（取模）和 REM（取余）之间的区别只有在负数的情况下，REM 保留被除数的符号，而 MOD 取模保留除数的符号。

比如：对于 UNSIGNED 型无符号数，MOD（取模）和 REM（取余）完全相同，综合后的电路也相同。

```
3/5 = 0, -9/5 = -1, 14/5 = 2
```

```
7 REM 3 = 1, -7 REM 3 = -1, 5 REM 3 = 2
(-5) REM 3 = -2, 5 REM (-3) = 2, (-5) REM (-3) = -2
7 MOD 3 = 1, 7 MOD -3 = -2, -7 MOD 3 = 2
5 MOD 3 = 2, (-5) MOD 3 = 1, 5 MOD (-3) = -1, (-5) MOD (-3) = -2
```

（5）**（乘方）和 ABS（取绝对值）运算符适用于整数类型。

对于 Y <= x ** a，当 a=2 时可综合；或者当 x=2 和 a 为整数时也可综合，其他情况，不可综合。
对于 ABS（取绝对值）有：

```
ABS 5 = 5, ABS -3 = 3
```

（6）移位运算符：

SLL（Shift Left Logical），　　　逻辑左移（右边空位用 0 补位）
SRL（Shift Right Logical），　　　逻辑右移（左边空位用 0 补位）
SLA（Shift Left Arithmetic），　　算术左移（右边移出的空位用最初最右边的位填补）
SRA（Shift Right Arithmetic），　算术右移（左边移出的空位用最初最左边的位填补）
ROL（Rotate Left），　　　　　　逻辑循环左移
ROR（Rotate Right），　　　　　　逻辑循环右移

六种移位运算符都是 VHDL'93 标准新增加，有的综合器尚不支持此类操作。VHDL'93 标准规定移位运算符作用的操作数的数据类型应是一维数组，并要求数组中的元素必须是 BIT 或 BOOLEAN 型数据，移位的位数应是整数。

例如，若 x="01001"，则有：

```
y <= x SLL 2; --y<="00100" (y <= x(2 DOWNTO 0) & "00";)
y <= x SLA 2; --y<="00111" (y <= x(2 DOWNTO 0) & x(0) & x(0);)
y <= x SRL 3; --y<="00001" (y <= "000" & x(4 DOWNTO 3);)
y <= x SRA 3; --y<="00001" (y <= x(4) & x(4) & x(4) & x(4 DOWNTO 3);)
y <= x ROL 2; --y<="00101" (y <= x(2 DOWNTO 0) & x(4 DOWNTO 3);)
y <= x SRL -2; --same as "x SLL 2"
```

再如，假如 A="110"，B="111"，C="011000"，D="111011"，则有：

```
NOT B = "000";
A & NOT B = "110000"          --并置运算符
C ROR 2 = "000110"            --逻辑循环右移 2 位
(A & NOT B OR C ROR 2) AND D = "110010"
C <= -A;                      --将 A 的补码赋给 C
```

6.5.4　并置运算符

&并置运算符（Concatenation）用来将两个或多个位、位矢量拼接成维数更大的矢量。

用并置运算符进行拼接的方式很多，可以将两个或多个位拼接起来形成一个位矢量，也可以将两个或多个矢量拼接起来形成一个新的维数更大的矢量。例如：

```
SIGNAL a,b : STD_LOGIC;
SIGNAL c : STD_LOGIC_VECTOR(1 DOWNTO 0);
SIGNAL d : STD_LOGIC_VECTOR(3 DOWNTO 0);
SIGNAL e : STD_LOGIC_VECTOR(4 DOWNTO 0);
SIGNAL f : STD_LOGIC_VECTOR(5 DOWNTO 0);
c <= a & b;                   --两个位拼接
e <= a & d;                   --位和位矢量拼接
f <= c & d;                   --位矢量和位矢量拼接
```

可用并置运算符将多个信号合并在一起，例如：

```
SIGNAL  a,b,c,d : STD_LOGIC;
SIGNAL  q : STD_LOGIC_VECTOR(4 DOWNTO 0);
```

```
q <= a & b & c & d & a;
q <=(a,b,c,d,a);                          --此句与上句等价
q <=(4=>a,3=>b,2=>c,1=>d,0=>a);
q <=(3=>b,2=>c,1=>d,OTHERS=>a);
            --上面 4 条语句表达的意思相同，是等价的
```

6.5.5 运算符重载

所谓运算符重载，是指对已存在的运算符重新定义，对其功能进行扩展，使其能适用于更多种数据类型。

VHDL 是强类型语言，VHDL 的运算符都只适用于特定的数据类型，比如，算术运算符+（加）、−（减）等仅对 INTEGER 型数据有效；逻辑运算符 AND、OR、NOT 等仅对 BIT、BIT_VECTOR 类型有效。如果要使这些运算符能适用于其他数据类型，则必须对运算符的功能进行重定义。

重载运算符的定义主要在 IEEE 库的程序包 NUMERIC_STD、STD_LOGIC_UNSIGNED、STD_LOGIC_ARITH、STD_LOGIC_SIGNED 中，比如，在 NUMERIC_STD 程序包中把算术运算符、逻辑运算符、关系运算符的适用数据类型扩展到了 UNSIGNED、SIGNED 类型，NUMERIC_STD 程序包的运算符功能扩展见表 6.7。

在 NUMERIC_STD 程序包中，定义重载运算符功能的函数称为重载函数，打开这些程序包可发现，重载函数实际上是由原运算符加双引号作为函数名的，如"+""−"。

表 6.7 NUMERIC_STD 程序包的运算符功能扩展

分 类	运算符	适用的数据类型
算术运算符	+, −, *, /, MOD, REM	UNSIGNED ~ UNSIGNED SIGNED ~ SIGNED UNSIGNED ~ NATURAL
关系运算符	=, /=, >, <, >=, <=	NATURAL ~ UNSIGNED SIGNED ~ INTEGER INTEGER ~ SIGNED
移位运算符	SLL, SRL, SLA, SRA, ROL, ROR	UNSIGNED ~ INTEGER SIGNED ~ INTEGER
逻辑运算符	NOT, AND, OR, NAND, NOR, XOR, XNOR	UNSIGNED ~ UNSIGNED SIGNED ~ SIGNED

定义运算符重载的程序包还有 STD_LOGIC_UNSIGNED 程序包，在该程序包中对运算符+（加）、−（减）、*（乘）、=（等于）、/=（不等于）、AND（与）等的适用数据类型扩展到了 STD_LOGIC、STD_LOGIC_VECTOR。对 STD_LOGIC、STD_LOGIC_VECTOR 型数据进行算术运算可使用 STD_LOGIC_UNSIGNED 程序包，但需注意 STD_LOGIC_UNSIGNED 和 NUMERIC_STD 程序包不能同时使用，会产生冲突。

对运算符重载时，只需要在程序前声明使用相应的程序包即可。比如，在例 6.7 的 4 位减法器中，本来算术运算符−（减）仅对 INTEGER 型数据有效，现在要使其能适用于 STD_LOGIC_VECTOR 型数据，需使用运算符重载，因此在程序中声明使用 IEEE 的 STD_LOGIC_UNSIGNED 程序包。该例的 RTL 综合视图如图 6.5 所示，从图中可以看出，减法器仍然是用加法器实现的，只不过将减数做了取补运算。

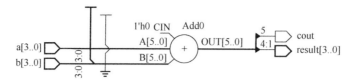

图 6.5 4 位减法器 RTL 综合视图

【例 6.7】 4 位减法器。

```
LIBRARY IEEE;
  USE IEEE.STD_LOGIC_1164.ALL;
  USE IEEE.STD_LOGIC_UNSIGNED.ALL;              --程序包
ENTITY sub IS
  PORT(a ,b : IN STD_LOGIC_VECTOR(3 DOWNTO 0);  --被减数和减数
       result: OUT STD_LOGIC_VECTOR(3 DOWNTO 0);
       cout  : OUT STD_LOGIC);                  --借位
END ENTITY sub;
ARCHITECTURE one OF sub IS
  SIGNAL temp : STD_LOGIC_VECTOR(4 DOWNTO 0);
BEGIN
    temp<=('0'&a)-b;                            --相减,运算符重载
    result<=temp(3 DOWNTO 0);
    cout<=temp(4);
END one;
```

6.5.6 省略赋值运算符

"=>"和"OTHERS"可看作是省略赋值运算符,"=>"可以给矢量的某几位赋值,"OTHERS"则用于给剩余的位赋值。

比如:

```
SIGNAL x_vec: std_logic_vector(5 downto 1):=(4|3=> '1', others=> '0');
          -- x_vec = "01100"
x_vec<=(1 to 3=>'1', others=>'0');
          -- x_vec = "00111"
SIGNAL x_vec: STD_LOGIC_VECTOR(0 TO 10)<=(1 to 5=>'0', others=>'Z');
          -- x_vec赋初值"Z00000ZZZZZ"
VARIABLE x: STD_LOGIC_VECTOR(0 TO 10):=(1|3|5=>'1',2=>'Z',OTHERS=>'0');
          -- x = "01Z10100000"
SIGNAL c: STD_LOGIC_VECTOR(1 TO 8) := (2|3=>'1', OTHERS=>'0');
          -- c = "01100000"
CONSTANT b: BIT_VECTOR(7 DOWNTO 0) := (7=>'0', OTHERS=>'1');
          -- b = "01111111"
```

采用省略赋值运算符的优点是不用关心被赋值矢量的宽度,尤其在给很宽的矢量进行赋值时可简化书写。比如:

```
SIGNAL tmp1,tmp2: STD_LOGIC_VECTOR(10 DOWNTO 0);
VARIABLE tmp3,tmp4: STD_LOGIC_VECTOR(11 DOWNTO 0);
tmp1<=(OTHERS=>'0');          --等同于tmp1<="000_0000_0000";
tmp2<=(OTHERS=>'1');          --等同于tmp2:="111_1111_1111";
tmp3:=(0=>'1',3=>'1',OTHERS=>'0');
      --tmp3 第0、3位为1,其他为0,等同于tmp3<="0000_0000_1001";
tmp4:=(1=>'0',3=>'0',OTHERS=>'1');
      --tmp4 第1、3位为0,其他为1,等同于tmp4<="1111_1111_0101";
```

但下面判断 a 是否为全 0 的语句是不合法的：
```
IF a = (OTHERS => '0') THEN
```
可改为如下的写法：
```
IF a = (a'RANGE => '0') THEN
```

习 题 6

6.1　VHDL 程序的基本结构分成几个部分？试简要说明每一部分的功能。

6.2　说明端口模式 INOUT 和 BUFFER 的异同点。

6.3　写出 7490 计数器的实体部分。

6.4　写出 74194 双向移位寄存器的实体部分。

6.5　数据类型 BIT、INTEGER、UNSIGNED、SIGNED 和 BOOLEAN 分别定义在什么库、什么程序包中？

6.6　判断下列 VHDL 标识符是否合法，如果有错则指出原因：
（1）16#0FA#　　　　（2）10#12F#　　　　（3）8#789#　　　　（4）8#356#
（5）74HC245　　　　（6）\74HC574\　　　　（7）CLR/RESET　　　（8）D100%

6.7　在 STRING、TIME、REAL、BIT 数据类型中，VHDL 综合器支持哪些类型？

6.8　表达式 C<=A+B 中，A、B 的数据类型都是 INTEGER，C 的数据类型是 STD_LOGIC，是否能直接进行加法运算，说明原因和提出解决方法。

6.9　表达式 C<=A+B 中，A、B、C 的数据类型都是 STD_LOGIC_VECTOR，是否能直接进行加法运算，说明原因和提出解决方法。

6.10　信号赋值时，不同位宽的信号能否相互赋值。

6.11　什么是运算符重载，重载函数有何用处。

6.12　如果 A="1010"，B="0101"，and C="0110"，求出下列表达式的值。
（1）(A & B) OR (B & C)
（2）A SRL 2
（3）A SLA 1
（4）A & NOT B
（5）A OR B AND C

6.13　解释 BIT 类型与 STD_LOGIC 类型的区别。如果定义三态门的输出，能否定义为 BIT 型。

6.14　使用逻辑运算符描述图 6.6 所示的电路。

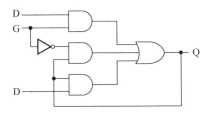

图 6.6　使用逻辑运算符描述电路

6.15　试用算术运算符实现 4 位二进制乘法器，编写出完整的 VHDL 程序。

6.16　直接利用关系运算符设计 16 位比较器，比较器的输入是两个 16 位数 A=[A15…A0]和 B=[B15…B0]，输出信号为 L、E、S。当 A=B 时，E=1；当 A>B 时，L=1；当 A<B 时，S=1。

6.17　VHDL 中有哪几种数据对象，举例说明数据对象与数据类型的关系。

第7章 VHDL 基本语句

本章概要：本章介绍 VHDL 顺序语句、并行语句及属性说明与定义语句。
知识要点：（1）VHDL 顺序语句；
（2）VHDL 并行语句；
（3）VHDL 属性说明与定义语句。
教学安排：本章教学安排 4 学时，同时安排 2 学时实践教学，完成 1~2 个实验设计。通过本章的学习，可熟悉 VHDL 顺序语句、并行语句、属性说明与定义语句的功能和使用方法，掌握采用顺序语句、并行语句描述逻辑电路的方法，理解同一个电路可以采用不同的语句去描述，也可以从不同的角度去设计，而综合出来的电路很可能有异曲同工之效。

7.1 顺 序 语 句

VHDL 的语句分为并行语句（Concurrent Statements）和顺序语句（Sequential Statements）。顺序语句总是处于进程（PROCESS）、函数和过程内部，并且从仿真角度来看是顺序执行的，其执行顺序与书写顺序有关，如 IF、CASE 语句；并行语句的执行是并发的，其执行顺序与书写顺序无关，如 WHEN ELSE 语句。

顺序语句只能用于进程和子程序中，其中子程序包括函数（FUNCTION）和过程（PROCEDURE）。常用的顺序描述语句有：赋值语句、IF 语句、CASE 语句、LOOP 语句、NEXT 语句、EXIT 语句、子程序调用语句、RETURN 语句、WAIT 语句和 NULL 语句。

7.1.1 赋值语句

赋值语句根据其应用的场合分为两种类型：一种是应用于进程和子程序内部的赋值语句，这时它是一种顺序语句，称为顺序赋值语句；另一种是应用于进程和子程序外部的信号赋值语句，称为并行信号赋值语句。

赋值符号有两种：
```
<=            --用于为信号赋值
:=            --用于为变量、常量（CONSTANT）或 GENERIC 参量赋值；也用于赋初始值
```
注：除了上面的两种赋值符号，还有省略赋值符号=>，用于给矢量的某几位赋值，OTHERS 则给剩余的位赋值。

变量赋值与信号赋值的区别在于，变量具有局部特征，它的有效性只局限于所定义的进程或子程序中，是一个暂时的数据对象，赋予它的值会立即有效；信号则不同，信号具有全局特征，它不但可以作为一个设计实体内部各单元之间数据传送的载体，而且可通过它与其他设计实体进行通信。

赋值符号两侧的数据对象，其数据类型必须一致，位宽也必须一致。

7.1.2 IF 语句

与其他软件编程语言（如 C 语言）类似，VHDL 中的 IF 语句也是一种具有条件控制功能的语句，

它根据给出的条件来决定需要执行哪些语句。

IF 语句的格式有如下 4 种。

1. 非完整性 IF 语句

此 IF 语句的格式如下：

```
IF 条件 THEN
    顺序语句;
END IF;
```

当程序执行到 IF 语句时，如果 IF 语句中的条件成立，程序执行 THEN 后面的顺序语句；否则程序将跳出 IF 语句，转而去执行其他语句。实际上，这种形式的 IF 语句是一种非完整 IF 语句。

在描述基本 D 触发器时可采用非完整性 IF 语句，如例 7.1 所示。

【例 7.1】 用非完整性 IF 语句描述的基本 D 触发器。

```
ENTITY d_ff IS
  PORT(d,clk: IN BIT;  q: OUT BIT);
END;
ARCHITECTURE behav OF d_ff IS
BEGIN
  PROCESS(clk)
  BEGIN
    IF clk'EVENT AND clk='1'
      THEN q<=d;    --省略了语句"ELSE q<=q;",非完整 IF 语句
    END IF;
  END PROCESS;
END behav;
```

例 7.2 是用 IF 语句描述的 4 位右移寄存器，由 4 个 D 触发器构成，其综合结果如图 7.1 所示。

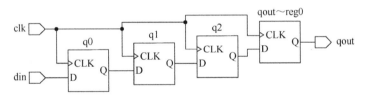

图 7.1 4 位右移寄存器综合结果

【例 7.2】 用 IF 语句描述的 4 位右移寄存器。

```
LIBRARY IEEE;
  USE IEEE.STD_LOGIC_1164.ALL;
ENTITY shift_reg IS
    PORT(clk,din: IN STD_LOGIC;
         qout: OUT STD_LOGIC);
END;
ARCHITECTURE one OF shift_reg IS
SIGNAL q0,q1,q2 : STD_LOGIC;
BEGIN
PROCESS(clk)  BEGIN
    IF clk'EVENT AND clk='1' THEN
       q0<=din;  q1<=q0;  q2<=q1;  qout<=q2;
    END IF;
END PROCESS;
END;
```

2. 二重选择的 IF 语句

二重选择的 IF 语句格式如下:
```
IF 条件  THEN
    顺序语句 1;
ELSE
    顺序语句 2;
END IF;
```

首先判断条件是否成立,如果 IF 语句中的条件成立,那么程序会执行顺序语句 1;否则程序执行顺序语句 2。

比如,例 7.3 是用两重选择的 IF 语句描述的三态非门,其对应的电路如图 7.2 所示。

【例 7.3】 两重选择 IF 语句描述的三态非门。

图 7.2 三态非门

```
LIBRARY IEEE;
  USE IEEE.STD_LOGIC_1164.ALL;
ENTITY tri_not IS
  PORT(x,oe: IN STD_LOGIC;
       y: OUT STD_LOGIC);
END tri_not;
ARCHITECTURE behav OF tri_not IS
BEGIN  PROCESS(x,oe)
BEGIN
   IF oe='0' THEN y <=NOT x;       --两重选择 if 语句
       ELSE y<='Z';                --高阻符号 Z 要大写
     END IF;
END PROCESS;
END behav;
```

3. 具有多重选择的 IF 语句

具有多重选择的 IF 语句常用来描述具有多个选择分支的逻辑电路,其语句格式如下:
```
IF 条件 1  THEN
        顺序语句 1;
    ELSIF 条件 2  THEN
        顺序语句 2;
......
    [ELSIF 条件 n-1  THEN
        顺序语句 n-1;]         --ELSIF 根据需要可以有多个
    [ELSE
        顺序语句 n;]           --最后的 ELSE 语句可根据需要选用
    END IF;
```

如果 IF 语句中的条件 1 成立,执行顺序语句 1;如果条件 1 不成立,条件 2 成立,执行顺序语句 2;依次类推,如果 IF 语句中的前 $n-1$ 个条件均不成立,那么执行顺序语句 n。

显然,上面的条件判断是含有优先级的,即条件 1 的优先级最高,如果满足了条件 1,则不再判断其他条件;只有条件 1 不满足的情况下,才会去判断条件 2,依次类推。

图 7.3 所示的双 2 选 1 数据选择器,可采用多重选择的 IF 语句描述,如例 7.4 所示。

【例 7.4】 用多重选择 IF 语句描述的双 2 选 1 数据选择器。

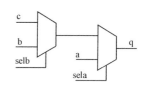

图 7.3 双 2 选 1 数据选择器

```
ENTITY mux2d IS
```

```
    PORT(a,b,c,sela,selb: IN BIT;
              q: OUT BIT);
END;
ARCHITECTURE one OF mux2d IS
BEGIN
PROCESS(sela,selb,a,b,c)
BEGIN
    IF sela='1' THEN q<=a;
        ELSIF selb='1' THEN q<=b;
            ELSE q<=c;
    END IF;
END PROCESS;
END one;
```

优先编码器(Priority Encoder)的特点是：当多个输入信号有效时，编码器只对优先级最高的信号进行编码。74148 是一个 8 线—3 线优先编码器，其功能如表 7.1 所示。编码器的输入为 din(7)～din(0)，编码优先顺序从高到低为 din(7)～din(0)，输出为 dout(2)～dout(0)，ei 是输入使能，eo 是输出使能，gs 是组选择输出信号。

表 7.1 74148 优先编码器功能表

ei	输入 din(0) din(1) din(2) din(3) din(4) din(5) din(6) din(7)	输出 dout(2) dout(1) dout(0)	gs eo
1	x x x x x x x x	1 1 1	1 1
0	1 1 1 1 1 1 1 1	1 1 1	1 0
0	x x x x x x x 0	0 0 0	0 1
0	x x x x x x 0 1	0 0 1	0 1
0	x x x x x 0 1 1	0 1 0	0 1
0	x x x x 0 1 1 1	0 1 1	0 1
0	x x x 0 1 1 1 1	1 0 0	0 1
0	x x 0 1 1 1 1 1	1 0 1	0 1
0	x 0 1 1 1 1 1 1	1 1 0	0 1
0	0 1 1 1 1 1 1 1	1 1 1	0 1

例 7.5 采用多重选择 IF 语句描述了表 7.1 所示的优先编码器 74148 逻辑电路。

【例 7.5】 8 线—3 线优先编码器 74148。

```
LIBRARY IEEE;
  USE IEEE.STD_LOGIC_1164.ALL;
ENTITY ttl74148 IS
  PORT(din: IN STD_LOGIC_VECTOR(7 DOWNTO 0);
       ei: IN STD_LOGIC;
     gs,eo: OUT STD_LOGIC;
      dout: OUT STD_LOGIC_VECTOR(2 DOWNTO 0));
END ttl74148;
ARCHITECTURE behav OF ttl74148 IS
 BEGIN
  PROCESS(din,ei)
   BEGIN
    IF(ei='1') THEN dout<="111";gs<='1';eo<='1';
     ELSIF(din="11111111") THEN dout<="111";gs<='1';eo<='0';
```

```
        ELSIF(din(7)='0') THEN dout<="000";gs<='0';eo<='1';
                --din(7)优先级最高
        ELSIF(din(6)='0') THEN dout<="001";gs<='0';eo<='1';
        ELSIF(din(5)='0') THEN dout<="010";gs<='0';eo<='1';
        ELSIF(din(4)='0') THEN dout<="011";gs<='0';eo<='1';
        ELSIF(din(3)='0') THEN dout<="100";gs<='0';eo<='1';
        ELSIF(din(2)='0') THEN dout<="101";gs<='0';eo<='1';
        ELSIF(din(1)='0') THEN dout<="110";gs<='0';eo<='1';
                      ELSE dout<="111";gs<='0';eo<='1';
      END IF;
   END PROCESS;
END behav;
```

4. IF 语句的嵌套

IF 语句可以嵌套，多用于描述具有复杂控制功能的逻辑电路。

多重嵌套的 IF 语句的格式如下：

```
IF 条件 THEN 顺序语句;
   IF 条件 THEN 顺序语句;
   ……
   END IF;
END IF;
```

例 7.6 描述了具有同步复位/使能的 BCD 码模 10 加法计数器，使用了 IF 语句的嵌套，其中有的 IF 语句又包含多重选择，完成同步复位、同步使能，以及计数到 9 后自动清零等操作。用 IF 语句的嵌套时，应注意判断条件的优先级，把优先级高的条件置前判断。

【例 7.6】 同步复位/同步使能的 BCD 码模 10 加法计数器。

```
LIBRARY IEEE;
  USE IEEE.STD_LOGIC_1164.ALL;
  USE IEEE.NUMERIC_STD.all;
ENTITY count10 IS
    PORT(clk,reset,en : IN STD_LOGIC;
              qout : OUT UNSIGNED(3 DOWNTO 0);
              cout : OUT STD_LOGIC);
END count10;
ARCHITECTURE behav OF count10 IS
BEGIN
PROCESS(clk)
VARIABLE temp : UNSIGNED(3 DOWNTO 0);
  BEGIN
    IF clk'EVENT AND clk='1' THEN          --检测时钟上升沿
    IF reset='1' THEN temp:=(OTHERS=>'0'); --同步复位
       ELSIF en='1' THEN                   --同步使能
       IF temp<9 THEN temp:=temp+1;        --是否小于9
       ELSE temp:=(OTHERS=>'0');           --大于9，计数器清零
       END IF;
    END IF;  END IF;
    IF temp=9 THEN cout<='1';              --计到9产生进位
       ELSE  cout<='0';
    END IF;
qout<=temp;                                --将计数值向端口输出
END PROCESS;
END behav;
```

例 7.7 是用两重嵌套的 IF 语句实现了同步复位/同步置数的 4 位计数器 74163，其 RTL 综合视图如图 7.4 所示，由加法器、数据选择器、4 位寄存器三种部件实现电路。

【例 7.7】 同步计数器 74163。

```vhdl
LIBRARY IEEE;
  USE IEEE.STD_LOGIC_1164.ALL;
  USE IEEE.NUMERIC_STD.all;
ENTITY ls74163 IS
    PORT(clr,clk,load, p,t :IN STD_LOGIC;
         data : IN  UNSIGNED(3 DOWNTO 0);
         qout : OUT UNSIGNED(3 DOWNTO 0);
         cout : OUT STD_LOGIC);
END ls74163;
ARCHITECTURE behav OF ls74163 IS
SIGNAL q: UNSIGNED(3 DOWNTO 0);
BEGIN
qout <= q;
cout <= q(3) AND q(2) AND q(1) AND q(0) AND t;
PROCESS(clk)
BEGIN
  IF RISING_EDGE(clk) THEN
  IF clr='0' THEN q <= (OTHERS=>'0');     --同步复位
  ELSIF load='0' THEN q <= data;          --同步置数
    ELSIF (p AND t) = '1' THEN q <= q+1;  --同步计数
  END IF;  END IF;
END PROCESS;
END behav;
```

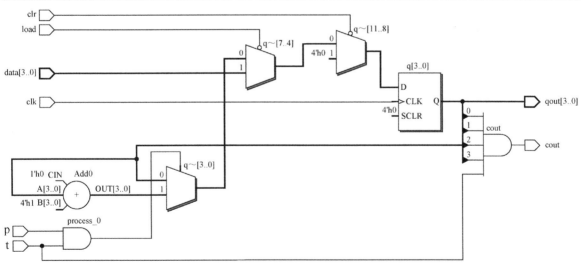

图 7.4 4 位同步计数器 74163 的 RTL 综合视图

7.1.3 CASE 语句

在 VHDL 中，CASE 语句是另外一种形式的条件控制语句，它与 IF 语句一样均可用来描述具有控制功能的数字电路。一般来说，CASE 语句是根据表达式的值从不同顺序处理语句序列中选取其中一组语句来执行，它常用来描述总线、编码器、译码器或数据选择器等数字部件。

CASE 语句的语法结构如下：

```
CASE 表达式 IS
    WHEN 选择值 1 => 顺序语句 1;
    WHEN 选择值 2 => 顺序语句 2;
    ......
    WHEN OTHERS => 顺序语句 n;
END CASE;
```

当执行到 CASE 语句时,如果条件表达式的值等于选择值 1,程序就执行顺序语句 1;如果条件表达式的值等于选择值 2,程序就执行顺序语句 2;依次类推,如果条件表达式的值与前面的 n–1 个选择值都不同,则执行"WHEN OTHERS"语句中的"顺序语句 n"。

注:条件语句中的=>不是运算符,它只相当于 THEN 的作用。

通常情况下,CASE 语句中 WHEN 后面的选择值有以下表示方式。

- 单个数值:WHEN 值=>顺序语句。
- 多个数值:WHEN 值 1 | 值 2 | ……值 n | =>顺序语句。比如 4|6|8,表示取值为 4、6 或者 8 时。
- 数值范围,WHEN 值 1 TO 值 2=> 顺序语句。如 4 TO 8,表示取值为 4、5、6、7 或 8;再如 6 DOWNTO 3,表示取值为 6、5、4 或 3。
- WHEN OTHERS => 顺序语句;表示除上面列举出的数值外,其他所有可能的取值。

例如:
```
SIGNAL t1 : IN INTEGER RANGE 0 TO 15;
SIGNAL f1,f2,f3,f4 : OUT BIT;
  CASE t1 IS
    WHEN 0 =>         f1 <='1';      --匹配 0
    WHEN 1|3|7 =>     f2 <='1';      --匹配 1,3,7
    WHEN 4 TO 6|2=>   f3 <='1';      --匹配 4,5,6,2
    WHEN OTHERS=>     f4 <='1';      --匹配 8~15
END CASE;
```

例 7.8 是一个用 CASE 语句描述的 3 人表决电路,其 RTL 综合结果见图 7.5,由与门、或门构成。

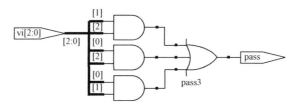

图 7.5 3 人表决电路 RTL 综合结果

【例 7.8】 用 CASE 语句描述的 3 人表决电路。
```
ENTITY vote3 IS
  PORT(vi: IN BIT_VECTOR(2 DOWNTO 0);
    pass :OUT BIT);
END ENTITY vote3;

ARCHITECTURE one OF vote3 IS
BEGIN
PROCESS(vi)
  BEGIN
    CASE vi IS
      WHEN "011"|"101"|"110"|"111" => pass<='1';
      WHEN OTHERS => pass<='0';
      END CASE;
```

```
END PROCESS;
END one;
```

CASE 语句和 IF 语句都是通过条件判断来决定需要执行程序中的哪些语句,但由于 CASE 语句中条件表达式的值与所要处理的顺序语句的对应关系十分清晰,因此 CASE 语句的可读性比 IF 语句好。编写 VHDL 程序时,在使用 CASE 语句时应注意以下几点:

(1) 条件表达式的所有取值必须在 WHEN 子句中被列举出来。
(2) WHEN 子句中的取值必须在条件表达式的取值范围之内。
(3) 不同的 WHEN 子句中不允许出现相同的取值。
(4) 如果不能保证已经列举出了条件表达式所有取值的可能,可用 WHEN OTHERS 表示其他取值,以免综合器插入不必要的锁存器。这一点对于 STD_LOGIC 和 STD_LOGIC_VECTOR 型数据尤为重要。
(5) 与 IF 语句不同,CASE 语句中的 WHEN 条件子句可任意改变排列次序而不会影响描述的逻辑功能。

例 7.9 是用 CASE 语句描述的 4 选 1 数据选择器,例 7.10 则是用 CASE 语句描述的上升沿触发的 JK 触发器。

【例 7.9】 用 CASE 语句描述的 4 选 1 数据选择器。

```
ENTITY mux4_1 IS
  PORT(d0,d1,d2,d3 : IN BIT;
       Sel : INTEGER RANGE 0 TO 3;
        y : OUT BIT);
END mux4_1;
ARCHITECTURE one OF mux4_1 IS
BEGIN
PROCESS(sel,d0,d1,d2,d3)        --CASE 语句应在进程中使用
    BEGIN
    CASE sel IS                 --用 CASE 语句描述
        WHEN 0 => y<=d0;
        WHEN 1 => y<=d1;
        WHEN 2 => y<=d2;
        WHEN 3 => y<=d3;
        END CASE;
END PROCESS;
END one;
```

【例 7.10】 用 CASE 语句描述的上升沿触发的 JK 触发器。

```
LIBRARY IEEE;
  USE IEEE.STD_LOGIC_1164.ALL;
ENTITY jk_ff IS
  PORT(clk : IN STD_LOGIC;           --时钟信号
       j,k : IN STD_LOGIC;           --激励信号
       q : BUFFER STD_LOGIC);        --输出,由于存在反馈,因此定义为 BUFFER 端口
END jk_ff;

ARCHITECTURE one OF jk_ff IS
  SIGNAL jk : STD_LOGIC_VECTOR(1 DOWNTO 0);
BEGIN
  jk<=j & k;                         --J 和 K 拼合
  PROCESS(clk)
    BEGIN
    IF clk'EVENT AND clk='1' THEN
```

```
          CASE jk IS                          --用 CASE 语句描述
            WHEN "00" => q<=q;                --保持
            WHEN "01" => q<='0';              --置 0
            WHEN "10" => q<='1';              --置 1
            WHEN "11" => q<=NOT q;            --翻转功能
          END CASE;
        END IF;
    END PROCESS;
END one;
```

从上例可以看出，用 CASE 语句描述模块实际上是把模块的真值表描述出来，如果已知模块的真值表，不妨用 CASE 语句描述。例 7.10 的 RTL 综合结果如图 7.6 所示，是在 D 触发器的基础上加上数据选择器实现的。

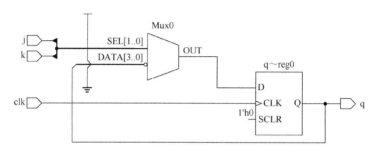

图 7.6 JK 触发器的 RTL 综合结果

7.1.4 LOOP 语句

LOOP 语句与其他高级语言中的循环语句相似，它可以使所包含的一组顺序语句被循环执行，其执行次数可由设定的循环参数决定。LOOP 语句有 3 种格式。

1. 简单 LOOP 语句

```
[标号:] LOOP
       顺序语句;
    EXIT 标号;
END LOOP [标号];
```

这是一种最简单的循环语句形式，必须与 EXIT 语句配合才能实现循环的执行与退出，VHDL 重复执行 LOOP 循环内的顺序语句，直至满足 EXIT 语句中的结束条件退出循环。例如：

```
L2 : LOOP
       a:=a+1;
       EXIT L2 WHEN a>10;    --a 为 11 时退出循环
END LOOP L2;
```

2. FOR LOOP 语句

```
[标号:] FOR 循环变量 IN 循环次数范围 LOOP
       顺序语句;
END LOOP [标号];
```

FOR 后面的循环变量是一个临时变量，属 LOOP 语句的局部变量，只在 LOOP 语句内有效，它由 LOOP 语句自动定义，不必事先定义。

循环次数范围有两种形式：值 1 TO 值 2 或值 1 DOWNTO 值 2，循环变量从初始值（值 1）开始，每执行一遍顺序语句后递增或递减 1，直至达到循环次数范围指定的终值（值 2）为止，退出循环。

例 7.11 是用 FOR LOOP 语句描述的 8 位行波加法器，其 RTL 综合结果如图 7.7 所示。

【例 7.11】 用 FOR LOOP 语句描述 8 位行波加法器。

```
LIBRARY ieee;
  USE ieee.std_logic_1164.all;
ENTITY ripple_add IS
 GENERIC (W : INTEGER := 8);
  PORT(a, b: IN STD_LOGIC_VECTOR(W-1 DOWNTO 0);
       cin : IN STD_LOGIC;
       sum : OUT STD_LOGIC_VECTOR(W-1 DOWNTO 0);
       cout : OUT STD_LOGIC);
 END ENTITY;
ARCHITECTURE one OF ripple_add IS
BEGIN
 PROCESS(a, b, cin)
 VARIABLE c: STD_LOGIC_VECTOR(W DOWNTO 0);
BEGIN
  c(0) := cin;
  FOR i IN 0 TO W-1 LOOP
  sum(i) <= a(i) XOR b(i) XOR c(i);
  c(i+1) := (a(i) AND b(i)) OR (a(i) AND c(i)) OR (b(i) AND c(i));
  END LOOP;
    cout <= c(W);
END PROCESS;
END ARCHITECTURE;
```

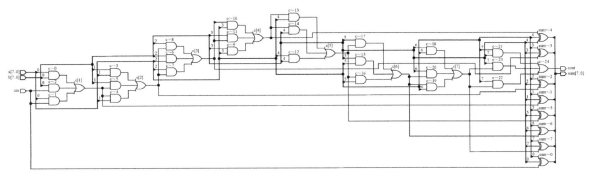

图 7.7 8 位行波加法器的 RTL 综合结果

例 7.12 是用 FOR LOOP 语句描述的 8 位奇校验电路程序。

【例 7.12】 用 FOR LOOP 语句描述 8 位奇校验电路程序。

```
LIBRARY IEEE;
  USE IEEE.STD_LOGIC_1164.ALL;
ENTITY parity_check IS
  PORT(a: IN STD_LOGIC_VECTOR(7 DOWNTO 0);
       y: OUT STD_LOGIC);
END ENTITY parity_check;
ARCHITECTURE one OF parity_check IS
BEGIN PROCESS(a)
   VARIABLE tmp: STD_LOGIC;
   BEGIN
    tmp:='1';
    FOR i IN 0 TO 7 LOOP         --FOR LOOP 语句
      tmp:=tmp XOR a(i);
    END LOOP;
```

```
        y<=tmp;
    END PROCESS;
END;
```

上例中，FOR LOOP 语句执行 1⊕a(0)⊕a(1)⊕a(2)⊕a(3)⊕a(4)⊕a(5)⊕a(6)⊕a(7)运算，综合后生成的 RTL 视图如图 7.8 所示。如果将变量 tmp 的初值改为 '0'，则上例变为偶校验电路。

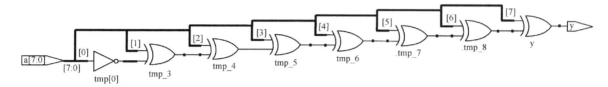

图 7.8 8 位奇校验电路 RTL 综合结果

3. WHILE LOOP 语句

```
[标号:] WHILE 循环条件 LOOP
            顺序语句;
END LOOP [标号];
```

与 FOR LOOP 循环语句不同的是，WHILE LOOP 语句并没有给出循环次数范围，没有自动递增或递减循环变量的功能，而只是给出循环执行顺序语句的条件。这里的条件可以是任何布尔表达式，当条件为 TRUE 时，继续循环；否则跳出循环，执行 END LOOP 后的语句。下面是 WHILE LOOP 循环语句举例，程序执行 1+2+3+4+5+6+7+8+9 的功能。

```
sum :=0;  i :=0;
l2 : WHILE (i<10) LOOP
  sum := sum+i;
  i := i+1;
END LOOP l2;
```

注：循环变量 i 需事先定义，赋初值，并显式地声明递增 1 或递减 1。

多数综合工具都支持 WHILE LOOP 语句，用 WHILE LOOP 语句描述的 8 位奇校验电路程序如例 7.13 所示，其 RTL 综合结果与图 7.8 相同。

【例 7.13】 采用 WHILE LOOP 语句描述的 8 位奇校验电路。

```
LIBRARY IEEE;
  USE IEEE.STD_LOGIC_1164.ALL;
ENTITY parity_while IS
  PORT(a: IN STD_LOGIC_VECTOR(7 DOWNTO 0);
       y: OUT STD_LOGIC);
END ENTITY parity_while;
ARCHITECTURE one OF parity_while IS
BEGIN  PROCESS(a)
   VARIABLE tmp: STD_LOGIC;
   VARIABLE i: INTEGER;              --循环变量 i 需定义
     BEGIN tmp:='1'; i:=0;           --循环变量 i 赋初值
       WHILE (i<8) LOOP              --执行循环的条件
       tmp:=tmp XOR a(i);
          i:=i+1;                    --显式地声明 i 的递增方式
       END LOOP;
       y<=tmp;
   END PROCESS;
END;
```

7.1.5 NEXT 与 EXIT 语句

1. NEXT 语句

NEXT 语句主要用于在 LOOP 语句中进行转向控制。其格式分以下 3 种。

（1）无条件终止当前循环，跳回到本次循环 LOOP 语句开始处，开始下次循环。
```
NEXT;
```
（2）无条件终止当前循环，跳转到指定标号的 LOOP 语句开始处，重新执行循环操作。
```
NEXT [标号];
```
（3）当条件表达式的值为 TRUE，则执行 NEXT 语句，进入跳转操作，否则继续向下执行。
```
NEXT [标号] WHEN 条件表达式;
```
比如：
```
L1: WHILE i<10 LOOP
L2:   WHILE j<20 LOOP
        ……
        NEXT L1 WHEN i=j;      --当i=j时，跳到L1循环开始处
        ……
      END LOOP L2;
    END LOOP L1;
```

2. EXIT 语句

EXIT 语句与 NEXT 语句类似，也是一种循环控制语句，用于在 LOOP 语句中控制循环转向。EXIT 的语句格式也有 3 种：
```
EXIT;
EXIT LOOP 标号;
EXIT LOOP 标号 WHEN 条件表达式;
```
EXIT 与 NEXT 语句的区别在于 NEXT 语句是跳向 LOOP 语句的起始点，EXIT 语句则是跳向 LOOP 语句的终点，即跳出指定的循环。比如：
```
PROCESS(a)
   VARIABLE int_a: INTEGER;
   BEGIN
     int_a:=a;
     FOR i IN 0 TO max_limit LOOP
        IF(int_a<=0) THEN EXIT;
        ELSE int_a:=int_a-1;
        END IF;
     END LOOP;
END PROCESS;
```
本例中，如果 int_a 满足小于等于 0，则循环结束，EXIT 的作用是结束循环。

7.1.6 WAIT 语句

在进程及过程中，当执行到 WAIT 等待语句时，运行程序将被挂起（Suspension），直到满足此语句设置的结束挂起条件后，才重新开始执行进程或过程中的程序。对于不同的结束挂起条件的设置，WAIT 语句有以下 4 种不同的语句格式：
```
WAIT                --无限等待
WAIT ON             --敏感信号量变换
WAIT UNTIL          --条件满足（可综合）
WAIT FOR            --时间到
```
第 1 种语句格式中，未设置停止挂起的条件，表示永远挂起；第 4 种语句格式称为超时等待语句，

在此语句中定义了一个时间段,从执行到 WAIT 语句开始,在此时间段内,进程处于挂起状态,当超过这一段时间后,进程自动恢复执行。

上述 4 种语句中,只有 WAIT UNTIL 语句是可综合的。

1. WAIT ON 语句

一般格式为:

```
WAIT ON 信号表;
```

例如,以下两种描述是完全等价的,都是执行"相与"的功能:

```
PROCESS(a,b)                    PROCESS
BEGIN                           BEGIN
y<=a AND b;                     y<=a AND b;
END PROCESS;                    WAIT ON a,b;
                                END PROCESS;
```

敏感信号量列表和 WAIT 语句只能选其一,两者不能同时使用。

2. WAIT UNTIL 语句(可综合)

一般格式为:

```
WAIT UNTIL 表达式;
```

当表达式的值为"真"时,进程被启动,否则进程被挂起。WAIT UNTIL 语句有 3 种表达方式:

```
WAIT UNTIL 信号=某个数值;
WAIT UNTIL 信号'EVENT AND 信号=某个数值;
WAIT UNTIL NOT(信号'STABLE) AND 信号=某个数值;
```

例如,表述时钟信号上升沿,有下面 4 种方式,它们可综合出相同的硬件电路结构:

```
WAIT UNTIL clk='1';
WAIT UNTIL RISING_EDGE(clk);
WAIT UNTIL clk'EVENT AND clk='1';
WAIT UNTIL NOT(clk'STABLE) AND clk='1';
```

例 7.14 是用 WAIT UNTIL 语句描述了 8 位数据寄存器。

【例 7.14】 8 位数据寄存器。

```
LIBRARY IEEE;
  USE IEEE.STD_LOGIC_1164.ALL;
ENTITY reg8 IS
  PORT(clk: IN STD_LOGIC; d : IN STD_LOGIC_VECTOR(7 DOWNTO 0);
       q : OUT STD_LOGIC_VECTOR(7 DOWNTO 0));
END;
ARCHITECTURE behav OF reg8 IS
BEGIN
    PROCESS             --无敏感信号列表
      BEGIN
         WAIT UNTIL clk='1'; q<=d;
      END PROCESS;
END behav;
```

7.1.7 子程序调用语句

在 VHDL 的结构体和程序包的任何位置都可以对子程序(过程和函数)进行调用,对子程序的每一次调用,都会相应地生成一个电路模块。当在 PROCESS 进程中对子程序进行调用时,调用语句相当于顺序语句。

有关子程序(包括过程和函数)的定义和调用,在 5.5 节中已经做了较为详细的说明,这里不再重复。

7.1.8 断言语句

断言语句既可以是顺序语句，也可以是并行语句。当把断言语句放在进程中使用时，称为顺序断言语句；当把断言语句放在进程外使用时，就成为并行断言语句。

顺序断言语句用于进程、函数和过程中，主要用来进行仿真、调试中的人机对话，它可以给出一个字符串作为警告和错误信息。

断言语句的书写格式如下：

```
ASSERT <条件表达式>
REPORT <出错信息>
SEVERITY <错误级别>;
```

在执行过程中，断言语句对条件表达式的真假进行判断，如果条件为 TURE，则向下执行另外一条语句；如果条件为 FALSE，则输出错误信息和错误级别。在 REPORT 后面的字符串中，通常是说明错误的原因，字符串要用双引号括起来。SEVERITY 后面跟着的是错误严重程度的级别，主要分为如下 4 级：NOTE（注意）、WARNING（警告）、ERROR（错误）、FAILURE（失败）。

若 REPORT 语句默认，则默认消息为"Assertion violation"；若 SEVERITY 语句默认，则出错级别的默认值为"ERROR"。

例 7.15 是一个 RS 触发器的 VHDL 描述，其中使用了断言语句。

【例 7.15】 断言语句举例——RS 触发器。

```
LIBRARY IEEE;
  USE IEEE.STD_LOGIC_1164.ALL;
ENTITY rs_ff_assert IS
  PORT(s,r:IN STD_LOGIC;
       q,qn:OUT STD_LOGIC);
END rs_ff_assert;
ARCHITECTURE rtl OF rs_ff_assert IS
BEGIN
PROCESS(s,r)
VARIABLE tmp :STD_LOGIC;
BEGIN
   ASSERT(NOT(s='1' AND r='1'))
   REPORT"Both s and r equal to '1'."
   SEVERITY ERROR;
       IF(s='0' AND r='0') THEN tmp:=tmp;
       ELSIF(s='0' AND r='1') THEN tmp:='0';
       ELSE tmp:='1';
       END IF;
   q <=tmp;   qn<=NOT tmp;
END PROCESS;
END rtl;
```

如果 r 和 s 都为 1 时，RS 触发器会处于不定状态，因此一般禁止 r 和 s 同时为 1。上例中，在进程中设定了一条断言语句，仿真时，如果 r 和 s 的输入都为 1，将显示字符串"Both s and r equal to '1'."，同时终止仿真过程，并显示错误的严重程度（ERROR）。

7.1.9 REPORT 语句

REPORT 语句是 VHDL'93 标准新增加的语句。REPORT 语句主要用于仿真时，报告相关的信息，综合时，综合器会忽略 REPORT 语句。REPORT 语句的书写格式如下：
REPORT "字符串";

REPORT 语句只用来报告信息，由条件语句的布尔表达式判断是否给出信息报告。在仿真时使用 REPORT 语句可以监视和报告电路的某些状态。

例 7.16 是用 REPORT 语句描述的 RS 触发器，在仿真时，如果出现 s 和 r 同为 1 的状态时，系统会报告出错信息 "Both s and r equal to'1'."。

【例 7.16】 REPORT 语句举例——RS 触发器。

```
LIBRARY IEEE;
  USE IEEE.STD_LOGIC_1164.ALL;
ENTITY rs_ff_report IS
    PORT(s,r:IN STD_LOGIC; q,qn:OUT STD_LOGIC);
END rs_ff_report;
ARCHITECTURE rtl OF rs_ff_report IS
BEGIN
PROCESS(s,r)
VARIABLE tmp: STD_LOGIC;
BEGIN
   IF(s='1' AND r='1')THEN              --禁用状态
       REPORT "Both s and r equal to '1'."
   ELSIF(s='0' AND r='0')THEN tmp:=tmp;
   ELSIF(s='0' AND r='1')THEN tmp:='0';
   ELSE tmp:='1';
   END IF;
  q <=tmp;  qn<=NOT tmp;
END PROCESS;
END rtl;
```

7.1.10 NULL 语句

NULL 语句不完成任何操作（空操作），类似于汇编语言中的 NOP 语句，其作用只是使程序转入下一步语句的执行。NULL 语句的语法格式如下：
NULL;

NULL 语句常用于 CASE 语句中，为了满足所有可能的条件，利用 NULL 来表示多余条件下的操作行为。比如：

```
CASE curent_st IS
    WHEN "000" => next_state <= st0;
    WHEN "001" => next_state <= st1;
    WHEN "010" => next_state <= st2;
    WHEN "011" => next_state <= st3;
    WHEN "100" => next_state <= st4;
    WHEN OTHERS => NULL;                  --NULL 语句
END CASE;
```

上面的例子表示当 curent_st 是"000"、"001"、"010"、"011"、"100"以外的其他码时不做任何操作，用 EDA 工具对 NULL 语句综合时，会在此处加入锁存器，因此在实际编程中使用 NULL 语句并不是一种推荐的方式,在此处的 WHEN OTHERS 语句中将其对应初始状态（即电路复位时系统所处的状态）更佳，例如：
WHEN OTHERS=> next_state<=st0;   --假定 st0 是初始状态

7.2 并行语句

在 VHDL 中,并行语句有多种语句格式,各种并行语句在结构体中的执行是并发的,语句的执行顺序与其书写顺序无关,这也体现了 VHDL 作为一种硬件描述语言,与软件编程语言有着显著的区别。在执行时,并行语句之间可以有信息交互,也可以相互独立。

可综合的并行语句主要有 6 种:
(1) 并行信号赋值语句 (Concurrent Signal Assignment);
(2) 进程语句 (Process Statements);
(3) 块语句 (Block Statements);
(4) 元件例化语句 (Component Instantiations);
(5) 生成语句 (Generate Statements);
(6) 并行过程调用语句 (Concurrent Procedure Calls)。

7.2.1 并行信号赋值语句

并行信号赋值语句是应用于结构体中进程和子程序之外的一种基本信号赋值语句,它与信号赋值语句的语法结构是完全相同的。作为一种并行描述语句,结构体中的多条并行信号赋值语句是并发执行的,其执行顺序与书写顺序无关。

并行信号赋值语句有 3 种形式:
(1) 简单信号赋值语句;
(2) 条件信号赋值语句;
(3) 选择信号赋值语句。

1. 简单信号赋值语句

简单信号赋值语句的格式为:

赋值目标 <= 表达式;

符号<=表示赋值操作;赋值目标的数据对象必须是信号,其数据类型必须与右边表达式的数据类型一致。表达式可以是一个运算表达式,也可以是数据对象(变量、信号或常量)。比如:

```
f <= a+b;           --信号 a 和 b 相加,将结果赋值给信号 f
q <= "0000";        --将 4 位二进制常数赋值给信号 q
```

例 7.17 是用简单信号赋值语句实现的基本 RS 触发器,图 7.9 是其 RTL 综合结果。

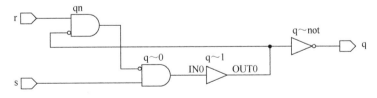

图 7.9 基本 RS 触发器的 RTL 综合结果

【例 7.17】 用简单信号赋值语句描述基本 RS 触发器。

```
ENTITY rs_ff IS
  PORT(r,s: IN BIT;
       q : BUFFER BIT);
END;
ARCHITECTURE one OF rs_ff IS
  SIGNAL qn : BIT;
```

```
BEGIN
    qn <=r NAND q;
    q  <=s NAND qn;
END;
```

2. 条件信号赋值语句（WHEN ELSE 语句）

条件信号赋值语句是指根据不同条件将不同表达式赋给目标信号的一种并行信号赋值语句，其书写格式如下：

```
赋值目标 <=表达式1 WHEN 条件1 ELSE
         表达式2 WHEN 条件2 ELSE
         ……
         表达式n;
```

执行时，首先要对条件进行判断，然后根据情况将不同的表达式赋给目标信号。如果条件1满足，就将条件1前面表达式的值赋给目标信号；如果条件1不满足，再去判断条件2；依次类推，需注意的是，最后一个表达式没有条件，它表示当前面的所有条件均不满足时，程序就将表达式 n 的值赋给目标信号。

例7.18是用 WHEN ELSE 语句实现原码变补码的功能，如果符号位为0，则补码与原码相同，否则对原码数值部分按位取反再加1。

【例7.18】 用 WHEN ELSE 语句实现原码变补码。

```
LIBRARY IEEE;
  USE IEEE.STD_LOGIC_1164.ALL;
  USE IEEE.NUMERIC_STD.all;
ENTITY buma IS
PORT(ain : IN UNSIGNED(7 DOWNTO 0);     --ain 为原码
     qout : OUT UNSIGNED(7 DOWNTO 0));   --补码输出信号
END buma;
ARCHITECTURE one OF buma IS
BEGIN
    qout <= ain WHEN ain(7)='0' ELSE
            '1' & (NOT ain(6 DOWNTO 0) +1);         --求补
END;
```

例7.19是用 WHEN ELSE 语句产生奇偶校验位的例子，当 odd_eve 端口为1时，产生偶校验位（even parity），否则产生奇校验位（odd parity）。

【例7.19】 用 WHEN ELSE 语句产生奇偶校验位。

```
ENTITY parity IS
PORT(d: IN BIT_VECTOR(6 DOWNTO 0);
odd_eve : IN BIT;
dout : OUT BIT_VECTOR(7 DOWNTO 0));
END;
ARCHITECTURE one OF parity IS
SIGNAL sum,parity : BIT;
BEGIN
  sum <= d(6) XOR d(5) XOR d(4) XOR d(3) XOR d(2) XOR d(1) XOR d(0);
  parity <= sum WHEN odd_eve = '1' ELSE NOT sum;
  dout<= parity & d;          --输出的最高位为奇偶校验位
END;
```

使用条件信号赋值语句应注意以下几点：

（1）只有当条件满足时，才能将此条件前面的表达式赋给目标信号。

（2）WHEN ELSE 语句不能在进程和子程序中使用。

(3) 对条件进行判断是有顺序的，位于前面的条件具有更高的优先级。例如：
```
z <= a WHEN p1='1' ELSE
     b WHEN p2='1' ELSE
     c;
```
当 p1 和 p2 条件同时为 1 时，z 获得的赋值是 a，而不是 b。

(4) 最后一个表达式的后面不含有 WHEN 子句。

(5) 语句中条件表达式的结果为 BOOLEAN 型数值，同时允许条件重叠。

(6) 条件信号赋值语句不能进行嵌套，故不能用它生成锁存器。

WHEN ELSE 语句适于描述优先编码器，74148 优先编码器的功能参见表 7.1，如例 7.20 所示。

【例 7.20】 用 WHEN ELSE 语句描述 74148 优先编码器。

```
LIBRARY IEEE;
  USE IEEE.STD_LOGIC_1164.ALL;
ENTITY code74148 IS
PORT( i: IN STD_LOGIC_VECTOR(7 DOWNTO 0);    --编码输入信号
ei: IN  STD_LOGIC;                            --使能信号
    y: OUT STD_LOGIC_VECTOR(2 DOWNTO 0);      --编码输出信号
   gs,eo: OUT STD_LOGIC);                     --输出使能信号
END code74148;
ARCHITECTURE one OF code74148 IS
SIGNAL yout: STD_LOGIC_VECTOR(4 DOWNTO 0);
  BEGIN
    yout<= y & gs & eo;
    yout <="11111" WHEN ei='1' ELSE
           "00001" WHEN i(7)='0' ELSE
           "00101" WHEN i(6)='0' ELSE
           "01001" WHEN i(5)='0' ELSE
           "01101" WHEN i(4)='0' ELSE
           "10001" WHEN i(3)='0' ELSE
           "10101" WHEN i(2)='0' ELSE
           "11001" WHEN i(1)='0' ELSE
           "11101" WHEN i(0)='0' ELSE
           "11110";
END one;
```

3. 选择信号赋值语句（WITH SELECT 语句）

选择信号赋值语句是指根据选择信号表达式的值，将不同的表达式赋给目标信号的一种并行信号赋值语句，其书写格式为：

```
WITH  选择表达式  SELECT
    信号名 <= 表达式1  WHEN  值1,
            表达式2  WHEN  值2,
            ……
            表达式n  WHEN  OTHERS;
```

使用选择信号赋值语句时应注意以下几点：

(1) 当选择表达式的值等于某值时，将该值前面的表达式赋给目标信号。

(2) WITH SELECT 语句不能在进程和子程序中使用。

(3) 语句对选择条件的判断是同时进行的，因此不允许选择条件重叠。

(4) 无论是否列举了选择表达式所有取值的可能，语句的最后都应以 WHEN OTHERS 结束。

WITH SELECT 语句根据多值表达式的值进行相应的赋值，很适合用来描述真值表式的译码电路。例 7.21 是 74138 3 线—8 线译码器的描述，输出低电平有效。

【例7.21】 用WITH SELECT语句描述74138译码器。
```
LIBRARY IEEE;
USE IEEE.STD_LOGIC_1164.ALL;
ENTITY ls138 IS
PORT(a,b,c : IN STD_LOGIC;
   g1,g2a,g2b : IN STD_LOGIC;
          y: OUT STD_LOGIC_VECTOR(7 DOWNTO 0));
END ls138;
ARCHITECTURE one OF ls138 IS
SIGNAL xin : STD_LOGIC_VECTOR(5 DOWNTO 0);
  BEGIN
    xin <= g1 & g2b & g2a & c & b & a;
    WITH xin SELECT
        y <= "11111110" WHEN "100000",
             "11111101" WHEN "100001",
             "11111011" WHEN "100010",
             "11110111" WHEN "100011",
             "11101111" WHEN "100100",
             "11011111" WHEN "100101",
             "10111111" WHEN "100110",
             "01111111" WHEN "100111",
             "11111111" WHEN OTHERS;
END one;
```

七段数码管经常用于显示字母、数字等，七段数码管实际上是由7个长条形的发光二极管组成的（一般用a、b、c、d、e、f、g分别表示7个发光二极管），图7.10是七段数码管的结构与共阴极、共阳极两种连接方式示意图。假定采用共阴极连接方式，用七段数码管显示0~9十个数字，则相应的译码显示器的VHDL描述如例7.22所示。

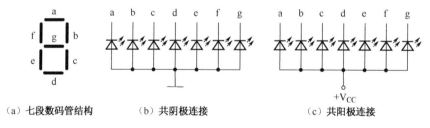

（a）七段数码管结构　　　（b）共阴极连接　　　（c）共阳极连接

图7.10　LED七段数码管

【例7.22】 用WITH SELECT语句描述BCD码到七段数码管译码电路（共阴连接）。
```
LIBRARY IEEE;
USE IEEE.STD_LOGIC_1164.ALL;
ENTITY seg_bcd7 IS
  PORT(bcd: IN STD_LOGIC_VECTOR(3 DOWNTO 0);      --定义输入信号
       a,b,c,d,e,f,g: OUT STD_LOGIC);             --定义七段输出信号
END ENTITY seg_bcd7;
ARCHITECTURE one OF seg_bcd7 IS
  SIGNAL dout : STD_LOGIC_VECTOR(6 DOWNTO 0);
BEGIN
dout<= a & b & c & d & e & f & g;
  WITH bcd SELECT
    dout <= "1111110" WHEN "0000",      --显示0
            "0110000" WHEN "0001",      --显示1
```

```
                "1101101" WHEN "0010",    --显示 2
                "1111001" WHEN "0011",    --显示 3
                "0110011" WHEN "0100",    --显示 4
                "1011011" WHEN "0101",    --显示 5
                "1011111" WHEN "0110",    --显示 6
                "1110000" WHEN "0111",    --显示 7
                "1111111" WHEN "1000",    --显示 8
                "1111011" WHEN "1001",    --显示 9
                "0000000" WHEN OTHERS;    --其他均显示 0
    END ARCHITECTURE one;
```

如果采用的是共阳极连接，程序稍做修改即可。

注：实际中七段数码显示译码器的输出一般加几百欧姆的限流电阻。

并行信号赋值语句只能描述并行电路特性，而对于电路的顺序行为，诸如状态机等，并行语句显得力不从心，因此需要使用进程语句来描述。

7.2.2 进程语句

在 VHDL 中，进程语句（PROCESS）是使用最为频繁、应用最为广泛的一种语句，因此掌握进程语句对于编写 VHDL 程序来说十分重要。一个结构体可以包含一个或多个进程语句，各进程语句是并行执行的，但在每一个进程语句中，组成进程的各条语句则是顺序执行的。可见，进程语句同时具有并行语句和顺序语句的特点。

进程语句的格式如下：

```
[进程名:] PROCESS [(敏感信号表)] [IS]
    [说明语句;]
BEGIN
    顺序语句;
END PROCESS [进程名];
```

每一个进程语句结构可以有一个进程名，主要用于区分不同的进程，因此进程名是唯一的，不同进程，名字不能相同。同时，进程名也不是必需的。

敏感信号表是指用来存放敏感信号的列表，它列出了进程语句敏感的所有信号。敏感信号表中可以是一个或多个敏感信号，只要其中的一个或多个敏感信号发生变化，进程语句将会启动，从而引起进程内部顺序语句的执行。

说明语句用于说明进程中需要使用的一些局部量，包括数据类型、常数、变量、属性等。顺序描述语句部分是一段顺序执行的语句，描述该进程的行为。这些语句可以是信号赋值语句、变量赋值语句或顺序语句等。进程语句必须以 END PROCESS 结束，进程名可以省略。

对于一个进程语句来说，它只具有两种工作状态：等待状态和执行状态。进程语句的工作状态主要取决于敏感信号激励，当信号没有变化或表达式不满足时，进程处于等待状态；当敏感信号中的任意一个发生变化，并且表达式满足时，进程将会启动进入到工作状态。

进程启动后，BEGIN 和 END PROCESS 间的语句将从上到下顺序执行一次，然后进程挂起，等待下一次敏感信号表中的信号变化，如此往复循环。

在使用进程时应注意下面几个问题：

（1）一个进程中不允许出现两个时钟沿敏感信号。

（2）对同一信号赋值的语句应出现在一个进程内，不能在多个进程中对同一个信号赋值。不要在时钟沿之后加上 ELSE 语句，现在综合工具支持不了这种特殊的触发器结构。

（3）顺序语句，如 IF、CASE、LOOP 语句、变量赋值语句等必须出现在进程或子程序内部，而不能出现在进程和子程序之外。

（4）进程内部是顺序语句，进程之间是并行运行的。VHDL 中的所有并行语句都可以理解为特殊的进程，只是不以进程结构出现，其输入信号和判断信号就是隐含的敏感表。

下面举例说明如何使用进程语句，首先用进程语句描述组合电路，在用进程描述组合逻辑电路时，应注意敏感信号应包含所有的输入信号。用进程描述时序电路时，则一般用时钟信号作为敏感信号，如果有异步清零、异步置位信号端口时，则这些异步清零、异步置位信号也应列为敏感信号。如例 7.23 是一个 8 位锁存器，其功能类似 74LS373。

【例 7.23】 8 位锁存器。

```
LIBRARY IEEE;
  USE IEEE.STD_LOGIC_1164.ALL;
ENTITY ttl373 IS
    PORT(le,oe : IN STD_LOGIC;
              d : IN STD_LOGIC_VECTOR(7 DOWNTO 0);
              q : OUT STD_LOGIC_VECTOR(7 DOWNTO 0));
END ttl373;
ARCHITECTURE behav OF ttl373 IS
BEGIN
PROCESS(le,oe,d)                    --注意敏感信号列表
  BEGIN
      IF oe='0' THEN
         IF le='1' THEN q<=d;  END IF;
         ELSE q<="ZZZZZZZZ";  END IF;
END PROCESS;
END behav;
```

例 7.24 用进程描述了 8 位右移移位寄存器，由于将置位信号 load 也列为敏感信号，因此其是异步置数。

【例 7.24】 8 位右移移位寄存器。

```
LIBRARY IEEE;
  USE IEEE.STD_LOGIC_1164.ALL;
ENTITY shift_r8 IS
   PORT(clk,load : IN STD_LOGIC;
            din : IN STD_LOGIC_VECTOR(7 DOWNTO 0);
            qb : OUT STD_LOGIC);
END shift_r8;
ARCHITECTURE behav OF shift_r8 IS
SIGNAL reg8 : STD_LOGIC_VECTOR(7 DOWNTO 0);
BEGIN
PROCESS(clk,load)                              --敏感信号
   BEGIN
     IF RISING_EDGE(clk) THEN                  --边沿检测
       IF load ='1' THEN reg8 <= din;          --异步置数
       ELSE
         reg8(6 DOWNTO 0)<=reg8(7 DOWNTO 1);   --右移
       END IF;  END IF;
END PROCESS;
qb <= reg8(0);                                 --输出最低位
END behav;
```

用进程可描述边沿敏感（如触发器、寄存器）器件和电平敏感（如 latch 锁存器）器件，在进程中，表示时钟边沿（上升沿、下降沿）、时钟电平（高电平、低电平）的语句归纳如下。

下面是上升沿的几种表达方式：

```
IF clk'EVENT AND clk='1' THEN                          --时钟上升沿表示方式1
IF NOT clk'STABLE AND clk='1' THEN                     --时钟上升沿表示方式2
IF clk'EVENT AND clk='1' AND clk'LAST_VALUE='0' THEN
                                                       --时钟上升沿表示方式3
IF clk='1' AND clk'LAST_VALUE='0' THEN                 --时钟上升沿表示方式4
WAIT UNTIL clk'EVENT AND clk='1'                       --时钟上升沿表示方式5
WAIT UNTIL NOT(clk'STABLE) AND clk='1';                --时钟上升沿表示方式6
WAIT UNTIL RISING_EDGE(clk);                           --时钟上升沿表示方式7
```

其中，'LAST_VALUE 与'EVENT 一样，也属于信号属性函数，它表示的是最近一次事件发生前的值，因此 clk'EVENT AND clk='1' AND clk'LAST_VALUE='0'表示的是发生在 clk 信号上的从 0 到 1 的一个上跳沿。

以下是下降沿的几种表达方式：

```
IF clk'EVENT AND clk='0' THEN                          --时钟下降沿表示方式1
IF NOT clk'STABLE AND clk='0' THEN                     --时钟下降沿表示方式2
IF clk'EVENT AND clk='0' AND clk'LAST_VALUE='1' THEN
                                                       --时钟下降沿表示方式3
IF clk='0' AND clk'LAST_VALUE='1' THEN                 --时钟下降沿表示方式4
WAIT UNTIL clk'EVENT AND clk='0'                       --时钟下降沿表示方式5
WAIT UNTIL NOT(clk'STABLE) AND clk='0';                --时钟下降沿表示方式6
WAIT UNTIL FALLING_EDGE(clk);                          --时钟下降沿表示方式7
```

clk'EVENT AND clk='0' AND clk'LAST_VALUE='1'表示的是发生在 clk 信号上从 1 到 0 的一个下降沿。下面是高电平、低电平的几种表达方式：

```
IF CLK='1' THEN                                        --时钟高电平表示方式1
WAIT UNTIL CLK='1'                                     --时钟高电平表示方式2
IF CLK='0' THEN                                        --时钟低电平表示方式1
WAIT UNTIL CLK='0'                                     --时钟低电平表示方式2
```

以上语句均是可综合的，在可综合的设计中可以采用。

7.2.3 块语句

块（BLOCK）是 VHDL 程序中又一种常用的子结构形式，可以看成是结构体的子模块。采用块语句描述系统，是一种结构化的描述方法。块语句可以使结构体层次分明，结构清晰。块语句的结构如下：

```
块名:BLOCK[块保护条件表达式]
    [类属说明语句;]
    [端口说明语句;]
    [块说明部分]
        BEGIN
            并行语句;
END BLOCK[块名];
```

块语句具有如下特点：

（1）块内的语句是并发执行的，其综合结果与语句的书写顺序无关。

（2）在结构体内，可以有多个块结构，块在结构体内是并发运行的。

（3）块的运行有无条件运行和条件运行两种。条件运行的块结构称为卫式 BLOCK（GUARDED BLOCK）。

（4）块内可以再有块结构，形成块的嵌套，构成层次化结构。

（5）块内定义的数据类型、数据对象（信号、变量、常量）、子程序等都是局部的。

下面用块语句设计实现 2 个半加器构成 1 位全加器，其构成如图 7.11 所示，是由 2 个半加器和 1 个或门构成的。用块语句描述实现的 1 位全加器见例 7.25。

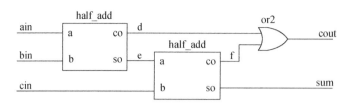

图 7.11 用 2 个半加器构成 1 位全加器

【例 7.25】 用块语句描述的 1 位全加器。

```
LIBRARY  IEEE;
  USE IEEE.STD_LOGIC_1164.ALL;
ENTITY full_add_block IS
    PORT(ain,bin,cin : IN STD_LOGIC;
             cout,sum : OUT STD_LOGIC);
END ENTITY full_add_block;

ARCHITECTURE one OF full_add_block IS
SIGNAL d,e,f: STD_LOGIC;          --定义 3 个信号作为内部的连接线
  BEGIN
h_adder1: BLOCK                    --用 BLOCK 语句定义半加器 h_adder1
BEGIN
d<= ain AND bin;
e<= ain XOR bin;
END BLOCK h_adder1;
h_adder2: BLOCK                    --用 BLOCK 语句定义半加器 h_adder2
BEGIN
sum<=e XOR cin;
f<= e AND cin;
END BLOCK h_adder2;
Or2: BLOCK                         --用 BLOCK 语句定义 2 输入或门 or2
BEGIN
cout<= d OR f;
END BLOCK or2;
END one;
```

可以看出,用块语句描述设计可以使结构体结构清晰,类似于在原理图设计中调用元器件来搭建系统。在实际应用中,一个块语句中还可以包含多个子块语句,这样嵌套形成一个复杂的硬件电路。

7.2.4 元件例化语句

在 VHDL 程序中可以直接将已经设计好的电路模块,封装为元件,然后在新的设计实体中例化该元件,构成层次化的设计。

元件可以是设计好的 VHDL 源文件,也可以是用别的硬件描述语言,如 Verilog HDL 设计的模块,还可以是 IP 核、LPM 宏功能模块、EDA 设计软件中的嵌入式核等功能单元。

元件例化语句由元件定义语句和元件例化两部分组成。

元件定义是在结构体的 ARCHITECTURE 和 BEGIN 关键词之间用 COMPONENT 语句完成的,其格式如下:

```
COMPONENT 元件名 [IS]
    [GENERIC (类属说明);]
    [PORT (端口名表);]
END COMPONENT 元件名;
```

元件例化的格式为：

例化名：元件名 PORT MAP([元件端口名=>] 系统端口名,……);

元件定义是将已经完成的设计实体（必须有相应的源文件存在）封装为一个元件；元件例化就是调用该元件，相当于将该元件插到电路板上，在插入时，必须将元件的端口名（可想象为元件的引脚）与当前系统（可想象为一个电路板）插座的端口名对应好，一般通过 PORT MAP 端口映射语句实现这种对应。

端口映射有两种方式，一种是名称关联方式，另一种是位置关联方式。

名称关联端口映射的格式为：

元件端口名=> 当前系统端口名,……

如果采用位置关联端口映射方式,则在 PORT MAP 语句中，只要列出当前系统的端口名就可以了，但必须注意系统端口名的排列顺序，应与元件定义时的端口排列顺序一致。

下面是一个元件例化的例子。图 7.12 所示电路是由 4 个 D 触发器构成的 4 位移位寄存器，如果将单个 D 触发器封装为元件，例化 4 个 D 触发器元件，按图 7.12 连接，即可实现 4 位移位寄存器的设计。

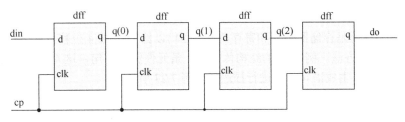

图 7.12 4 位移位寄存器

基本 D 触发器的设计源文件在例 7.1 中已经给出，例 7.26 是将其封装为元件并进行例化的源代码。

【例 7.26】 元件例化实现的 4 位移位寄存器。

```
LIBRARY IEEE;
  USE IEEE.STD_LOGIC_1164.ALL;
ENTITY shift_reg4 IS
    PORT(din,cp : IN STD_LOGIC;         --4 位移位寄存器端口定义
         do : OUT STD_LOGIC);
END ENTITY shift_reg4;

ARCHITECTURE struct OF shift_reg4 IS
    COMPONENT d_ff                      --将 d_ff 封装为元件,d_ff 源码见例 7.1
        PORT(d,clk : IN STD_LOGIC;
             q : OUT STD_LOGIC);
END COMPONENT;
    SIGNAL q:STD_LOGIC_VECTOR(2 DOWNTO 0);
BEGIN
    dff1: d_ff PORT MAP(din,cp,q(0));
                                        --元件例化,采用位置关联端口映射方式
    dff2: d_ff PORT MAP(q(0),cp,q(1));
    dff3: d_ff PORT MAP(q(1),cp,q(2));
    dff4: d_ff PORT MAP(q(2),cp,do);
END ARCHITECTURE;
```

如果采用名称关联端口映射方式，则上例中的元件例化可写为：

```
dff1: d_ff PORT MAP(clk=>cp,d=>din,q=>q(0));   --名称关联端口映射方式
dff2: d_ff PORT MAP(clk=>cp,d=>q(0),q=>q(1));
dff3: d_ff PORT MAP(clk=>cp,d=>q(1),q=>q(2));
dff4: d_ff PORT MAP(clk=>cp,d=>q(2),q=>do);
```

此时，端口名的排列顺序可任意，只要元件端口名和系统端口名一一对应即可。

7.2.5 生成语句

生成语句是一种可以建立重复结构或者在模块的多个表示形式之间进行选择的语句。由于生成语句可以用来产生或复制多个相同的结构，因此使用生成语句可避免重复书写多段相同的 VHDL 程序。生成语句的格式有如下两种形式。

1. FOR GENERATE 语句

```
[标号:] FOR 循环变量 IN 取值范围 GENERATE
   BEGIN
并行语句
END GENERATE [标号];
```

其中，循环变量的值在每次循环时都将发生变化，其取值从取值范围最左边的值开始递增到取值范围最右边的值，实际上也就限制了循环的次数；循环变量每取一个值就要执行一次 GENERATE 语句体中的并行处理语句。

生成语句的典型应用是存储器阵列和寄存器。下面仍以例 7.26 的 4 位移位寄存器为例，说明 FOR GENERATE 语句的使用方法。例 7.26 的结构体中有 4 条元件例化语句，这 4 条语句的结构十分相似，可以用 FOR GENERATE 生成语句对其进行描述，如例 7.27 所示。

【例 7.27】 用 FOR GENERATE 描述的 4 位移位寄存器。

```
LIBRARY IEEE;
  USE IEEE.STD_LOGIC_1164.ALL;
ENTITY shift_reg4g IS
    PORT(din,cp : IN STD_LOGIC;      --4 位移位寄存器端口定义
         do : OUT STD_LOGIC);
END ENTITY shift_reg4g;

ARCHITECTURE struct OF shift_reg4g IS
    COMPONENT d_ff                   --元件定义
        PORT(d,clk : IN STD_LOGIC;
             q : OUT STD_LOGIC);
END COMPONENT;
    SIGNAL q:STD_LOGIC_VECTOR(0 TO 4);
BEGIN
    q(0)<= din;
    u1: FOR i IN 0 TO 3 GENERATE     --用 FOR GENERATE 语句进行元件例化
        dffx : d_ff PORT MAP(q(i),cp,q(i+1));
    END GENERATE u1;
    do<=q(4);
END ARCHITECTURE;
```

可以看出，用 FOR GENERATE 生成语句替代例 7.26 中的 4 条元件例化语句，使 VHDL 程序变得更加简洁。在结构体中用了两条并发的信号代入语句和一条 FOR GENERATE 生成语句，两条并发的信号代入语句用来将内部信号 q(0)、q(4)和输入端口 din、输出端口 do 连接起来，FOR GENERATE 语句用来例化产生相同结构的 4 个 D 触发器。

例 7.28 描述了一个更为通用的移位寄存器，使用了类属参数定义宽度。

【例 7.28】 用 FOR GENERATE 描述移位寄存器。

```
LIBRARY IEEE;
  USE IEEE.STD_LOGIC_1164.ALL;
ENTITY shift_regw IS
```

```
      GENERIC(w:INTEGER :=8);              --定义类属参量w，赋值为8
         PORT(din,cp : IN STD_LOGIC;       --8位移位寄存器端口定义
                do : OUT STD_LOGIC);
    END ENTITY shift_regw;

    ARCHITECTURE struct OF shift_regw IS
         COMPONENT d_ff                    --元件定义
             PORT(d,clk: IN STD_LOGIC;
                     q: OUT STD_LOGIC);
    END COMPONENT;
         SIGNAL q:STD_LOGIC_VECTOR(0 TO w);
    BEGIN
         q(0)<= din;
         e1:FOR i IN 0 TO (w-1) GENERATE   --用FOR GENERATE进行元件例化
            dffx : d_ff PORT MAP(q(i),cp,q(i+1));
            END GENERATE e1;
         do<=q(w);
    END struct;
```

上例的 RTL 综合结果如图 7.13 所示。

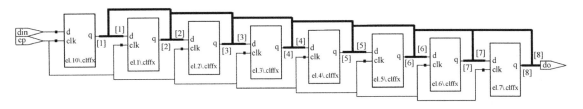

图 7.13 8 位移位寄存器 RTL 综合视图

2. IF GENERATE 语句

IF GENERATE 生成语句主要用来描述结构生成中的例外情况，如某些边界条件的特殊性。当执行到该语句时首先进行条件判断，如果条件为 TRUE 才会执行生成语句中的并行语句；如果条件为 FALSE，则不执行该语句。

IF GENERATE 的语法结构为：

```
[标号:] IF 条件表达式 GENERATE
    BEGIN
并行语句;
END GENERATE [标号];
```

IF GENERATE 语句与 IF 语句的区别在于，IF GENERATE 语句没有类似于 IF 语句的 ELSE 或 ELSIF 分支语句。例 7.27 的 4 位移位寄存器用 IF GENERATE 进行描述，如例 7.29 所示。

【例 7.29】 用 IF GENERATE 描述的 4 位移位寄存器。

```
LIBRARY IEEE;
  USE IEEE.STD_LOGIC_1164.ALL;
ENTITY shift_reg4_if IS
    PORT(din,cp : IN STD_LOGIC;           --4位移位寄存器端口定义
            do : OUT STD_LOGIC);
END ENTITY shift_reg4_if;

ARCHITECTURE struct OF shift_reg4_if IS
    COMPONENT d_ff                        --元件定义
        PORT(d,clk : IN STD_LOGIC;
                q : OUT STD_LOGIC);
```

```
        END COMPONENT;
            SIGNAL q:STD_LOGIC_VECTOR(1 TO 3);
    BEGIN
        e1: FOR i IN 0 TO 3 GENERATE
            IF(i=0)GENERATE                    --用 IF GENERATE 语句进行元件例化
                dffx : d_ff PORT MAP(din,cp,q(i+1));
            END GENERATE;
            IF(i=3) GENERATE
                dffx : d_ff PORT MAP (q(i),cp,do);
            END GENERATE;
            IF((i /=0)AND(i /=3))GENERATE
                dffx : d_ff PORT MAP (q(i),cp,q(i+1));
            END GENERATE;
        END GENERATE e1;
    END;
```

在结构体中，FOR GENERATE 生成语句中使用了 IF GENERATE 语句。IF GENERATE 生成语句首先进行条件"i=0"和"i=3"的判断，即判断所产生的 D 触发器是否是移位寄存器的第一级和最后一级；如果是第一级触发器，就将寄存器的输入信号 di 代入到 PORT MAP 语句中；如果是最后一级触发器，就将寄存器的输出信号 do 代入到 PORT MAP 语句中，这样就解决了边界条件具有不规则性所带来的问题，其作用类似于例 7.31 中的两条并发的信号代入语句。

7.2.6 并行过程调用语句

当在进程内部调用过程语句时，调用语句相当于是一种顺序语句；当在结构体的进程之外调用过程时，它作为并行语句的形式出现。作为并行过程调用语句，在结构体中它们是并行执行的，其执行顺序与书写顺序无关。

并行过程调用语句的功能等效于包含了同一个过程调用语句的进程。下例描述了一个从 3 个整数中取最大值的电路，其结构体中使用了并行过程调用语句。

【例 7.30】 取 3 个整数的最大值。
```
ENTITY max3 IS
    PORT(in1,in2,in3:IN INTEGER RANGE 64 DOWNTO 0;
         q:OUT INTEGER RANGE 64 DOWNTO 0);
END ENTITY max3;
ARCHITECTURE rtl OF max3 IS
PROCEDURE max(SIGNAL a,b:IN INTEGER;      --过程定义
SIGNAL c:OUT INTEGER)IS
BEGIN
    IF(a>b) THEN  c<=a;  ELSE c<=b;
    END IF;
END PROCEDURE max;
SIGNAL tmp:INTEGER RANGE 64 DOWNTO 0;
BEGIN
max(in1,in2,tmp);                         --并行过程调用语句
max(tmp,in3,q);                           --并行过程调用语句
END rtl;
```

7.3 属性说明与定义语句

VHDL 中具有属性（Attribute）的对象有：实体、结构体、配置、程序包、元器件、过程、函数、

信号、变量等，属性表示这些对象的某些特征。利用 VHDL 的属性描述语句可以访问对象的属性，综合器支持的属性有：'EVENT、'STABLE、'RANGE、'LOW、'HIGH 等。

某一对象的属性或特征通常可以用一个值或一个表达式来表示，它可以通过 VHDL 的属性描述语句加以访问。属性的一般格式为：

```
Object'Attributes
```

用符号 ' 隔开对象名及其属性。常用的属性有下面几种。

7.3.1 数据类型属性

数据类型属性如下：

T'BASE——数据类型 T 的基本类型。

T'LEFT——左限值。

T'RIGHT——右限值。

T'HIGH——上限值。

T'LOW——下限值。

T'POS(x) ——元素 x 的序位号。

T'VAL(N) ——位置 N 对应的元素。

T'SUCC(x) ——比元素 x 的序位号大 1 的元素。

T'PRED(x) ——比元素 x 的序位号小 1 的元素。

T'LEFTOF(x) ——x 左边的元素。

T'RIGHTOF(x) ——x 右边的元素。

比如：
```
TYPE state IS(a,b,c,d,e);
SUBTYPE st IS state RANGE d DOWNTO b;
```
则：
```
state'POS(a)      --0;            state'POS(b)       --1;
state'VAL(4)      --e;            state'SUCC(b)      --c;
state'PRED(c)     --b;            st'LEFT            --d;
st'RIGHT          --b;            st'LOW             --b;
st'HIGH           --d;            st'BASE'LEFT       --a;
```
又如：
```
TYPE color IS(red,yellow,blue,green,orange);
```
则：
```
color'POS(green)        --3
color'VAL(2)            --blue
color'SUCC(green)       --orange
color'PRED(blue)        --yellow
color'LEFTOF(green)     --blue
color'RIGHTOF(blue)     --green
```

7.3.2 数组属性

数组属性如下：

A'LEFT——数组 A 的左边界。

A'RIGHT——数组 A 的右边界。

A'HIGH——上边界。

A'LOW——下边界。

A'RANGE——范围。

A'REVERSE_RANGE——逆向范围。

A'LENGTH——数组的元素个数。

例如：
```
SIGNAL a: STD_LOGIC_VECTOR(7 DOWNTO 0);
SIGNAL b: STD_LOGIC_VECTOR(0 TO 3);
```
则上面两个信号的属性值有：
```
a'LEFT              --7;        a'RIGHT         --0;
a'LOW               --0;        a'HIGH          --7;
a'LENGTH            --8;        a'RANGE         --7 DOWNTO 0;
a'REVERSE_RANGE     --0 TO 7;   b'LEFT          --0;
b'RIGHT             --3;        b'LOW           --0;
b'HIGH              --3;        b'LENGTH        --4;
```
下面是一个两维数组的例子：
```
TYPE raya IS ARRAY(0 TO 3,7 DOWNTO 0)OF BIT;
```
则有：
```
raya'LEFT(1)            --0;        raya'LEFT(2)        --7;
raya'HIGH(1)            --3;        raya'HIGH(2)        --7;
raya'RANGE(1)           --0 to 3;   raya'RANGE(2)       --7 DOWNTO 0
raya'LENGTH(1)          --4;        raya'LENGTH(2)      --8
raya'REVERSE_RANGE(1)               --3 DOWNTO 0;
raya'REVERSE_RANGE(2)               --0 TO 7;
```

例7.31是用属性设计的8位偶校验电路，在程序中使用了'RANGE属性，用来限定LOOP的循环次数。

【例7.31】 用属性描述8位偶校验电路。
```
LIBRARY  IEEE;
  USE  IEEE.STD_LOGIC_1164.ALL;
ENTITY  parity_attr  IS
GENERIC (n : INTEGER := 8);
  PORT(din: IN STD_LOGIC_VECTOR(n-1 DOWNTO 0);
       y: OUT STD_LOGIC);
END  ENTITY;
ARCHITECTURE one OF parity_attr IS
BEGIN
PROCESS(din)
   VARIABLE  tmp: STD_LOGIC;
  BEGIN  tmp:='0';
    FOR i IN din'RANGE LOOP         --'RANGE 属性
      tmp := tmp XOR din(i);
    END LOOP;
  y<=tmp;
END  PROCESS;
END;
```

7.3.3 信号属性

s'EVENT：如果在当前极小的一段时间间隔内，信号s上发生了一个事件，则函数返回TRUE，否则就返回FALSE。

s'STABLE：如果在s上没有发生任何事件，则返回TRUE。

s'ACTIVE：若在当前仿真周期中，信号 s 上有一个活跃（任何事务），则 s'ACTIVE 返回 TRUE，否则返回 FALSE。

s'LAST_VALUE：信号最后一次变化前的值，并将此值返回。

s'LAST_ACTIVE：返回一个时间值，即从信号最后一次发生的事务到现在的时间长度。

EVENT（事件）和 ACTIVE（活跃）是两个不同的概念。ACTIVE 定义为信号值的任何变化，信号值由 1 变为 0 是一个活跃，而从 1 变为 1 也是一个活跃。EVENT 则要求信号值发生变化。信号值从 1 变为 0 是一个事件，但从 1 变为 1 虽是一个活跃却不是一个事件。所有的事件都是活跃，但并非所有的活跃都是事件。

信号类属性中最常用的是'EVENT 属性。'EVENT 属性的值为布尔型，如果有事件发生在该属性所附着的信号上（即信号有变化），则其取值为 TRUE，否则为 FALSE。利用此属性可表示时钟边沿，比如：

```
SIGNAL clk: IN STD_LOGIC;
clk'EVENT AND clk='1'          --表示时钟的上升沿
NOT(clk'STABLE) AND clk='1';   --表示时钟的上升沿
clk'EVENT AND clk='0'          --表示时钟的下降沿
NOT clk'STABLE AND clk='0'     --表示时钟的下降沿
```

仿真时，如果要严格地表示时钟的上升沿（即从 0 到 1 的变化），而排除 X→1 等状态变化，可用以下语句来表示：

```
IF(clk'EVENT) AND (clk='1') AND (clk'LAST_VALUE='0') THEN……
--表示 clk 信号发生了变化，且变化前最后的值为 0，而变化后的值为 1，因此是从 0 到 1 的上升沿
```

习 题 7

7.1 用 IF 语句描述 4 选 1 数据选择器。

7.2 用 IF 语句描述四舍五入电路的功能，假定输入的是 1 位 BCD 码。

7.3 用 CASE 语句描述七段显示译码器，假定输入的是 1 位 BCD 码。

7.4 用 CASE 语句描述 4 选 1 数据选择器功能。

7.5 总结用 CASE 语句描述设计时应注意事项。

7.6 用 WHEN ELSE 语句描述 4 选 1 数据选择器。

7.7 用 WITH SELECT 语句描述 4 选 1 数据选择器功能。

7.8 WITH SELECT 语句描述七段显示译码器功能。

7.9 进程（PROCESS）语句中能不能使用 WITH SELECT 和 WHEN ELSE 语句，为什么？

7.10 用进程语句描述组合电路和时序电路，有什么区别？

7.11 带置数功能的 4 位循环移位寄存器电路如图 7.14 所示，当 load 为 1 时，将 4 位数据 $d_0d_1d_2d_3$ 同步输入寄存器寄存，当 load 为 0 时，电路实现循环移位并输出 $q = q_0q_1q_2q_3$，试将 2 选 1 MUX、D 触发器分别定义为 COMPONENT，并采用 GENERATE 语句例化两种元件，实现该电路。

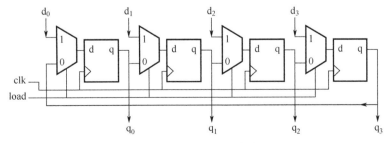

图 7.14 4 位循环移位寄存器

7.12 有一个比较电路,当输入的一位 8421BCD 码大于 4 时,输出为 1,否则为 0。试编写 VHDL 程序。

7.13 编写一个"1010"序列检测器的 VHDL 程序。

7.14 用 VHDL 设计 1 位全减器,自定义输入和输出信号。

7.15 桶形移位器(Barrel Shifter)是移位量可变的移位寄存器,设计一个 8 位的桶形移位器函数,可将 8 位的数据向左移动 0~7 的任何量,函数的输入是 8 位数据和移位量,函数的形式不妨定义为 RSHIFT(DATA,N),其中 N 为位移量,DATA 是 8 位数据(数据类型可定义为 BIT_VECTOR)。

7.16 74161 是异步复位/同步置数的 4 位计数器,图 7.15 是由 74161 构成的模 11 计数器,试完成下述任务:(1)用 VHDL 设计实现 74161 的功能;(2)将 74161 模块封装成器件,用例化的方式实现图 7.15 所示的模 11 计数器,自定义文件名和端口名。

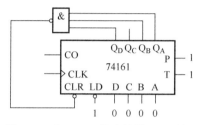

图 7.15　由 74161 构成的模 11 计数器

7.17 基于 Quartus Prime 用 IP 核设计 FIFO 缓存器,并进行仿真。

第 8 章　VHDL 设计进阶

本章概要：本章介绍 VHDL 的描述方式，包括行为描述、结构描述和数据流描述，并以三态逻辑设计、分频器设计、乘法器设计、存储器设计等为例进一步阐述此三种描述方式，以流水线设计、资源共享为例介绍 VHDL 设计的优化方法。

知识要点：（1）VHDL 行为描述、结构描述、数据流描述；
　　　　　　（2）分频器设计、乘法器设计、存储器设计；
　　　　　　（3）流水线设计、资源共享优化方法。

教学安排：本章教学安排 4 学时，同时安排 2 学时实践教学，完成 1~2 个实验项目。本章重点是让学生掌握 VHDL 的 3 种描述风格，掌握三态逻辑、分频器、乘法器、存储器等常用数字部件的设计方法，理解流水线设计、资源共享等常用的逻辑优化方法。

三态逻辑、分频器、乘法器、存储器等常用数字部件给出多种实现方法，并采用属性语句控制其特性，有助于学生更为深入地理解 FPGA 设计中的灵活性和针对性。

8.1　行 为 描 述

可将 VHDL 对逻辑电路的建模和描述方式分为如下 3 种：
（1）行为（Behavioural）描述。
（2）数据流（Data Flow）描述或寄存器传输级（RTL）描述。
（3）结构（Structural）描述。

所谓行为描述，就是只描述电路的行为和功能，不涉及电路硬件结构，行为描述是对设计实体的数学抽象，只需关注输入与输出信号的行为关系，而无须花费精力于设计结构的具体实现。

例 8.1 是用行为描述方式实现的 8 位全加器。

【例 8.1】　用行为描述实现 8 位全加器。

```
LIBRARY IEEE;
  USE IEEE.STD_LOGIC_1164.ALL;
  USE IEEE.NUMERIC_STD.ALL;
ENTITY f_add_w IS
GENERIC(w : INTEGER :=8);              --定义类属参量 w
    PORT(a,b: IN UNSIGNED(w-1 DOWNTO 0);
         cin: IN STD_LOGIC;
sum : OUT UNSIGNED(w-1 DOWNTO 0);
cout: OUT STD_LOGIC);
END;
ARCHITECTURE behav OF f_add_w IS
SIGNAL temp : UNSIGNED(w DOWNTO 0);
BEGIN
    temp <=('0'&a)+ b + UNSIGNED'(0=>cin);
    sum  <= temp(w-1 DOWNTO 0);
    cout <= temp(w);
```

END behav;

例 8.2 是用行为描述方式实现的 7 人表决电路,超过半数同意则表决通过。

【例 8.2】 用 FOR LOOP 语句描述的 7 人表决电路。

```
LIBRARY IEEE;
  USE IEEE.STD_LOGIC_1164.ALL;
ENTITY vote7 IS
  PORT(vt: IN STD_LOGIC_VECTOR(7 DOWNTO 1);
       pass :OUT STD_LOGIC);
END ENTITY vote7;
ARCHITECTURE behav OF vote7 IS
BEGIN PROCESS(vt)
VARIABLE sum: INTEGER RANGE 0 TO 7;     --定义赞成票变量
BEGIN    sum:=0;
FOR i IN 1 TO 7 LOOP                    --FOR LOOP 语句
    IF(vt(i)='1')  THEN sum:=sum+1;
     IF(sum>=4)  THEN pass<='1';        --超过半数表决通过
     ELSE    pass<='0';
END IF;  END IF;
END LOOP;  END PROCESS;
END behav;
```

采用行为描述方式时应注意以下几点:

(1) 用行为描述方式设计电路,抽象层级更高,只需描述输入与输出之间的行为特征,不需要考虑电路的结构信息。

(2) 设计者只需写出源码,电路的实现交由 EDA 软件自动完成,这也为 EDA 软件提供了优化的空间,而最终电路的性能,也与综合软件的技术水平和器件的支持能力密切相关。

(3) 在电路的规模较大或者需要描述复杂的逻辑关系时,应优先考虑用行为描述方式实现。

8.2 数据流描述

数据流(Data Flow)描述侧重于描述数据流的运动路径和结果,数据流描述亦表示行为,同时也隐含结构信息,有时也将数据流描述称作寄存器传输级(RTL)描述。综合器工具软件都提供了将 VHDL(或 Verilog HDL)源码转换为 RTL 级原理图的功能,便于设计者查看电路的 RTL 级实现框图。

用逻辑符号及逻辑方程式表达设计可看作数据流(Data Flow)描述,在有的设计中已知布尔代数表达式,就很容易将它转换为 VHDL 的数据流表达式,转换方法是用 VHDL 的逻辑运算符置换布尔逻辑运算符即可。例如,用 OR 置换"+",用"<="置换"=",如方程式 f=ab+cd 转换为 f <= (a AND b) OR (c AND d)。

例 8.3 是用逻辑运算符和逻辑方程式描述的 1 位全加器,其综合视图如图 8.1 所示。

【例 8.3】 用逻辑运算符和逻辑方程式描述的 1 位全加器。

```
LIBRARY IEEE;
  USE IEEE.STD_LOGIC_1164.ALL;
ENTITY full_addb IS
PORT(a,b,cin: IN STD_LOGIC;
     sum,cout: OUT STD_LOGIC);
END full_addb;
ARCHITECTURE dataflow OF full_addb IS
BEGIN
 sum <= a XOR b XOR cin;
```

```
cout<=(a AND b) OR (b AND cin) OR (a AND cin);
END dataflow;
```

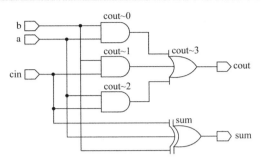

图 8.1　1 位全加器综合视图

8.3　结 构 描 述

所谓结构描述方式，就是指在设计中，实例化已有的功能模块，通过调用库中的元件或已设计好的模块来完成设计实体功能的描述。在结构体中，描述只表示元件（COMPONENT）和元件（或模块）之间的互连，就像网表一样。当调用库中不存在的元件时，则必须首先进行元件的创建，然后将其放在工作库中，以供调用。

8.3.1　用结构描述实现 1 位全加器

下面采用结构描述方式实现 1 位全加器，首先定义两种元件：半加器和 2 输入或门，然后通过元件例化构成 1 位全加器，再例化 1 位全加器构成 4 位加法器和 8 位加法器。

1. 半加器设计

首先设计 1 位半加器，半加器的真值表如表 8.1 所示。由此可得 1 位半加器结构图如图 8.2 所示，其 VHDL 描述见例 8.4。

表 8.1　1 位半加器的真值表

输	入	输	出
a	b	so	co
0	0	0	0
0	1	1	0
1	0	1	0
1	1	0	1

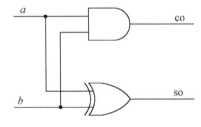

图 8.2　1 位半加器结构图

【例 8.4】　半加器的 VHDL 描述。
```
LIBRARY IEEE;
  USE IEEE.STD_LOGIC_1164.ALL;
ENTITY half_add IS
  PORT(a,b: IN STD_LOGIC;  co,so: OUT STD_LOGIC);
END ENTITY half_add;
ARCHITECTURE one OF half_add is
BEGIN
  so <= a XOR b;
  co <= a AND b;
```

END ARCHITECTURE one;

2．1 位全加器设计

用两个半加器和一个或门可以构成 1 位全加器，其连接关系如图 8.3 所示。下面的结构描述通过调用半加器器件 half_add 和或门元件 or2 实现了该电路。在调用元件时，首先要在结构体说明部分采用 COMPONENT 语句对要引用的器件 half_add 和 or2 进行定义，然后采用 PORT MAP 映射语句进行元件例化。

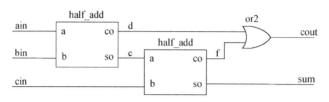

图 8.3 两个半加器和一个或门构成一个 1 位全加器

【例 8.5】 或门逻辑描述。
```
LIBRARY IEEE;
  USE IEEE.STD_LOGIC_1164.ALL;
ENTITY or2h IS
  PORT(a,b: IN STD_LOGIC; y: OUT STD_LOGIC);
END ENTITY or2h;
ARCHITECTURE one OF or2h IS
  BEGIN
  y <= a OR b;
END ARCHITECTURE one;
```

【例 8.6】 结构描述的 1 位二进制全加器顶层设计。
```
LIBRARY IEEE;
  USE IEEE.STD_LOGIC_1164.ALL;
ENTITY full_add IS
  PORT(ain,bin,cin : IN STD_LOGIC;
        cout,sum : OUT STD_LOGIC);
END ENTITY full_add;

ARCHITECTURE struct OF full_add IS
  COMPONENT half_add                       --将半加器定义为元件
    PORT(a,b : IN STD_LOGIC;
         co,so : OUT STD_LOGIC);
  END COMPONENT;
  COMPONENT or2h
    PORT(a,b : IN STD_LOGIC;
         y : OUT STD_LOGIC);
  END COMPONENT;
SIGNAL d,e,f: STD_LOGIC;                   --定义 3 个信号作为内部连线
  BEGIN
  u1 : half_add PORT MAP(a=>ain,b=>bin,co=>d,so=>e);   --元件例化
  u2 : half_add PORT MAP(a=>e, b=>cin, co=>f, so=>sum);
  u3 : or2h     PORT MAP(a=>d, b=>f, y=>cout);
END ARCHITECTURE struct;
```

例 8.6 的仿真波形见图 8.4，可知设计功能正确。

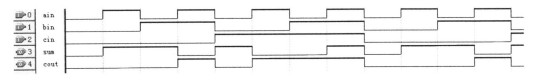

图 8.4　1 位二进制全加器的功能仿真波形

8.3.2　用结构描述设计 4 位加法器

用 4 个 1 位全加器按如图 8.5 所示级联，即构成 4 位级联加法器。

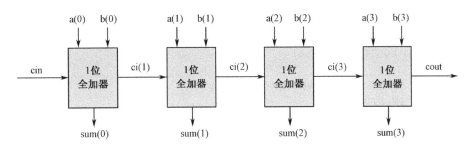

图 8.5　4 个 1 位全加器级联构成 4 位级联加法器

【例 8.7】　结构描述的 4 位级联加法器。

```
LIBRARY  IEEE;
  USE IEEE.STD_LOGIC_1164.ALL;
ENTITY f_add4 IS
  PORT(a,b : IN STD_LOGIC_VECTOR(0 TO 3);
       cin : IN STD_LOGIC;
 sum : OUT STD_LOGIC_VECTOR(0 TO 3);
 cout: OUT STD_LOGIC);
END ENTITY f_add4;
ARCHITECTURE struct OF f_add4 IS
  COMPONENT full_add                            --将1位全加器定义为元件
    PORT(ain,bin,cin : IN STD_LOGIC;
         cout,sum : OUT STD_LOGIC);
  END COMPONENT;
  SIGNAL ci: STD_LOGIC_VECTOR(1 TO 3);          --定义节点信号
  BEGIN
  u1 : full_add PORT MAP(ain=>a(0),bin=>b(0),cin=>cin,
  cout=>ci(1),sum=>sum(0));      --元件例化
  u2 : full_add PORT MAP(ain=>a(1),bin=>b(1),cin=>ci(1),
  cout=>ci(2),sum=>sum(1));
  u3 : full_add PORT MAP(ain=>a(2),bin=>b(2),cin=>ci(2),
  cout=>ci(3),sum=>sum(2));
  u4 : full_add PORT MAP(ain=>a(3),bin=>b(3),cin=>ci(3),
cout=>cout,sum=>sum(3));
END ARCHITECTURE struct;
```

8.3.3　用结构描述设计 8 位加法器

用 8 个全加器按如图 8.6 所示级联，构成 8 位级联加法器。用 GENERATE 生成语句来描述此电路，如例 8.8 所示。显而易见，用 GENERATE 语句使描述更简洁。

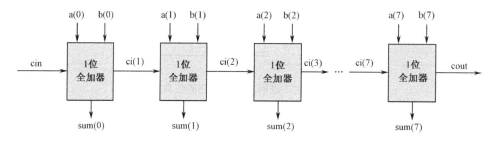

图 8.6 用 8 个 1 位全加器构成 8 位级联加法器

【例 8.8】 用生成语句描述的 8 位级联加法器。
```
LIBRARY IEEE;
  USE IEEE.STD_LOGIC_1164.ALL;
ENTITY f_add8 IS
  PORT(a,b : IN STD_LOGIC_VECTOR(0 TO 7);
       cin : IN STD_LOGIC;
 sum : OUT STD_LOGIC_VECTOR(0 TO 7);
 cout: OUT STD_LOGIC);
END ENTITY f_add8;
ARCHITECTURE struct OF f_add8 IS
  COMPONENT full_add                     --将 1 位全加器定义为元件
    PORT(ain,bin,cin : IN STD_LOGIC;
         cout,sum : OUT STD_LOGIC);
  END COMPONENT;
 SIGNAL ci: STD_LOGIC_VECTOR(0 TO 8);   --定义节点信号
  BEGIN
ci(0)<= cin;
    u1 : FOR i IN 0 TO 7 GENERATE        --用生成语句进行元件例化
fd : full_add PORT MAP(ain=>a(i),bin=>b(i),cin=>ci(i),
cout=>ci(i+1),sum=>sum(i));
    END GENERATE u1;
    cout<=ci(8);
END ARCHITECTURE struct;
```
上例的 RTL 综合视图如图 8.7 所示。

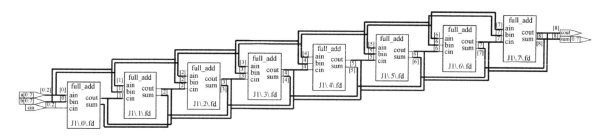

图 8.7 8 位级联全加器的 RTL 综合视图

8.4 三态逻辑设计

例 8.9 是一个基本三态门的 VHDL 描述,图 8.8 是其综合视图。

【例 8.9】 三态门。

```
LIBRARY IEEE;
  USE IEEE.STD_LOGIC_1164.ALL;
ENTITY trigate IS
PORT(en,a : IN STD_LOGIC;  y : OUT STD_LOGIC);
END trigate;
ARCHITECTURE one OF trigate IS
BEGIN
  y <=a WHEN (en='1') ELSE 'Z';
END one;
```

如果一个 I/O 引脚既要作为输入，同时要作为输出，则需要用到三态双向缓冲器，比如例 8.10 中定义了一个 1 位三态双向缓冲器。

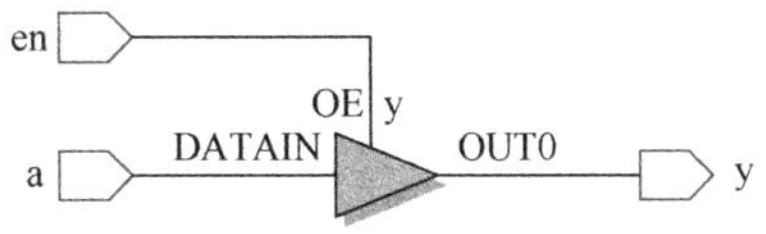

图 8.8 三态门综合视图

【例 8.10】 三态双向缓冲器。

```
LIBRARY IEEE;
  USE IEEE.STD_LOGIC_1164.ALL;
ENTITY bidir IS
PORT (y : INOUT STD_LOGIC;       --y 为双向 I/O 端口
 en, a: IN STD_LOGIC;
 b : OUT STD_LOGIC);
END bidir;
ARCHITECTURE one OF bidir IS
BEGIN
  y <=a WHEN (en='1') ELSE 'Z';
  b <= y;
END one;
```

例 8.11 也可以用 IF 语句写成下面的形式，这两个例子的 RTL 综合视图均如图 8.9 所示，从图中可以看出，端口 y 可作为双向 I/O 端口使用，当 en 为 1，三态门呈现高阻态时，y 作为输入端口，否则 y 作为输出端口。

【例 8.11】 三态双向缓冲器。

```
LIBRARY IEEE;
  USE IEEE.STD_LOGIC_1164.ALL;
ENTITY bidir1 IS
PORT(y : INOUT STD_LOGIC;       --y 为双向 I/O 端口
    en,a: IN STD_LOGIC; b : OUT STD_LOGIC);
END bidir1;
ARCHITECTURE one OF bidir1 IS
BEGIN
PROCESS(en,a)
  BEGIN IF(en='1') THEN y<=a;
    ELSE y <='Z';
END IF;
END PROCESS;
  b<=y;
END one;
```

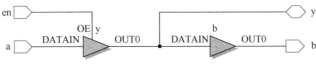

图 8.9 三态双向缓冲器 RTL 综合视图

设计一个功能类似 74LS245 的三态双向 8 位总线缓冲器，其功能如表 8.2 所示，两个 8 位数据端口（a 和 b）均为双向端口，oe 和 dir 分别为使能端和数据传输方向控制端。设计源程序见例 8.12，其 RTL 综合视图如图 8.10 所示。

表 8.2　三态双向 8 位总线缓冲器功能表

输　　入		输　　出
oe	dir	
0	0	b→a
0	1	a→b
1	x	隔开

【例 8.12】　三态双向总线缓冲器。

```
LIBRARY IEEE;
  USE IEEE.STD_LOGIC_1164.ALL;
ENTITY ttl245 IS
PORT(a,b : INOUT STD_LOGIC_VECTOR(7 DOWNTO 0);   --双向数据线
     oe,dir : IN STD_LOGIC);                     --使能信号和方向控制
END ttl245;
ARCHITECTURE one OF ttl245 IS
BEGIN
  a <= b WHEN (oe='0' AND dir='0')
    ELSE(OTHERS=>'Z');
  b <= a WHEN (oe='0' AND dir='1')
    ELSE(OTHERS=>'Z');
END one;
```

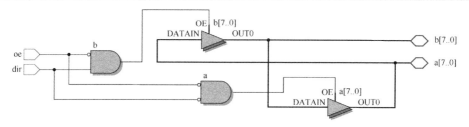

图 8.10　三态双向总线缓冲器 RTL 综合视图

8.5　分频器设计

8.5.1　占空比为 50% 的奇数分频

在奇数次分频中，如何得到占空比为 50% 的方波？可采用如下方法：用两个计数器，一个由输入时钟上升沿触发，另一个由输入时钟下降沿触发，将两个计数器的输出相或，即可得到占空比为 50% 的方波波形。

在例 8.13 中，实现了对输入时钟信号 clk 的 7 分频。

【例 8.13】　占空比为 50% 的奇数分频电路。

```
LIBRARY IEEE;
  USE IEEE.STD_LOGIC_1164.ALL;
  USE IEEE.NUMERIC_STD.ALL;
ENTITY fdivn IS
GENERIC(w : INTEGER :=7);                --定义类属参量 w
    PORT(clk,reset: IN STD_LOGIC;
         clkout: OUT STD_LOGIC);          --输出时钟
END;
ARCHITECTURE behav OF fdivn IS
SIGNAL clkout1,clkout2: STD_LOGIC;
SIGNAL count1,count2: UNSIGNED(3 DOWNTO 0);
```

```
BEGIN
PROCESS(clk)                                --计数器1
BEGIN
    IF(clk'event AND clk='1') THEN          --上升沿触发
    IF(reset='1') THEN count1<="0000";
    ELSE  IF(count1=w-1) THEN count1<="0000";
    ELSE count1<=count1+1;
    END IF;
    IF(count1<(w-1)/2) THEN clkout1<='1';
    ELSE clkout1<='0';
    END IF; END IF; END IF;
END PROCESS;
PROCESS(clk)                                --计数器2
BEGIN
    IF(clk'event AND clk='0') THEN          --下降沿触发
    IF(reset='1') THEN count2<="0000";
    ELSE
    IF(count2=w-1) THEN count2<="0000";
        ELSE count2<=count2+1;
    END IF;
    IF(count2<(w-1)/2) THEN clkout2<='1';
    ELSE clkout2<='0';
    END IF; END IF; END IF;
END PROCESS;
clkout<=clkout1 OR clkout2;                 --相或
END behav;
```

图 8.11 所示为上例的功能仿真波形图。

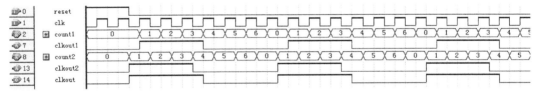

图 8.11 模 7 奇数分频器功能仿真波形图

8.5.2 半整数分频

设有一个 5 MHz 的时钟信号，但需要得到 2 MHz 的时钟，分频比为 2.5，此时可采用半整数分频器，其思想是：实现 2.5 分频，可先设计一个模 3 计数器，再做一个脉冲扣除电路，加在模 3 计数器之后，每来 3 个脉冲扣除半个脉冲。以此类推，每 n 个脉冲扣除半个脉冲，可实现 n–0.5 半整数分频。如图 8.12 所示为半整数分频的原理图。通过异或门和 2 分频模块组成脉冲扣除电路，脉冲扣除是输入频率与 2 分频输出异或的结果。

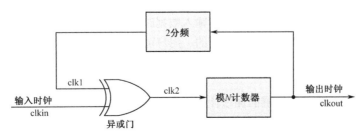

图 8.12 半整数分频器原理图

例 8.14 是采用上述方法实现的半整数分频器,其中,模 n 计数器设计成带预置功能的计数器形式,只需更改分频预置数 n 的值,就能实现 n–0.5 分频。例中 n 为 4,故实现的是 3.5 分频,图 8.13 是该例的功能仿真波形。

【例 8.14】 n–0.5 半整数分频器。

```
LIBRARY IEEE;
  USE IEEE.STD_LOGIC_1164.ALL;
  USE IEEE.NUMERIC_STD.ALL;
ENTITY fdivn_5 IS
    PORT(clkin,clr: IN STD_LOGIC;
         clkout: BUFFER STD_LOGIC);       --输出时钟
END;
ARCHITECTURE one OF fdivn_5 IS
constant n: UNSIGNED(3 downto 0):="0100";  --分频预置数 n
SIGNAL clk2,clk1: STD_LOGIC;
SIGNAL count: UNSIGNED(3 DOWNTO 0);
BEGIN
clk2<=clkin XOR clk1;        --clkin 与 clk1 异或后作为模 n 计数器的时钟
PROCESS(clk2,clr)
BEGIN
    IF(clr='1') THEN count<="0000";
    ELSIF(clk2'event AND clk2='1') THEN
        IF(count=n-1) THEN                --模 n 计数
        count<="0000";  clkout<='1';
        ELSE  count<=count+1;  clkout<='0';
    END IF;  END IF;
END PROCESS;
PROCESS(clkout)
BEGIN
    IF(clkout'event AND clkout='1') THEN
    clk1<=NOT clk1;                       --输出时钟二分频
    END IF;
END PROCESS;
END one;
```

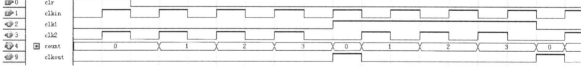

图 8.13　3.5 半整数分频器功能仿真波形图

8.5.3　数控分频器

数控分频器的功能就是当输入端给定不同输入数据时,对输入的时钟信号有不同的分频比,数控分频器要求信号发生器输出的正负脉宽是可调的,用户可以通过预置一特定数值来获得所需要的高电平和低电平持续时间及占空比。这种信号发生器在实际中具有很重要的用途,如 PWM(Pulse Width Modulation,脉宽调制)的设计等。

数控分频器可采用计数值可预置的加法计数器实现,方法是将计数溢出位与预置数加载输入信号相接,其设计源程序如例 8.15 所示。

【例 8.15】 数控分频器。

```vhdl
LIBRARY IEEE;
  USE IEEE.STD_LOGIC_1164.ALL;
  USE IEEE.NUMERIC_STD.ALL;
ENTITY pdiv IS
  PORT(clk: IN STD_LOGIC;
       d: IN UNSIGNED(7 DOWNTO 0);
       qout: OUT STD_LOGIC);
END;
ARCHITECTURE one OF pdiv IS
SIGNAL full: STD_LOGIC;
BEGIN
  PROCESS(clk)
  VARIABLE cnt1 : UNSIGNED(7 DOWNTO 0);
  BEGIN
    IF clk'EVENT AND clk='1' THEN
        IF cnt1="11111111" THEN
           cnt1:=d;   --当 cnt1 计满时，输入数据 d 被同步预置给计数器 cnt1
           full<='1'; --使溢出标志信号 full 输出为高电平
           ELSE   cnt1:= cnt1+1;  full<='0';
        END IF;  END IF;
  END PROCESS;
  div: PROCESS(full)
  VARIABLE cnt2: STD_LOGIC;
   BEGIN
    IF full'EVENT AND full='1' THEN
      cnt2:= NOT cnt2;      --如果溢出标志信号 full 为高电平，D 触发器输出取反
         IF cnt2='1' THEN qout<='1';   ELSE qout<='0';
    END IF;  END IF;
  END PROCESS div;
END one;
```

例 8.15 的仿真波形如图 8.14 所示，可看到输入不同的预置数 d，得到不同的输出频率。

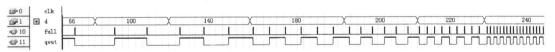

图 8.14 仿真波形图

可在 DE10-Lite 目标板上进行下载，用 8 个拨动开关 SW7~SW0 作为 8 位预置数 d，clk 由 50 MHz 晶体输入（如想听到声音，应对输入的时钟进行适当的分频，以使输出信号落在音频范围内），qout 输出端接一个小扬声器，改变 8 位预置数 d，可听到输出不同音调的声音。如果使输出波形的正负脉冲的宽度分别由两个输入数据控制和调整，由例 8.15 可进一步实现正负脉冲宽度均可调的电路。

8.6 乘法器设计

乘法器频繁使用在数字信号处理和数字通信的各种算法中，往往影响着整个系统的运行速度。本节讨论用如下方法实现乘法运算：用乘法运算符实现、移位相加实现和查找表实现。

8.6.1 用乘法运算符实现

借助于 VHDL 语言的乘法操作符，很容易实现乘法器，例 8.16 是一个带符号 8 位乘法器的例子，

此乘法操作可由 EDA 综合软件自动转化为电路网表结构实现。

【例 8.16】 带符号 8 位乘法器。

```
LIBRARY IEEE;
  USE IEEE.numeric_bit.all;
ENTITY mult8 IS
  GENERIC( MSB   : INTEGER := 8);
  PORT(clk: IN BIT;
    oper_a,oper_b : IN SIGNED(MSB-1 DOWNTO 0);   --被乘数、乘数
    result: OUT SIGNED(2*MSB-1 DOWNTO 0));       --乘操作结果
END mult8;
ARCHITECTURE one OF mult8 IS
SIGNAL reg_a,reg_b: SIGNED(MSB-1 DOWNTO 0);
SIGNAL acc: SIGNED(2*MSB-1 DOWNTO 0);                --乘法结果暂存
ATTRIBUTE multstyle: STRING;
ATTRIBUTE multstyle OF acc: SIGNAL IS "LOGIC";
                    --用属性语句定义乘法器物理实现方式
BEGIN
acc <= reg_a * reg_b;      --用乘法运算符实现乘法
PROCESS (clk)
BEGIN
  IF clk'EVENT AND clk = '1'  THEN
    reg_a <= oper_a;
    reg_b <= oper_b;
    result <= acc;
  END IF;
END PROCESS;
END one;
```

上例中乘积结果 acc 采用属性语句定义其物理实现方式为“logic”，即采用逻辑单元（LE）来实现；需注意的是，现在的 FPGA 器件内一般都集成有嵌入式硬件乘法器（Embedded Multiplier），专用于实现乘法操作，如果用属性语句指定采用嵌入式乘法器实现乘法操作的话，可用下面的语句：

```
ATTRIBUTE multstyle OF acc: SIGNAL IS "dsp";
```

例 8.16 分别采用“logic”方式和“dsp”方式实现乘法操作，可发现其编译结果如图 8.15 所示，用“logic”方式耗用 97 个 LE；用“dsp”方式耗用 1 个嵌入式 9 位硬件乘法器（Embedded Multiplier 9-bit element），而耗用的 LE 为 1，显然节省了大量逻辑资源，故建议尽量用硬件乘法器实现乘法操作。

Flow Summary

Flow Status	Successful - Sat Mar 26 21:45:44 2022
Quartus Prime Version	18.1.0 Build 625 09/12/2018 SJ Standard Edition
Revision Name	mymult
Top-level Entity Name	mult8
Family	MAX 10
Device	10M50DAF484C7G
Timing Models	Final
Total logic elements	97 / 49,760 (< 1 %)
Total registers	32
Total pins	33 / 360 (9 %)
Total virtual pins	0
Total memory bits	0 / 1,677,312 (0 %)
Embedded Multiplier 9-bit elements	0 / 288 (0 %)
Total PLLs	0 / 4 (0 %)
UFM blocks	0 / 1 (0 %)
ADC blocks	0 / 2 (0 %)

Flow Summary

Flow Status	Successful - Sat Mar 26 21:48:09 2022
Quartus Prime Version	18.1.0 Build 625 09/12/2018 SJ Standard Edition
Revision Name	mymult
Top-level Entity Name	mult8
Family	MAX 10
Device	10M50DAF484C7G
Timing Models	Final
Total logic elements	1 / 49,760 (< 1 %)
Total registers	0
Total pins	33 / 360 (9 %)
Total virtual pins	0
Total memory bits	0 / 1,677,312 (0 %)
Embedded Multiplier 9-bit elements	1 / 288 (< 1 %)
Total PLLs	0 / 4 (0 %)
UFM blocks	0 / 1 (0 %)
ADC blocks	0 / 2 (0 %)

图 8.15 分别采用“logic”和“dsp”方式实现乘法操作的资源耗用比较

也可在 Quartus Prime 软件中设置乘法器实现的方式，选择菜单 Assignments→Settings，在弹出的页面的 Category 栏中选 Compiler Settings 选项，单击 Advanced Settings（Synthesis）…按钮，在弹出的如图 8.16 所示的对话框中，将 DSP Block Balancing 项设为 DSP Block；将 Auto DSP Block Replacement 项设为 On，即设置乘法器用 DSP 乘法器模块实现。

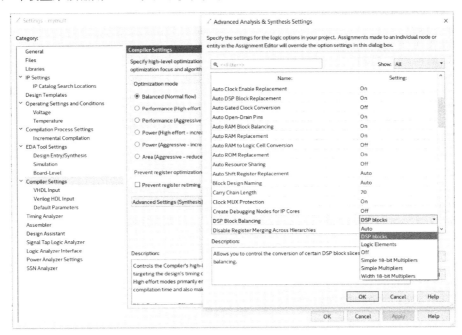

图 8.16 在 Quartus Prime 软件中设置乘法器实现的方式

注：用 ATTRIBUTE 属性来指定乘法器实现的方式，其优先级要高于综合软件设置的乘法器实现方式。

8.6.2 移位相加乘法器

可用移位相加的方式实现乘法操作，例 8.17 是一个无符号 4×4 位二进制乘数器的行为描述，该乘法器完成 1 次乘法运算所需的时钟周期数是 10，当 st 端口为 1 时启动乘法运算，完成后 done 端口置 1。

【例 8.17】 移位相加乘法器。

```
LIBRARY IEEE;
  USE IEEE.numeric_bit.all;
ENTITY mult4x4 IS
  PORT(clk, st: IN BIT;
    op_a,op_b : IN UNSIGNED(3 DOWNTO 0);   --被乘数、乘数
    result: OUT UNSIGNED(7 DOWNTO 0);      --乘操作结果
    done: OUT BIT);                         --1 次乘操作结束标识
END mult4x4;
ARCHITECTURE one OF mult4x4 IS
SIGNAL state: INTEGER RANGE 0 TO 9;
SIGNAL acc: UNSIGNED(8 DOWNTO 0);          --累加器
ALIAS m: BIT IS acc(0);                     --m 为累加器 acc 第 0 位
BEGIN
PROCESS(clk)
BEGIN
  IF clk'EVENT AND clk = '1' THEN
```

```vhdl
      CASE state IS
        WHEN 0 =>                                   --初始状态
          IF st = '1' THEN
            acc(8 DOWNTO 4) <= "00000";             --开始乘操作循环
            acc(3 DOWNTO 0) <= op_b;                --加载乘数
            state <= 1;
          END IF;
        WHEN 1 | 3 | 5 | 7 =>
          IF m = '1' THEN                           --加载被乘数
            acc(8 DOWNTO 4) <= '0' & acc(7 DOWNTO 4) + op_a;
            state <= state + 1;
          ELSE
            acc <= '0' & acc(8 DOWNTO 1);           --累加器右移1位
            state <= state + 2;
          END IF;
        WHEN 2 | 4 | 6 | 8 =>
          acc <= '0' & acc(8 DOWNTO 1);             --累加器右移1位
          state <= state + 1;
        WHEN 9 => state <= 0;                       --乘操作循环结束
      END CASE;
    END IF;
END PROCESS;
done <= '1' WHEN state = 9 ELSE '0';                --乘操作结束标识
result <= acc(7 DOWNTO 0);
END one;
```

8.6.3 查找表乘法器

查找表乘法器将乘积结果直接存放在存储器中，将操作数（乘数和被乘数）作为地址访问存储器，得到的数值就是乘法运算的结果。查找表乘法器的运算速度只局限于所使用存储器的存取速度。但查找表的规模随着操作数位数的增加而迅速增大，如要实现 4×4 乘法运算，要求存储器的地址位宽为 8 位，字长为 8 位；要实现 8×8 乘法运算，就要求存储器的地址位宽为 16 位，字长为 16 位，即存储器大小为 1 Mbit。

1．用常数数组存储乘法结果

例 8.18 是采用查找表实现 4×4 乘法运算，其中定义了 1 维×1 维（尺寸为 8×256）的常数数组，将 4×4 二进制乘法的结果以常数数组的形式给出，乘数、被乘数构成的二进制数对应的整数就是数组元素的编号。

【例 8.18】 查找表乘法器。

```vhdl
LIBRARY IEEE;
  USE ieee.std_logic_1164.all;
  USE IEEE.NUMERIC_STD.ALL;
  USE WORK.ex_pkg.ALL;                              --声明使用ex_pkg程序包
ENTITY mult_lut IS
  PORT(op_a,op_b : IN UNSIGNED(3 DOWNTO 0);         --被乘数、乘数
       hex1: OUT STD_LOGIC_VECTOR(6 DOWNTO 0);
       hex0: OUT STD_LOGIC_VECTOR(6 DOWNTO 0));     --用两个数码管显示结果
END mult_lut;
ARCHITECTURE one OF mult_lut IS
SIGNAL  result: UNSIGNED(7 DOWNTO 0);               --乘操作结果
```

```
TYPE LUTtype IS ARRAY (0 TO 255) OF UNSIGNED(7 DOWNTO 0);
CONSTANT result_lut : LUTtype :=               --定义常数数组
  (x"00", x"00", x"00", x"00", x"00", x"00", x"00", x"00",
   x"00", x"00", x"00", x"00", x"00", x"00", x"00", x"00",
   x"00", x"01", x"02", x"03", x"04", x"05", x"06", x"07",
   x"08", x"09", x"0A", x"0B", x"0C", x"0D", x"0E", x"0F",
   x"00", x"02", x"04", x"06", x"08", x"0A", x"0C", x"0E",
   x"10", x"12", x"14", x"16", x"18", x"1A", x"1C", x"1E",
   x"00", x"03", x"06", x"09", x"0C", x"0F", x"12", x"15",
   x"18", x"1B", x"1E", x"21", x"24", x"27", x"2A", x"2D",
   x"00", x"04", x"08", x"0C", x"10", x"14", x"18", x"1C",
   x"20", x"24", x"28", x"2C", x"30", x"34", x"38", x"3C",
   x"00", x"05", x"0A", x"0F", x"14", x"19", x"1E", x"23",
   x"28", x"2D", x"32", x"37", x"3C", x"41", x"46", x"4B",
   x"00", x"06", x"0C", x"12", x"18", x"1E", x"24", x"2A",
   x"30", x"36", x"3C", x"42", x"48", x"4E", x"54", x"5A",
   x"00", x"07", x"0E", x"15", x"1C", x"23", x"2A", x"31",
   x"38", x"3F", x"46", x"4D", x"54", x"5B", x"62", x"69",
   x"00", x"08", x"10", x"18", x"20", x"28", x"30", x"38",
   x"40", x"48", x"50", x"58", x"60", x"68", x"70", x"78",
   x"00", x"09", x"12", x"1B", x"24", x"2D", x"36", x"3F",
   x"48", x"51", x"5A", x"63", x"6C", x"75", x"7E", x"87",
   x"00", x"0A", x"14", x"1E", x"28", x"32", x"3C", x"46",
   x"50", x"5A", x"64", x"6E", x"78", x"82", x"8C", x"96",
   x"00", x"0B", x"16", x"21", x"2C", x"37", x"42", x"4D",
   x"58", x"63", x"6E", x"79", x"84", x"8F", x"9A", x"A5",
   x"00", x"0C", x"18", x"24", x"30", x"3C", x"48", x"54",
   x"60", x"6C", x"78", x"84", x"90", x"9C", x"A8", x"B4",
   x"00", x"0D", x"1A", x"27", x"34", x"41", x"4E", x"5B",
   x"68", x"75", x"82", x"8F", x"9C", x"A9", x"B6", x"C3",
   x"00", x"0E", x"1C", x"2A", x"38", x"46", x"54", x"62",
   x"70", x"7E", x"8C", x"9A", x"A8", x"B6", x"C4", x"D2",
   x"00", x"0F", x"1E", x"2D", x"3C", x"4B", x"5A", x"69",
   x"78", x"87", x"96", x"A5", x"B4", x"C3", x"D2", x"E1");
BEGIN
  result <= result_lut(TO_INTEGER(op_b & op_a));  --查表得到结果
  hex1 <= hex_to_ssd(STD_LOGIC_VECTOR(result(7 DOWNTO 4)));
  hex0 <= hex_to_ssd(STD_LOGIC_VECTOR(result(3 DOWNTO 0)));
                 --数码管译码显示函数例化
END one;
```

乘法的结果采用两个数码管显示，图 8.17 是七段数码管（Seven-Segment Display，SSD）显示译码示意图，输入 0～F 共 16 个数字，通过数码管的 a～g 共 7 个发光二极管译码显示，DE10-Lite 目标板上的七段数码管属于共阳极连接，为 0 则该段点亮。

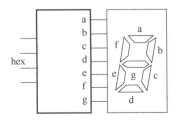 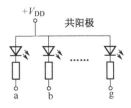

图 8.17　七段数码管显示译码

用函数定义七段数码管显示译码器,并放置在用户程序包 ex_pkg 中,总的源码如例 8.19 所示,将该源码以 ex_pkg.vhd 为名存盘以供调用。

【例 8.19】 用函数定义七段数码管显示译码器并放置程序包中。

```
LIBRARY IEEE;
  USE IEEE.STD_LOGIC_1164.ALL;

PACKAGE ex_pkg IS                --定义程序包
FUNCTION hex_to_ssd (hex: STD_LOGIC_VECTOR) RETURN STD_LOGIC_VECTOR;
                         --定义 hex_to_ssd 函数首
END;


PACKAGE body ex_pkg IS           --定义程序包体
FUNCTION hex_to_ssd (hex: STD_LOGIC_VECTOR) RETURN STD_LOGIC_VECTOR IS
                         --定义 hex_to_ssd 函数体
VARIABLE g_to_a: STD_LOGIC_VECTOR(6 DOWNTO 0);
BEGIN
  CASE hex IS
    WHEN "0000" => g_to_a:="1000000";    --"0"
    WHEN "0001" => g_to_a:="1111001";    --"1"
    WHEN "0010" => g_to_a:="0100100";    --"2"
    WHEN "0011" => g_to_a:="0110000";    --"3"
    WHEN "0100" => g_to_a:="0011001";    --"4"
    WHEN "0101" => g_to_a:="0010010";    --"5"
    WHEN "0110" => g_to_a:="0000010";    --"6"
    WHEN "0111" => g_to_a:="1111000";    --"7"
    WHEN "1000" => g_to_a:="0000000";    --"8"
    WHEN "1001" => g_to_a:="0010000";    --"9"
    WHEN "1010" => g_to_a:="0001000";    --"A"
    WHEN "1011" => g_to_a:="0000011";    --"b"
    WHEN "1100" => g_to_a:="1000110";    --"C"
    WHEN "1101" => g_to_a:="0100001";    --"d"
    WHEN "1110" => g_to_a:="0000110";    --"E"
    WHEN "1111" => g_to_a:="0001110";    --"F"
    WHEN OTHERS => g_to_a:="1111110";    --"-"
  END CASE;
  RETURN g_to_a;
END hex_to_ssd;
END;
```

将本例在 DE10-Lite 目标板上下载验证,目标器件为 10M50DAF484C7G,引脚分配和锁定如下:

```
set_location_assignment PIN_C12 -to op_a[3]
set_location_assignment PIN_D12 -to op_a[2]
set_location_assignment PIN_C11 -to op_a[1]
set_location_assignment PIN_C10 -to op_a[0]
set_location_assignment PIN_A14 -to op_b[3]
set_location_assignment PIN_A13 -to op_b[2]
set_location_assignment PIN_B12 -to op_b[1]
set_location_assignment PIN_A12 -to op_b[0]
set_location_assignment PIN_C14 -to hex0[0]
set_location_assignment PIN_E15 -to hex0[1]
set_location_assignment PIN_C15 -to hex0[2]
set_location_assignment PIN_C16 -to hex0[3]
set_location_assignment PIN_E16 -to hex0[4]
set_location_assignment PIN_D17 -to hex0[5]
```

```
set_location_assignment PIN_C17 -to hex0[6]
set_location_assignment PIN_C18 -to hex1[0]
set_location_assignment PIN_D18 -to hex1[1]
set_location_assignment PIN_E18 -to hex1[2]
set_location_assignment PIN_B16 -to hex1[3]
set_location_assignment PIN_A17 -to hex1[4]
set_location_assignment PIN_A18 -to hex1[5]
set_location_assignment PIN_B17 -to hex1[6]
```

编译成功后，生成配置文件.sof，连接目标板电源线和 JTAG 线，下载配置文件.sof 至 FPGA 目标板，从 SW7～SW0 拨动开关输入乘数、被乘数，结果用 2 个数码管显示（十六进制显示），查看实际显示效果。

2．用.mif 初始化文件存储乘法结果

除了采用常数数组外，还可以采用数组例化存储器的方法实现乘法结果的存储，并把乘法结果以.mif 初始化文件的形式指定，此种方法更为通用。

例 8.20 中自定义了 RAMtype 数据类型，定义其为 8×256 大小的 1 维×1 维数组，等同为存储器，乘数、被乘数构成的二进制数对应的整数就是数组元素的编号。同样采用查表实现乘法操作。

本例中需引起注意的是 4×4 乘法运算结果的.mif 初始化文件的指定，采用了 ATTRIBUTE 属性语句来将.mif 初始化文件指定给存储器。该 mult_rom.mif 文件的生成采用编写 MATLAB 程序的方式实现，具体可参考本书 4.4 节的内容（见例 4.3）。

【例 8.20】 用数组例化存储器并实现乘法操作。

```
LIBRARY IEEE;
  USE ieee.std_logic_1164.all;
  USE IEEE.NUMERIC_STD.ALL;
  USE WORK.ex_pkg.ALL;                    --声明使用 ex_pkg 程序包
ENTITY mult_rom IS
  PORT(clk: in std_logic;
  op_a,op_b : IN UNSIGNED(3 DOWNTO 0);   --被乘数、乘数
    hex1: OUT STD_LOGIC_VECTOR(6 DOWNTO 0);
    hex0: OUT STD_LOGIC_VECTOR(6 DOWNTO 0));  --用两个数码管显示结果
END mult_rom;
ARCHITECTURE one OF mult_rom IS
  SIGNAL result: UNSIGNED(7 DOWNTO 0);    --乘操作结果

TYPE RAMtype IS ARRAY (0 TO 255) OF UNSIGNED(7 DOWNTO 0);
  SIGNAL result_rom : RAMtype;            --定义 RAMtype 数组
  ATTRIBUTE ram_init_file: STRING;
  ATTRIBUTE ram_init_file OF result_rom:
  SIGNAL IS "mult_rom.mif";               --指定.mif 文件
BEGIN
PROCESS (clk)
BEGIN
  IF clk'EVENT AND clk = '1'  THEN
    result <= result_rom(TO_INTEGER(op_b & op_a));
                                          --查表得到乘法结果
  END IF;
END PROCESS;
------数码管显示乘法结果，hex_to_ssd 函数源码见例 8.19-------
hex1 <= hex_to_ssd(STD_LOGIC_VECTOR(result(7 DOWNTO 4)));
hex0 <= hex_to_ssd(STD_LOGIC_VECTOR(result(3 DOWNTO 0)));
END one;
```

上例的 RTL 综合视图如图 8.18 所示。

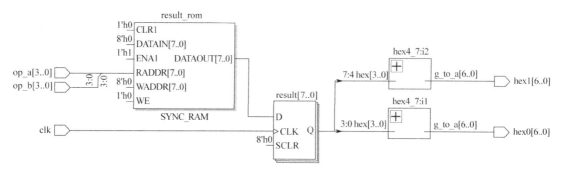

图 8.18　RTL 综合视图

还可以用属性语句控制 ROM 和 RAM 存储器的物理实现方式，在 Quartus Prime 软件中用关键词 romstyle 和 ramstyle 定义，在 Vivado 软件中用 rom_style 和 ram_style 定义；如果指定为"block"实现方式，则综合器会用 FPGA 中的存储器块物理实现 ROM 和 RAM；如果指定为"distributed"实现方式，则是让综合器用 FPGA 中逻辑单元（LE）中的 LUT 查找表物理实现 ROM 和 RAM。

如例 8.20 中如果增加用属性语句控制 ROM 存储器用"block"实现方式的话，可增加下面所示的加粗的语句：

```
TYPE RAMtype IS ARRAY (0 TO 255) OF UNSIGNED(7 DOWNTO 0);
SIGNAL result_rom : RAMtype;                    --定义 RAMtype 数组
ATTRIBUTE ram_init_file: STRING;
ATTRIBUTE ram_init_file OF result_rom:
SIGNAL IS "mult_rom.mif";                       --指定.mif 文件
ATTRIBUTE ramstyle: STRING;
ATTRIBUTE ramstyle OF result_rom : SIGNAL IS "block";
```

将本例完成指定目标器件、引脚分配和锁定，并在 DE10-Lite 目标板上下载验证，具体过程参考上节内容。

也可用 Quartus Prime 软件自带的 IP 核 LPM_ROM 来实现存储器，用 LPM_ROM 模块查表方式实现乘法器的过程在本书 4.4 节已做了介绍，此处不再赘述。

8.7　存储器设计

存储器也是数字设计中的常用部件，存储器最典型的是 ROM（Read-Only Memory）和 RAM（Random Access Memory）。本节以 ROM 的实现为例来讨论存储器的设计，ROM 有多种类型，图 8.19 所示为其中常用的 2 种。

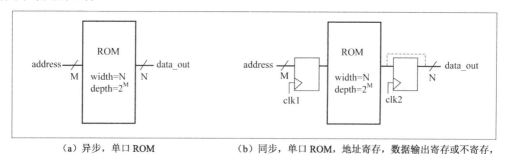

（a）异步，单口 ROM　　　　（b）同步，单口 ROM，地址寄存，数据输出寄存或不寄存，
　　　　　　　　　　　　　　　　单时钟：clk1=clk2；双时钟：clk1≠clk2。

图 8.19　ROM 常用的 2 种类型

8.7.1 用数组例化存储器

例 8.21 中定义了 10×20 的数组，并将数据以常数的形式存在数组中，以此方式实现 ROM 模块；从 ROM 中读出数据时，数据未寄存，地址寄存，故实现的是图 8.19（b）类型的 ROM。

为便于下载验证，ROM 中读出的数据用 LED 灯显示，故产生了 10Hz 时钟信号，用于控制数据读取的速度，以适应 LED 灯显示。

【例 8.21】 用常数数组实现数据存储，读出的数据用 LED 灯显示。

```vhdl
LIBRARY ieee;
  USE ieee.std_logic_1164.all;
ENTITY rom_led IS
  PORT (clk50m: IN STD_LOGIC;
    data: OUT STD_LOGIC_VECTOR(9 DOWNTO 0));
END;
ARCHITECTURE one OF rom_led IS
SIGNAL clk10hz: STD_LOGIC;
SIGNAL address: INTEGER RANGE 0 TO 19;
TYPE ROM_type IS ARRAY (0 TO 19) OF STD_LOGIC_VECTOR(9 DOWNTO 0);
CONSTANT myrom: ROM_type := (
              0  => "0000000001",
              1  => "0000000011",
              2  => "0000000111",
              3  => "0000001111",
              4  => "0000011111",
              5  => "0000111111",
              6  => "0001111111",
              7  => "0011111111",
              8  => "0111111111",
              9  => "1111111111",
              10 => "0111111111",
              11 => "0011111111",
              12 => "0001111111",
              13 => "0000111111",
              14 => "0000011111",
              15 => "0000001111",
              16 => "0000000111",
              17 => "0000000011",
              18 => "0000000001",
              19 => "0000000000");
  COMPONENT clk_div                         --clk_div 分频元件声明
    GENERIC (FREQ : INTEGER);
      PORT(clk  : IN STD_LOGIC;             --输入时钟
           clr  : IN STD_LOGIC;
         clk_out : BUFFER STD_LOGIC);       --输出时钟
  END COMPONENT;
BEGIN
data <= myrom(address);      --从 ROM 中读出数据，未寄存
PROCESS (clk10hz)
BEGIN
    IF (clk10hz'EVENT AND clk10hz='1') THEN
      IF address=19 THEN address <= 0;       --时钟寄存
        ELSE address <= address+1;
```

```
          END IF; END IF;
      END PROCESS;
        i1: clk_div                          --clk_div 元件例化，产生 10Hz 信号
          GENERIC MAP(FREQ => 10)
           PORT MAP (clk =>clk50m,
                     clr =>'1',
                 clk_out=>clk10hz);
      END one;
```

上面代码中的 clk_div 分频子模块见例 8.22。

【例 8.22】 clk_div 时钟分频模块。

```
    LIBRARY ieee;
      USE ieee.std_logic_1164.all;
    ENTITY clk_div IS
      GENERIC( FREQ  : INTEGER := 1000);    --FREQ 为欲得到的频率值
       PORT(
          clk     : IN STD_LOGIC;
          clr     : IN STD_LOGIC;
          clk_out : BUFFER STD_LOGIC);
    END clk_div;
    ---------------------------------------------
    ARCHITECTURE one OF clk_div IS
    CONSTANT  NUM : INTEGER := 50000000/(2*FREQ);
                     --计算得到分频比
    SIGNAL  count : INTEGER RANGE NUM DOWNTO 0;
    BEGIN
    PROCESS (clk,clr)
    BEGIN
       IF(clr= '0') THEN  clk_out <= '0'; count <= 0;
       ELSIF(clk'EVENT AND clk = '1') THEN
          IF(count = NUM - 1) THEN  count <= 0;
             clk_out <= NOT(clk_out);
          ELSE  count <= count + 1;
       END IF;  END IF;
    END PROCESS;
    END one;
```

将本例完成指定目标器件、引脚分配和锁定，并在 DE10-Lite 目标板上下载验证，目标器件为 10M50DAF484C7G，引脚分配和锁定如下。

```
set_location_assignment PIN_P11 -to clk50m
set_location_assignment PIN_B11 -to data[9]
set_location_assignment PIN_A11 -to data[8]
set_location_assignment PIN_D14 -to data[7]
set_location_assignment PIN_E14 -to data[6]
set_location_assignment PIN_C13 -to data[5]
set_location_assignment PIN_D13 -to data[4]
set_location_assignment PIN_B10 -to data[3]
set_location_assignment PIN_A10 -to data[2]
set_location_assignment PIN_A9 -to data[1]
set_location_assignment PIN_A8 -to data[0]
```

下载配置文件.sof 至 FPGA 目标板，观察 10 个 LED 灯的显示效果，以验证 ROM 数据读取是否正确。

8.7.2 例化 lpm_rom 模块实现存储器

实现存储器的更一般的方法是用 Quartus Prime 软件自带的 IP 核 LPM_ROM 来实现，在例 8.23 中通过例化 lpm_rom 模块，同样实现了尺寸为 10×20 的 ROM 存储器，数据以.mif 文件的形式指定给 ROM；在从 ROM 中读出数据时，数据未寄存，地址寄存，故实现的也是图 8.19（b）类型的 ROM。

为便于下载验证，ROM 中读出的数据也用 LED 灯显示，故产生了 10Hz 时钟信号，用于控制数据读取的速度，以适应 LED 灯显示。

【例 8.23】 例化 lpm_rom 模块实现存储器，读出数据用 LED 灯显示。

```
LIBRARY ieee;
  USE ieee.std_logic_1164.all;
  USE ieee.std_logic_unsigned.all;
  USE WORK.ex_pkg.ALL;                    --声明使用 ex_pkg 程序包
LIBRARY lpm;                              --使用 lpm 库
  USE lpm.lpm_components.all;             --lpm_rom 所在的库
ENTITY my_lpm_rom IS
    PORT (clk50m : IN STD_LOGIC;
          data : OUT STD_LOGIC_VECTOR(9 DOWNTO 0));
END;
ARCHITECTURE one OF my_lpm_rom IS
SIGNAL clk10hz: STD_LOGIC;
SIGNAL address: STD_LOGIC_VECTOR(4 DOWNTO 0);
BEGIN
------------------例化 lpm_rom 模块-------------------------
u1:lpm_rom                                --例化 lpm_rom
    GENERIC MAP (lpm_widthad => 5,        --设地址宽度为 5 位
        lpm_width => 10,                  --设数据宽度为 10 位
        lpm_outdata => "UNREGISTERED",    --输出数据未寄存
        lpm_address_control => "REGISTERED", --地址寄存
        lpm_file => "rom_led.mif")        --指定.mif 文件
PORT MAP(inclock=>clk10hz, address=>address, q=>data);
----------------------------------------------------------
u2: clk_div                               --产生 10Hz 时钟信号
    GENERIC MAP(FREQ => 10)
    PORT MAP (clk =>clk50m,
              clr =>'1',
              clk_out=>clk10hz);
PROCESS (clk10hz)                         --依次循环读取 lpm_rom 中数据
BEGIN
  IF(clk10hz'EVENT AND clk10hz='1') THEN
    IF address="10011" THEN address <= (OTHERS=>'0');
      ELSE address <= address+'1';
  END IF; END IF;
END PROCESS;
END one;
```

需要注意的是上例中将 clk_div 元件放置在了用户程序包 ex_pkg 中定义，这样在例化 clk_div 时，只需声明使用 ex_pkg 程序包即可。添加了 clk_div 元件声明的 ex_pkg 程序包代码如例 8.24 所示，其与例 8.19 的区别仅在于增加了粗体显示的部分。

【例 8.24】 用函数定义 7 段数码管显示译码程序包，并添加 clk_div 元件声明。

```
LIBRARY IEEE;
  USE IEEE.STD_LOGIC_1164.ALL;
```

```
          PACKAGE ex_pkg IS                    --定义程序包
             FUNCTION hex_to_ssd (hex: STD_LOGIC_VECTOR) RETURN STD_LOGIC_VECTOR;
                                              --定义 hex_to_ssd 函数首
          COMPONENT clk_div                    --clk_div 元件声明
             GENERIC (FREQ : INTEGER);
                PORT(clk   : IN STD_LOGIC;     --输入时钟
                     clr   : IN STD_LOGIC;
                     clk_out : BUFFER STD_LOGIC);  --输出时钟
          END COMPONENT;
          END;

          PACKAGE body ex_pkg IS        --定义程序包体
             FUNCTION hex_to_ssd (hex: STD_LOGIC_VECTOR) RETURN STD_LOGIC_VECTOR IS
                                              --定义 hex_to_ssd 函数体
          VARIABLE g_to_a: STD_LOGIC_VECTOR(6 DOWNTO 0);
          BEGIN
            CASE hex IS
              WHEN "0000" => g_to_a:="1000000";    --"0"
              WHEN "0001" => g_to_a:="1111001";    --"1"
              WHEN "0010" => g_to_a:="0100100";    --"2"
              WHEN "0011" => g_to_a:="0110000";    --"3"
              WHEN "0100" => g_to_a:="0011001";    --"4"
              WHEN "0101" => g_to_a:="0010010";    --"5"
              WHEN "0110" => g_to_a:="0000010";    --"6"
              WHEN "0111" => g_to_a:="1111000";    --"7"
              WHEN "1000" => g_to_a:="0000000";    --"8"
              WHEN "1001" => g_to_a:="0010000";    --"9"
              WHEN "1010" => g_to_a:="0001000";    --"A"
              WHEN "1011" => g_to_a:="0000011";    --"b"
              WHEN "1100" => g_to_a:="1000110";    --"C"
              WHEN "1101" => g_to_a:="0100001";    --"d"
              WHEN "1110" => g_to_a:="0000110";    --"E"
              WHEN "1111" => g_to_a:="0001110";    --"F"
              WHEN OTHERS => g_to_a:="1111110";    --"-"
            END CASE;
            RETURN g_to_a;
          END hex_to_ssd;
          END;
```

例 8.23 中的 rom_led.mif 文件内容如下。

【例 8.25】 rom_led.mif 文件内容。

```
WIDTH=10;
DEPTH=20;
ADDRESS_RADIX=DEC;
DATA_RADIX=BIN;

CONTENT BEGIN
0 : 0000000001;
1 : 0000000011;
2 : 0000000111;
3 : 0000001111;
4 : 0000011111;
5 : 0000111111;
6 : 0001111111;
```

```
7  : 0011111111;
8  : 0111111111;
9  : 1111111111;
10 : 0111111111;
11 : 0011111111;
12 : 0001111111;
13 : 0000111111;
14 : 0000011111;
15 : 0000001111;
16 : 0000000111;
17 : 0000000011;
18 : 0000000001;
19 : 0000000000;
END;
```

将本例在 DE10-Lite 目标板上下载验证，观察 10 个 LED 灯的显示效果，以验证 ROM 数据读取是否正确。本例的显示效果与例 8.21 应完全一致。

8.8 流水线设计

流水线设计用于提高系统运行速度。为了保障数据的快速传输，必须使系统运行在尽可能高的频率上。但如果某些复杂逻辑功能的完成需要较大的延时，就会使系统难以运行在高的频率上。在这种情况下，可使用流水线技术，即在大延时的逻辑功能块中插入触发器，使复杂的逻辑操作分步完成，减小每个部分的延时，从而使系统的运行频率得以提高。流水线设计的代价是增加了寄存器逻辑，即增加了芯片资源的耗用。

流水线操作的概念可用图 8.20 来说明，在图中，假定某个复杂逻辑功能的实现需要较长的延时，我们可将其分解为几个（如 3 个）步骤来实现，每一步的延时变为原来的三分之一左右，在各步之间加入寄存器，以暂存中间结果。这样，可使整个系统的最高工作频率得到成倍的提高。

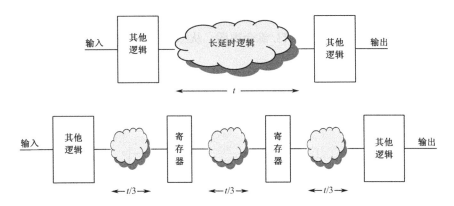

图 8.20　流水线操作的概念示意图

流水线设计技术可有效提高系统的工作频率，尤其是对于 FPGA 器件。FPGA 的逻辑单元中有大量 4~5 个变量的查找表（LUT）以及大量触发器，因此在 FPGA 设计中采用流水线技术可以有效地提高系统的速度。

下面以 8 位全加器的设计为例，对比流水线设计和非流水线设计的性能。需要指出的是，这两个例子仅用来对比流水线与非流水线设计，并无实际应用的价值。

1. 非流水线实现方式

例 8.26 是非流水线方式实现的 8 位全加器，其输入/输出端都带有寄存器。

【例 8.26】 非流水线方式实现的 8 位全加器。

```
LIBRARY IEEE;
  USE IEEE.STD_LOGIC_1164.ALL;
  USE IEEE.STD_LOGIC_UNSIGNED.ALL;
ENTITY adder8 IS
  PORT(ina,inb: IN STD_LOGIC_VECTOR(7 DOWNTO 0);
cin,clk : IN STD_LOGIC;
sum: OUT STD_LOGIC_VECTOR(7 DOWNTO 0);
cout : OUT STD_LOGIC);                          --进位
END ENTITY;
ARCHITECTURE one OF adder8 IS
  SIGNAL tempa,tempb: STD_LOGIC_VECTOR(7 DOWNTO 0);
  SIGNAL tempc: STD_LOGIC;
  SIGNAL temp : STD_LOGIC_VECTOR(8 DOWNTO 0);
BEGIN
PROCESS(clk)
BEGIN
    IF clk'EVENT AND clk='1' THEN
    tempa<=ina; tempb<=inb; tempc<=cin;    --操作数寄存
END IF;
END  PROCESS;
PROCESS(clk)
BEGIN
    IF clk'EVENT AND clk='1' THEN
    temp<=('0'&tempa)+tempb+tempc;
    sum<=temp(7 DOWNTO 0);
    cout<=temp(8);
END IF;
END  PROCESS;
END one;
```

图 8.21 是上例用综合器综合后的 RTL 综合视图。从综合视图中可清楚地看出，全加器的输入/输出端都带有寄存器。

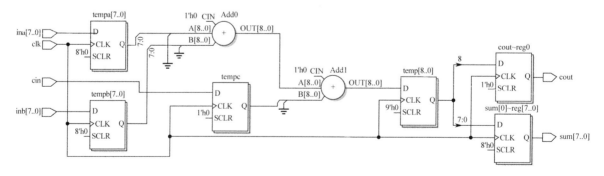

图 8.21　非流水线方式 8 位全加器的 RTL 综合视图

2. 2 级流水线实现方式

图 8.22 是两级流水线 8 位全加器实现框图。从该图可以看出，该加法器采用了 2 级寄存、2 级加法，每个加法器实现 4 位数据和 1 个进位的相加。例 8.27 是该 2 级流水线 8 位全加器的 VHDL 源代码。

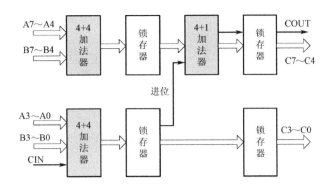

图 8.22 两级流水线 8 位全加器实现框图

【例 8.27】 2 级流水线 8 位全加器。

```
LIBRARY IEEE;
  USE IEEE.STD_LOGIC_1164.ALL;
  USE IEEE.STD_LOGIC_UNSIGNED.ALL;
ENTITY adder8_pipe2 IS
  PORT(ina,inb: IN STD_LOGIC_VECTOR(7 DOWNTO 0);
cin,clk : IN STD_LOGIC;
sum: OUT STD_LOGIC_VECTOR(7 DOWNTO 0);
cout : OUT STD_LOGIC);
END ENTITY adder8_pipe2;
ARCHITECTURE one OF adder8_pipe2 IS
  SIGNAL tempa,tempb: STD_LOGIC_VECTOR(3 DOWNTO 0);
  SIGNAL tempc: STD_LOGIC;
  SIGNAL temp1,temp2 : STD_LOGIC_VECTOR(4 DOWNTO 0);
BEGIN
PROCESS(clk)
BEGIN
    IF clk'EVENT AND clk='1' THEN
    temp1<=('0'& ina(3 DOWNTO 0))+inb(3 DOWNTO 0)+cin;
    tempc<=temp1(4);
    tempa<=ina(7 DOWNTO 4); tempb<=inb(7 DOWNTO 4);   --高4位寄存
END IF;
END  PROCESS;

PROCESS(clk)
BEGIN
    IF clk'EVENT AND clk='1' THEN
    temp2<=('0'& tempa)+tempb+tempc;
    sum<=temp2(3 DOWNTO 0)&temp1(3 DOWNTO 0);
    cout<=temp2(4);
END IF;
END  PROCESS;
END one;
```

图 8.23 是上例的 RTL 综合视图，从图中可以看出，全加器分为了 2 级加法和 2 级寄存来实现。

将上述 2 个设计综合到 FPGA 器件（如 EP4CE6F17C8）中，比较其最大工作频率。具体步骤为：用 Quartus Prime 对源程序进行编译，编译通过后，选择菜单 Processing→Compilation Report，在弹出的标签页中选择 Timing Analyzer 中的 Fmax Summary 项，比较上面 2 个设计的最大工作频率。可以看出，非流水线设计（见例 8.26）允许的最大工作频率为 382.7 MHz，而 2 级流水线设计（见例 8.27）允许的最大工作频率为 460.62 MHz，如图 8.24 所示。显然，流水线设计允许的最大工作频率高于非流水线设计允许的最大工作频率，因此流水线设计有效地提高了系统的最大工作频率。

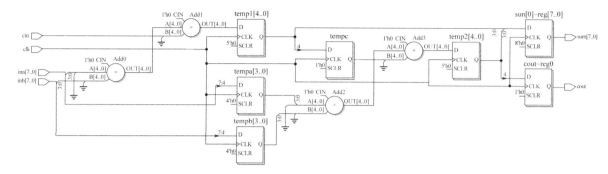

图 8.23　2 级流水线方式 8 位全加器的 RTL 综合视图

图 8.24　最大允许工作频率比较

8.9　资源共享设计

减少系统所耗用的器件资源是进行电路设计时所追求的目标，资源共享（Resource Sharing），尤其是将一些耗用资源较多的模块进行共享，能有效降低整个系统耗用的资源。

在设计时，可用括号控制综合的结果，以实现资源的共享和重用，比如例 8.28 和例 8.29 的功能相同，在表述上仅加了括号，则综合的结果就完全不同。例 8.28 的 RTL 级综合结果如图 8.25 所示，用了 3 个加法器实现，耗用 28 个 LE 单元；例 8.29 的 RTL 级综合结果如图 8.26 所示，只用 2 个加法器实现，耗用 19 个 LE。这是因为例 8.29 中用括号控制了综合的结果，重用了 s1 的值。在存在乘法器、除法器的场合，上述方法会更明显地节省资源。

【例 8.28】　设计重用例 1。

```
LIBRARY IEEE;
  USE IEEE.STD_LOGIC_1164.ALL;
  USE IEEE.STD_LOGIC_UNSIGNED.ALL;
ENTITY add8_1 IS
  PORT(a,b,c: IN STD_LOGIC_VECTOR(7 DOWNTO 0);
  s1,s2: OUT STD_LOGIC_VECTOR(8 DOWNTO 0));
END ENTITY add8_1;
ARCHITECTURE one OF add8_1 IS
BEGIN
    s1<='0'& a+b;
    s2<='0'& c+a+b;
END one;
```

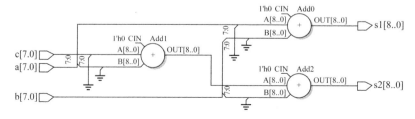

图 8.25　例 8.28 的 RTL 级综合结果

【例 8.29】 设计重用例 2。

```
LIBRARY IEEE;
  USE IEEE.STD_LOGIC_1164.ALL;
  USE IEEE.STD_LOGIC_UNSIGNED.ALL;
ENTITY add8_2 IS
  PORT(a,b,c: IN STD_LOGIC_VECTOR(7 DOWNTO 0);
    s1,s2: OUT STD_LOGIC_VECTOR(8 DOWNTO 0));
END ENTITY add8_2;
ARCHITECTURE one OF add8_2 IS
BEGIN
    s1<='0'& a+b;
    s2<=c+('0'& a+b);          --加括号
END one;
```

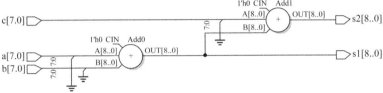

图 8.26　例 8.29 的 RTL 级综合结果

所以在电路设计中，应尽可能使硬件代价高的功能模块资源共享，从而降低整个系统的成本。

在 Quartus Prime 软件中有资源共享的设置选项，选择菜单 Assignments→Settings，在弹出的 Settings 页面（参见图 8.27）的左边栏中选中 Analysis & Synthesis Settings 项，再单击右边页面的 More Settings，在弹出的页面中找到 Auto Resource Sharing 选项，将其使能（如图 8.27 所示，选择 On），则为当前的设计工程选择了资源共享，这样综合器在对设计进行编译时，会自动将设计中可共享的部件进行共享。

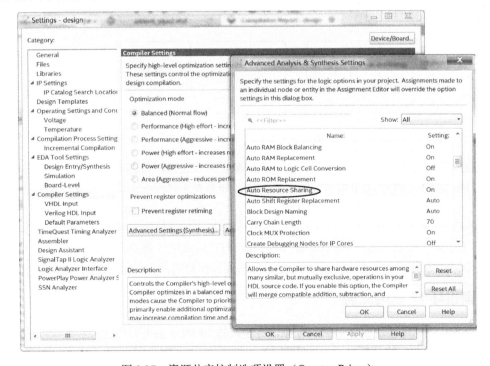

图 8.27　资源共享控制选项设置（Quartus Prime）

资源共享的具体效果跟所用的综合器的性能有关，有的综合器并不能有效地实现资源共享，因此多数时候，需要设计者在编写程序时，有意识地进行人工干预，总之，在节省资源的设计中应注意以下几点：

（1）尽量共享复杂的运算逻辑单元。
（2）用加括号等方式控制综合的结果，实现资源的共享，重用已计算过的结果。
（3）模块数据宽度应尽量小，以能满足设计要求为准。

8.10 用锁相环 IP 核实现倍频和相移

Intel 的 FPGA 内集成有锁相环（Phase Locked Loop，PLL）；Xilinx 的 FPGA 内集成的称为延时锁定环（Delay-Locked Loop，DLL），前者基于模拟技术实现，后者采用数字电路实现，各有优缺点。其共同点是都能完成时钟的高精度、低抖动的倍频、分频、占空比调整、移相等，其精度一般在 ps 的数量级。

8.10.1 锁相环

图 8.28 所示为锁相环 PLL 的基本结构，核心是压控振荡器（VCO），其振荡频率可通过改变所施加的电压来改变；VCO 自振产生的时钟反馈给频率相位检测器（Phase Frequency Detector，PFD），PFD 比较参考时钟和由 VCO 产生的时钟，当比较结果表明两个时钟信号无差异时，可以保持对 VCO 施加的电压，锁相环就锁定了；如果 VCO 的频率高于或低于参考时钟，则需要降低或增加对 VCO 的电压。通常，使用电荷泵（Charge Pump，CP）电路将比较结果转换为模拟电压信号。

虽然这种模拟电压信号可以直接用于调节 VCO 时钟，但它会使系统不稳定。因此，在 VCO 的前面加了低通滤波器，以滤除高频分量。这样，就能以稳定的方式产生与外部参考时钟具有相同频率和相同相位的时钟信号。

图 8.28 锁相环 PLL 基本结构

这种锁相环 PLL 采用模拟电路实现，所以对电源噪声较敏感，在供电时需要考虑提供单独的模拟电源和模拟地；此外，VCO 输出频率有一定的范围，如果参考时钟超出这个范围，则锁相环不能实现锁定。

altpll 是 Quartus Prime 软件自带的参数化锁相环模块，altpll 以输入时钟信号作为参考信号实现锁相，输出若干个同步倍频或者分频的片内时钟信号。与直接来自片外的时钟相比，片内时钟可以减少时钟延迟，减小片外干扰，还可以改善时钟的建立时间和保持时间，是系统稳定工作的保证。

8.10.2 锁相环 IP 核的定制

本例用 altpll 锁相环模块实现倍频和分频，将输入的 50 MHz 参考时钟信号经过锁相环，输出一路 9 MHz（占空比为 50%）的分频信号，一路有 10 ns 相移的 100 MHz（占空比为 40%）倍频信号，并进行仿真验证。

第 8 章　VHDL 设计进阶

（1）建立工程，调用 altpll 锁相环模块：在 Quartus Prime 软件中利用 New Project Wizard 建立一个名为 expll 的工程。打开 IP Catalog，在 Basic Functions 目录下找到 altpll 宏模块，双击该模块，弹出图 8.29 所示的 Save IP Variation 对话框，在其中为自己的 altpll 模块命名，比如 mypll，同时，选择其语言类型为 VHDL。

（2）单击 OK 按钮，自动启动 MegaWizard Plug-In Manager，对 altpll 模块进行参数设置。首先弹出如图 8.30 所示的窗口，在此窗口中选择芯片系列、速度等级和参考时钟，芯片系列选择 Cyclone IV E 系列，输入时钟 inclk0 的频率设置为 50 MHz，设置 device speed grade 为 7，其他保持默认。

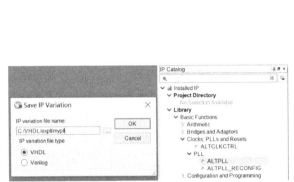

图 8.29　altpll 模块命名　　　　　图 8.30　选择芯片和设置参考时钟

（3）单击 Next 按钮，进入图 8.31 所示的窗口，在此窗口主要设置锁相环的端口，Optional inputs 框中有使能信号 pllena（高电平有效），异步复位信号 areset（高电平有效）和 pfdena 信号（相位/频率检测器的使能端，高电平有效）。为了方便操作，我们只选择了 areset 异步清零端；同时 Lock Output 项目下，使能 locked，通过此端口可以判断锁相环是否失锁，若失锁则该端口为 0，高电平表示正常。

（4）单击 Next 按钮，进入如图 8.32 所示的窗口，对输出时钟信号 c0 进行设置。在 Enter output clock frequency 后面输入所需的时钟频率；Clock multiplication factor 和 Clock division factor 分别是时钟的倍频系数和分频系数，也就是输入的参考时钟分别乘上一个系数再除以一个系数，得到所需的时钟频率，当输入所需的时钟频率后，倍频系数和分频系数都会自动计算出来，只要单击 Copy 按钮即可。

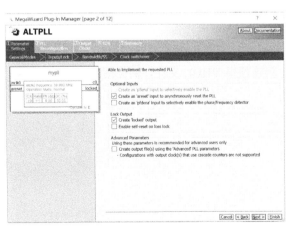

图 8.31　锁相环端口设置　　　　　图 8.32　输出时钟信号 c0 设置

注：也可以直接设置倍频系数和分频系数得到所需要的频率。本例中的倍频系数和分频系数分别

为 9 和 50，便可从输入的 50 MHz 参考时钟信号得到 9 MHz 的分频信号。

在 Clock phase shift 中设置相移，此处设为 0。在 Clock duty cycle 中设置输出信号的占空比，此处设为 50%。注意，若在设置窗口上方出现蓝色的 Able to implement the requested PLL 提示，表示所设置的参数可以接受；若出现红色的 Cannot implement the requested PLL，则说明所设置的参数超出所能接受的范围，应修改设置参数。

（5）单击 Next 按钮，进入如图 8.33 所示的界面，对输出时钟信号 c1 进行设置，可以像设置 c0 一样对 c1 进行设置。直接设置倍频系数和分频系数为 2 和 1，便可从输入的 50 MHz 参考时钟信号得到 100 MHz 的时钟信号；在 Clock phase shift 中设置相移为 5 ns，在 Clock duty cycle 中设置输出信号的占空比为 40%。

注：图中的 Use this clock，需要勾选。

（6）设置完 c0、c1 输出信号的频率、相位和占空比等参数后，连续单击 Next 按钮（忽略掉设置 c2、c3、c4 的页面，altpll 模块最多可以产生 5 个时钟信号），最后弹出如图 8.34 所示的界面，设置需要产生的输出文件格式。其中，mypll.vhd 文件是设计源文件，系统默认选中；mypll_inst.vhd 文件展示了在顶层实体中例化引用的方法；mypll.bsf 文件是模块符号文件，如果顶层采用原理图输入方法，需要选中该文件。

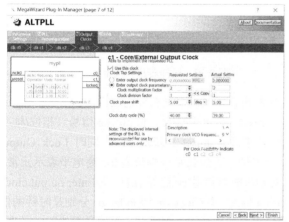

图 8.33　输出时钟 c1 设置

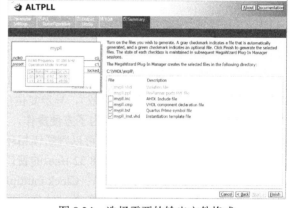

图 8.34　选择需要的输出文件格式

（7）单击图 8.34 中的 Finish 按钮，定制完毕。

8.10.3　锁相环例化和仿真

（1）altpll 模块的例化：调用定制好的 pll 模块：新建顶层 VHDL 文件，例化刚生成的 pll 模块，将顶层命名为 pll_top.vhd，其代码如例 8.30 所示。

【例 8.30】　顶层模块，例化 mypll.vhd。

```
LIBRARY IEEE;
  USE IEEE.STD_LOGIC_1164.ALL;
ENTITY pll_top IS
PORT (aclr,clk50m:IN STD_LOGIC;
clk9m,clk100m,locked:OUT STD_LOGIC);
END;
ARCHITECTURE one OF pll_top IS
COMPONENT mypll                    --将mypll封装为元件
    PORT(areset,inclk0 : IN STD_LOGIC;
        c0,c1,locked: OUT STD_LOGIC);
```

```
        END COMPONENT;
    BEGIN
    mypll_inst : mypll PORT MAP(           --例化mypll.vhd
              areset  => aclr,
              inclk0  => clk50m,
              c0      => clk9m,
              c1      => clk100m,
              locked  => locked);
    END;
```

(2) 编译：将 pll_top.vhd 设置为顶层实体模块，进行编译。

(3) 仿真：编译通过后，编写 Test Bench 激励文件，具体代码如例 8.31 所示。

【例 8.31】 对 pll_top.vhd 测试的 Test Bench 文件（pll_top.vht）。

```
LIBRARY ieee;
  USE ieee.std_logic_1164.all;
ENTITY pll_top_vhd_tst IS
END pll_top_vhd_tst;
ARCHITECTURE pll_top_arch OF pll_top_vhd_tst IS
CONSTANT period: TIME :=20 ns;
SIGNAL aclr,locked : STD_LOGIC;
SIGNAL clk9m,clk50m : STD_LOGIC;
SIGNAL clk100m : STD_LOGIC;
COMPONENT pll_top
    PORT (aclr : IN STD_LOGIC;
    clk50m : IN STD_LOGIC;
    clk9m,clk100m : OUT STD_LOGIC;
    locked : OUT STD_LOGIC);
END COMPONENT;
BEGIN
i1 : pll_top PORT MAP (aclr => aclr,
           clk9m => clk9m,
           clk50m => clk50m,
           clk100m => clk100m,
           locked => locked);
init : PROCESS
BEGIN
    aclr<='1'; WAIT FOR period*2;
    aclr<='0'; WAIT;
END PROCESS init;
always : PROCESS
BEGIN
clk50m <='1'; WAIT FOR period/2;
clk50m <='0'; WAIT FOR period/2;
END PROCESS always;
END pll_top_arch;
```

(4) 在 Quartus Prime 中对仿真环境进行设置：选择菜单 Assignments→Settings，弹出 Settings 对话框，选中 Simulation 项，单击 Test Benches 按钮，弹出 Test Benches 对话框，单击其中的 New 按钮，弹出 New Test Bench Settings 对话框，在其中填写 Test bench name 为 pll_top_vht_tst；使能 Use test bench to perform VHDL timing simulation，在 Design instance name in test bench 栏中填写 i1，End simulation at 选择 1us；Test bench and simulation files 选择当前目录下的 pll_top.vht，并将其加载（Add）。

上述的设置过程如图 8.35 所示。

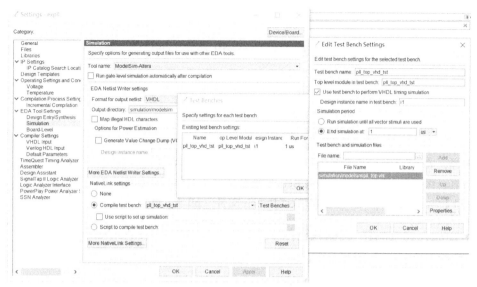

图 8.35 Test Bench 设置

（5）选择菜单 Tools→Run Simulation Tool→Gate Level Simulation 进行门级仿真，弹出如图 8.36 所示的选择器件的时序模型的对话框，从下拉菜单中选择 Fast -M 1.2V 0 Model，单击 Run 按钮键，启动门级仿真。

图 8.36 选择器件的时序模型

也可以选择菜单 Tools → Run Simulation Tool → RTL Simulation，实现 RTL 仿真。

（6）图 8.37 所示是锁相环电路门级仿真的结果，通过各个信号的波形，可以观察到输入信号 clk50m 和输出信号 clk9m、clk100m 之间的周期和相位关系。

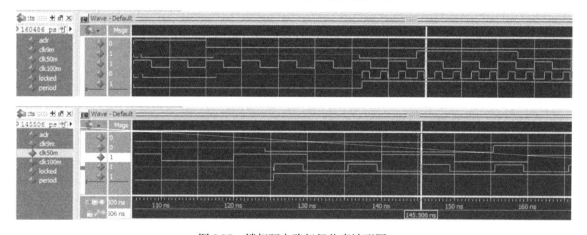

图 8.37 锁相环电路门级仿真波形图

习 题 8

8.1 分别用结构描述和行为描述方式设计 JK 触发器，并进行综合。

8.2 描述图 8.38 所示的 8 位并行/串行转换电路，当 load 信号为 1 时，将并行输入的 8 位数据 d(7)~d(0) 同步存储至 8 位寄存器；当 load 信号变为 0 后，将 8 位寄存器的数据从 dout 端口同步串行（在

clk 的上升沿）输出，输出结束后，dout 端保持低电平直至下一次输出。

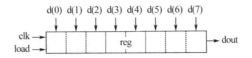

图 8.38　8 位并行/串行转换电路

8.3　编写 4 位除法电路程序。

8.4　用 VHDL 编写一个将带符号二进制数的 8 位原码转换成 8 位补码的电路，并基于 Quartus Prime 软件进行综合和仿真。

8.5　编写一个 8 路彩灯控制程序，要求彩灯有以下 3 种演示花型。

① 8 路彩灯同时亮灭。

② 从左至右逐个亮（每次只有 1 路亮）。

③ 8 路彩灯每次 4 路灯亮，4 路灯灭，且亮灭相间，交替亮灭。

8.6　用 VHDL 设计数字跑表，计时精度为 10 ms（百分秒），最大计时为 59 分 59.99 秒，跑表具有复位、暂停、百分秒计时等功能；当启动/暂停键为低电平时开始计时，为高电平时暂停，变低后在原来的数值基础上继续计数。

8.7　流水线设计技术为什么能提高数字系统的工作频率？

8.8　设计一个加法器，实现 sum=a0+a1+a2+a3，a0、a1、a2、a3 宽度都是 8 位。如用下面两种方法实现，说明哪种方法更好一些。

① sum=((a0+a1)+a2)+a3

② sum=(a0+a1)+(a2+a3)

8.9　用流水线技术对上例中的 sum=((a0+a1)+a2)+a3 的实现方式进行优化，对比最高工作频率。

第 9 章 VHDL 有限状态机设计

本章概要：本章介绍 VHDL 有限状态机（FSM）的设计方法。
知识要点：（1）有限状态机；
（2）用 VHDL 描述有限状态机；
（3）状态编码；
（4）有限状态机设计实例。
教学安排：本章教学安排 4 学时，同时安排实践教学 4 学时，完成 2～3 个实验。重点让学生掌握有限状态机（FSM）能够模拟单步执行这一精髓，能熟练使用状态机实现数字逻辑设计并用以控制各种常用的数字部件。

9.1 有限状态机

有限状态机（Finite State Machine，FSM）是电路设计的经典方法，尤其适用于需要串行控制和高速 A/D、D/A 器件的场合，状态机是解决问题的有效手段，具有速度快、结构简单、可靠性高等优点。

有限状态机非常适合用 FPGA 器件实现，用 VHDL 的 CASE 语句能很好地描述基于状态机的设计，再通过 EDA 工具软件的综合，一般可以生成性能极优的状态机电路，从而使其在运行速度、可靠性和占用资源等方面优于由 CPU 实现的方案。

9.1.1 有限状态机简介

有限状态机是按照设定好的顺序实现状态转移并产生相应输出的特定机制，是组合逻辑和寄存器逻辑的一种特殊组合：寄存器用于存储状态（包括现态（Current State，CS）和次态（Next State，NS）），组合逻辑用于状态译码并产生输出逻辑（Output Logic，OL）。

根据输出信号产生方法的不同，状态机可分为两类：摩尔型（Moore）和米里型（Mealy）。摩尔型状态机的输出只与当前状态有关，如图 9.1 所示；米里型状态机的输出不仅与当前状态相关，还与当前输入直接相关，如图 9.2 所示。米里型状态机的输出是在输入变化后立即变化的，不依赖时钟信号的同步，摩尔型状态机的输入发生变化时还需要等待时钟的到来，状态发生变化时才导致输出的变化，因此比米里型状态机要多等待一个时钟周期。

图 9.1 摩尔型状态机

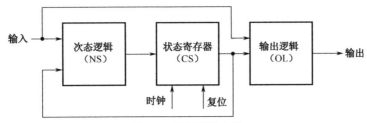

图 9.2 米里型状态机

实用的状态机一般都设计为同步时序方式，它在时钟信号的触发下，完成各个状态之间的转换，并产生相应的输出。状态机有三种表示方法：状态图（State Diagram）、状态表（State Table）和流程图，这三种表示方法是等价的，相互之间可以转换。其中，状态图是最常用的表示方式。米里型状态图的表示如图 9.3 所示，图中的每个圆圈表示一个状态，每个箭头表示状态之间的一次转移，引起转换的输入信号及产生的输出信号标注在箭头上。

计数器可以采用状态机方法进行设计，计数器可看成按照固定的状态转移顺序进行转换的状态机，比如模 5 计数器的状态图可表示为图 9.4 的形式，显然，此状态机属于摩尔型状态机，该状态机的 VHDL 描述如例 9.1 所示。

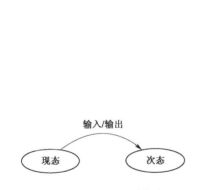

图 9.3 米里型状态图的表示

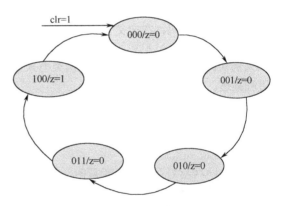

图 9.4 模 5 计数器的状态图（摩尔型）

【例 9.1】 用状态机描述模 5 计数器（双进程描述）。

```
LIBRARY IEEE;
  USE IEEE.STD_LOGIC_1164.ALL;
ENTITY cnt5 IS
  PORT(clk,clr: IN STD_LOGIC;
       z: OUT STD_LOGIC;                  --z 为输出信号，可理解为进位信号
       q: BUFFER STD_LOGIC_VECTOR(2 DOWNTO 0));
END cnt5;
ARCHITECTURE one OF cnt5 IS
BEGIN
  PROCESS(clk,clr)                        --进程1，进行状态转移
    BEGIN
      IF clr='1' THEN q<="000";           --异步复位
      ELSIF clk'EVENT AND clk='1' THEN
        CASE q IS
          WHEN "000"=> q<="001";
          WHEN "001"=> q<="010";
          WHEN "010"=> q<="011";
          WHEN "011"=> q<="100";
```

```
                WHEN "100"=> q<="000";
                WHEN OTHERS=> q<="000";
         END CASE;  END IF;
    END PROCESS;
    PROCESS(q)  BEGIN                          --进程2，用于产生输出信号
        CASE q IS
            WHEN "100"=> z<='1';
            WHEN OTHERS=> z<='0';
        END CASE;
      END PROCESS;
END one;
```

9.1.2 枚举数据类型

计数器是一种较为特殊的状态机，其各个状态的编码是设定的，或称为直接编码形式。在 VHDL 中，为了便于阅读、编译和优化，可用文字符号来表征状态机中的状态，将状态的数据类型定义为枚举类型。比如，如果有 s0～s4 五个状态，可定义为：

```
TYPE state_type IS(s0,s1,s2,s3,s4);
```

其中，state_type 是该枚举类型的名称。枚举类型是用户自定义类型，其实质是用文字符号来表示一组实际的二进制编码，在定义了枚举类型后，就可以指定信号为 state_type 类型。例如：

```
SIGNAL  state: state_type;            --信号state可取s0～s4中任一个
```

如果例 9.1 的模 5 计数器用枚举数据类型来描述的话，如例 9.2 所示，同时将双进程描述改为只用一个进程描述。

【例 9.2】 采用枚举数据类型定义的模 5 计数器（单进程描述）。

```
LIBRARY IEEE;
  USE IEEE.STD_LOGIC_1164.ALL;
ENTITY cnt5_enum IS
  PORT(clk,clr: IN STD_LOGIC;
       z: OUT STD_LOGIC;
       q: BUFFER STD_LOGIC_VECTOR(2 DOWNTO 0));
END cnt5_enum;
ARCHITECTURE one OF cnt5_enum IS
TYPE state_type IS(s0,s1,s2,s3,s4);            --定义枚举数据类型
SIGNAL ns:state_type;                          --定义枚举信号
BEGIN
PROCESS(clk,clr)
BEGIN
    IF clr='1' THEN ns<=s0; q<="000";z<='0';   --异步复位
    ELSIF clk'EVENT AND clk='1' THEN
      CASE ns IS
       WHEN s0=> ns<=s1; q<="000";z<='0';
       WHEN s1=> ns<=s2; q<="001";z<='0';
       WHEN s2=> ns<=s3; q<="010";z<='0';
       WHEN s3=> ns<=s4; q<="011";z<='0';
       WHEN s4=> ns<=s0; q<="100";z<='1';
       WHEN OTHERS=> ns<=s0; q<="000";z<='0';
    END CASE;  END IF;
END PROCESS;
END one;
```

上例在用综合器综合后，可生成状态机视图，比如在 Quartus Prime 软件中，对程序编译后，选择

菜单 Tools→Netlist Viewers→State Machine Viewer，将弹出如图 9.5 所示的状态机视图。

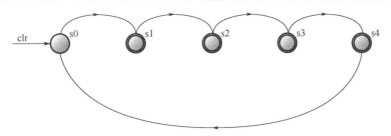

图 9.5　例 9.2 的状态机视图

9.2　有限状态机的描述方式

在状态机的描述中主要包含 3 个对象：当前状态（Current State，CS）、下一个状态（Next State，NS）、输出逻辑（Out Logic，OL）。

相应地，在用 VHDL 描述有限状态机时，有以下几种描述方式：

(1) 三进程描述方式。即现态（CS）、次态（NS）、输出逻辑（OL）各用一个进程描述。

(2) 双进程描述方式 1（CS+NS、OL 双进程描述）。使用两个进程来描述有限状态机：一个进程描述现态和次态时序逻辑（CS+NS），另一个进程描述输出逻辑（OL）。

(3) 双进程描述方式 2（CS、NS+OL 双进程描述）。一个进程用来描述现态（CS）；另一个进程描述次态和输出逻辑（NS+OL）。

(4) 单进程描述方式。在单进程描述方式中，将状态机的现态、次态和输出逻辑（CS+NS+OL）放在一个进程中进行描述。

对于双进程描述方式，相当于一个进程是由时钟信号触发的时序进程，时序进程对状态机的时钟信号敏感，当时钟发生有效跳变时，状态机的状态发生变化，一般用 CASE 语句检查状态机的当前状态，然后用 IF THEN ELSE 语句决定下一状态；另一个进程是组合进程，在组合进程中根据当前状态给输出信号赋值，对于摩尔型（Moore）状态机，其输出只与当前状态有关，因此只需用 CASE 语句描述即可，对于米里型（Mealy）状态机，其输出则与当前状态和当前输入都有关，因此可以用 CASE 语句和 IF THEN ELSE 语句组合进行描述。双进程的描述方式结构清晰，并且把时序逻辑和组合逻辑分开进行描述，便于修改。

单进程描述方式中，将有限状态机的现态、次态和输出逻辑（CS+NS+OL）放在一个进程中进行描述，这样做带来的好处是相当于采用时钟信号来同步输出信号，因此可以克服输出逻辑信号出现毛刺的问题，这在一些让输出信号作为控制逻辑的场合使用，就有效避免了输出信号带有毛刺，从而产生错误的控制逻辑。但需注意的是，采用单进程描述方式，输出逻辑会比双进程描述方式的输出逻辑延迟 1 个时钟周期。

9.2.1　三进程表述方式

下面以"101"序列检测器的设计为例，介绍用 VHDL 描述状态图的几种方式。图 9.6 是"101"序列检测器状态转换图，共有 4 个状态：s0、s1、s2、s3，分别用几种方式对其描述。首先介绍三进程描述方式。

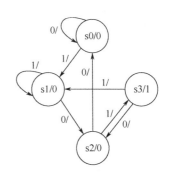

图 9.6　"101"序列检测器状态转换图

【例 9.3】 "101"序列检测器的 VHDL 描述（CS、NS、OL 各用一个进程描述）。

```vhdl
LIBRARY IEEE;
  USE IEEE.STD_LOGIC_1164.ALL;
ENTITY fsm1_seq101 IS
  PORT(clk,clr,x: IN STD_LOGIC;        --X 是序列检测器的输入
            Z: OUT STD_LOGIC);          --Z 是序列检测器的输出
END;
ARCHITECTURE one OF fsm1_seq101 IS
TYPE state_type IS(s0,s1,s2,s3);       --定义枚举数据类型
SIGNAL current_state,next_state: state_type;   --定义枚举信号
BEGIN
cs:PROCESS(clk,clr)                    --该进程描述状态转换
  BEGIN
    IF clr='1' THEN current_state<=s0; --异步复位，s0 为起始状态
      ELSIF clk'EVENT AND clk='1' THEN
        current_state <= next_state;  END IF;
END PROCESS cs;
ns:PROCESS(x,current_state)            --该进程描述次态
  BEGIN
    CASE current_state IS
      WHEN s0=> IF x='1' THEN next_state<=s1;
                ELSE next_state<=s0;  END IF;
      WHEN s1=> IF x='0' THEN next_state<=s2;
                ELSE next_state <=s1;  END IF;
      WHEN s2=> IF x='1' THEN next_state<=s3;
                ELSE next_state <=s0;  END IF;
      WHEN s3=> IF x='1' THEN next_state<=s1;
                ELSE next_state <=s2;  END IF;
      WHEN OTHERS=> next_state <=s0;
    END CASE;
END PROCESS ns;
ol:PROCESS(current_state)              --该进程产生输出逻辑
  BEGIN
    CASE current_state IS
      WHEN s3=> z<='1';
      WHEN OTHERS=> z<='0';
    END CASE;
END PROCESS ol;
END;
```

9.2.2 双进程表述方式

例 9.4 用双进程方式对"101"序列检测器进行了描述。

【例 9.4】 "101"序列检测器的 VHDL 描述（CS+NS、OL 双进程描述）。

```vhdl
LIBRARY IEEE;
  USE IEEE.STD_LOGIC_1164.ALL;
ENTITY fsm2_seq101 IS
  PORT(clk,clr,x: IN STD_LOGIC;        --X 是序列检测器的输入
            Z: OUT STD_LOGIC);          --Z 是序列检测器的输出
END;
ARCHITECTURE one OF fsm2_seq101 IS
TYPE state_type IS(s0,s1,s2,s3);       --定义枚举数据类型
```

```
SIGNAL state: state_type;              --定义枚举信号
BEGIN
csns:PROCESS(clk,clr)                  --现态和次态（CS+NS）
  BEGIN
    IF clr='1' THEN state <=s0;        --异步复位
    ELSIF clk'EVENT AND clk='1' THEN
      CASE state IS
        WHEN s0=> IF x='1' THEN state<=s1;
                  ELSE state <=s0;  END IF;
        WHEN s1=> IF x='0' THEN state<=s2;
                  ELSE state<=s1;   END IF;
        WHEN s2=> IF x='1' THEN state<=s3;
                  ELSE state<=s0;   END IF;
        WHEN s3=> IF x='1' THEN state<=s1;
                  ELSE state<=s2;   END IF;
        WHEN OTHERS=> state<=s0;
      END CASE; END IF;
END PROCESS csns;
ol:PROCESS(state)                      --产生输出逻辑（OL）
BEGIN
    CASE state IS
        WHEN s3=> z<='1';
        WHEN OTHERS=> z<='0';
    END CASE;
END PROCESS ol;
END;
```

双进程描述方式也可以写为例 9.5 的形式。

【例 9.5】 "101" 序列检测器的 VHDL 描述（CS、NS+OL 双进程描述）。

```
LIBRARY IEEE;
  USE IEEE.STD_LOGIC_1164.ALL;
ENTITY fsm3_seq101 IS
  PORT(clk,clr,x: IN STD_LOGIC;        --X 是序列检测器的输入
              Z: OUT STD_LOGIC);       --Z 是序列检测器的输出
END;
ARCHITECTURE one OF fsm3_seq101 IS
TYPE state_type IS(s0,s1,s2,s3);       --定义枚举数据类型
SIGNAL current_state,next_state: state_type; --定义枚举信号
BEGIN
cs:PROCESS(clk,clr)                    --该进程描述现态（CS）
  BEGIN
    IF clr='1' THEN current_state<=s0; --异步复位
     ELSIF clk'EVENT AND clk='1' THEN
       current_state <= next_state;  END IF;
END PROCESS cs;
ns:PROCESS(x,current_state)            --次态和输出逻辑（NS+OL）
  BEGIN
    CASE current_state IS
      WHEN s0=> IF x='1' THEN next_state<=s1; z<='0';
                ELSE next_state <=s0; z<='0';  END IF;
      WHEN s1=> IF x='0' THEN next_state<=s2; z<='0';
                ELSE next_state <=s1; z<='0';  END IF;
      WHEN s2=> IF x='1' THEN next_state<=s3; z<='0';
```

```
                ELSE next_state<=s0; z<='0';  END IF;
            WHEN s3=> IF x='1' THEN next_state<=s1; z<='1';
                ELSE next_state <=s2; z<='1';  END IF;
            WHEN OTHERS=>next_state<=s0; z<='0';
        END CASE;
    END PROCESS ns;
END;
```

例 9.3、例 9.4 和例 9.5 的 "101" 序列检测器门级综合视图如图 9.7 所示，可以看出，系统由 2 个 D 触发器（本例综合时采用了格雷编码）和查找表组成；上述三个例程的状态机视图（State Machine Viewer）也相同，如图 9.8 所示，说明这三种描述方式在总体上没有很大的区别。

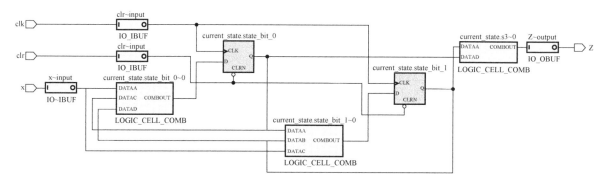

图 9.7 "101" 序列检测器门级综合视图

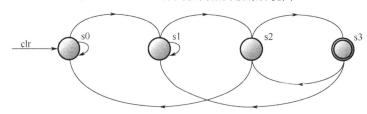

图 9.8 "101" 序列检测器状态机视图

9.2.3 单进程表述方式

还可以采用单进程描述方式，将有限状态机的现态、次态和输出逻辑（CS+NS+OL）放在一个进程中进行描述，如例 9.6 所示。

【例 9.6】 "101" 序列检测器的 VHDL 描述（CS+NS+OL 单进程描述）。

```
LIBRARY IEEE;
  USE IEEE.STD_LOGIC_1164.ALL;
ENTITY fsm4_seq101 IS
    PORT(clk,clr,x: IN STD_LOGIC;           --X 是序列检测器的输入
         Z: OUT STD_LOGIC);                 --Z 是序列检测器的输出
END;
ARCHITECTURE one OF fsm4_seq101 IS
  TYPE state_type IS(s0,s1,s2,s3);          --定义枚举数据类型
  SIGNAL state: state_type;                 --定义枚举信号
  BEGIN
    PROCESS(clk,clr)                        --该进程描述现态
    BEGIN
      IF clr='1' THEN state<=s0;            --异步复位
      ELSIF clk'EVENT AND clk='1' THEN
```

```
      CASE state IS
        WHEN s0=> IF x='1' THEN state<=s1; z<='0';
                  ELSE state<=s0; z<='0'; END IF;
        WHEN s1=> IF x='0' THEN state<=s2; z<='0';
                  ELSE state<=s1; z<='0'; END IF;
        WHEN s2=> IF x='1' THEN state<=s3; z<='0';
                  ELSE state<=s0; z<='0'; END IF;
        WHEN s3=> IF x='1' THEN state<=s1; z<='1';
                  ELSE state<=s2; z<='1'; END IF;
        WHEN OTHERS=> state<=s0; z<='0';
      END CASE;
    END IF;
  END PROCESS;
END;
```

例 9.6 的 RTL 综合视图如图 9.9 所示,其门级综合视图如图 9.10 所示(综合时采用了格雷编码),对比图 9.7 和图 9.10 可以看到有明显的区别,前者由 2 个触发器和逻辑门电路实现,后者由 3 个触发器构成,输出逻辑 z 也通过 D 触发器输出,这样做带来的好处是:相当于用时钟信号来同步输出信号,可以克服输出逻辑出现毛刺的问题,适合在一些让输出信号作为控制逻辑的场合使用,可有效避免产生错误控制动作的可能。

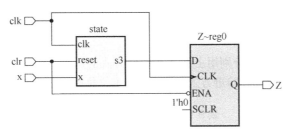

图 9.9 单进程描述的"101"序列检测器 RTL 级综合视图

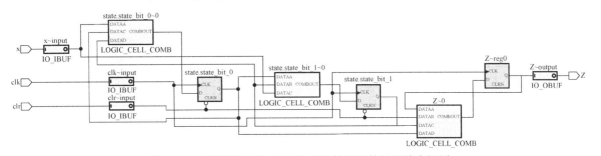

图 9.10 单进程描述的"101"序列检测器的门级综合视图

9.3 状态编码

有限状态机中的状态,可以采用枚举类型进行定义,综合时,综合器会自动分配一组二进制数,来编码每个状态。

9.3.1 常用的编码方式

常用的编码方式有顺序编码、格雷编码、约翰逊编码和 1 位热码编码等。

1．顺序编码（Sequential State Machine Encoding）

顺序编码采用顺序的二进制数编码每个状态。比如，如果有 4 个状态分别为 state0、state1、state2、state3，其二进制编码每个状态所对应的码字为 00、01、10、11。顺序编码的缺点是在从一个状态转换到相邻状态时，有可能有多个比特位同时发生变化，瞬变次数多，容易产生毛刺，引发逻辑错误。

2．格雷编码（Gray Code）

如果将 state0、state1、state2、state3 四个状态编码为 00、01、11、10，即为格雷编码方式。格雷码节省逻辑单元，而且在状态的顺序转换中（state0→state1→state2→state3→state0→…），相邻状态每次只有 1 比特位产生变化，这样减少了瞬变的次数，也减少了产生毛刺和一些暂态的可能。

3．约翰逊编码（Johnson State Machine Encoding）

在约翰逊计数器的基础上引出约翰逊编码，约翰逊计数器是一种移位计数器，采用的是把输出的最高位取反，反馈送到最低位触发器的输入端。约翰逊编码每相邻两个码字间也只有 1 比特位是不同的。如果有 6 个状态 state0~state5，用约翰逊编码为 000、001、011、111、110、100。

4．1 位热码（One-Hot Encoding）

1 位热码是采用 n 位（或 n 个触发器）来编码具有 n 个状态的状态机。比如，对于 state0、state1、state2、state3 四个状态可用码字 1000、0100、0010、0001 来代表。如果有 A、B、C、D、E、F 共 6 个状态需要编码，若用顺序编码只需 3 位即可实现，但用 1 位热码则需 6 位，分别为 000001、000010、000100、001000、010000、100000。

如表 9.1 所示是对 16 个状态分别用上述 4 种编码方式的对比，可以看出，为 16 个状态编码，顺序编码和格雷编码均需要 4 位，约翰逊方式需要 8 位，1 位热码则需要 16 位。

表 9.1 4 种编码方式的对比

状态	顺序编码	格雷编码	约翰逊编码	1 位热码
state0	0000	0000	00000000	0000000000000001
state1	0001	0001	00000001	0000000000000010
state2	0010	0011	00000011	0000000000000100
state3	0011	0010	00000111	0000000000001000
state4	0100	0110	00001111	0000000000010000
state5	0101	0111	00011111	0000000000100000
state6	0110	0101	00111111	0000000001000000
state7	0111	0100	01111111	0000000010000000
state8	1000	1100	11111111	0000000100000000
state9	1001	1101	11111110	0000001000000000
state10	1010	1111	11111100	0000010000000000
state11	1011	1110	11111000	0000100000000000
state12	1100	1010	11110000	0001000000000000
state13	1101	1011	11100000	0010000000000000
state14	1110	1001	11000000	0100000000000000
state15	1111	1000	10000000	1000000000000000

采用 One-Hot 编码，虽然多用了触发器，但可以有效节省和简化译码电路。对于 FPGA 器件来说，采用 1 位热码编码可以有效提高电路的速度和可靠性，也有利于提高器件资源的利用率。因此，对于 FPGA 器件，建议采用该编码方式。

可通过综合器指定编码方式，如在 Quartus Prime 软件中，选择菜单 Assignments→Settings，在弹出的页面的 Category 栏中选 Compiler Settings 选项，单击 Advanced Settings（Synthesis）…按钮，在弹出的对话框的 State Machine Processing 栏中选择需要的编码方式，可选的编码方式有 Auto、Gray、Johnson、Minimal Bit、One-Hot、Sequential、User-Encoded 等几种，如图 9.11 所示，可以根据需要选择合适的编码方式。

在图 9.11 中，还可以设置 Safe State Machine 选项为 On，这样就使能了安全状态机，防止状态机跑飞和进入无效死循环的可能性，尤其在选择了 One-Hot 这样无效状态多的编码方式后，更需要使能该选项。

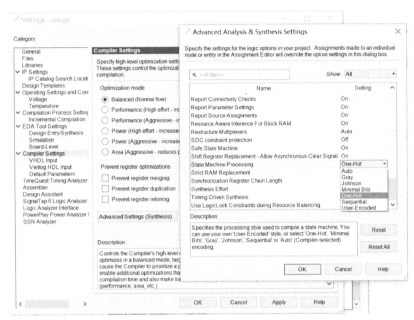

图 9.11　选择编码方式（Quartus Prime）

9.3.2　状态编码的定义

在采用符号化的状态定义的状态机设计中，综合器在综合时，会自动为每一个状态进行编码，为每个状态选择一组二进制码字。

用户可以直接干预，人为设置编码方式，在 VHDL 程序中，可以采用常数定义的形式，直接为每个状态编码。比如，对于例 9.5 的"101"序列检测器，可以采用如下的编码定义：

```
SIGNAL state: STD_LOGIC_VECTOR(1 DOWNTO 0);
CONSTANT s0: STD_LOGIC_VECTOR(1 DOWNTO 0) :="00";
CONSTANT s1: STD_LOGIC_VECTOR(1 DOWNTO 0) :="01";
CONSTANT s2: STD_LOGIC_VECTOR(1 DOWNTO 0) :="11";
CONSTANT s3: STD_LOGIC_VECTOR(1 DOWNTO 0) :="10";
```

显然，上面采用的是格雷（gray）编码方式。

例 9.7 是采用格雷编码方式的"101"序列检测器源码，采用了常数定义的形式直接对 s0～s3 四个状态做了格雷编码。

【例 9.7】　"101"序列检测器（gray 编码）。

```
LIBRARY IEEE;
  USE IEEE.STD_LOGIC_1164.ALL;
ENTITY fsm_seq101_gray IS
```

```vhdl
      PORT(clk,clr,x: IN STD_LOGIC;           --X 是序列检测器的输入
           Z: OUT STD_LOGIC);                  --Z 是序列检测器的输出
END;
ARCHITECTURE one OF fsm_seq101_gray IS
SIGNAL state: STD_LOGIC_VECTOR(1 DOWNTO 0);
                      --用常量实现 gray 编码
CONSTANT s0: STD_LOGIC_VECTOR(1 DOWNTO 0) :="00";  --编码 s0
CONSTANT s1: STD_LOGIC_VECTOR(1 DOWNTO 0) :="01";  --编码 s1
CONSTANT s2: STD_LOGIC_VECTOR(1 DOWNTO 0) :="11";  --编码 s2
CONSTANT s3: STD_LOGIC_VECTOR(1 DOWNTO 0) :="10";  --编码 s3
BEGIN
csns:PROCESS(clk,clr)                         --该进程描述现态和次态
  BEGIN
    IF clr='1' THEN state <=s0;               --异步复位
    ELSIF clk'EVENT AND clk='1'  THEN
     CASE state IS
       WHEN s0=> IF x='1' THEN state<=s1;
                 ELSE state <=s0;  END IF;
       WHEN s1=> IF x='0' THEN state<=s2;
                 ELSE state<=s1;  END IF;
       WHEN s2=> IF x='1' THEN state<=s3;
                 ELSE state<=s0;  END IF;
       WHEN s3=> IF x='1' THEN state<=s1;
                 ELSE state<=s2;  END IF;
       WHEN OTHERS=> state<=s0;
     END CASE;
   END IF;
END PROCESS csns;
ol:PROCESS(state)                             --产生输出逻辑(OL)
BEGIN
   CASE state IS
       WHEN s3=> z<='1';
       WHEN OTHERS=> z<='0';
   END CASE;
END PROCESS ol;
END;
```

例 9.7 的采用 gray 编码的 "101" 序列检测器 RTL 综合视图如图 9.12 所示。

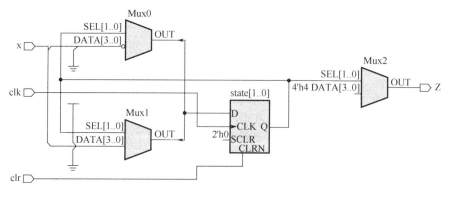

图 9.12 采用 gray 编码的 "101" 序列检测器 RTL 综合视图

例 9.8 是一个 "1111" 序列检测器（输入序列中有 4 个或 4 个以上连续的 1 出现，输出为 1, 否则

输出为0）的例子，使用了单进程描述方式，图9.13是该序列检测器状态机视图。

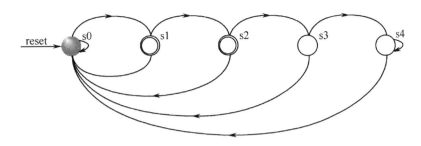

图9.13 "1111"序列检测器状态机视图

【例9.8】 "1111"序列检测器的VHDL描述（单进程描述CS+NS+OL）。

```
LIBRARY IEEE;
  USE IEEE.STD_LOGIC_1164.ALL;
ENTITY fsm_seq IS
  PORT(clk,reset: IN STD_LOGIC;
               x: IN STD_LOGIC;              --X 是序列检测器的输入
               Z: OUT STD_LOGIC);            --Z 是序列检测器的输出
END;
ARCHITECTURE one OF fsm_seq IS
SIGNAL state: STD_LOGIC_VECTOR(4 DOWNTO 0);
                        --用常量定义实现 One-Hot 编码
CONSTANT s0: STD_LOGIC_VECTOR(4 DOWNTO 0) :="00001";   --编码 s0
CONSTANT s1: STD_LOGIC_VECTOR(4 DOWNTO 0) :="00010";   --编码 s1
CONSTANT s2: STD_LOGIC_VECTOR(4 DOWNTO 0) :="00100";   --编码 s2
CONSTANT s3: STD_LOGIC_VECTOR(4 DOWNTO 0) :="01000";   --编码 s3
CONSTANT s4: STD_LOGIC_VECTOR(4 DOWNTO 0) :="10000";   --编码 s4
BEGIN
PROCESS(clk,reset)                           --单进程描述
    BEGIN
      IF reset='1' THEN state<=s0;           --异步复位
      ELSIF clk'EVENT AND clk='1'  THEN
       CASE state IS
         WHEN s0=> IF x='1' THEN state<=s1; z<='0';
                   ELSE state <=s0; z<='0';  END IF;
         WHEN s1=> IF x='1' THEN state<=s2; z<='0';
                   ELSE state <=s0; z<='0';  END IF;
         WHEN s2=> IF x='1' THEN state<=s3; z<='0';
                   ELSE state <=s0; z<='0';  END IF;
         WHEN s3=> IF x='1' THEN state<=s4; z<='1';
                   ELSE state<=s0; z<='0';   END IF;
         WHEN s4=> IF x='1' THEN state<=s4; z<='1';
                   ELSE state<=s0; z<='0';   END IF;
         WHEN OTHERS=> state<=s0; z<='0';    --默认状态为初始状态
       END CASE;
    END IF;
  END PROCESS;
END one;
```

例9.8采用"1111"序列检测器RTL级综合视图如图9.14所示，可以看到，输出逻辑Z也由寄存器输出。

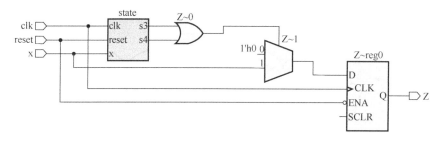

图 9.14 "1111" 序列检测器 RTL 级综合视图

9.3.3 用属性指定状态编码方式

可采用属性来指定状态编码方式，属性的格式没有统一的标准，在各综合工具中是不同的。比如，在 Quartus Prime 中可以采用 ATTRIBUTE 语句将 state 信号的编码方式定义为 gray 方式：

```
TYPE state_type IS(s0,s1,s2,s3);      --定义枚举数据类型
SIGNAL state: state_type;             --定义枚举信号
ATTRIBUTE ENUM_ENCODING: STRING;
ATTRIBUTE ENUM_ENCODING OF state_type: TYPE IS "gray";
```

在 Quartus Prime 中采用属性语句可指定的编码方式包括：

- "default"为默认方式，在该方式下根据状态的数量选择编码方式，状态数少于 5 个选择顺序编码；状态数在 5~50 个之间，选择 One-Hot 编码方式；状态数超过 50 个，选择 gray 编码方式。
- "one-hot"为 1 位热码方式。
- "sequential"为顺序编码方式。
- "gray"为格雷编码方式。
- "johnson"为约翰逊编码方式。
- "compact"为最少比特编码方式。
- "user"为用户自定义方式，用户可采用常数定义状态编码。

比如：

```
TYPE state IS (A, B, C, D);
ATTRIBUTE enum_encoding: STRING;
ATTRIBUTE enum_encoding OF state: TYPE IS "sequential";
   --编码结果：A="00", B="01", C="10", D="11"
```

上面的"user"方式为用户自定义编码方式，设计者可以手动为状态进行编码，比如：

```
TYPE state_type IS(s0,s1,s2,s3);
SIGNAL state: state_type;
ATTRIBUTE ENUM_ENCODING: STRING;
ATTRIBUTE ENUM_ENCODING OF state_type: TYPE IS "1110 1101 1011 0111";
```

注：用 ATTRIBUTE 属性来指定状态编码方式，其优先级要高于综合软件设置的编码方式。比如，上面的用户自定义编码方式将 S0，S1，S2，S3 编码为"1110 1101 1011 0111"，如果在 Quartus Prime 的 State Machine Processing 中选择的是 Gray（格雷）码，那么实际综合的效果是按用户自定义的"1110 1101 1011 0111"来编码的。

还可以采用属性语句将编码方式指定为安全（"safe"）编码方式，有多余或无效状态的编码方式都是非安全的，有跑飞和进入无效死循环的可能性，尤其是 One-Hot 编码方式，有大量无效状态。采用 ATTRIBUTE 语句将编码方式指定为安全（"safe"）方式后，综合器会增加额外的处理电路，防止状态机进入无效死循环，或者进入无效死循环会自动退出。

下面的语句采用 ATTRIBUTE 语句将 state 信号的编码方式定义为"safe,one-hot"方式。

```
TYPE state_type IS(s0,s1,s2,s3);      --定义枚举数据类型
```

```
    SIGNAL state: state_type;              --定义枚举信号
    ATTRIBUTE ENUM_ENCODING: STRING;
    ATTRIBUTE ENUM_ENCODING OF state_type: TYPE IS "safe,one-hot";
```

例 9.9 是采用 ATTRIBUTE 语句对例 9.7 的"101"序列检测器进行了改写,该程序采用 ATTRIBUTE 语句将 s0~s3 四个状态指定为 safe，One-Hot 编码方式。

【例 9.9】 "101"序列检测器（用 ATTRIBUTE 语句指定 One-Hot 编码方式）。

```
LIBRARY IEEE;
  USE IEEE.STD_LOGIC_1164.ALL;
ENTITY fsm_seq101_attrib IS
  PORT(clk,clr,x: IN STD_LOGIC;          --x 是序列检测器的输入
              Z: OUT STD_LOGIC);          --Z 是序列检测器的输出
END;
ARCHITECTURE one OF fsm_seq101_attrib IS
  TYPE state_type IS(s0,s1,s2,s3);        --定义枚举数据类型
  SIGNAL state: state_type;               --定义枚举信号
  ATTRIBUTE ENUM_ENCODING: STRING;
  ATTRIBUTE ENUM_ENCODING OF state_type: TYPE IS "safe,one-hot";
BEGIN
  PROCESS(clk,clr)                        --该进程描述现态
  BEGIN
    IF clr='1' THEN state<=s0;            --异步复位
    ELSIF clk'EVENT AND clk='1' THEN
      CASE state IS
        WHEN s0=> IF x='1' THEN state<=s1; z<='0';
                  ELSE state<=s0; z<='0'; END IF;
        WHEN s1=> IF x='0' THEN state<=s2; z<='0';
                  ELSE state<=s1; z<='0'; END IF;
        WHEN s2=> IF x='1' THEN state<=s3; z<='0';
                  ELSE state<=s0; z<='0'; END IF;
        WHEN s3=> IF x='1' THEN state<=s1; z<='1';
                  ELSE state<=s2; z<='1'; END IF;
        WHEN OTHERS=> state<=s0; z<='0';
      END CASE;
    END IF;
  END PROCESS;
END;
```

9.4 有限状态机设计要点

本节讨论状态机设计中需注意的几个要点,包括起始状态的选择、复位和多余状态的处理等。

9.4.1 起始状态的选择和复位

1. 起始状态的选择

起始状态是指电路复位后所处的状态,选择一个合理的起始状态将使整个系统简洁、高效。多数 EDA 软件会自动为基于状态机的设计选择一个最佳起始状态。

状态机一般都应设计为同步方式,并由一个时钟信号来触发。实用的状态机都应该设计为由唯一

时钟边沿触发的同步运行方式。时钟信号和复位信号对每一个有限状态机来说都是很重要的。

2. 有限状态机的同步复位

实用的状态机都应该有复位信号。与其他时序逻辑电路一样，有限状态机的复位有同步复位和异步复位两种。

同步复位信号在时钟的跳变沿到来时，对有限状态机进行复位操作，同时把复位值赋给输出信号并使有限状态机回到起始状态。在描述带同步复位信号的有限状态机的过程中，当同步复位信号到来时，为了避免在状态转移进程中的每个状态分支中都指定到起始状态的转移，可以在状态转移进程的开始部分加入一个对同步复位信号进行判断的 IF 语句：如果同步复位信号有效，则直接进入到空闲状态并将复位值赋给输出信号；如果复位信号无效，则执行接下来的正常状态转移进程。

在描述带同步复位的有限状态机时，对同步复位信号进行判断的 IF 语句中，如果不指定输出信号的值，那么输出信号将保持原来的值不变。这种情况会需要额外的寄存器来保持原值，从而增加了资源耗用，因此应该在 IF 语句中指定输出信号的值。有时可以指定在复位时输出信号的值是任意值，这样在逻辑综合时会忽略它们。

3. 有限状态机的异步复位

如果只需要在上电和系统错误时进行复位操作，那么采用异步复位方式要比同步复位方式好。这样做的主要原因是：同步复位方式占用较多的额外资源，而异步复位可以消除引入额外寄存器的可能性；而且带有异步复位信号的 VHDL 语言描述十分简单，只需在描述状态寄存器的进程中引入异步复位信号即可。

9.4.2 多余状态的处理

在状态机设计中，通常会出现大量的多余状态，比如采用 n 位状态编码，则总的状态数为 2^n，因此会出现多余状态，或称为无效状态、非法状态等。尤其是采用 One-Hot 编码后，会出现较多的无效状态。

一般有如下两种处理多余状态的方法：
（1）在 CASE 语句中用 WHEN OTHERS 分支决定如果进入无效状态所采取的措施。
（2）编写必要的 VHDL 源代码明确定义进入无效状态所采取的行为。

比如，例 9.10 是一个用状态机实现除法运算的例子，共有 3 个有效状态，如果每个状态用二位编码，会产生 1 个多余状态；如果采用 One-Hot 编码，则会有 5 个多余状态。在本例中，采用 WHEN OTHERS 语句定义了一旦进入无效状态后所应进入的次状态，这从理论上消除了陷入无效死循环的可能。不过需要注意的是，并非所有的综合软件都能按照 WHEN OTHERS 语句所指示的那样，综合出有效避免无效死循环的电路，所以这种方法的有效性，应视所用综合软件的性能而定。

【例 9.10】 用有限状态机设计除法电路。

```
LIBRARY IEEE;
  USE IEEE.STD_LOGIC_1164.ALL;
  USE IEEE.STD_LOGIC_UNSIGNED.ALL;
ENTITY division IS
  PORT(a,b:IN STD_LOGIC_VECTOR(3 DOWNTO 0);        --被除数和除数
       clk:IN STD_LOGIC;
    result,yu:BUFFER STD_LOGIC_VECTOR(3 DOWNTO 0));  --商和余数
END;
ARCHITECTURE one OF division IS
TYPE state_type IS(s0,s1,s2);
SIGNAL state:state_type;
```

```
  BEGIN
PROCESS(a,b,clk)
  VARIABLE m,n: STD_LOGIC_VECTOR(3 DOWNTO 0);
  BEGIN
    IF RISING_EDGE(clk)  THEN
    CASE state IS
        WHEN s0=>
            IF a>=b THEN n := a-b; m:="0001";state<=s1;
            ELSIF a<b THEN m: ="0000";n :=a;state<=s2;END IF;
        WHEN s1=>
            IF n>=b THEN m :=m+1;n :=n-b;state<=s1;
            ELSIF n<b THEN state<=s2;END IF;
        WHEN s2=>
            result<= m;yu <=n;state<=s0;
            WHEN OTHERS=> state<=s0;
    END CASE;   END IF;
END PROCESS;
END;
```

例 9.10 的除法运算电路状态图（State Machine Viewer）如图 9.15 所示，可见 Quartus Prime 自动为其选择了起始状态 s0，如果进行仿真，其功能仿真波形如图 9.16 所示。

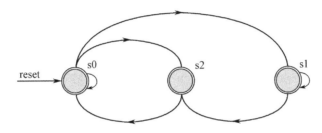

图 9.15　除法运算电路状态图

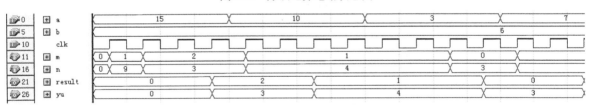

图 9.16　除法运算电路功能仿真波形图

9.5　用有限状态机控制流水灯

采用有限状态机实现彩灯控制器，控制 10 路 LED 灯实现如下的演示花型：
- 从右至左逐个亮，全灭。
- 从左至右逐个亮，全灭。
- 循环执行上述过程。

本例的 VHDL 描述如例 9.11 所示，彩灯控制器状态机采用双进程描述：一个用于实现状态转移，另一个用于产生输出逻辑，从而使整个设计结构清晰。

【例 9.11】　用状态机控制 10 路 LED 灯实现花型演示。

```
LIBRARY IEEE;
```

```vhdl
  USE IEEE.STD_LOGIC_1164.ALL;
  USE WORK.ex_pkg.ALL;         --clk_div元件声明放在ex_pkg程序包中
ENTITY led IS
  PORT(clk50m,reset: IN STD_LOGIC;
    led: OUT STD_LOGIC_VECTOR(9 DOWNTO 0));      --led是输出信号
END led;
----------------------------------------------------------
ARCHITECTURE one OF led IS
TYPE stype IS(s0,s1,s2,s3,s4,s5,s6,s7,s8,s9,
s10,s11,s12,s13,s14,s15,s16,s17,s18,s19);     --定义枚举数据类型
  SIGNAL state: stype;                        --定义枚举信号
SIGNAL count:STD_LOGIC_VECTOR(22 DOWNTO 0);
SIGNAL clk10hz:STD_LOGIC;
BEGIN
i1: clk_div                                --clk_div源码见例8.22
    GENERIC MAP(FREQ => 10)                --产生10Hz时钟信号
    PORT MAP (clk=>clk50m,
              clr=>'1',
          clk_out=>clk10hz);
PROCESS(clk10hz)                           --此进程描述状态转移
BEGIN
IF clk10hz'EVENT AND clk10hz='1' THEN
IF reset='0' THEN STATE<=S0;               --同步复位
ELSE
   CASE STATE IS
       WHEN S0=>STATE<=S1;    WHEN S1=>STATE<=S2;
       WHEN S2=>STATE<=S3;    WHEN S3=>STATE<=S4;
       WHEN S4=>STATE<=S5;    WHEN S5=>STATE<=S6;
       WHEN S6=>STATE<=S7;    WHEN S7=>STATE<=S8;
       WHEN S8=>STATE<=S9;    WHEN S9=>STATE<=S10;
       WHEN S10=>STATE<=S11;  WHEN S11=>STATE<=S12;
       WHEN S12=>STATE<=S13;  WHEN S13=>STATE<=S14;
       WHEN S14=>STATE<=S15;  WHEN S15=>STATE<=S16;
       WHEN S16=>STATE<=S17;  WHEN S17=>STATE<=S18;
       WHEN S18=>STATE<=S19;  WHEN S19=>STATE<=S0;
       WHEN OTHERS=>STATE<=S0;
   END CASE;  END IF;  END IF;
END PROCESS;
PROCESS(STATE)                             --此进程产生输出逻辑(OL)
BEGIN
   CASE STATE IS
     WHEN S0 =>led<="0000000000";          --全灭
     WHEN S1 =>led<="0000000001";          --从两边往中间逐个亮
     WHEN S2 =>led<="0000000011";
     WHEN S3 =>led<="0000000111";
     WHEN S4 =>led<="0000001111";
     WHEN S5 =>led<="0000011111";
     WHEN S6 =>led<="0000111111";
     WHEN S7 =>led<="0001111111";
     WHEN S8 =>led<="0011111111";
     WHEN S9 =>led<="0111111111";
     WHEN S10=>led<="1111111111";          --全灭
```

```
          WHEN S11=>led<="0111111111";           --从中间往两头逐个亮
          WHEN S12=>led<="0011111111";
          WHEN S13=>led<="0001111111";
          WHEN S14=>led<="0000111111";
          WHEN S15=>led<="0000011111";
          WHEN S16=>led<="0000001111";
          WHEN S17=>led<="0000000111";
          WHEN S18=>led<="0000000011";
          WHEN S19=>led<="0000000001";
       END CASE;
   END PROCESS;
END one;
```

注：上例中由于clk_div元件声明放在ex_pkg程序包中，故在结构体中不需再声明，直接例化即可，ex_pkg程序包源码见例8.24，clk_div源码见例8.22。

有多种方法可完成引脚的分配和锁定，此处专门进行说明，在平时的设计过程中可选择其中一种或者混合使用完成引脚的分配以及进行引脚电压的指定，以提高设计效率。

1. 用Pin Planner直接分配

引脚分配和锁定最直接的方法是使用Pin Planner，选择菜单Assignments→Pin Planner，在如图9.17所示的Pin Planner界面中直接分配引脚（在Location栏）并指定引脚电压（在I/O Standard栏）。

2. 用.qsf文件配置

.qsf（Quartus Settings File）文件中包含了Quartus工程的所有约束，包括工程信息、器件信息、引脚约束、编译约束和用于Classic Timing Analyzer的时序约束。

（1）.qsf文件会通过编译产生，在当前工程目录下直接找到并进行编辑。

（2）也可以专门导出.qsf文件：选择菜单Assignments→Export Assignments…，出现如图9.18所示的对话框，填写文件路径和名称，导出.qsf文件。

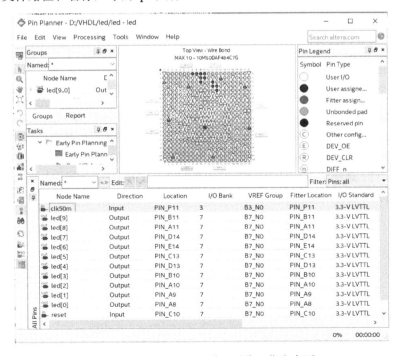

图9.17 用Pin Planner分配引脚、指定电压

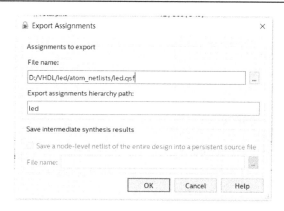

图 9.18 导出 .qsf 文件

（3）用 Quartus 自带的编辑器或者第三方文本编辑器（如 Notepad++），打开 .qsf 文件，编辑该文件进行引脚分配。打开本例的 led.qsf 文件，可以看到，文件中包含了器件信息、源文件、顶层实体、引脚约束等各种信息，可在其中添加和修改引脚锁定信息和引脚电压等，编辑完成的 led.qsf 文件中有关器件和引脚锁定的内容如下：

```
set_global_assignment -name FAMILY "MAX 10"
set_global_assignment -name DEVICE 10M50DAF484C7G
set_global_assignment -name TOP_LEVEL_ENTITY led
set_location_assignment PIN_P11 -to clk50m
set_location_assignment PIN_C10 -to reset
set_location_assignment PIN_B11 -to led[9]
set_location_assignment PIN_A11 -to led[8]
set_location_assignment PIN_D14 -to led[7]
set_location_assignment PIN_E14 -to led[6]
set_location_assignment PIN_C13 -to led[5]
set_location_assignment PIN_D13 -to led[4]
set_location_assignment PIN_B10 -to led[3]
set_location_assignment PIN_A10 -to led[2]
set_location_assignment PIN_A9 -to led[1]
set_location_assignment PIN_A8 -to led[0]
```

3. 用 TCL 文件配置

TCL（Tool Command Language）即工具命令语言，也称为脚本语言（Scripting Language）。TCL 是一种解释性语言，不需要通过编译，它像 SHELL 语言一样，直接对每条语句顺序解释执行。

在 Quartus 中可使用 TCL 脚本文件对引脚进行配置，其过程如下。

（1）导出 .tcl 文件：选择菜单 Project→Generate Tcl File for Project…，弹出如图 9.19 所示的对话框，在其中填写文件路径和名称，导出 .tcl 文件。

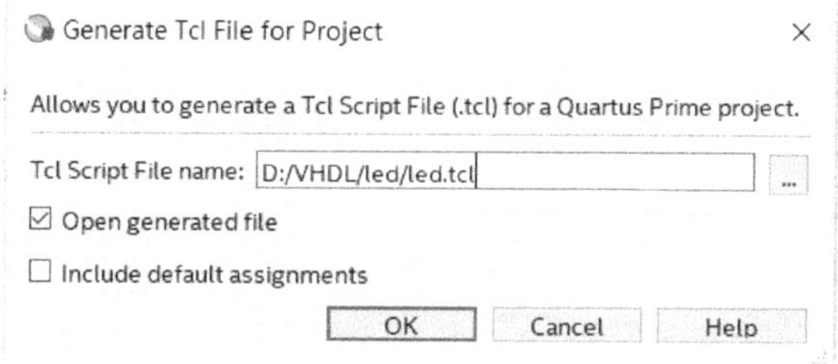

图 9.19 导出 .tcl 文件

（2）编辑.tcl 文件：用 Quartus（或第三方文本编辑器，如 Notepad++）打开.tcl 文件，可以看到，文件中包含了器件、源文件、引脚约束、电压设定等信息，可在文件中通过文本编辑的方式添加和修改引脚锁定信息和引脚电压，采用复制粘贴等方式提高引脚分配的效率。本例的 led.tcl 文件中有关引脚锁定的内容如图 9.20 所示。

```
61    set_global_assignment -name USE_CONFIGURATION_DEVICE ON
62    set_global_assignment -name CRC_ERROR_OPEN_DRAIN OFF
63    set_global_assignment -name RESERVE_ALL_UNUSED_PINS_WEAK_PULLUP "AS INPU
64    set_global_assignment -name STRATIX_DEVICE_IO_STANDARD "3.3-V LVTTL"
65    set_global_assignment -name OUTPUT_IO_TIMING_NEAR_END_VMEAS "HALF VCCIO"
66    set_global_assignment -name OUTPUT_IO_TIMING_NEAR_END_VMEAS "HALF VCCIO"
67    set_global_assignment -name OUTPUT_IO_TIMING_FAR_END_VMEAS "HALF SIGNAL
68    set_global_assignment -name OUTPUT_IO_TIMING_FAR_END_VMEAS "HALF SIGNAL
69    set_location_assignment PIN_C10 -to reset
70    set_location_assignment PIN_P11 -to clk50m
71    set_location_assignment PIN_B11 -to led[9]
72    set_location_assignment PIN_A11 -to led[8]
73    set_location_assignment PIN_D14 -to led[7]
74    set_location_assignment PIN_E14 -to led[6]
75    set_location_assignment PIN_C13 -to led[5]
76    set_location_assignment PIN_D13 -to led[4]
77    set_location_assignment PIN_B10 -to led[3]
78    set_location_assignment PIN_A10 -to led[2]
79    set_location_assignment PIN_A9 -to led[1]
80    set_location_assignment PIN_A8 -to led[0]
```

图 9.20　在 led.tcl 文件中编辑引脚锁定信息

（3）添加和运行.tcl 文件：编辑完成.tcl 文件后，选择菜单 Tools→Tcl Scripts...，出现如图 9.21 所示的界面，单击 Add to Project 按钮，将 led.tcl 文件添加到当前工程中，再单击 Run 按钮，运行该文件。运行后再打开 Pin-Planner 界面会看到引脚分配已经生效。

4．用.csv 文件进行引脚分配

（1）使用 Notepad++或其他文本编辑器在当前工程目录下新建一个.csv 文件，其格式和内容如下，完成后将其存盘为 led.csv 文件。

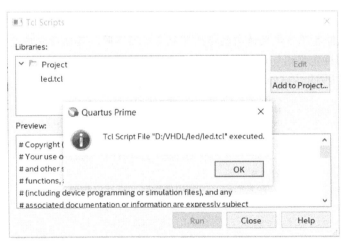

图 9.21　添加和运行.tcl 文件

注：To 和 Location 中间，引脚名和引脚号中间的半角逗号不能遗漏。

```
to,      location
clk50m,  PIN_P11
reset,   PIN_C10
led[0],  PIN_A8
led[1],  PIN_A9
led[2],  PIN_A10
led[3],  PIN_B10
led[4],  PIN_D13
```

```
led[5],    PIN_C13
led[6],    PIN_E14
led[7],    PIN_D14
led[8],    PIN_A11
led[9],    PIN_B11
```

(2)在 Quartus 软件中,选择菜单 Assignments→Import Assignments,在如图 9.22 所示的对话框中,找到刚生成的 led.csv 文件,单击 OK 按钮调入该文件。

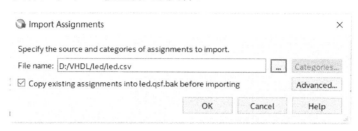

图 9.22　在 Import Assignments 对话框中调入 led.csv 文件

(3)调入 led.csv 文件后,引脚分配已经生效,此时可选择菜单 Assignments→Pin Planner,在 Pin Planner 界面中(参见图 9.17)验证引脚分配是否已生效。

5. 用 chip_pin 属性语句进行引脚的锁定

还可以采用属性语句进行引脚的分配,EDA 软件支持使用属性(ATTRIBUTE)来完成一些特定的功能,实现诸如引脚锁定、布局布线控制、指定约束条件等功能。采用属性语句进行引脚定义应注意两点:首先须预先指定目标器件,其次只能在顶层设计文件中定义。

本例用 chip_pin 属性语句进行引脚锁定可如例 9.13 这样定义,本例只给出引脚锁定部分,其余部分与例 9.11 相同。

注:不同 EDA 软件其属性定义语句的格式可能会有所不同,具体用法应查阅软件的使用说明。

【**例 9.13**】　用属性定义语句进行引脚锁定。

```
/*  引脚锁定基于DE10-Lite,芯片预先指定为10M50DAF484C7G  */
ENTITY led IS
  PORT(clk50m,reset: IN STD_LOGIC;
    led: OUT STD_LOGIC_VECTOR(9 DOWNTO 0));      --led是输出信号
END led;
----------------------------------------------------------------
ARCHITECTURE one OF led IS
ATTRIBUTE chip_pin :   STRING;   --利用属性定义进行引脚锁定
ATTRIBUTE chip_pin OF clk50m : SIGNAL IS "P11";
ATTRIBUTE chip_pin OF reset : SIGNAL IS "C10";
ATTRIBUTE chip_pin OF led:SIGNAL IS "B11,A11,D14,E14,C13,D13,B10,A10,A9,A8";
TYPE stype IS(s0,s1,s2,s3,s4,s5,s6,s7,s8,s9,
    s10,s11,s12,s13,s14,s15,s16,s17,s18,s19);      --定义枚举数据类型
 ......
```

注:对 FPGA 的引脚还应注意如下几点。

(1)FPGA 的引脚可分为电源引脚、时钟引脚、配置引脚、普通 I/O 引脚四种。以图 9.23 所示的 Pin Planner 界面下的芯片引脚顶视图为例(芯片为 10M50DAF484C7G),图中右侧为各种引脚的标注:图中不同颜色代表不同的 Bank;三角形为电源引脚(正三角为 VCC,倒三角为 GND,三角中为 O 属于 I/O 电源引脚,为 I 则为内核电源);圆形标记的引脚为普通 I/O 引脚;正方形且内部有时钟信号的为全局时钟引脚;五边形引脚为配置引脚。

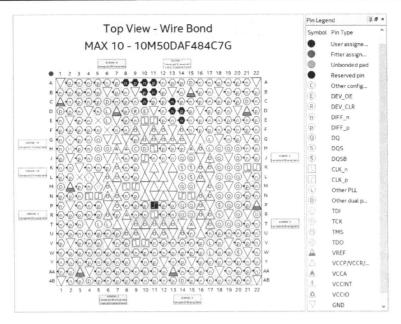

图 9.23　Pin Planner 界面下芯片引脚顶视图

（2）默认 I/O 电压标准的设置：选择菜单 Assignments→Device，单击 Device and Pin Options 按钮，弹出如图 9.24 所示的对话框，单击左边的 Voltage 选项，在右侧将 Default I/O standard 设置为 3.3-V LVTTL，或者设置为 3.3-V LVCMOS。由于大部分开发板的 I/O 电压为 3.3V，因此在此处将 FPGA 引脚的默认 I/O 电压设置为 3.3V。

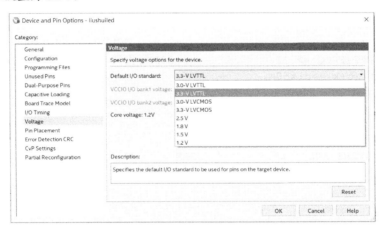

图 9.24　设置默认 I/O 电压标准

（3）双用途引脚（Dual-Purpose Pins）的设置：有的引脚（比如 nCEO 引脚）属于双用途引脚，在 FPGA 配置阶段可作为下载引脚使用；配置完成后，也可以当作普通 I/O 引脚使用。此类引脚用作普通 I/O 时需做必要的设置，否则在编译时会报错。设置的方法如下：选择菜单 Assignments→Device，单击 Device and Pin Options 按钮，单击 Dual-Purpose Pins，找到 nCEO 引脚，在下拉菜单中选择 Use as regular I/O 选项，单击 OK 按钮。

本例在引脚锁定后，用 Quartus Prime 软件重新编译工程，然后在 DE10-Lite 目标板上下载，观察 10 个 LED 灯（LEDR9～LEDR0）的实际演示效果。采用有限状态机控制流水灯，结构清晰，修改方便，可在本设计的基础上编程实现更多演示花型。

9.6 用状态机控制交通灯

用状态机设计交通灯控制器，设计要求：A 路和 B 路，每路都有红、黄、绿三种灯，持续时间为：红灯 45 s，黄灯 5 s，绿灯 40 s。A 路和 B 路灯的状态转换如下。

（1）A 绿，B 红（持续时间 10 s）。

（2）A 黄，B 红（持续时间 2 s）。

（3）A 红，B 绿（持续时间 8 s）。

（4）A 红，B 黄（持续时间 2 s）。

另外，增加两个控制信号 ctr_a 和 ctr_b，当 ctr_a 为 0 时，保持 A 绿，B 红状态不再改变，即 A 路一直保持畅通；当 ctr_b 为 0 且 ctr_a 不为 0 时，保持 A 绿，B 红状态不再改变，B 路一直保持畅通。

本例的 VHDL 描述如例 9.14 所示，采用双进程描述：一个用于实现状态转移，另一个用于产生输出逻辑，控制 6 路灯。

【例 9.14】 用状态机实现交通灯控制器。

```
LIBRARY IEEE;
  USE IEEE.STD_LOGIC_1164.ALL;
  USE WORK.ex_pkg.ALL;              --含 clk_div 器件声明
ENTITY traffic_light IS
    PORT(clk50m, ctr_a, ctr_b: IN STD_LOGIC;
         ra, rb, ga, gb, ya, yb: INOUT STD_LOGIC);
END traffic_light;
ARCHITECTURE behave OF traffic_light IS
SIGNAL state, nextstate: INTEGER RANGE 0 TO 21;
SIGNAL clk1hz : STD_LOGIC;
BEGIN
i1: clk_div                         --clk_div 源码见例 8.22
    GENERIC MAP(FREQ => 1)          --从 50MHz 得到 1Hz 时钟
      PORT MAP (clk =>clk50m,
           clr => '1',
         clk_out => clk1hz);
PROCESS(clk1hz)
BEGIN
  IF clk1hz'EVENT AND clk1hz = '1'  THEN
    state <= nextstate;
  END IF;
END PROCESS;
PROCESS(state, ctr_a, ctr_b)
BEGIN
  ra <= '0'; rb <= '0'; ga <= '0'; gb <= '0'; ya <= '0'; yb <= '0';
   CASE state IS
    WHEN 0 TO 8 => ga <= '1'; rb <= '1'; nextstate <= state+1;
    WHEN 9 => ga <= '1'; rb <= '1';
      IF ctr_a = '1' THEN nextstate <= 10; END IF;
          --若 ctr_a 为 0，则将一直保持在该状态（A 绿，B 红）
    WHEN 10 to 11 => ya <= '1'; rb <= '1'; nextstate <=  state+1;
    WHEN 12 to 18 => ra <= '1'; gb <= '1'; nextstate <= state+1;
    WHEN 19 => ra <= '1'; gb <= '1';
      IF(ctr_b='1' or ctr_a='0') THEN nextstate <= 20; END IF;
    WHEN 20 => ra <= '1'; yb <= '1'; nextstate <= 21;
```

```
            WHEN 21 => ra <= '1'; yb <= '1'; nextstate <= 0;
            END CASE;
    END PROCESS;
END behave;
```

约束文件（.qsf）中有关引脚锁定的内容如下：

```
set_location_assignment PIN_P11 -to clk50m
set_location_assignment PIN_C10 -to ctr_a
set_location_assignment PIN_C11 -to ctr_b
set_location_assignment PIN_A10 -to ra
set_location_assignment PIN_A9  -to ga
set_location_assignment PIN_A8  -to ya
set_location_assignment PIN_B11 -to rb
set_location_assignment PIN_A11 -to gb
set_location_assignment PIN_D14 -to yb
```

对本例进行综合，然后在目标板上下载，观察实际效果。

9.7 用状态机控制字符液晶

常用字符液晶是 LCD1602，它可以显示 16×2 个 5×7 大小的点阵字符。字符液晶属于慢设备，平时常用单片机对其进行控制和读写。用 FPGA 驱动 LCD1602，最好的方法是采用状态机，通过同步状态机模拟单步执行驱动 LCD1602，可以很好地实现对 LCD1602 的读/写，也很好地体现了状态机逻辑控制的实质就是模拟单步执行。

1．字符液晶 LCD1602 及端口

市面上的 LCD1602 基本上是兼容的，区别只是带不带背光，其驱动芯片都是 HD44780 及其兼容芯片，在驱动芯片的字符存储器（Character Generator ROM，CGROM）中固化了 192 个常用字符的字模。LCD1602 的接口基本一致，为 16 引脚的单排插针外接端口，一般其排列如图 9.25 所示，其功能如表 9.2 所示。

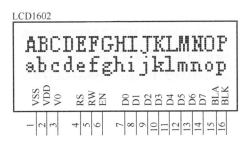

图 9.25 LCD1602 的引脚排列

表 9.2 LCD1602 的引脚功能

引 脚 号	名 称	功 能
1	VSS/GND	接地
2	VCC	电源正极
3	V0	背光偏压
4	RS	数据/命令，0 为指令，1 为数据
5	RW	读/写选择，0 为写，1 为读
6	EN	使能信号

续表

引脚号	名称	功能
7~14	D[0]~D[7]	8位数据
15	BLA	背光阳极
16	BLK	背光阴极

LCD1602 控制线主要分 4 类。

（1）RS：数据/指令选择端，当 RS=0，写指令；当 RS=1，写数据。

（2）RW：读/写选择端，当 RW=0，写指令/数据；当 RW=1，读状态/数据。

（3）EN：使能端，下降沿使指令/数据生效。

（4）D[0]~D[7]：8 位双向数据线。

2．LCD1602 的数据读写时序

LCD1602 的数据读写时序如图 9.26 所示，其读/写操作时序由使能信号 EN 完成；对读/写操作的识别是判断 RW 信号上的电平状态，当 RW 为 0 时向显示数据存储器写数据，数据在使能信号 EN 的上升沿被写入，当 RW 为 1 时将液晶模块的数据读入；RS 信号用于识别数据总线 DB0~DB7 上的数据是指令代码还是显示数据。

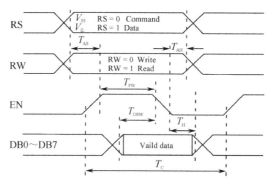

图 9.26　LCD1602 数据读写时序

从图 9.26 中还可以看出，一些关键时间参数（不同厂商产品有差异），一般要求数据读/写周期为 $T_C \geq 13\ \mu s$；使能脉冲宽度为 $T_{PW} \geq 1.5\ \mu s$；数据建立时间为 $T_{DSW} \geq 1\ \mu s$；数据保持时间为 $T_H \geq 20\ ns$；地址建立和保持时间（T_{AS} 和 T_{AH}）不得小于 1.5 μs，在驱动 LCD 时，需要满足上面的时间参数要求。

3．LCD1602 的指令集

LCD1602 的读/写操作、屏幕和光标的设置都是通过指令来实现的，共支持 11 条控制指令，这些指令可查阅相关资料。需要注意的是，液晶模块属于慢显示设备，因此，在执行每条指令之前，一定要确认模块的忙标志为低电平（表示不忙），否则此指令失效。显示字符时要先输入显示字符地址，也就是告诉模块在哪里显示字符。表 9.3 所示为 LCD1602 的内部显示地址。

表 9.3　LCD1602 的内部显示地址

显示位置	1	2	3	4	5	6	7	8	9	10	11	12	13	14	15	16
第 1 行	80	81	82	83	84	85	86	87	88	89	8A	8B	8C	8D	8E	8F
第 2 行	C0	C1	C2	C3	C4	C5	C6	C7	C8	C9	CA	CB	CC	CD	CE	CF

4．LCD1602 的字符集

LCD1602 模块内部的字符发生存储器（CGROM）中固化了 192 个常用字符的字模，其中常用的

128 个阿拉伯数字、大小写英文字母和常用符号等如表 9.4 所示（十六进制表示）。比如，大写的英文字母 A 的代码是 41H，把地址 41H 中的点阵字符图形显示出来，就能看到字母 A。

表 9.4 CGROM 中字符与代码的对应关系

高位 低位	0	2	3	4	5	6	7
0	CGRAM		0	@	P	\	p
1		!	1	A	Q	a	q
2		"	2	B	R	b	r
3		#	3	C	S	c	s
4		$	4	D	T	d	t
5		%	5	E	U	e	u
6		&	6	F	V	f	v
7		'	7	G	W	g	w
8		(	8	H	X	h	x
9		)	9	I	Y	i	y
a		*	:	J	Z	j	z
b		+	;	K	[	k	{
c		,	<	L	¥	l	|
d		-	=	M	]	m	}
e		.	>	N	^	n	→
f		/	?	O	_	o	←

5．LCD1602 的初始化

LCD1602 开始显示前需要进行必要的初始化设置，包括设置显示模式、显示地址等，初始化指令及其功能如表 9.5 所示。

表 9.5 LCD1602 的初始化指令及其功能

初始化过程	初始化指令	功 能
1	8'h38	设置显示模式：16×2 显示，5×7 点阵，8 位数据接口
2	8'h0c	开显示，光标不显示（如要显示光标可改为 8'h0e）
3	8'h06	光标设置：光标右移，字符不移
4	8'h01	清屏，将以前的显示内容清除
行地址	1 行：'h80	第 1 行地址
	2 行：'hc0	第 2 行地址

6．用状态机驱动 LCD1602 实现字符的显示

FPGA 驱动 LCD1602，其实就是通过同步状态机模拟单步执行驱动 LCD1602，其过程是先初始化 LCD1602，然后写地址，最后写入显示数据。

用状态机驱动 LCD1602 实现字符显示的代码见例 9.15，如下几点需特别注意。

（1）LCD1602 的初始化过程主要由以下 4 条指令配置。

① 显示模式设置 MODE_SET：8'h38

② 显示开/关及光标设置 CURSOR_SET：8'h0c

③ 显示地址设置 ADDRESS_SET：8'h06

④ 清屏设置 CLEAR_SET：8'h01

由于是写指令，所以 RS=0；写完指令后，EN 下降沿使能。

（2）初始化完成后，需写入地址：第一行初始地址：8'h80；第二行初始地址：8'hc0。写入地址时 RS=0，写完地址后，EN 下降沿使能。

（3）写入地址后，开始写入显示数据。需注意地址指针每写入一个数据后会自动加 1。写入数据时 RS=1，写完数据后，EN 下降沿使能。

（4）由于需要动态显示，所以数据要刷新。由于采用了同步状态机模拟 LCD1602 的控制时序，所以在显示完最后的数据后，状态要跳回写入地址状态，以便进行动态刷新。

此外，需要注意 LCD1602 是慢速器件，所以应将其工作时钟设置为合适的频率。本例采用的是计数延时使能驱动，代码中通过计数器定时得出 lcd_clk_en 信号驱动，不同厂家生产的 LCD1602 延时也不同，本例采用的是间隔 500ns 使能驱动，如果延时长一些会可靠一些。

【例 9.15】 控制字符液晶 LCD1602，实现秒表的显示。

```vhdl
LIBRARY IEEE;
  USE IEEE.STD_LOGIC_1164.ALL;
  USE IEEE.NUMERIC_STD.ALL;
  USE WORK.ex_pkg.ALL;        --clk_div元件声明放在ex_pkg程序包中
-------------------------------------------------------
ENTITY lcd1602 IS
PORT(clk50m:  IN    STD_LOGIC;            --50MHz 时钟
        bla  :   OUT  STD_LOGIC;           --背光阳极+
        blk  :   OUT  STD_LOGIC;           --背光阴极-
        lcd_rs:  OUT  STD_LOGIC;
        lcd_rw:  OUT  STD_LOGIC;
        lcd_en:  OUT  STD_LOGIC;
        lcd_data:OUT  UNSIGNED(7 DOWNTO 0));
END lcd1602;
ARCHITECTURE one OF lcd1602 IS
---------------用于液晶初始化的参数---------------------
CONSTANT MODE_SET: UNSIGNED(7 DOWNTO 0) := X"38";
CONSTANT CURSOR_SET: UNSIGNED(7 DOWNTO 0):=X"0c";
CONSTANT ADDRESS_SET:UNSIGNED(7 DOWNTO 0):=X"06";
CONSTANT CLEAR_SET:  UNSIGNED(7 DOWNTO 0):=X"01";
SIGNAL clk_1hz : STD_LOGIC;
SIGNAL sec : UNSIGNED(7 DOWNTO 0);
SIGNAL min : UNSIGNED(3 DOWNTO 0);
SIGNAL cnt : UNSIGNED(19 DOWNTO 0);
SIGNAL lcd_sys_clk_en : STD_LOGIC:='0';
SIGNAL sec0,sec1,min0 : UNSIGNED(7 DOWNTO 0);
       --秒表的秒、分钟数据（ASCII 码）
TYPE stype IS(s0,s1,s2,s3,s4,s5,s6,s7,s8,s9,
    s10,s11,s12,s13,s14,s15,s16,s17,s18,s19,
    s20,s21,s22,s23,s24,s25,s26,s27,s28,s29);  --定义枚举数据类型
SIGNAL state: stype;                            --定义枚举信号
BEGIN
---------产生1Hz秒表时钟信号-----------------
u1: clk_div                         --clk_div源码见例8.22
    GENERIC MAP(FREQ => 1)          --用类属映射语句进行参数传递
    PORT MAP (clk =>clk50m,
              clr => '1',
```

```vhdl
        clk_out => clk_1hz);           --从 50MHz 得到 1Hz 时钟
---------秒表计时,每 10 分钟重新循环------------
PROCESS(clk_1hz)
BEGIN
        IF(clk_1hz'event AND clk_1hz='1') THEN
        IF(min=X"9")AND(sec=X"59") THEN min<=X"0";sec<=X"00";
        ELSIF(sec=X"59") THEN min<=min+1;sec<=X"00";
        ELSIF(sec(3 DOWNTO 0)=X"9")
THEN sec(7 DOWNTO 4)<=sec(7 DOWNTO 4)+1;sec(3 DOWNTO 0)<=X"0";
        ELSE sec(3 DOWNTO 0)<=sec(3 DOWNTO 0)+1;
        END IF; END IF;
END PROCESS;
---------产生 lcd1602 使能驱动 sys_clk_en------------
PROCESS(clk50m)
BEGIN
        IF(clk50m'event AND clk50m='1') THEN
        IF(cnt =X"24999")               --500us
          THEN cnt<=X"00000";lcd_sys_clk_en<='1';
        ELSE cnt<=cnt+1;lcd_sys_clk_en<='0';
        END IF; END IF;
END PROCESS;
-----------lcd1602 显示(状态机)------------------
min0 <= X"30" + ("0000" & min);        --数据转换,数字→ASCII 码
sec0 <= X"30" + ("0000" & sec(3 DOWNTO 0));
sec1 <= X"30" + ("0000" & sec(7 DOWNTO 4));
PROCESS(clk50m)
BEGIN
    IF(clk50m'event AND clk50m='1') THEN
    IF(lcd_sys_clk_en='1')  THEN
   CASE state IS
     WHEN s0=> STATE<=s1;
         lcd_rs <= '0'; lcd_en <= '1';
         lcd_data <= MODE_SET;       --显示格式设置:8 位格式,2 行,5*7
     WHEN s1=> lcd_en<='0'; state<=s2;
     WHEN s2=> STATE<=s3;
         lcd_rs <= '0'; lcd_en <= '1';
         lcd_data <= CURSOR_SET;
     WHEN s3=> lcd_en<='0'; state<=s4;
     WHEN s4=> STATE<=s5; lcd_rs <= '0';
         lcd_en <= '1';
         lcd_data <= ADDRESS_SET;
     WHEN s5=> lcd_en<='0'; state<=s6;
     WHEN s6=> state <= s7;
         lcd_rs <= '0'; lcd_en <= '1';
         lcd_data <= CLEAR_SET;
     WHEN s7=> lcd_en<='0'; state <= s8;
     WHEN s8=> state <= s9;
         lcd_rs <= '0'; lcd_en <= '1';
         lcd_data <= X"80";                --地址
     WHEN s9=> lcd_en<='0'; state <= s10;
     WHEN s10=> state <= s11;
         lcd_rs <= '1'; lcd_en <= '1';
```

```vhdl
                          lcd_data <= min0;                    --写数据
        WHEN s11=> lcd_en<='0'; state <= s12;
        WHEN s12=> state <= s13;
             lcd_rs <= '1'; lcd_en <= '1';
             lcd_data <= X"6d";                    --m
        WHEN s13=> lcd_en<='0'; state <= s14;
        WHEN s14=> state <= s15;
             lcd_rs <= '1'; lcd_en <= '1';
             lcd_data <= X"69";                    --i
        WHEN s15=> lcd_en<='0'; state <= s16;
        WHEN s16=> state <= s17;
             lcd_rs <= '1'; lcd_en <= '1';
             lcd_data <= X"6e";                    --n
        WHEN s17=> lcd_en<='0'; state <= s18;
        WHEN s18=> state <= s19;
             lcd_rs <= '1'; lcd_en <= '1';
             lcd_data <= X"20";                    --显示空格
        WHEN s19=> lcd_en<='0'; state <= s20;
        WHEN s20=> state <= s21;
             lcd_rs <= '1'; lcd_en <= '1';
             lcd_data <= sec1;                     --显示秒数据,十位
        WHEN s21=> lcd_en<='0'; state <= s22;
        WHEN s22=> state <= s23;
             lcd_rs <= '1'; lcd_en <= '1';
             lcd_data <= sec0;                     --显示秒数据,个位
        WHEN s23=> lcd_en<='0'; state <= s24;
        WHEN s24=> state <= s25;
             lcd_rs <= '1'; lcd_en <= '1';
             lcd_data <= X"73";                    --s
        WHEN s25=> lcd_en<='0'; state <= s26;
        WHEN s26=> state <= s27;
             lcd_rs <= '1'; lcd_en <= '1';
             lcd_data <= X"65";                    --e
        WHEN s27=> lcd_en<='0'; state <= s28;
        WHEN s28=> state <= s29;
             lcd_rs <= '1'; lcd_en <= '1';
             lcd_data <= X"63";                    --c
        WHEN s29=> lcd_en<='0'; state <= s8;
        WHEN OTHERS=>state <= s0;
        END CASE;
  END IF; END IF;
  END PROCESS;
  lcd_rw <='0';                                    --只写
  blk <='0';                                       --背光驱动-
  bla <='1';                                       --背光驱动+
  END one;
```

将 LCD1602 液晶连接至 DE10-Lite 目标板的扩展接口上, 约束文件 (.qsf) 中有关引脚锁定的内容如下:

```
set_location_assignment PIN_P11 -to clk50m
set_location_assignment PIN_W10 -to lcd_rs
set_location_assignment PIN_W9 -to lcd_rw
set_location_assignment PIN_W8 -to lcd_en
```

```
set_location_assignment PIN_W7 -to lcd_data[0]
set_location_assignment PIN_V5 -to lcd_data[1]
set_location_assignment PIN_AA15 -to lcd_data[2]
set_location_assignment PIN_W13 -to lcd_data[3]
set_location_assignment PIN_AB13 -to lcd_data[4]
set_location_assignment PIN_Y11 -to lcd_data[5]
set_location_assignment PIN_W11 -to lcd_data[6]
set_location_assignment PIN_AA10 -to lcd_data[7]
set_location_assignment PIN_Y8 -to bla
set_location_assignment PIN_Y7 -to blk
```

此外，液晶电源接 3.3V，背光偏压 V0 接地，对本例进行综合，然后在目标板上下载，可观察到 LCD1602 液晶屏上的分秒计时显示效果如图 9.27 所示。

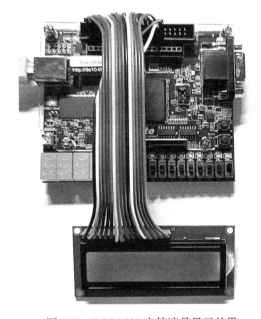

图 9.27　LCD1602 字符液晶显示效果

习　题　9

9.1　设计一个"1001"串行数据检测器。其输入、输出如下：

输入 x：000 101 010 010 011 101 001 110 101

输出 z：000 000 000 010 010 000 001 000 000

9.2　编写一个 8 路彩灯控制程序，要求彩灯有以下 3 种演示花型。

（1）8 路彩灯同时亮灭。

（2）从左至右逐个亮（每次只有 1 路亮）。

（3）8 路彩灯每次 4 路灯亮，4 路灯灭，且亮灭相间，交替亮灭。

在演示过程中，只有当一种花型演示完毕才能转向其他演示花型。

9.3　用状态机设计一个交通灯控制器，设计要求：A 路和 B 路，每路都有红、黄、绿三种灯，持续时间为：红灯 45 s，黄灯 5 s，绿灯 40 s。A 路和 B 路灯的状态转换如下。

（1）A 红，B 绿（持续时间 40 s）。

（2）A 红，B 黄（持续时间 5 s）。

（3）A 绿，B 红（持续时间 40 s）。
（4）A 黄，B 红（持续时间 5 s）。

9.4 已知某同步时序电路状态机视图如图 9.28 所示，试设计满足上述状态图的时序电路，用 VHDL 描述实现该电路，并进行综合和仿真，电路要求有时钟信号和同步复位信号。

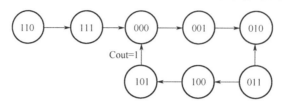

图 9.28 状态机视图

9.5 设计一个汽车尾灯控制电路。已知汽车左右两侧各有 3 个尾灯，如图 9.29 所示，要求控制尾灯按如下规则亮灭：

① 汽车沿直线行驶时，两侧的指示灯全灭。
② 右转弯时，左侧的指示灯全灭，右侧的指示灯按 000、100、010、001、000 循环顺序点亮。
③ 左转弯时，右侧的指示灯全灭，左侧的指示灯按同样的循环顺序点亮。
④ 如果在直行时刹车，两侧的指示灯全亮，如果在转弯时刹车，转弯这一侧的指示灯按同样的循环顺序点亮，另一侧的指示灯全亮。

图 9.29 汽车尾灯示意图

第 10 章 VHDL 驱动常用 I/O 外设

> **本章概要**：本章介绍 VHDL 数字设计的实例，通过用 VHDL 控制矩阵键盘、点阵式液晶、VGA 显示器、TFT 液晶屏等常用 I/O 外设，进一步熟悉 VHDL 控制类程序的编写方法以及状态机设计方法。
>
> **知识要点**：（1）常用输入设备的驱动方法；
> 　　　　　（2）常用输出设备的驱动方法；
> 　　　　　（3）状态机设计方法在 I/O 外设驱动中的应用。
>
> **教学安排**：本章教学可安排实践教学 6 学时，完成 3~4 个实验。本章通过用 VHDL 控制矩阵键盘、点阵式液晶、VGA 显示器、TFT 液晶屏等常用 I/O 外设，进一步熟悉 VHDL 控制类程序的编写方法，并进一步熟悉状态机设计方法。

10.1　4×4 矩阵键盘

矩阵键盘又称为行列式键盘，是由 4 条行线、4 条列线组成的键盘，4×4 矩阵键盘电路原理如图 10.1 所示，在行线和列线的每个交叉点上设置一个按键，按键的个数是 4×4。

4 条列线（命名为 col_in3~col_in0）设置为输入，一般通过上拉电阻接至高电平；4 条行线（row_out3~row_out0）设置为输出。

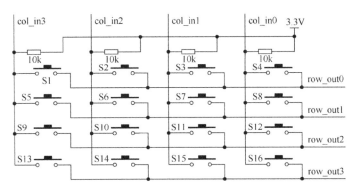

图 10.1　4×4 矩阵键盘电路

矩阵键盘上的按键可通过逐行（或列）扫描查询的方式来确认哪个按键被按下，其步骤如下。

（1）首先判断键盘中有无键按下：将全部行线 row_out3~row_out0 置低，然后检测列线 col_in3~col_in0 的状态，若所有列线均为高电平，则键盘中无按键按下；只要有某一列的电平为低，则表示键盘中有按键被按下。

（2）判断键位：在确认有按键按下后，即进入确定键位的过程。其方法是：依次将 4 条行线置为低电平，比如，将 row_out3~row_out0 依次置为 1110、1101、1011、0111，同时检测各列线的电平状态，若某列为低，则该列线与置为低电平的行线交叉处的按键即为被按下的按键。

比如，在图 10.1 中，S1 按键的位置编码是｛row_out，col_in｝＝8'b1110_0111。
本例中 16 个按键如图 10.2 所示，并将*键编码为 E，#键编码为 F。

图 10.2　按键排列

1．4×4 矩阵键盘扫描程序

例 10.1 是用 Verilog HDL 编写的 4×4 矩阵键盘键值扫描判断程序，采用状态机实现。由于按键按下去的时间一般都会大于 20ms，本例中加入了 20ms 按键消抖功能。

【例 10.1】 4×4 矩阵键盘扫描检测程序。

```vhdl
--***********************************************
-- 4x4 矩阵键盘扫描检测程序
--***********************************************
LIBRARY ieee;
   USE ieee.std_logic_1164.all;

ENTITY key4x4 IS
   PORT (
      clk50m    : IN STD_LOGIC;                      --50MHz 时钟信号
      clr       : IN STD_LOGIC;
      col_in    : IN STD_LOGIC_VECTOR(3 DOWNTO 0);
                  --列输入信号，一般上拉，为高电平
      row_out   : BUFFER STD_LOGIC_VECTOR(3 DOWNTO 0);--行输出信号，低有效
      key_value : OUT STD_LOGIC_VECTOR(3 DOWNTO 0);
      key_flag  : BUFFER STD_LOGIC
   );
END key4x4;

ARCHITECTURE one OF key4x4 IS
-----------------状态编码---------------------
CONSTANT  NO_KEY_PRED: STD_LOGIC_VECTOR(2 DOWNTO 0) := "000";--初始化
CONSTANT  DEBOUN_0:STD_LOGIC_VECTOR(2 DOWNTO 0):= "001";  --消抖
CONSTANT  KEY_H0  :STD_LOGIC_VECTOR(2 DOWNTO 0):= "010";  --检测第一列
CONSTANT  KEY_H1  :STD_LOGIC_VECTOR(2 DOWNTO 0):= "011";  --检测第二列
CONSTANT  KEY_H2  :STD_LOGIC_VECTOR(2 DOWNTO 0):= "100";  --检测第三列
CONSTANT  KEY_H3  :STD_LOGIC_VECTOR(2 DOWNTO 0):= "101";  --检测第四列
CONSTANT  KEY_PRED:STD_LOGIC_VECTOR(2 DOWNTO 0):= "110";  --按键值输出
CONSTANT  DEBOUN_1:STD_LOGIC_VECTOR(2 DOWNTO 0):= "111";  --消抖后
CONSTANT  T_20MS  :INTEGER := 1000000;
SIGNAL cnt           : INTEGER range 0 to 2000000;
SIGNAL curt_state : STD_LOGIC_VECTOR(2 DOWNTO 0);
```

```vhdl
SIGNAL next_state : STD_LOGIC_VECTOR(2 DOWNTO 0);
SIGNAL col_reg    : STD_LOGIC_VECTOR(3 DOWNTO 0);
SIGNAL row_reg    : STD_LOGIC_VECTOR(3 DOWNTO 0);
BEGIN
PROCESS (clk50m, clr)
BEGIN
    IF (clr= '0') THEN   cnt <= 0;
    ELSIF (clk50m'EVENT AND clk50m = '1') THEN
       IF (cnt = T_20MS) THEN  cnt <= 0;
       ELSE  cnt <= cnt + 1;
    END IF;  END IF;
END PROCESS;
PROCESS (clk50m, clr)
BEGIN
    IF (clr= '0') THEN   curt_state <= "000";
    ELSIF (clk50m'EVENT AND clk50m = '1') THEN
       IF (cnt = T_20MS) THEN  curt_state <= next_state;
       ELSE  curt_state <= curt_state;
    END IF;  END IF;
END PROCESS;
PROCESS (clk50m, clr)
BEGIN
    IF (clr= '0') THEN
       col_reg <= "0000";  row_reg <= "0000";
       row_out <= "0000";  key_flag <= '0';
    ELSIF (clk50m'EVENT AND clk50m = '1') THEN
       IF (cnt = T_20MS) THEN
          CASE next_state IS
             WHEN NO_KEY_PRED =>
                 col_reg <= "0000";
                 row_reg <= "0000";
                 row_out <= "0000";
                 key_flag <= '0';
---------依次将 4 条行线置低----------------------
             WHEN KEY_H0 =>    row_out <= "1110";
             WHEN KEY_H1 =>    row_out <= "1101";
             WHEN KEY_H2 =>    row_out <= "1011";
             WHEN KEY_H3 =>    row_out <= "0111";
             WHEN KEY_PRED => col_reg <= col_in; row_reg <= row_out;
             WHEN DEBOUN_1 => key_flag <= '1';
             WHEN OTHERS =>
          END CASE;
    END IF;  END IF;
END PROCESS;

PROCESS (curt_state, col_in )
BEGIN
    next_state <= NO_KEY_PRED;
    CASE curt_state IS
       WHEN NO_KEY_PRED =>
          IF (col_in /= "1111") THEN
             next_state <= DEBOUN_0;
```

```vhdl
              ELSE next_state <= NO_KEY_PRED; END IF;
         WHEN DEBOUN_0 =>
            IF (col_in /= "1111") THEN
               next_state <= KEY_H0;
            ELSE next_state <= NO_KEY_PRED; END IF;
         WHEN KEY_H0 =>
            IF (col_in /= "1111") THEN
               next_state <= KEY_PRED;
            ELSE next_state <= KEY_H1; END IF;
         WHEN KEY_H1 =>
            IF (col_in /= "1111") THEN
               next_state <= KEY_PRED;
            ELSE next_state <= KEY_H2; END IF;
         WHEN KEY_H2 =>
            IF (col_in /= "1111") THEN
               next_state <= KEY_PRED;
            ELSE next_state <= KEY_H3; END IF;
         WHEN KEY_H3 =>
            IF (col_in /= "1111") THEN
               next_state <= KEY_PRED;
            ELSE next_state <= NO_KEY_PRED; END IF;
         WHEN KEY_PRED =>
            IF (col_in /= "1111") THEN
               next_state <= DEBOUN_1;
            ELSE next_state <= NO_KEY_PRED; END IF;
         WHEN DEBOUN_1 =>
            IF (col_in /= "1111") THEN
               next_state <= DEBOUN_1;
            ELSE next_state <= NO_KEY_PRED; END IF;
         WHEN OTHERS =>
      END CASE;
END PROCESS;

PROCESS (clk50m, clr)
BEGIN
   IF (clr= '0') THEN  key_value <= "0000";
   ELSIF (clk50m'EVENT AND clk50m = '1') THEN
      IF (key_flag = '1') THEN
         CASE (row_reg & col_reg) IS       --判断键值
            WHEN "11100111" =>     key_value <= "0001";
            WHEN "11101011" =>     key_value <= "0010";
            WHEN "11101101" =>     key_value <= "0011";
            WHEN "11101110" =>     key_value <= "1010";
            WHEN "11010111" =>     key_value <= "0100";
            WHEN "11011011" =>     key_value <= "0101";
            WHEN "11011101" =>     key_value <= "0110";
            WHEN "11011110" =>     key_value <= "1011";
            WHEN "10110111" =>     key_value <= "0111";
            WHEN "10111011" =>     key_value <= "1000";
            WHEN "10111101" =>     key_value <= "1001";
            WHEN "10111110" =>     key_value <= "1100";
            WHEN "01110111" =>     key_value <= "0000";
```

```
                    WHEN "01111011" =>       key_value <= "1110";
                    WHEN "01111101" =>       key_value <= "1111";
                    WHEN "01111110" =>       key_value <= "1101";
                    WHEN OTHERS =>           key_value <= "0000";
                END CASE;
        END IF; END IF;
END PROCESS;
END one;
```

例 10.2 是矩阵键盘扫描检测及键值显示电路的顶层源码,其中除调用了例 10.1 的矩阵键盘扫描模块外,还增加了数码管键值显示模块。

【例 10.2】 矩阵键盘扫描检测及数码管键值显示电路顶层源码。

```
--*******************************************************
-- 4x4 矩阵键盘扫描检测及键值显示顶层源码
--*******************************************************
LIBRARY ieee;
USE ieee.std_logic_1164.all;
USE WORK.ex_pkg.ALL;                              --包含 hex_to_ssd 函数
ENTITY key_top IS
    PORT (
        clk50m  : IN STD_LOGIC;
        clr     : IN STD_LOGIC;
        col_in  : IN STD_LOGIC_VECTOR(3 DOWNTO 0);   --列输入信号
        row_out : OUT STD_LOGIC_VECTOR(3 DOWNTO 0);  --行输出信号,低有效
        key_flag : OUT STD_LOGIC;
        hex0    : OUT STD_LOGIC_VECTOR(6 DOWNTO 0));
END key_top;

ARCHITECTURE one OF key_top IS
    COMPONENT key4x4 IS
        PORT(
            clk50m    : IN STD_LOGIC;
            clr       : IN STD_LOGIC;
            col_in    : IN STD_LOGIC_VECTOR(3 DOWNTO 0);
            row_out   : OUT STD_LOGIC_VECTOR(3 DOWNTO 0);
            key_value : OUT STD_LOGIC_VECTOR(3 DOWNTO 0);
            key_flag  : OUT STD_LOGIC);
    END COMPONENT;
SIGNAL key_value     : STD_LOGIC_VECTOR(3 DOWNTO 0);
BEGIN

u1 : key4x4                                          --键盘扫描模块
    PORT MAP (
        clk50m    => clk50m,
        clr       => clr,
        col_in    => col_in,
        row_out   => row_out,
        key_value => key_value,
        key_flag  => key_flag);
-------数码管显示键值,hex_to_ssd 函数源码见例 8.24-----------
hex0 <= hex_to_ssd(key_value);                       --显示键值
END one;
```

2. 下载与验证

将本例下载至实验板进行验证，目标板采用 DE10-Lite 开发板，FPGA 芯片为 10M50DAF484C7G，选择菜单 Assignments→Pin Planner，在弹出的 Pin Planner 对话框中进行引脚的锁定。

还需将端口 col_in 设置为弱上拉，选择菜单 Assignments→Assignment Editor，在弹出的如图 10.3 所示的对话框中，将 col_in[0]、col_in[1]、col_in[2]、col_in[3]引脚的 Assignment Name 设置为 Weak Pull-Up Resistor，其 Value 设置为 On。

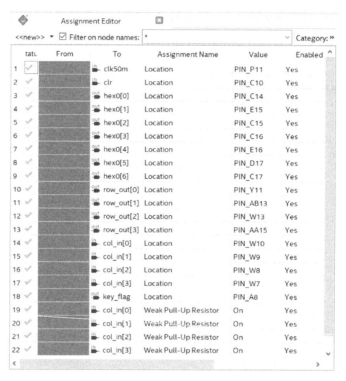

图 10.3 在 Assignment Editor 窗口将端口 col_in 设置为弱上拉

也可以采用编辑 .qsf 文件的方式完成引脚锁定，该文件内容如下：

```
set_location_assignment PIN_P11 -to clk50m
set_location_assignment PIN_C10 -to clr
set_location_assignment PIN_C14 -to hex0[0]
set_location_assignment PIN_E15 -to hex0[1]
set_location_assignment PIN_C15 -to hex0[2]
set_location_assignment PIN_C16 -to hex0[3]
set_location_assignment PIN_E16 -to hex0[4]
set_location_assignment PIN_D17 -to hex0[5]
set_location_assignment PIN_C17 -to hex0[6]
set_location_assignment PIN_Y11  -to row_out[0]
set_location_assignment PIN_AB13 -to row_out[1]
set_location_assignment PIN_W13  -to row_out[2]
set_location_assignment PIN_AA15 -to row_out[3]
set_location_assignment PIN_W10 -to col_in[0]
set_location_assignment PIN_W9  -to col_in[1]
set_location_assignment PIN_W8  -to col_in[2]
set_location_assignment PIN_W7  -to col_in[3]
set_location_assignment PIN_A8  -to key_flag
```

```
set_instance_assignment -name WEAK_PULL_UP_RESISTOR ON -to col_in[0]
set_instance_assignment -name WEAK_PULL_UP_RESISTOR ON -to col_in[1]
set_instance_assignment -name WEAK_PULL_UP_RESISTOR ON -to col_in[2]
set_instance_assignment -name WEAK_PULL_UP_RESISTOR ON -to col_in[3]
```

编译完成后,将 4×4 键盘连接至目标板的扩展口,将生成的.sof 文件下载至目标板,观察按键通断的实际效果,本例的实际效果如图 10.4 所示,图中显示按下的是按键 2。

图 10.4　4×4 矩阵键盘连接至目标板

10.2　汉字图形点阵液晶

图形点阵液晶显示模块广泛应用于智能仪器仪表、工业控制、通信和家用电器中。本节用 FPGA 控制 LCD12864B 汉字图形点阵液晶实现字符和图形的显示。

1. LCD12864B 的外部引脚特性

LCD12864B 是一种内部含有国标一级、二级简体中文字库的点阵型图形液晶显示模块,内置了 8192 个中文汉字(16×16 点阵)和 128 个 ASCII 字符集(8×16 点阵),它在字符显示模式下可以显示 8×4 个 16×16 的点阵的汉字,或 16×4 个 16×8 的点阵的英文(ASCII)字符,它也可以在图形模式下显示分辨率为 128×64 的二值化图形。

LCD12864B 拥有 1 个 20 引脚的单排插针外接端口,端口引脚及其功能如表 10.1 所示。其中,DB7~DB0 为数据,E 为使能信号,RS 为寄存器选择信号,R/W 为读/写控制信号,RST 为复位信号。

表 10.1　LCD12864B 汉字图形点阵液晶的端口定义

引脚号	名　称	功　能
1	GND	电源地端
2	VCC	电源正极
3	VO	背光偏压
4	RS	寄存器选择,数据/命令,0 为数据,1 为指令
5	R/W	读/写控制,0 为写,1 为读
6	E	使能信号
7~14	DB[0]~DB[7]	8 位数据
15	PSB	串并模式
16, 18	NC	空脚
17	RST	复位
19	BLA	背光阳极
20	BLK	背光阴极

2. LCD12864B 的数据读写时序

如果 LCD12864B 液晶模块工作在 8 位并行数据传输模式（PSB=1、RST=1）下，其数据读写时序与 10.1 节中的 LCD1602 数据读写时序完全一致（见图 9.26），LCD 模块的读/写操作时序由使能信号 E 完成；对读/写操作的识别是判断 R/W 信号上的电平状态，当 R/W 为 0 时向显示数据存储器写数据，数据在使能信号 E 的上升沿被写入，当 R/W 为 1 时将液晶模块的数据读入；RS 信号用于识别数据总线 DB0～DB7 上的数据是指令代码还是显示数据。一些关键时间参数在图 10.5 中也做了标注，这里不再赘述。

3. LCD12864B 的指令集

LCD12864B 液晶模块有自己的一套用户指令集，用户通过这些指令来初始化液晶模块并选择显示模式。LCD12864B 液晶模块字符、图形显示模式的初始化指令如表 10.2 所示。LCD 模块的图形显示模式需要用到扩展指令集，并且需要分成上下两个半屏设置起始地址，上半屏垂直坐标为 Y: 8'h80～9'h9F（32 行），水平坐标为 X: 8'h80；下半屏垂直坐标和上半屏相同，而水平坐标为 X: 8'h88。

表 10.2 LCD12864B 的初始化指令

初始化过程	字符显示	图形显示
1	8'h38	8'h30
2	8'h0C	8'h3E
3	8'h01	8'h36
4	8'h06	8'h01
行地址/XY	1:'h80 2:'h90 3:'h88 4:'h98	Y:'h80～'h9F X:'h80/'h88

4. 用 VHDL 驱动 LCD12864B 实现汉字和字符的显示

用 VHDL 编写 LCD12864B 驱动程序，实现汉字和字符的显示，如例 10.3 所示，仍然采用了状态机进行控制。

【例 10.3】 控制点阵液晶 LCD12864B，实现汉字和字符的静态显示。

```
------------------------------------------------
--驱动 12864B 点阵液晶,显示汉字和字符,12864B 点阵液晶接至扩展接口
------------------------------------------------
LIBRARY IEEE;
  USE IEEE.STD_LOGIC_1164.ALL;
  USE WORK.ex_pkg.ALL;        --clk_div 元件声明放在 ex_pkg 程序包中
------------------------------------------------
ENTITY lcd12864 IS
PORT(clk50m: IN    STD_LOGIC;         --50 MHz 时钟
        psb : OUT   STD_LOGIC;
        rst : OUT   STD_LOGIC;
        rs  : OUT   STD_LOGIC;
        rw  :       OUT   STD_LOGIC;
        en  : OUT   STD_LOGIC;
        DB  : OUT   STD_LOGIC_VECTOR(7 DOWNTO 0));
END lcd12864;
ARCHITECTURE one OF lcd12864 IS
CONSTANT MODE_SET: STD_LOGIC_VECTOR(7 DOWNTO 0) := X"30";
CONSTANT CURSOR_SET:STD_LOGIC_VECTOR(7 DOWNTO 0) := X"0c";
CONSTANT ADDRESS_SET:STD_LOGIC_VECTOR(7 DOWNTO 0) := X"06";
CONSTANT CLEAR_SET:STD_LOGIC_VECTOR(7 DOWNTO 0) := X"01";
```

```vhdl
-------------用于液晶初始化的参数------------------
SIGNAL clk1k:STD_LOGIC;
SIGNAL count:STD_LOGIC_VECTOR(15 DOWNTO 0);
TYPE stype IS(s0,s1,s2,s3,s4,s5,s6,s7,s8,s9,
     s10,s11,s12,s13,s14,s15,s16,s17,s18,s19,
     s20,s21,s22,s23,s24,s25,s26,s27,s28,s29);   --定义枚举数据类型
SIGNAL state: stype;
BEGIN
---------产生1kHz时钟信号------------------
i1: clk_div                          --clk_div源码见例8.22
    GENERIC MAP(FREQ => 1000)        --用类属映射语句进行参数传递
    PORT MAP (clk=>clk50m,
              clr=>'1',
           clk_out=>clk1k);           --产生1kHz时钟信号
rw  <='0';                            --只写
psb <='1';
rst <='1';
en  <=clk1k;                          --en使能信号
PROCESS(clk1k)
    BEGIN
        IF(clk1k'event AND clk1k='1') THEN
        CASE state IS
        WHEN s0=> rs <= '0';DB <= MODE_SET;STATE<=s1;
     WHEN s1=> STATE<=s2;
           rs <= '0';DB <= CURSOR_SET;     --全屏显示
     WHEN s2=> STATE<=s3;
           rs <= '0';DB <= ADDRESS_SET;    --写一个字符后地址指针自动加1
        WHEN s3=> STATE<=s4;
              rs <= '0';DB <=CLEAR_SET;    --清屏
           WHEN s4=> STATE<=s5;
              rs <= '0';DB <= X"80";       --第1行地址
-----显示汉字，不同的驱动芯片，汉字的编码会有所不同，具体应查液晶手册----
        WHEN s5=> STATE<=s6;
              rs <= '1';DB <= X"ca";       --数
           WHEN s6=> rs <= '1';DB <= X"fd";STATE<=s7;
           WHEN s7=> STATE<=s8;
              rs <= '1';DB <= X"d7";       --字
              WHEN s8=> rs <= '1';DB <= X"d6"; STATE<=s9;
     WHEN s9=>  STATE<=s10;
              rs <= '1';DB <= X"cf";       --系
           WHEN s10=> STATE<=s11;
              rs <= '1';DB <= X"b5";
           WHEN s11=> STATE<=s12;
              rs <= '1';DB <= X"cd";       --统
           WHEN s12=> rs <= '1';DB <= X"b3";STATE<=s13;
           WHEN s13=> STATE<=s14;
              rs <= '1';DB <= X"c9";       --设
           WHEN s14=> rs <= '1';DB <= X"e8";STATE<=s15;
           WHEN s15=> STATE<=s16;
              rs <= '1';DB <= X"bc";       --计
           WHEN s16=> rs <= '1';DB <= X"c6";STATE<=s17;
           WHEN s17=> STATE<=s18;
              rs <= '0';DB <= X"90";       --第2行地址
```

```
            WHEN s18=> STATE<=s19;
                rs <= '1';DB <= X"46";            --F(半宽字形)
            WHEN s19=> STATE<=s20;
                rs <= '1';DB <= X"50";            --P
            WHEN s20=> STATE<=s21;
                rs <= '1';DB <= X"47";            --G
            WHEN s21=> STATE<=s22;
                rs <= '1';DB <= X"41";            --A
            WHEN s22=> STATE<=s23;
                rs <= '1';DB <= X"a3";            --F(宽字形)
            WHEN s23=> rs <= '1';DB <= X"c6";STATE<=s24;
            WHEN s24=> STATE<=s25;
                rs <= '1';DB <= X"a3";            --P
            WHEN s25=> rs <= '1';DB <= X"d0";STATE<=s26;
            WHEN s26=> STATE<=s27;
                rs <= '1';DB <= X"a3";            --G
            WHEN s27=> rs <= '1';DB <= X"c7";STATE<=s28;
            WHEN s28=> STATE<=s29;
                rs <= '1';DB <= X"a3";            --A
            WHEN s29=> rs <= '1';DB <= X"c1";STATE<=s4;
            WHEN OTHERS=>state <= s0;
        END CASE;
    END IF;
    END PROCESS;
END one;
```

将 LCD12864 点阵液晶连接至 DE10-Lite 目标板的扩展接口,约束文件(.qsf)中有关引脚锁定的内容如下:

```
set_location_assignment PIN_P11 -to clk50m
set_location_assignment PIN_W10 -to rs
set_location_assignment PIN_W9  -to rw
set_location_assignment PIN_W8  -to en
set_location_assignment PIN_W7   -to DB[0]
set_location_assignment PIN_V5   -to DB[1]
set_location_assignment PIN_AA15 -to DB[2]
set_location_assignment PIN_W13  -to DB[3]
set_location_assignment PIN_AB13 -to DB[4]
set_location_assignment PIN_Y11  -to DB[5]
set_location_assignment PIN_W11  -to DB[6]
set_location_assignment PIN_AA10 -to DB[7]
set_location_assignment PIN_Y8 -to psb
set_location_assignment PIN_Y7 -to rst
```

液晶模块的电源接 5V,背光阳极(BLA)引脚接 3.3V,背光阴极(BLK)引脚接地,背光偏压 VO 引脚一般空置即可。将本例在 DE10-Lite 目标板上下载,可观察到该例的显示效果为静态显示,如图 10.5 所示。

5. 实现字符的动态显示

例 10.4 实现了字符的动态显示,逐行显示 4 个字符,显示一行后清屏,然后到下一行显示,依次类推,同样采用了状态机设计。

【例 10.4】 控制点阵液晶 LCD12864B,实现字符的动

图 10.5 汉字图形点阵液晶静态显示效果

态显示。

```vhdl
--------------------------------------------------
--驱动12864点阵液晶，实现字符的动态显示
--------------------------------------------------
LIBRARY IEEE;
  USE IEEE.STD_LOGIC_1164.ALL;
  USE WORK.ex_pkg.ALL;          --包含clk_div元件声明
--------------------------------------------------
ENTITY lcd12864_mov IS
PORT(clk50m: IN   STD_LOGIC;         --50 MHz时钟
        psb : OUT   STD_LOGIC;
        rst : OUT   STD_LOGIC;
        rs  : OUT   STD_LOGIC;
        rw  : OUT   STD_LOGIC;
        en  : OUT   STD_LOGIC;
        DB:OUT STD_LOGIC_VECTOR(7 DOWNTO 0));
END lcd12864_mov;
ARCHITECTURE one OF lcd12864_mov IS
    SIGNAL clk4hz:STD_LOGIC;
    SIGNAL count:STD_LOGIC_VECTOR(15 DOWNTO 0);
    TYPE stype IS(s0,s1,s2,s3,s4,s5,s6,s7,s8,s9,
      s10,s11,s12,s13,s14,s15,s16,s17,s18,s19,
        s20,s21,s22,s23,s24,s25,s26);    --定义枚举数据类型
SIGNAL state: stype;
BEGIN
---------产生4Hz秒表时钟信号------------------
i1: clk_div                          --clk_div源码见例8.22
    GENERIC MAP(FREQ => 4)           --用类属映射语句进行参数传递
     PORT MAP (clk=>clk50m,
              clr=>'1',
          clk_out=>clk4hz);          --产生4Hz时钟信号
rw  <='0';                           --只写
psb <='1';
rst <='1';
en  <= clk4hz;                       --en使能信号

PROCESS(clk4hz)
BEGIN
    IF(clk4hz'event AND clk4hz='1') THEN
    CASE state IS
    WHEN s0=> rs <= '0'; DB <= X"30"; STATE<=s1;
    WHEN s1=> STATE<=s2;
        rs <= '0'; DB <= X"0c";       --全屏显示
    WHEN s2=> STATE<=s3;
        rs <= '0'; DB <= X"06";       --写一个字符后地址指针自动加1
    WHEN s3=> STATE<=s4;
        rs <= '0'; DB <= X"01";       --清屏
    WHEN s4=> STATE<=s5;
        rs <= '0'; DB <= X"80";       --第1行地址
----显示汉字，不同的驱动芯片，汉字的编码会有所不同，具体应查液晶手册----
    WHEN s5=> STATE<=s6;
```

```vhdl
                    rs <= '1'; DB <= X"46";     --F
            WHEN s6=> STATE<=s7;
                    rs <= '1'; DB <= X"50";     --P
            WHEN s7=> STATE<=s8;
                    rs <= '1'; DB <= X"47";     --G
            WHEN s8=> STATE<=s9;
                    rs <= '1'; DB <= X"41";     --A
            WHEN s9=> STATE<=s10;
                    rs <= '0'; DB <= X"01";     --清屏
            WHEN s10=> STATE<=s11;
                    rs <= '0'; DB <= X"90";     --第2行地址
            WHEN s11=> STATE<=s12;
                    rs <= '1'; DB <= X"43";     --C
            WHEN s12=> STATE<=s13;
                    rs <= '1'; DB <= X"50";     --P
            WHEN s13=> STATE<=s14;
                    rs <= '1'; DB <= X"4c";     --L
            WHEN s14=> STATE<=s15;
                    rs <= '1'; DB <= X"44";     --D
            WHEN s15=> STATE<=s16;
                    rs <= '0'; DB <= X"01";     --清屏
            WHEN s16=> STATE<=s17;
                    rs <= '0'; DB <= X"88";     --第3行地址
            WHEN s17=> STATE<=s18;
                    rs <= '1'; DB <= X"56";     --V
            WHEN s18=> STATE<=s19;
                    rs <= '1'; DB <= X"65";     --e
            WHEN s19=> STATE<=s20;
                    rs <= '1'; DB <= X"72";     --r
            WHEN s20=> STATE<=s21;
                    rs <= '1'; DB <= X"69";     --i
            WHEN s21=> STATE<=s22;
                    rs <= '0'; DB <= X"01";     --清屏
            WHEN s22=> STATE<=s23;
                    rs <= '0'; DB <= X"98";     --第4行地址
            WHEN s23=> STATE<=s24;
                    rs <= '1'; DB <= X"6c";     --l
            WHEN s24=> STATE<=s25;
                    rs <= '1'; DB <= X"6f";     --o
            WHEN s25=> STATE<=s26;
                    rs <= '1'; DB <= X"67";     --g
            WHEN s26=> STATE<=s3;
                    rs <= '1'; DB <= X"21";     --!
            WHEN OTHERS=>state <= s0;
            END CASE;
    END IF;
END PROCESS;
END one;
```

本例引脚约束文件与例 10.3 相同。

将 LCD12864 液晶连接至 DE10-Lite 目标板的扩展接口，下载后观察液晶的实际显示效果。

10.3 VGA 显示器

本节采用 FPGA 器件实现 VGA 彩条信号和图像信号的显示。

10.3.1 VGA 显示原理与时序

1．VGA 显示的原理与模式

VGA（Video Graphics Array）是 IBM 在 1987 年推出的一种视频传输标准，并迅速在彩色显示领域得到广泛应用，后来其他厂商在 VGA 基础上加以扩充使其可以支持更高的分辨率，这些扩充的模式称为 Super VGA，简称 SVGA。

2．D-SUB 接口

主机（如计算机）与显示设备间通过 VGA 接口（也称为 D-SUB 接口）连接，主机的显示信息，通过显卡中的数字/模拟转换器转变为 R、G、B 三基色信号和行、场同步信号并通过 VGA 接口传输到显示设备中。VGA 接口是一个 15 针的梯形插头，传输的是模拟信号，其外形和信号定义如图 10.6 所示，共有 15 个针孔，分 3 排，每排 5 个，其中的 6、7、8、10 引脚为接地端；1、2、3 引脚分别接红、绿、蓝三基色信号；13 引脚接行同步信号；14 引脚接场同步信号。

实际中一般只需控制三基色信号（R、G、B）、行同步（HS）和场同步信号（VS）这 5 个信号端即可。

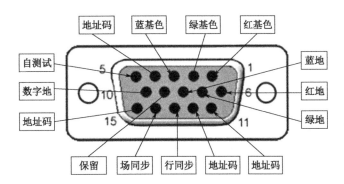

图 10.6　VGA 接口外形和信号定义

3．DE10-Lite 开发板的 FPGA 与 VGA 接口电路

DE10-Lite 上的 VGA 接口通过 14 位信号线与 FPGA 连接，其连接电路如图 10.7 所示，从图中可看出，DE10-Lite 采用电阻网络实现简单的 D/A 转换，红、绿、蓝三基色信号均为 4 位，能实现 2^{12}（4096）种颜色的图像显示。另外，还包括行同步和场同步信号。

4．VGA 显示的时序

CRT（Cathode Ray Tube）显示器的原理是采用光栅扫描方式，即轰击荧光屏的电子束在 CRT 显示器上从左到右、从上到下做有规律的移动，其水平移动受水平同步信号 HSYNC 控制，垂直移动受垂直同步信号 VSYNC 控制。扫描方式多采用逐行扫描。完成一行扫描的时间称为水平扫描时间，其倒数称为行频率；完成一帧（整屏）扫描的时间称为垂直扫描时间，其倒数称为场频，又称为刷新率。

图 10.8 所示为 VGA 行场扫描时序图，从图中可以看出，行周期信号、场周期信号各时间段。

a：行同步头段，即行消隐段。

b：行后沿（Back porch）段，行同步头结束与行有效视频信号开始之间的时间间隔。

c：行有效显示区间段。

d：行前沿（Front porch）段，有效视频显示结束与下一个同步头开始之间的时间间隔。

e：行周期，包括 a、b、c、d 段。

o：场同步头段，即场消隐段。

p：场后沿（Back porch）段。

q：场有效显示区间段。
r：场前沿（Front porch）段。
s：场周期，包括 o、p、q、r 段。

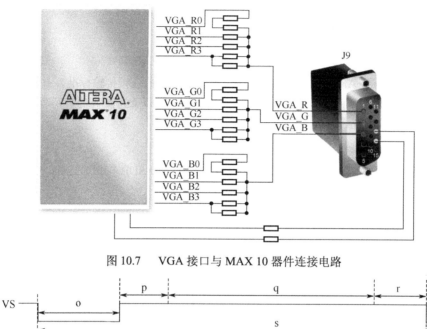

图 10.7　VGA 接口与 MAX 10 器件连接电路

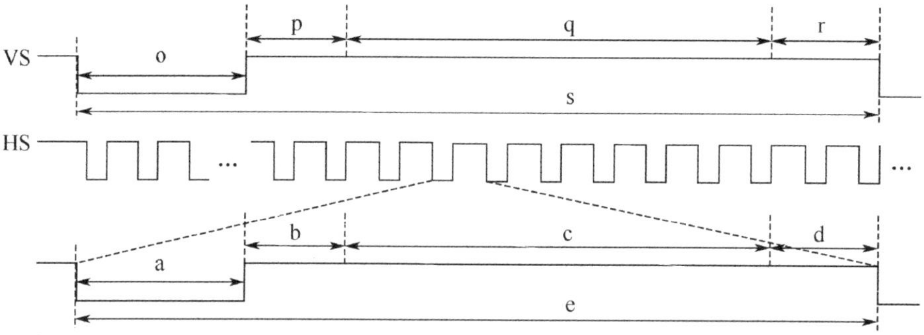

图 10.8　VGA 行场扫描时序图

低电平有效信号指示了上一行的结束和新一行的开始。随之而来的是行扫后沿，这期间的 RGB 输入是无效的。紧接着的是行显示区间，这期间的 RGB 信号将在显示器上逐点显示出来。最后是持续特定时间的行显示前沿，这期间的 RGB 信号也是无效的。场同步信号的时序完全类似，只不过场同步脉冲指示某一帧的结束和下一帧的开始，消隐期长度的单位不再是像素，而是行数。

表 10.3 是几种 VGA 显示模式行、场扫描的时间参数，表中行的时间单位是像素（Pixels），而场的时间单位是行（Lines）。

表 10.3　VGA 显示模式行、场扫描时间参数

显示模式	像素时钟（MHz）	行参数（单位：像素，Pixels）					场参数（单位：行，Lines）				
		a	b	c	d	e	o	p	q	r	s
640×480@60 Hz	25.175	96	48	640	16	800	2	33	480	10	525
800×600@60 Hz	40	128	88	800	40	1056	4	23	600	1	628
1024×768@60 Hz	65	136	160	1024	24	1344	6	29	768	3	806
1024×768@75 Hz	78.8	176	176	1024	16	1312	3	28	768	1	800

10.3.2 VGA 彩条信号发生器

1. VGA 彩条信号发生器顶层设计

三基色信号 R、G、B 只用 1bit 表示可显示 8 种颜色，表 10.4 是这 8 种颜色对应的 VGA 彩条信号发生器编码。例 10.5 的彩条信号发生器可产生横彩条、竖彩条和棋盘格等 VGA 彩条信号。例中的显示时序数据基于标准 VGA 显示模式（640×480@60 Hz）计算得出，像素时钟频率采用 25.200 MHz。

表 10.4　8 种颜色对应的 VGA 彩条信号发生器编码

颜色	黑	蓝	绿	青	红	品	黄	白
R	0	0	0	0	1	1	1	1
G	0	0	1	1	0	0	1	1
B	0	1	0	1	0	1	0	1

【例 10.5】　VGA 彩条信号发生器顶层代码。

```vhdl
--key:彩条选择信号,为 00 时显示竖彩条,为 01 时显示横彩条,其他情况显示棋盘格
LIBRARY IEEE;
  USE IEEE.STD_LOGIC_1164.ALL;
  USE IEEE.NUMERIC_STD.ALL;
-----------------------------------------------------------------
ENTITY color IS
PORT(clk50m : IN    STD_LOGIC;                --输入时钟 50 MHz
       Key  : IN    STD_LOGIC_VECTOR(1 DOWNTO 0);
       vga_hs: BUFFER  STD_LOGIC;              --行同步信号
       vga_vs: BUFFER  STD_LOGIC;              --场同步信号
       vga_r: OUT   UNSIGNED(3 DOWNTO 0);      --红色,4 bit
       vga_g: OUT   UNSIGNED(3 DOWNTO 0);      --绿色,4 bit
       vga_b: OUT   UNSIGNED(3 DOWNTO 0);      --蓝色,4 bit
       );
END color;
-----------------------------------------------------------------
ARCHITECTURE one OF color IS
CONSTANT  H_TA: INTEGER:=96;
CONSTANT  H_TB: INTEGER:=48;
CONSTANT  H_TC: INTEGER:=640;
CONSTANT  H_TD: INTEGER:=16;
CONSTANT  H_TOTAL:INTEGER:=800;              ---=H_TA+H_TB+H_TC+H_TD;
CONSTANT  V_TA: INTEGER:=2;
CONSTANT  V_TB: INTEGER:=33;
CONSTANT  V_TC: INTEGER:=480;
CONSTANT  V_TD: INTEGER:=10;
CONSTANT  V_TOTAL:INTEGER:=525;              ---=V_TA+V_TB+V_TC+V_TD);

SIGNAL clk25m:STD_LOGIC;
SIGNAL rgb,rgbx,rgby:UNSIGNED(2 DOWNTO 0);
SIGNAL h_cont,v_cont:UNSIGNED(9 DOWNTO 0);

COMPONENT vga_clk
    PORT(inclk0: IN STD_LOGIC;
           c0: OUT STD_LOGIC);
END COMPONENT;
```

```vhdl
BEGIN
PROCESS(clk25m)                    --行计数
    BEGIN
        IF(clk25m'event AND clk25m='1') THEN
            IF(h_cont=H_TOTAL-1) THEN h_cont<=(OTHERS=>'0');
            ELSE  h_cont<=h_cont+1;
            END IF;  END IF;
    END PROCESS;
PROCESS(vga_hs)                    --场计数
    BEGIN
        IF(vga_hs'event AND vga_hs='0') THEN
            IF(v_cont=V_TOTAL-1) THEN v_cont<=(OTHERS=>'0');
            ELSE  v_cont<=v_cont+1;
            END IF;  END IF;
    END PROCESS;

vga_hs<='1' WHEN h_cont > H_TA-1 ELSE    --产生行同步信号
        '0';
vga_vs<='1' WHEN v_cont > V_TA-1 ELSE    --产生场同步信号
        '0';
rgbx<="000" WHEN (h_cont<=H_TA+H_TB+80-1) ELSE    --黑
     "001" WHEN (h_cont<=H_TA+H_TB+160-1) ELSE    --蓝
     "010" WHEN (h_cont<=H_TA+H_TB+240-1) ELSE    --绿
     "011" WHEN (h_cont<=H_TA+H_TB+320-1) ELSE    --青
     "100" WHEN (h_cont<=H_TA+H_TB+400-1) ELSE    --红
     "101" WHEN (h_cont<=H_TA+H_TB+480-1) ELSE    --品
     "110" WHEN (h_cont<=H_TA+H_TB+560-1) ELSE    --黄
     "111" ;                                      --白
rgby<="000" WHEN (v_cont<=V_TA+V_TB+60-1) ELSE    --横彩条
     "001" WHEN (v_cont<=V_TA+V_TB+120-1) ELSE
     "010" WHEN (v_cont<=V_TA+V_TB+180-1) ELSE
     "011" WHEN (v_cont<=V_TA+V_TB+240-1) ELSE
     "100" WHEN (v_cont<=V_TA+V_TB+300-1) ELSE
     "101" WHEN (v_cont<=V_TA+V_TB+360-1) ELSE
     "110" WHEN (v_cont<=V_TA+V_TB+420-1) ELSE
     "111";
PROCESS(key)
BEGIN
    CASE key IS                              --选择条纹类型
      WHEN "00"=> rgb<=rgbx;                 --显示竖彩条
      WHEN "01"=> rgb<=rgby;                 --显示横彩条
      WHEN "10"=> rgb<=(rgbx XOR rgby);      --显示棋盘格
      WHEN "11"=> rgb<=(rgbx XNOR rgby);     --显示棋盘格
END CASE;
vga_r<=(rgb(2),rgb(2),rgb(2),rgb(2));        --并置
vga_g<=(OTHERS=>rgb(1));
vga_b<=rgb(0)&rgb(0)&rgb(0)&rgb(0);
END PROCESS;

i1 : vga_clk PORT MAP (      --用锁相环IP核产生25.2MHz时钟
            inclk0 => clk50m,
              c0   =>clk25m);
```

```
END one;
```

以上程序中的 25.2MHz 时钟（vga_clk）采用 Quartus Prime 的锁相环 IP 核 altpll 来产生，其定制过程如下，主要介绍较为关键的步骤。

2. 用 IP 核 altpll 产生 25.2MHz 时钟信号

① 打开 IP Catalog，在 Basic Functions 目录下找到 altpll 宏模块，双击该模块，弹出图 10.9 所示的 Save IP Variation 对话框，在其中将 altpll 模块命名为 vga_clk，选择其语言类型为 VHDL。

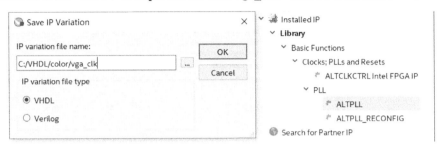

图 10.9 altpll 模块命名

② 启动 MegaWizard Plug-In Manager，对 altpll 模块进行参数设置。图 10.10 所示为选择芯片和设置输入时钟的对话框，输入时钟 inclk0 的频率设置为 50 MHz，其他选项保持默认状态。

③ 进入锁相环的端口设置界面，本例只选择输入时钟端口（inclk0）和输出时钟端口（c0）即可。

④ 图 10.12 所示为输出时钟信号 c0 设置界面。在 Enter output clock frequency 栏输入所需得到的时钟频率，本例输入 25.200MHz，其他设置保持默认状态即可。

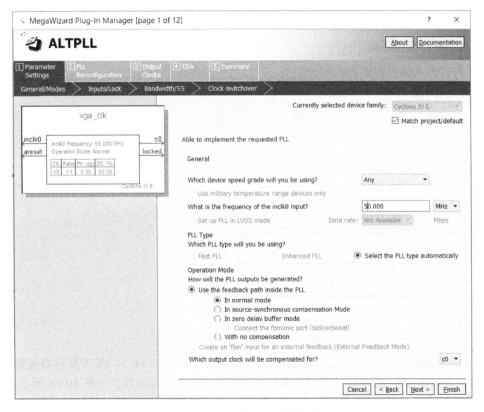

图 10.10 选择芯片和设置输入时钟

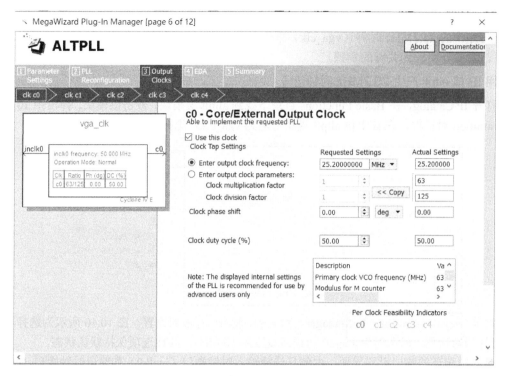

图 10.12　输出时钟信号 c0 设置

⑤ 其余设置页面连续单击 Next 按钮跳过即可,最后单击 Finish 按钮,完成定制。
⑥ 找到例化模板文件 vga_clk_inst.vhd,参考其内容例化刚定制的 pll 模块。

3. 引脚约束与编程下载

本例引脚约束文件内容如下:

```
set_location_assignment PIN_P11 -to clk50m
set_location_assignment PIN_N3 -to vga_hs
set_location_assignment PIN_N1 -to vga_vs
set_location_assignment PIN_Y1 -to vga_r[3]
set_location_assignment PIN_Y2 -to vga_r[2]
set_location_assignment PIN_V1 -to vga_r[1]
set_location_assignment PIN_AA1 -to vga_r[0]
set_location_assignment PIN_R1 -to vga_g[3]
set_location_assignment PIN_R2 -to vga_g[2]
set_location_assignment PIN_T2 -to vga_g[1]
set_location_assignment PIN_W1 -to vga_g[0]
set_location_assignment PIN_N2 -to vga_b[3]
set_location_assignment PIN_P4 -to vga_b[2]
set_location_assignment PIN_T1 -to vga_b[1]
set_location_assignment PIN_P1 -to vga_b[0]
set_location_assignment PIN_C11 -to key[1]
set_location_assignment PIN_C10 -to key[0]
```

用 Quartus Prime 对本例进行综合,生成.sof 文件并在目标板上下载,将 VGA 显示器接到 DE10-Lite 的 VGA 接口,按动按键 KEY2、KEY1,变换彩条信号,其实际显示效果如图 10.13 所示,图中分别是竖彩条和棋盘格。

图 10.13　VGA 彩条实际显示效果

10.3.3　VGA 图像显示

如果 VGA 显示真彩色 BMP 图像，则需要 R、G、B 信号各 8 位（即 24 位）表示 1 个像素值，多数情况下采用 32 位表示 1 个像素值，为了节省存储空间，可采用高彩图像，即每个像素值由 16 位表示，R、G、B 信号分别使用 5 位、6 位、5 位，比真彩色图像数据量减少一半，同时又能满足显示效果。

本例中每个图像像素点用 12 bit 表示（R、G、B 信号均用 4 位表示），总共可表示 2^{12}（4096）种颜色；显示图像的 R、G、B 数据预先存储在 FPGA 的片内 ROM 中，只要按照前面介绍的时序，给 VGA 显示器上对应的点赋值，就可以显示出完整的图像。图 10.14 所示为 VGA 图像显示控制框图。

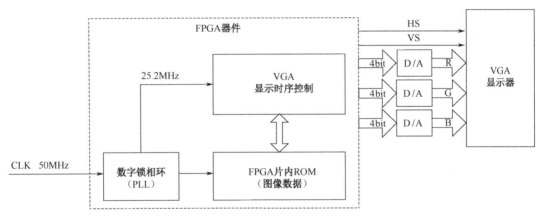

图 10.14　VGA 图像显示控制框图

1．VGA 图像数据的获取

本例显示的图像选择标准图像 lena，文件格式为.jpg，图像数据由自己编写的 MATLAB 程序得到，其代码如例 10.6 所示，该程序将 lena.jpg 图像的尺寸压缩为 128×128 点，然后得到 128×128 个像素点的 R、G、B 三基色数据，并将数据写入 ROM 存储器初始化文件.mif 文件中。R、G、B 三基色信号均采用 4 位来表示的 lena 图像的显示效果，与用真彩显示的图像效果比较，直观感受没有很大区别，如图 10.15 所示。

【例 10.6】　把 lena.jpg 图像压缩为 64×128 点，得到 R、G、B 三基色数据，并将数据写入.mif 文件。

```
clc;
clear;
InputPic=imread('D:\VHDL\lena.jpg');
```

图 10.15　R、G、B 三基色信号均采用 4 bit 表示的 LENA 图像

```matlab
                    %读取 lena.jpg 图像文件
OutputPic='D:\VHDL\lena';
PicWidth=128;
PicHeight=128;
N=PicWidth*PicHeight;
NewPic1=imresize(InputPic,[PicHeight,PicWidth]);        %转换为指定像素
NewPic2(:,:,1)=bithift(NewPic1(:,:,1),-4);              %取图像 R 高 4 位
NewPic2(:,:,2)=bithift(NewPic1(:,:,2),-4);              %取图像 G 高 4 位
NewPic2(:,:,3)=bithift(NewPic1(:,:,3),-4);              %取图像 B 高 4 位
NewPic2=uint16(NewPic2);
file=fopen([OutputPic,[num2str(PicWidth),num2str(PicHeight)],'.mif'],'wt');
%写入 mif 文件文件头
fprintf(file, '%s\n','WIDTH=12;');                      %位宽
fprintf(file, '%s\n\n','DEPTH=16384;');                 %深度 128*128
fprintf(file, '%s\n','ADDRESS_RADIX=UNS;');             %地址：无符号十进制数
fprintf(file, '%s\n\n','DATA_RADIX=UNS;');              %数据：无符号十进制数
fprintf(file, '%s\t','CONTENT');                        %地址
fprintf(file, '%s\n','BEGIN');
count=0;
for i=1:PicHeight                                       %图像第 i 行
    for j=1:PicWidth                                    %图像第 j 列
        addr=(i-1)*PicWidth+j-1;
        tmpNum=NewPic2(i,j,1)*256+NewPic2(i,j,2)*16+NewPic2(i,j,3);
        fprintf(file, '\t%1d:%1d;\n', addr,tmpNum);
        count=count+1;
    end
end
fprintf(file, '%s\n','END;');
fclose(file);
msgbox(num2str(count));
```

2. VGA 图像显示顶层源程序

显示模式采用标准 VGA 模式（640×480@60 Hz），图像大小为 128×128 点，例 10.7 是其 VHDL 源程序，程序中含图像位置移动控制部分，可控制图像在屏幕范围内成 45°角移动，撞到边缘后变向，类似于屏保的显示效果。

【例 10.7】 VGA 图像显示与移动。

```vhdl
LIBRARY ieee;
  USE ieee.std_logic_1164.all;
  USE IEEE.NUMERIC_STD.ALL;
  USE WORK.ex_pkg.ALL;                  --clk_div 元件声明放在 ex_pkg 程序包中
ENTITY vga IS
  GENERIC(
    H_SYNC_END      : INTEGER := 96;
    V_SYNC_END      : INTEGER := 2;
    H_SYNC_TOTAL    : INTEGER := 800;
    V_SYNC_TOTAL    : INTEGER := 525;
    H_SHOW_START    : INTEGER := 139;
    V_SHOW_START    : INTEGER := 35;
    PIC_LENGTH      : INTEGER := 128;   --图片长度
    PIC_WIDTH       : INTEGER := 128;   --图片宽度
    AREA_X          : INTEGER := 640;
    AREA_Y          : INTEGER := 480);
```

```vhdl
PORT(
    clk50m    : IN STD_LOGIC;                          --50 MHz 时钟
    reset     : IN STD_LOGIC;
    switch    : IN STD_LOGIC;
    vga_hs    : OUT STD_LOGIC;                         --行同步信号
    vga_vs    : OUT STD_LOGIC;                         --场同步信号
    vga_r     : OUT UNSIGNED(3 DOWNTO 0);              --红色, 4 bit
    vga_g     : OUT UNSIGNED(3 DOWNTO 0);              --绿色, 4 bit
    vga_b     : OUT UNSIGNED(3 DOWNTO 0));             --蓝色, 4 bit
END vga;
-----------------------------------------------------------
ARCHITECTURE trans OF vga IS
SIGNAL direction : STD_LOGIC_VECTOR(1 DOWNTO 0);
            --运动方向: 01 右下, 10 左上, 00 右上, 11 左下
SIGNAL clk25m   : STD_LOGIC;
SIGNAL clk50hz  : STD_LOGIC;
SIGNAL q        : UNSIGNED(11 DOWNTO 0);
SIGNAL x0       : INTEGER range 0 to 1023;   --记录图片左上角的实时坐标（像素）
SIGNAL y0       : INTEGER range 0 to 1023;
SIGNAL address  : INTEGER range 0 to 16383;
SIGNAL addr_x   : INTEGER range 0 to 525;
SIGNAL addr_y   : INTEGER range 0 to 525;
SIGNAL x_cnt    : INTEGER range 0 to 4095;
SIGNAL y_cnt    : INTEGER range 0 to 4095;
COMPONENT vga_clk
    PORT(inclk0: IN STD_LOGIC;
         c0: OUT STD_LOGIC);
END COMPONENT;
-------定义 RAMtype 数组, 12*16384, 用于存储图像数据------------
TYPE RAMtype IS ARRAY (0 TO 16383) OF UNSIGNED(11 DOWNTO 0);
SIGNAL vga_rom : RAMtype;
ATTRIBUTE ram_init_file: STRING;
ATTRIBUTE ram_init_file OF vga_rom:
SIGNAL IS "lena128x128.mif";    --指定.mif 文件, 应与工程文件处同一目录下
-----------------------------------------------------------
BEGIN
PROCESS (clk25m)
BEGIN
  IF clk25m'EVENT AND clk25m = '1'  THEN
    q <= vga_rom(address);          --读取图像数据
  END IF;
END PROCESS;
-----------------------------------------------------------
addr_x <=(x_cnt- H_SHOW_START - x0) WHEN((x_cnt>=H_SHOW_START+x0)
          AND x_cnt < (H_SHOW_START + PIC_LENGTH + x0)) ELSE
        1000;
addr_y <= (y_cnt -V_SHOW_START-y0) WHEN((y_cnt >= V_SHOW_START+y0)
          AND y_cnt < (V_SHOW_START + PIC_WIDTH + y0)) ELSE
        900;
address <= (PIC_LENGTH * addr_y + addr_x) WHEN
          (addr_x < PIC_LENGTH AND addr_y < PIC_WIDTH ) ELSE
          (PIC_LENGTH *PIC_WIDTH + 1);
```

```vhdl
------------------水平扫描----------------------
PROCESS(clk25m,reset)
BEGIN
    IF(reset= '0') THEN  x_cnt <= 0;
    ELSIF (clk25m'EVENT AND clk25m = '1') THEN
       IF(x_cnt = (H_SYNC_TOTAL-1)) THEN  x_cnt <= 0;
       ELSE  x_cnt <= x_cnt + 1;
    END IF;  END IF;
END PROCESS;
vga_hs <= '0' WHEN (x_cnt <= H_SYNC_END-1) ELSE
         '1';
----------------垂直扫描------------------------
PROCESS (clk25m,reset)
BEGIN
    IF (reset = '0') THEN   y_cnt <= 0;
    ELSIF (clk25m'EVENT AND clk25m = '1') THEN
      IF (x_cnt =H_SYNC_TOTAL - 1) THEN
         IF (y_cnt < V_SYNC_TOTAL-1) THEN  y_cnt <= y_cnt+1;
         ELSE  y_cnt <= 0;
      END IF; END IF;  END IF;
END PROCESS;
vga_vs <= '0' WHEN (y_cnt <= V_SYNC_END - 1) ELSE
         '1';
PROCESS (clk50hz,reset)
BEGIN
  IF(reset='0') THEN  x0 <= 100; y0 <= 50; direction <= "01";
  ELSIF (clk50hz'EVENT AND clk50hz = '1') THEN
    IF (switch = '0') THEN
       x0 <= (AREA_X- PIC_LENGTH - 1);
       y0 <= (AREA_Y - PIC_WIDTH - 1);
    ELSE
    CASE direction IS
    WHEN "00" => y0 <= y0 - 1; x0 <= x0 + 1;
     IF (x0 = (AREA_X - PIC_LENGTH - 1) AND y0 /= 1) THEN
          direction <= "10";
      ELSIF (x0 /= (AREA_X - PIC_LENGTH - 1) AND y0 = 1) THEN
          direction <= "01";
      ELSIF (x0 = (AREA_X - PIC_LENGTH - 1) AND y0 = 1) THEN
          direction <= "11";
     END IF;
    WHEN "01" => y0 <= y0 + 1; x0 <= x0 + 1;
     IF(x0= (AREA_X-PIC_LENGTH-1)AND y0 /= (AREA_Y-PIC_WIDTH-1)) THEN
          direction <= "11";
      ELSIF(x0 /=(AREA_X-PIC_LENGTH-1)AND y0= (AREA_Y-PIC_WIDTH-1)) THEN
          direction <= "00";
      ELSIF(x0= (AREA_X-PIC_LENGTH-1)AND y0= (AREA_Y-PIC_WIDTH-1)) THEN
          direction <= "10";
     END IF;
    WHEN "10" => y0 <= y0 - 1; x0 <= x0 - 1;
     IF(x0 = 1 AND y0 /= 1) THEN  direction <= "00";
      ELSIF (x0 /= 1 AND y0 = 1) THEN  direction <= "11";
      ELSIF (x0 = 1 AND y0 = 1) THEN  direction <= "01";
```

```
            END IF;
        WHEN "11" => y0 <= y0 + 1; x0 <= x0 - 1;
        IF(x0 = 1 AND y0 /= (AREA_Y - PIC_WIDTH - 1)) THEN
                direction <= "01";
        ELSIF (x0 /= 1 AND y0 = (AREA_Y - PIC_WIDTH - 1)) THEN
                direction <= "10";
        ELSIF (x0 = 1 AND y0 = (AREA_Y - PIC_WIDTH - 1)) THEN
                direction <= "00";
        END IF;   END CASE;
      END IF;  END IF;
END PROCESS;
PROCESS (clk25m,reset)
BEGIN
    IF(reset = '0') THEN
      vga_r <= "0000"; vga_g <= "0000"; vga_b <= "0000";
    ELSIF(clk25m'EVENT AND clk25m = '1') THEN
        vga_r <= q(11 DOWNTO 8);
        vga_g <= q(7 DOWNTO 4);
        vga_b <= q(3 DOWNTO 0);
      END IF;
END PROCESS;
u1 : vga_clk
    PORT MAP(                           --用 IP 核产生 25.2MHz 时钟
        inclk0 => clk50m,
           c0  => clk25m);
u2 : clk_div                            --clk_div 源码见例 8.22
    GENERIC MAP ( FREQ =>50)            --产生 50Hz 时钟信号
    PORT MAP(
        clk     => clk50m,
        clr     => '1',
        clk_out => clk50hz);
END trans;
```

25.2MHz 时钟（vga_clk）采用 IP 核 altpll 产生，其过程前面已做了介绍，不再赘述。

3. 图像数据的存储

上面的例程中定义了 RAMtype 数组，其尺寸为 12×16384，用于存储图像数据。

也可以采用例化 LPM_ROM 核的方式来实现 ROM，在例 10.8 中通过例化 LPM_ROM 模块，定义其尺寸为 12×16384，数据同样以.mif 文件的形式指定给 ROM。设置 ROM 的参数为输出数据不寄存、地址寄存。

例化 LPM_ROM 的相关代码如例 10.8 所示，其余部分与例 10.7 相同。

【例 10.8】 例化 LPM_ROM。

```
LIBRARY lpm;                            --使用 lpm 库
  USE lpm.lpm_components.all;           --lpm_rom 所在的库
  USE WORK.ex_pkg.ALL;                  --clk_div 元件声明放在 ex_pkg 程序包中
......
----------例化 lpm_rom 模块，12*16384，用于存储图像数据----------
u3:lpm_rom                              --例化 lpm_rom
    GENERIC MAP (lpm_widthad => 14,     --设地址宽度为 14 位
        lpm_width => 12,                --设数据宽度为 12 位
        lpm_outdata => "UNREGISTERED",  --输出数据未寄存
        lpm_address_control => "REGISTERED",  --地址寄存
```

```
                  lpm_file => "lena128x128.mif")        --指定.mif 文件
   PORT MAP(inclock=>clk25m, address=>address, q=>q);  --端口映射
   ---------------------------------------------------
   ……
```

另外,例 10.8 需要注意的是设置配置模式,本例中图像数据以.mif 文件的形式指定给 ROM 模块,如果目标器件是 MAX 10,则需要设置其配置模式。步骤如下:选择菜单 Assignments→Device,弹出 Device 窗口,单击 Device and Pin Options 按钮,弹出 Device and Pin Options 窗口,选中左侧 Category 栏中的 Configuration,在右侧 Configuration 对话框中将配置模式 Configuration scheme 选择为 Internal Configuration(内部配置),配置方式 Configuration mode 选择为 Single Uncompressed Image with Memory Initialization (512Kbit UFM),即单未压缩映像带内存初始化模式。

4. 引脚锁定与下载

本例的引脚约束文件内容如下:

```
set_location_assignment PIN_P11 -to clk50m
set_location_assignment PIN_C10 -to rst
set_location_assignment PIN_F15 -to switch
set_location_assignment PIN_N3 -to vga_hs
set_location_assignment PIN_N1 -to vga_vs
set_location_assignment PIN_Y1 -to vga_r[3]
set_location_assignment PIN_Y2 -to vga_r[2]
set_location_assignment PIN_V1 -to vga_r[1]
set_location_assignment PIN_AA1 -to vga_r[0]
set_location_assignment PIN_R1 -to vga_g[3]
set_location_assignment PIN_R2 -to vga_g[2]
set_location_assignment PIN_T2 -to vga_g[1]
set_location_assignment PIN_W1 -to vga_g[0]
set_location_assignment PIN_N2 -to vga_b[3]
set_location_assignment PIN_P4 -to vga_b[2]
set_location_assignment PIN_T1 -to vga_b[1]
set_location_assignment PIN_P1 -to vga_b[0]
```

将 VGA 显示器接到 DE10-Lite 的 VGA 接口,用 Quartus Prime 对本例进行综合,然后在 DE10-Lite 目标板上下载,在显示器上观察图像的显示效果,可以看到,图像在屏幕范围内成 45°移动,撞到边缘后改变方向,类似于屏保的显示效果。

10.4 TFT 液晶屏

本节用 FPGA 控制 TFT 液晶屏,实现彩色圆环形状的显示。

10.4.1 TFT 液晶屏

1. TFT 液晶屏

TFT-LCD,即薄膜晶体管型液晶显示屏,TFT 是 Thin Film Transistor 的缩写,一般代指薄膜液晶显示器,而实际上指的是薄膜晶体管(矩阵),可以"主动"对屏幕上的各独立的像素进行控制,即所谓的主动矩阵 TFT (active matrix TFT)。

TFT 图像显示的原理很简单:显示屏由许多可以发出任意颜色的像素组成,只要控制各像素显示相应的颜色就能达到目的了。在 TFT-LCD 中一般采用"背透式"照射方式,为了能精确地控制每一个像素的颜色和亮度就需要在每一个像素之后安装一个类似百叶窗的开关,当"百叶窗"打开时光线

可以透过来,而"百叶窗"关上后光线就无法透过来。

如图 10.20 所示为 TFT 液晶屏显示原理,TFT 液晶为每个像素都设有一个半导体开关,每个像素都可以通过点脉冲直接控制,因而每个节点都相对独立,并可以连续控制,不仅提高了显示屏的反应速度,同时可以精确控制显示色阶。TFT 在液晶的背部设置特殊光管,光源照射时通过偏光板透出。由于上下夹层的电极改成 FET 电极,在 FET 电极导通时,液晶分子的表现也会发生改变,可以通过遮光和透光来达到显示的目的,响应时间大大提高。因其具有比普通 LCD 更高的对比度和更丰富的色彩,荧屏更新频率也更快,故 TFT 俗称"真彩"。

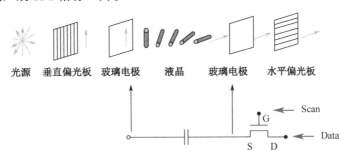

图 10.20　TFT 液晶屏显示原理图

本例采用了两款不同尺寸的 TFT 液晶屏。

一款为友达光电的 7 英寸 TFT 液晶屏,其型号为 A070VW08,详细参数如下。

- 屏幕尺寸:7.0 英寸(对角线)。
- 显示像素:800(水平)×480(垂直)。
- 颜色深度:16.7×10^6 种颜色(RGB 888 模式)。
- 供电和功耗:单电源 5V 供电,功耗 1.8 瓦。

另一款为 AN430 模块,配备的是 4.3 英寸的天马 TFT 液晶屏,显示像素为 480×272,采用真彩色 24 位的并行 RGB 接口和开发板连接,显示屏的参数如表 10.5 所示。

表 10.5　4.3 英寸天马 TFT 液晶屏参数

屏幕尺寸	4.3 寸
显示像素	480×272
颜　色	16.7×10^6(RGB 24bit)色
像素间距(mm)	0.198×0.198
有效显示面积(mm)	95.04×53.86
LED 数量	10LEDs

2. TFT 液晶屏显示的时序

要使 TFT 液晶屏正常工作,就需要提供正确的驱动时序。液晶屏显示方式是从屏幕最左上角的一个点开始的,从左向右逐点显示,每显示完一行,再回到屏幕的左边下一行的起始位置,在这期间,需要对行进行消隐,每行结束时,用行同步信号进行同步。

TFT 液晶屏的驱动基于 DE 模式和 SYNC 模式。在 DE 模式,使用 DE 信号线来表示有效数据的开始和结束。图 10.21 所示为 TFT 液晶屏 DE 模式显示时序图,图中的数据是以 800×480 分辨率的 TFT 为例的。当 DE 变为高电平时,表示有效数据开始。DE 信号高电平持续 800 个 DCLK 像素时钟周期,在每个像素时钟 DCLK 的上升沿读取一次 RGB 信号。DE 变为低电平,表示有效数据结束,此时为回扫和消隐时间。DE 一个周期(Th),扫描完成一行,扫描 480 行后,又从第一行扫描开始。

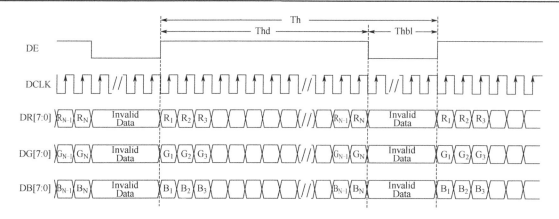

行分辨率 N=800；场分辨率 M=480

图 10.21　800×480 分辨率 TFT 液晶屏 DE 模式显示时序图

在 SYNC 模式，数据时序由行同步信号 H Sync 和帧同步信号 V Sync 控制，图 10.22 所示为 TFT 液晶屏 SYNC 模式下显示时序示意图，该时序与 VGA 显示时序几乎一致。

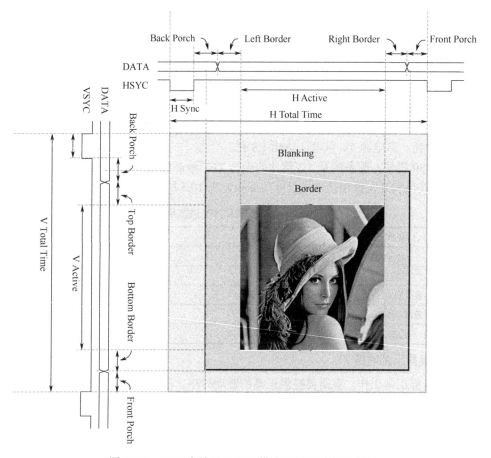

图 10.22　TFT 液晶屏 SYNC 模式下显示时序示意图

以帧同步信号（V_Sync）的下降沿作为一帧图像的起始时刻，以行同步信号（H Sync）的下降沿作为一行图像的起始时刻，那么每行图像的扫描时序都可看成是一个线性序列操作，设计时只需在指定时刻产生制定的操作即可。比如对于 800×480 分辨率的时序，其完整的一行包括 1056 个像素时钟周期，因此只需使用一个计数器循环计数 1056 个时钟周期，并在对应的计数值时候产生相应的电平值：首先，在计数 0 时刻，拉低行同步信号并保持 H_Sync 个时钟周期低电平，以产生行同步头，此阶段为行消隐段；接着，拉高行同步信号并保持 H_Back Porch 个时钟周期的高电平，此阶段为行回扫段，此时数据总线应保持全 0 状态；然后，让行同步信号保持 H_Left_Border 个时钟周期的高电平，该阶段为左边框段，数据总线仍保持全 0 状态；接下来，进入图像数据有效段，在 H_Active 阶段，在每个像素时钟上升沿输出一个 RGB 数据，当 H_Active 个数据输出完成后，进入 H_Right Border 段，此时，行同步信号仍保持高电平，但数据总线不再输出颜色数据；最后进入 H_Front Porch 段，此段消隐信号开启，至此，一行图像的扫描过程结束。帧扫描时序的实现和行扫描时序的实现方案完全一致，区别在于，帧扫描时序中的时序参数都是以行扫描周期时间为计量单位的。

表 10.6 所示为 800×480@60Hz 和 480×272@60Hz 的 TFT 屏的时序参数值，在控制 TFT 液晶屏时，可根据表中参数来编写时序驱动模块代码。

注：表中行的参数的单位是像素（Pixels），而帧的时间单位是行（Lines）。

表 10.6 800×480@60Hz 和 480×272@60Hz 的 TFT 屏的时序参数值

	800×480@60Hz	480×272@60Hz
H_Right Border（右边框）	0	0
H_Front_Porch（行前沿）	4	2
H_Sync（行同步）	128	41
H_Back_Porch（行后沿）	88	2
H_Left_Border（左边框）	0	0
H_Active（行显示段）	800	480
H_Total_Time（行周期）	1056	525
V_Bottom_Border（底边框）	8	0
V_Front_Porch（帧前沿）	2	2
V_Sync（帧同步）	2	10
V_Back_Porch（帧后沿）	25	2
V_Top_Border（上边框）	8	0
V_Active（帧显示段）	480	272
V_Total_Time（帧周期）	525	286

从表 10.6 可看出，TFT 屏如果采用 800×480 分辨率（Resolution），其总的像素为 1056×525，对应 60Hz 的刷新率（Refresh Rate），则像素时钟频率为 1056×525×60Hz=33.3MHz；TFT 屏采用 480×272@60Hz 显示模式，则像素时钟频率应为 9MHz。

10.4.2 TFT 液晶屏显示彩色圆环

本例用 FPGA 控制 TFT 液晶屏，实现彩色圆环形状的显示。

首先对几个 TFT 端口信号做进一步的说明。

lcd_de：TFT 数据使能信号，在显示有效区域，该信号有效（高电平），显示数据可以输入；在非有效区域，该信号关闭（低电平），以禁止显示数据输入，避免影响到消隐。

lcd_bl：TFT 背光控制信号，高电平点亮背光，可以使用 PWM 信号控制该端口。

lcd_r、lcd_g、lcd_b 分别是 TFT 的红色、绿色、蓝色分量数据，都是 8 位宽度，无论是 4.3 寸还是 7 寸的显示屏，都支持 RGB888 的 24 位色模式，但在实际使用时，为了节省存储器、节省 IO 引脚，或为了提升存储器可用带宽，往往会采用 RGB565 的模式进行显示，即只把 lcd_r[7:3]、lcd_g[7:2]、 lcd_b[7:3]取出，用来传递图像数据，而将 lcd_r[2:0]、lcd_g[1:0]、lcd_b[2:0]直接接地或者接高电平，这样就能使用 16 位的数据来驱动 24 位的显示屏且保证颜色基本不失真。

1．TFT 彩色圆环显示的原理

在平面直角坐标系中，以点 $O(a, b)$ 为圆心，以 r 为半径的圆的方程可表示为

$$(x-a)^2+(y-b)^2=r^2 \tag{10-1}$$

本例在液晶屏中央显示圆环形状，如图 10.23 所示，假如圆的直径为 80（r=40）个像素点，圆内的颜色为蓝色，圆外的颜色是白色，那么如何区分各像素点是圆内还是圆外呢？如果把像素点的坐标位置表示为 (x, y)，则有

$$(x-a)^2+(y-b)^2<r^2 \tag{10-2}$$

显然，满足式 10-2 的像素点在圆内，而不满足式（10-2）（即满足 $(x-a)^2+(y-b)^2>=r^2$）的像素点在圆外。

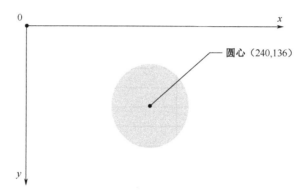

图 10.23 液晶屏中央显示圆环形状

那在本例中怎么实现公式 $(x-a)^2+(y-b)^2<r^2$ 呢？

本例 TFT 液晶屏采用 480×272 显示模式，TFT 的分辨率为 480×272，故在图 10.23 中，若将最左上角像素点作为原点，其坐标为（0，0），则最右下角像素点的坐标为（480，272）；圆心在屏幕的中心，故圆心的坐标 (a, b) 为（240，136）；r 为圆的半径，x 和 y 表示像素点的坐标。

2．TFT 彩色圆环显示源码

例 10.9 是 TFT 圆环显示源码，在本例中，用行时钟计数器 h_cnt 和场时钟计数器 v_cnt 来表示 x 和 y，即 x=h_cnt- H_ST，y=v_cnt- V_ST；用变量 dist 表示像素点与圆心之间距离的平方，则有 dist= (x-a)*(x-a)+(y-b)*(y-b) =(h_cnt-H_ST-240)*(h_cnt-H_ST-240) +(v_cnt-V_ST-136)*(v_cnt-V_ST-136)。

例 10.1 中显示 3 层圆环，如下。

- 蓝色圆环：dist <= 1600（单位为像素点）；
- 绿色圆环：dist <= 4900；
- 红色圆环：dist <= 10000；
- 白色区域：在显示区域中，除了以上色环区域，就是白色区域；
- 非显示区域：显示区域之外，就是非显示区域。

【例 10.9】 TFT 色环显示源码。

```
-- TFT 屏采用 480×272@60Hz 显示模式，像素时钟频率为 9MHz
LIBRARY ieee;
  USE ieee.std_logic_1164.all;
  USE IEEE.NUMERIC_STD.ALL;
ENTITY tft_cir_disp IS
```

```vhdl
    PORT (
       clk50m      : IN STD_LOGIC;
       clr         : IN STD_LOGIC;
       lcd_hs      : OUT STD_LOGIC;
       lcd_vs      : OUT STD_LOGIC;
       lcd_de      : OUT STD_LOGIC;
-- lcd_de: TFT 数据使能信号，在显示有效区域，该信号有效（高电平），显示数据可以输入
-- 在非有效区域，该信号关闭（低电平），以禁止像素数据输入，避免影响到消隐
       lcd_r       : OUT UNSIGNED(7 DOWNTO 0);
       lcd_g       : OUT UNSIGNED(7 DOWNTO 0);
       lcd_b       : OUT UNSIGNED(7 DOWNTO 0);
-- lcd_r, lcd_g, lcd_b 分别是 TFT 的红色、绿色、蓝色分量数据，都是 8 位宽度
-- 本例中没有驱动 TFT 背光控制信号，一般不会影响 TFT 屏的显示
       lcd_dclk    : BUFFER STD_LOGIC );
END tft_cir_disp;

ARCHITECTURE one OF tft_cir_disp IS
   CONSTANT H_TOTAL   : INTEGER := 525;    --定义 480×272@60Hz 显示模式参数
   CONSTANT V_TOTAL   : INTEGER := 286;
   CONSTANT H_SYN     : INTEGER := 41;
   CONSTANT V_SYN     : INTEGER := 2;
   CONSTANT H_ST      : INTEGER := 43;
   CONSTANT H_END     : INTEGER := 523;
   CONSTANT V_ST      : INTEGER := 12;
   CONSTANT V_END     : INTEGER := 284;
   SIGNAL h_cnt       : INTEGER range 0 to 525;
   SIGNAL v_cnt       : INTEGER range 0 to 286;
   SIGNAL hs_de       : STD_LOGIC;
   SIGNAL vs_de       : STD_LOGIC;
   SIGNAL dist        : INTEGER range 0 to 80000;
   SIGNAL disp_area   : STD_LOGIC;
   SIGNAL end_cnt_h   : STD_LOGIC;
   SIGNAL add_cnt_v   : STD_LOGIC;
   SIGNAL end_cnt_v   : STD_LOGIC;
COMPONENT tft_pll
     PORT(inclk0: IN STD_LOGIC;
          c0: OUT STD_LOGIC);
END COMPONENT;
BEGIN
------------------------------------------------
   u1 : tft_pll                              --产生 9MHz 像素时钟
     PORT MAP (
         inclk0 => clk50m,
         c0     => lcd_dclk );
   lcd_de <= hs_de AND vs_de;
PROCESS (lcd_dclk, clr)
BEGIN
   IF (clr = '0') THEN   h_cnt <= 0;
   ELSIF (lcd_dclk'EVENT AND lcd_dclk = '1') THEN
       IF (end_cnt_h = '1') THEN   h_cnt <= 0;
       ELSE  h_cnt <= h_cnt + 1;
    END IF;  END IF;
END PROCESS;
```

```vhdl
end_cnt_h <='1' WHEN    h_cnt = H_TOTAL -1 ELSE
          '0';
     --h_cnt 为行时钟计数器，计满 525 个像素点清零，重新计数
PROCESS (lcd_dclk, clr)
BEGIN
    IF(clr = '0')  THEN  v_cnt <= 0;
    ELSIF (lcd_dclk'EVENT AND lcd_dclk = '1') THEN
        IF (add_cnt_v = '1') THEN
           IF (end_cnt_v = '1') THEN v_cnt <= 0;
           ELSE  v_cnt <= v_cnt + 1;
    END IF;  END IF;  END IF;
END PROCESS;

add_cnt_v <= end_cnt_h;
end_cnt_v <='1' WHEN(add_cnt_v ='1' AND v_cnt = V_TOTAL-1) ELSE
          '0';
    --  v_cnt 为场时钟计数器，加 1 条件是计满 525 个像素点（即 1 行的时间）
    --  结束条件为计满 286 行
PROCESS (lcd_dclk, clr)
BEGIN
    IF (clr = '0') THEN  lcd_hs <= '0';
    ELSIF (lcd_dclk'EVENT AND lcd_dclk = '1') THEN
        IF (end_cnt_h = '1') THEN   lcd_hs <= '0';
         ELSIF (h_cnt = H_SYN - 1) THEN   lcd_hs <= '1';
    END IF;  END IF;
END PROCESS;

PROCESS (lcd_dclk, clr)
  BEGIN
     IF(clr = '0') THEN  hs_de <= '0';
     ELSIF (lcd_dclk'EVENT AND lcd_dclk = '1') THEN
        IF (h_cnt = H_ST - 1) THEN  hs_de <= '1';
         ELSIF (h_cnt = H_END - 1) THEN  hs_de <= '0';
     END IF;  END IF;
END PROCESS;
PROCESS (lcd_dclk, clr)
BEGIN
    IF (clr = '0') THEN   lcd_vs <= '0';
    ELSIF (lcd_dclk'EVENT AND lcd_dclk = '1') THEN
        IF (add_cnt_v = '1' AND v_cnt =V_SYN - 1) THEN
           lcd_vs <= '1';
        ELSIF (end_cnt_v = '1') THEN   lcd_vs <= '0';
    END IF;  END IF;
END PROCESS;
PROCESS (lcd_dclk, clr)
BEGIN
    IF (clr = '0') THEN  vs_de <= '0';
    ELSIF (lcd_dclk'EVENT AND lcd_dclk = '1') THEN
       IF (add_cnt_v = '1' AND v_cnt = V_ST - 1) THEN
          vs_de <= '1';
       ELSIF (add_cnt_v = '1' AND v_cnt=V_END-1) THEN
          vs_de <= '0';
     END IF;  END IF;
END PROCESS;
```

```vhdl
disp_area <= hs_de AND vs_de;
PROCESS (h_cnt, v_cnt)
BEGIN
    dist <= (h_cnt -H_ST - 240) * (h_cnt - H_ST - 240)
         + (v_cnt - V_ST -136) * (v_cnt - V_ST -136);
END PROCESS;
--------------------------------------------------------
PROCESS (lcd_dclk, clr)
BEGIN
   IF(clr = '0') THEN
     lcd_r <= "00000000";lcd_g <= "00000000";lcd_b <= "00000000";
   ELSIF (lcd_dclk'EVENT AND lcd_dclk = '1') THEN
    IF(disp_area = '1') THEN
      IF(dist < 1601) THEN
    lcd_r <= "00000000"; lcd_g <= "00000000"; lcd_b <= "11111111";
       ELSIF (dist < 4901) THEN
    lcd_r <= "00000000"; lcd_g <= "11111111"; lcd_b <= "00000000";
       ELSIF (dist < 10001) THEN
    lcd_r <= "11111111"; lcd_g <= "00000000"; lcd_b <= "00000000";
      ELSE
       lcd_r <= "11111111"; lcd_g <= "11111111"; lcd_b <= "11111111";
      END IF;
     ELSE
       lcd_r <= "00000000"; lcd_g <= "00000000"; lcd_b <= "00000000";
    END IF;  END IF;
   END PROCESS;
END one;
```

3. 下载与验证

4.3 寸 TFT 液晶屏显示模式为 480×272@60Hz，像素时钟为 9MHz，像素时钟用锁相环 IP 核实现，c0 时钟端口的设置页面如图 10.24 所示，可以看到，其倍频系数为 9，分频系数为 50。

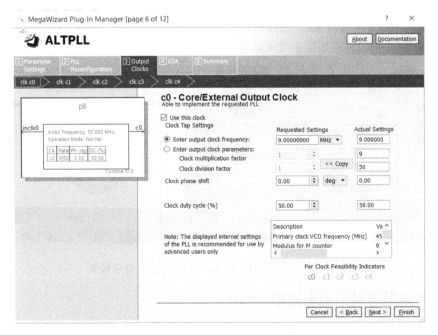

图 10.24 产生 9MHz 像素时钟 c0 设置页面

TFT 模块用 40 针接口和 FPGA 目标板上的扩展口 J15 相连，FPGA 的引脚分配和锁定如下：

```
set_location_assignment PIN_E1 -to clk50m
set_location_assignment PIN_E15 -to clr
set_location_assignment PIN_J11 -to lcd_b[7]
set_location_assignment PIN_G16 -to lcd_b[6]
set_location_assignment PIN_K10 -to lcd_b[5]
set_location_assignment PIN_K9 -to lcd_b[4]
set_location_assignment PIN_G11 -to lcd_b[3]
set_location_assignment PIN_F14 -to lcd_b[2]
set_location_assignment PIN_F13 -to lcd_b[1]
set_location_assignment PIN_F11 -to lcd_b[0]
set_location_assignment PIN_D14 -to lcd_g[7]
set_location_assignment PIN_F10 -to lcd_g[6]
set_location_assignment PIN_C14 -to lcd_g[5]
set_location_assignment PIN_E11 -to lcd_g[4]
set_location_assignment PIN_D12 -to lcd_g[3]
set_location_assignment PIN_D11 -to lcd_g[2]
set_location_assignment PIN_C11 -to lcd_g[1]
set_location_assignment PIN_E10 -to lcd_g[0]
set_location_assignment PIN_D9 -to lcd_r[7]
set_location_assignment PIN_C9 -to lcd_r[6]
set_location_assignment PIN_E9 -to lcd_r[5]
set_location_assignment PIN_F9 -to lcd_r[4]
set_location_assignment PIN_F7 -to lcd_r[3]
set_location_assignment PIN_E8 -to lcd_r[2]
set_location_assignment PIN_D8 -to lcd_r[1]
set_location_assignment PIN_E7 -to lcd_r[0]
set_location_assignment PIN_J12 -to lcd_dclk
set_location_assignment PIN_K11 -to lcd_de
set_location_assignment PIN_J13 -to lcd_hs
set_location_assignment PIN_J14 -to lcd_vs
```

编译成功后，生成配置文件.sof，连接目标板电源线和 JTAG 线，下载配置文件.sof 至 FPGA 目标板。4 寸 TFT 屏（480×272）圆环显示效果如图 10.25 所示。

图 10.25　4.3 寸 TFT 屏（480×272）圆环显示效果

10.4.3　TFT 液晶屏显示动态矩形

本例用 TFT 液晶屏实现动态矩形显示效果。

1. TFT 动态矩形显示源码

本例通过 FPGA 控制 TFT 液晶屏显示矩形动画，矩形的宽从 2 变化到 600（单位为像素点），矩形的高从 2 变化到 400，矩形由小逐渐变大，实现动态显示效果。

例 10.10 是 TFT 动态矩形显示源码。

【例 10.10】 TFT 动态矩形显示源码。

```vhdl
LIBRARY ieee;
  USE ieee.std_logic_1164.all;
  USE IEEE.NUMERIC_STD.ALL;
ENTITY tft_rec_dyn IS
   PORT (
      clk50m   : IN STD_LOGIC;
      clr      : IN STD_LOGIC;
      lcd_hs   : OUT STD_LOGIC;
      lcd_vs   : OUT STD_LOGIC;
      lcd_de   : OUT STD_LOGIC;
      lcd_r    : OUT UNSIGNED(7 DOWNTO 0);
      lcd_g    : OUT UNSIGNED(7 DOWNTO 0);
      lcd_b    : OUT UNSIGNED(7 DOWNTO 0);
      lcd_dclk : BUFFER STD_LOGIC);
END tft_rec_dyn;
-------------------------------------------------
ARCHITECTURE one OF tft_rec_dyn IS
   CONSTANT  H_TOTAL  : INTEGER := 525;
   CONSTANT  V_TOTAL  : INTEGER := 286;
   CONSTANT  H_SYN    : INTEGER := 41;
   CONSTANT  V_SYN    : INTEGER := 2;
   CONSTANT  H_ST     : INTEGER := 43;
   CONSTANT  H_END    : INTEGER := 523;
   CONSTANT  V_ST     : INTEGER := 12;
   CONSTANT  V_END    : INTEGER := 284;
   SIGNAL h_cnt       : INTEGER range 0 to 525;
   SIGNAL v_cnt       : INTEGER range 0 to 286;
   SIGNAL hs_de       : STD_LOGIC;
   SIGNAL vs_de       : STD_LOGIC;
   SIGNAL end_cnt_h   : STD_LOGIC;
   SIGNAL add_cnt_v   : STD_LOGIC;
   SIGNAL end_cnt_v   : STD_LOGIC;
   SIGNAL disp_area   : STD_LOGIC;
   SIGNAL blue_area   : STD_LOGIC;
   SIGNAL h           : INTEGER range 0 to 800;
   SIGNAL v           : INTEGER range 0 to 500;
COMPONENT tft_pll
    PORT(inclk0: IN STD_LOGIC;
         c0: OUT STD_LOGIC);
END COMPONENT;
-------------------------------------------------
BEGIN
  u1 : tft_pll             --产生 9MHz 像素时钟
     PORT MAP(
        inclk0 => clk50m,
        c0     => lcd_dclk);
 lcd_de <= hs_de AND vs_de;
```

```vhdl
PROCESS (lcd_dclk, clr)
BEGIN
    IF (clr = '0') THEN   h_cnt <= 0;
    ELSIF (lcd_dclk'EVENT AND lcd_dclk = '1') THEN
        IF (end_cnt_h = '1') THEN  h_cnt <= 0;
        ELSE  h_cnt <= h_cnt + 1;
    END IF;  END IF;
END PROCESS;
end_cnt_h <='1' WHEN  h_cnt = H_TOTAL -1 ELSE
            '0';
    --h_cnt 为行时钟计数器，计满 525 个像素点清零，重新计数
PROCESS (lcd_dclk, clr)
BEGIN
    IF (clr = '0')  THEN  v_cnt <= 0;
    ELSIF (lcd_dclk'EVENT AND lcd_dclk = '1') THEN
        IF (add_cnt_v = '1') THEN
            IF (end_cnt_v = '1') THEN  v_cnt <= 0;
            ELSE  v_cnt <= v_cnt + 1;
    END IF;  END IF;  END IF;
END PROCESS;
------------------------------------------------
add_cnt_v <= end_cnt_h;
end_cnt_v <='1' WHEN(add_cnt_v='1' AND v_cnt = V_TOTAL-1) ELSE
            '0';
    -- v_cnt 为场时钟计数器，加 1 条件是计满 525 个像素点（即 1 行的时间）
    -- 结束条件为计满 286 行
PROCESS(lcd_dclk, clr)
BEGIN
    IF (clr = '0') THEN  lcd_hs <= '0';
    ELSIF (lcd_dclk'EVENT AND lcd_dclk = '1') THEN
        IF (end_cnt_h = '1') THEN   lcd_hs <= '0';
        ELSIF (h_cnt = H_SYN - 1) THEN   lcd_hs <= '1';
    END IF;  END IF;
END PROCESS;
PROCESS (lcd_dclk, clr)
BEGIN
    IF (clr = '0')  THEN  hs_de <= '0';
    ELSIF (lcd_dclk'EVENT AND lcd_dclk = '1') THEN
        IF (h_cnt = H_ST - 1) THEN   hs_de <= '1';
        ELSIF (h_cnt = H_END - 1) THEN    hs_de <= '0';
    END IF;  END IF;
END PROCESS;
PROCESS (lcd_dclk, clr)
BEGIN
    IF (clr = '0')  THEN  lcd_vs <= '0';
    ELSIF (lcd_dclk'EVENT AND lcd_dclk = '1') THEN
        IF (add_cnt_v = '1' AND v_cnt =V_SYN - 1) THEN
            lcd_vs <= '1';
        ELSIF (end_cnt_v = '1') THEN   lcd_vs <= '0';
    END IF;  END IF;
END PROCESS;
PROCESS (lcd_dclk, clr)
BEGIN
    IF (clr = '0')  THEN  vs_de <= '0';
```

```
      ELSIF (lcd_dclk'EVENT AND lcd_dclk = '1') THEN
         IF (add_cnt_v = '1' AND v_cnt = V_ST - 1) THEN
             vs_de <= '1';
           ELSIF (add_cnt_v = '1' AND v_cnt=V_END-1) THEN
             vs_de <= '0';
        END IF; END IF;
END PROCESS;
disp_area <= hs_de AND vs_de;
blue_area <='1' WHEN ((h_cnt>=H_ST+240-h)AND(h_cnt<H_ST+240+h)
            AND(v_cnt>=V_ST+136-v)AND(v_cnt<V_ST+136+v)) ELSE
           '0';
PROCESS (lcd_dclk, clr)
BEGIN
   IF (clr = '0') THEN    h <= 1;
      ELSIF (lcd_dclk'EVENT AND lcd_dclk = '1') THEN
        IF (end_cnt_v = '1' AND h < 300) THEN   h <= h + 2;
     END IF;  END IF;
END PROCESS;
PROCESS (lcd_dclk, clr)
BEGIN
   IF (clr = '0') THEN  v <= 1;
      ELSIF (lcd_dclk'EVENT AND lcd_dclk = '1') THEN
         IF (end_cnt_v = '1' AND v < 200) THEN   v <= v + 1;
     END IF;  END IF;
END PROCESS;
PROCESS (lcd_dclk, clr)
BEGIN
  IF (clr = '0') THEN
   lcd_r <= "00000000"; lcd_g <= "00000000"; lcd_b <= "00000000";
     ELSIF (lcd_dclk'EVENT AND lcd_dclk= '1') THEN
       IF(disp_area = '1') THEN
         IF(blue_area = '1') THEN
             lcd_r <= "00000000";
             lcd_g <= "00000000";
             lcd_b <= "11111111";
          ELSE  lcd_r <= "11111111";
             lcd_g <= "11111111";
             lcd_b <= "11111111";
           END IF;
        ELSE  lcd_r <= "00000000";
             lcd_g <= "00000000";
             lcd_b <= "00000000";
     END IF;  END IF;
END PROCESS;
END one;
```

2. 下载与验证

TFT 液晶屏显示模式设置为 480×272@60Hz，像素时钟为 9MHz，9MHz 像素时钟用锁相环 IP 核实现（锁相环 IP 核设置见图 10.24）。

TFT 模块用 40 针接口和 FPGA 目标板上的扩展口 J15 相连，FPGA 的引脚分配和锁定如下：

```
set_location_assignment PIN_E1 -to clk50m
set_location_assignment PIN_E15 -to clr
set_location_assignment PIN_J11 -to lcd_b[7]
set_location_assignment PIN_G16 -to lcd_b[6]
```

```
set_location_assignment PIN_K10 -to lcd_b[5]
set_location_assignment PIN_K9  -to lcd_b[4]
set_location_assignment PIN_G11 -to lcd_b[3]
set_location_assignment PIN_F14 -to lcd_b[2]
set_location_assignment PIN_F13 -to lcd_b[1]
set_location_assignment PIN_F11 -to lcd_b[0]
set_location_assignment PIN_D14 -to lcd_g[7]
set_location_assignment PIN_F10 -to lcd_g[6]
set_location_assignment PIN_C14 -to lcd_g[5]
set_location_assignment PIN_E11 -to lcd_g[4]
set_location_assignment PIN_D12 -to lcd_g[3]
set_location_assignment PIN_D11 -to lcd_g[2]
set_location_assignment PIN_C11 -to lcd_g[1]
set_location_assignment PIN_E10 -to lcd_g[0]
set_location_assignment PIN_D9  -to lcd_r[7]
set_location_assignment PIN_C9  -to lcd_r[6]
set_location_assignment PIN_E9  -to lcd_r[5]
set_location_assignment PIN_F9  -to lcd_r[4]
set_location_assignment PIN_F7  -to lcd_r[3]
set_location_assignment PIN_E8  -to lcd_r[2]
set_location_assignment PIN_D8  -to lcd_r[1]
set_location_assignment PIN_E7  -to lcd_r[0]
set_location_assignment PIN_J12 -to lcd_dclk
set_location_assignment PIN_K11 -to lcd_de
set_location_assignment PIN_J13 -to lcd_hs
set_location_assignment PIN_J14 -to lcd_vs
```

编译成功后，生成配置文件.sof，连接目标板电源线和 JTAG 线，下载配置文件.sof 至 FPGA 目标板，查看实际显示效果。

10.5 音乐演奏电路

在本节中，用 FPGA 器件驱动小扬声器构成一个乐曲演奏电路，演奏的乐曲选择《梁祝》片段，曲谱如下。

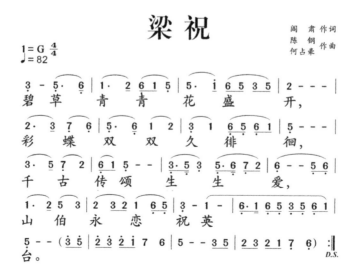

10.5.1 音乐演奏实现的方法

乐曲演奏的原理是：组成乐曲的每个音符的频率值（音调）及其持续的时间（音长）是乐曲能连续演奏所需的两个基本数据，因此只要控制输出到扬声器的激励信号的频率和持续的时间，就可以使扬声器发出连续的乐曲声。首先来看怎样控制音调的高低变化。

1. 音调的控制

频率的大小决定了音调的高低。音乐的十二平均率规定：每 2 个八度音（如简谱中的中音 1 与高音 1）之间的频率相差 1 倍。在 2 个八度音之间，又可分为 12 个半音，每 2 个半音的频率比为 $\sqrt[12]{2}$。另外，音名 A（简谱中的低音 6）的频率为 440 Hz，音名 B 到 C、E 到 F 之间为半音，其余为全音。由此，可以计算出简谱中从低音 1 至高音 1 之间每个音名对应的频率。简谱中的音名与频率的关系如表 10.7 所示。

表 10.7 简谱中的音名与频率的关系

音 名	频 率/Hz	音 名	频 率/Hz	音 名	频 率/Hz
低音 1	261.6	中音 1	523.3	高音 1	1 046.5
低音 2	293.7	中音 2	587.3	高音 2	1 174.7
低音 3	329.6	中音 3	659.3	高音 3	1 318.5
低音 4	349.2	中音 4	698.5	高音 4	1 396.9
低音 5	392	中音 5	784	高音 5	1 568
低音 6	440	中音 6	880	高音 6	1 760
低音 7	493.9	中音 7	987.8	高音 7	1 975.5

所有不同频率的信号都是从同一个基准频率分频而得到的。由于音阶频率多为非整数，而分频系数又不能为小数，故必须将计算得到的分频数四舍五入取整。若基准频率过低，则由于分频比太小，四舍五入取整后的误差较大。若基准频率过高，虽然误差变小，但分频数将变大。实际的设计综合考虑这两方面的因素，在尽量减小频率误差的前提下取合适的基准频率。本例中选取 6 MHz 为基准频率。若无 6 MHz 的时钟频率，则可以先分频得到 6 MHz，或换一个新的基准频率。实际上只要各音名间的相对频率关系不变，C 作 1 与 D 作 1 演奏出的音乐听起来都不会"走调"。

本例需要演奏的是梁祝乐曲，该乐曲各音阶频率对应的分频比及预置数如表 10.8 所示。为了减小输出的偶次谐波分量，最后输出到扬声器的波形应为对称方波，因此在到达扬声器之前，有一个二分频的分频器。表 10.8 中的分频比就是从 6 MHz 频率二分频得到的 3 MHz 频率基础上计算得出的。如果用正弦波来代替方波来驱动扬声器将会有更好的效果。

从表 10.8 可以看出，最大的分频系数为 9 102，故采用 14 位二进制计数器分频可满足需要。在表 10.8 中，除给出了分频比外，还给出了对应于各音阶频率时计数器不同的预置数。对于不同的分频系数，只要加载不同的预置数即可。采用加载预置数实现分频的方法比采用反馈复零法节省资源，实现起来也容易一些。

表 10.8 各音阶频率对应的分频比及预置数

音 名	分 频 比	预 置 数	音 名	分 频 比	预 置 数
低音 3	9 102	7 281	中音 2	5 111	11 272
低音 5	7 653	8 730	中音 3	4 552	11 831
低音 6	6 818	9 565	中音 5	3 827	12 556
低音 7	6 073	10 310	中音 6	3 409	12 974
中音 1	5 736	10 647	高音 1	2 867	13 516

此外，对于乐曲中的休止符，只要将分频系数设为 0，即初始值为 $2^{14}-1=16383$ 即可，此时扬声器将不会发声。

2．音长的控制

音符的持续时间须根据乐曲的速度及每个音符的节拍数来确定。本例演奏的《梁祝》片段，最短的音符为四分音符，如果将全音符的持续时间设为 1 s，则只需要再提供一个 4 Hz 的时钟频率即可产生四分音符的时长。

10.5.2 实现与下载

图 10.26 所示为乐曲演奏电路原理框图。其中，乐谱产生电路用来控制音乐的音调和音长。控制音调通过设置计数器的预置数来实现，预置不同的数值就可以使计数器产生不同频率的信号，从而产生不同的音调。控制音长是通过控制计数器预置数的停留时间来实现的，预置数停留的时间越长，则该音符演奏的时间越长。每个音符的演奏时间都是 0.25 s 的整数倍，对于节拍较长的音符，如二分音符，在记谱时将该音名连续记录 2 次即可。为了使演奏能循环进行，需要另外设置一个时长计数器，当乐曲演奏完成时，保证能自动从头开始演奏。乐曲演奏电路的 VHDL 描述见例 10.11。

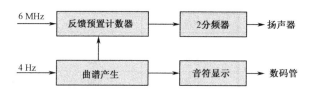

图 10.26　乐曲演奏电路原理框图

【例 10.11】　《梁祝》乐曲演奏电路。

```
LIBRARY IEEE;
  USE IEEE.STD_LOGIC_1164.ALL;
  USE IEEE.NUMERIC_STD.ALL;
  USE WORK.ex_pkg.ALL;         --clk_div 元件声明放在 ex_pkg 程序包中
ENTITY song IS
  PORT(clk50m : IN STD_LOGIC;  --50 MHz 时钟信号
    spk : BUFFER STD_LOGIC);   --输出到扬声器
END song;
-----------------------------------------------------------
ARCHITECTURE rtl OF song IS
ATTRIBUTE chip_pin : STRING;        --利用属性语句进行引脚锁定
ATTRIBUTE chip_pin OF clk50m : SIGNAL IS "P11";
ATTRIBUTE chip_pin OF spk : SIGNAL IS "W10";
SIGNAL divider : UNSIGNED(13 DOWNTO 0);
SIGNAL origin : UNSIGNED(13 DOWNTO 0);       --预置值
SIGNAL counter : integer range 0 to 138;     --时长计数
SIGNAL carry : STD_LOGIC;
SIGNAL clk6m,clk4hz : STD_LOGIC;
SIGNAL tone: UNSIGNED(6 DOWNTO 0);
BEGIN
i1: clk_div                          --clk_div 源码见例 8.22
    GENERIC MAP(FREQ => 6000000)     --用类属映射语句进行参数传递
      PORT MAP (clk=>clk50m,
            Clr => '1',
         clk_out => clk6m);          --从 50MHz 得到 6MHz 时钟
```

```vhdl
i2: clk_div                               --从50MHz得到4Hz时钟
    GENERIC MAP(FREQ => 4)
     PORT MAP (clk => clk50m,
              clr => '1',
           clk_out => clk4hz);
PROCESS(clk6m)                            --置数改变分频比
BEGIN
    IF(clk6m'event AND clk6m='1') THEN
      IF(divider="1111111111111") THEN
          carry<='1'; divider<=origin;
       ELSE divider<=divider+1; carry<='0';
    END IF;  END IF;
END PROCESS;
PROCESS(carry)                            --二分频
BEGIN
    IF(carry'event AND carry='1') THEN  spk<=NOT spk;
    END IF;
END PROCESS;
PROCESS(clk4hz)                           --时长计数,以实现循环演奏
BEGIN
   IF(clk4hz'event AND clk4hz='1') THEN
      IF(counter=138)  THEN counter<=0;
        ELSE counter<=counter+1;
    END IF;  END IF;
  CASE counter IS
    WHEN 0=>tone<="0000011";  WHEN 1=>tone<="0000011";
    WHEN 2=>tone<="0000011";  WHEN 3=>tone<="0000011";
    WHEN 4=>tone<="0000101";  WHEN 5=>tone<="0000101";
    WHEN 6=>tone<="0000101";  WHEN 7=>tone<="0000110";
    WHEN 8=>tone<="0001000";  WHEN 9=>tone<="0001000";
    WHEN 10=>tone<="0001000"; WHEN 11=>tone<="0010000";
    WHEN 12=>tone<="0000110"; WHEN 13=>tone<="0001000";
    WHEN 14=>tone<="0000101"; WHEN 15=>tone<="0000101";
    WHEN 16=>tone<="0101000"; WHEN 17=>tone<="0101000";
    WHEN 18=>tone<="0101000"; WHEN 19=>tone<="1000000";
    WHEN 20=>tone<="0110000"; WHEN 21=>tone<="0101000";
    WHEN 22=>tone<="0011000"; WHEN 23=>tone<="0101000";
    WHEN 24=>tone<="0010000"; WHEN 25=>tone<="0010000";
    WHEN 26=>tone<="0010000"; WHEN 27=>tone<="0010000";
    WHEN 28=>tone<="0010000"; WHEN 29=>tone<="0010000";
    WHEN 30=>tone<="0010000"; WHEN 31=>tone<="0000000";
    WHEN 32=>tone<="0010000"; WHEN 33=>tone<="0010000";
    WHEN 34=>tone<="0010000"; WHEN 35=>tone<="0011000";
    WHEN 36=>tone<="0000111"; WHEN 37=>tone<="0000111";
    WHEN 38=>tone<="0000110"; WHEN 39=>tone<="0000110";
    WHEN 40=>tone<="0000101"; WHEN 41=>tone<="0000101";
    WHEN 42=>tone<="0000101"; WHEN 43=>tone<="0000110";
    WHEN 44=>tone<="0001000"; WHEN 45=>tone<="0001000";
    WHEN 46=>tone<="0010000"; WHEN 47=>tone<="0010000";
    WHEN 48=>tone<="0000011"; WHEN 49=>tone<="0000011";
    WHEN 50=>tone<="0001000"; WHEN 51=>tone<="0001000";
    WHEN 52=>tone<="0000110"; WHEN 53=>tone<="0000101";
```

```vhdl
       WHEN 54=>tone<="0000110"; WHEN 55=>tone<="0001000";
       WHEN 56=>tone<="0000101"; WHEN 57=>tone<="0000101";
       WHEN 58=>tone<="0000101"; WHEN 59=>tone<="0000101";
       WHEN 60=>tone<="0000101"; WHEN 61=>tone<="0000101";
       WHEN 62=>tone<="0000101"; WHEN 63=>tone<="0000101";
       WHEN 64=>tone<="0011000"; WHEN 65=>tone<="0011000";
       WHEN 66=>tone<="0011000"; WHEN 67=>tone<="0101000";
       WHEN 68=>tone<="0000111"; WHEN 69=>tone<="0000111";
       WHEN 70=>tone<="0010000"; WHEN 71=>tone<="0010000";
       WHEN 72=>tone<="0000110"; WHEN 73=>tone<="0001000";
       WHEN 74=>tone<="0000101"; WHEN 75=>tone<="0000101";
       WHEN 76=>tone<="0000101"; WHEN 77=>tone<="0000101";
       WHEN 78=>tone<="0000101"; WHEN 79=>tone<="0000101";
       WHEN 80=>tone<="0000011"; WHEN 81=>tone<="0000101";
       WHEN 82=>tone<="0000011"; WHEN 83=>tone<="0000011";
       WHEN 84=>tone<="0000101"; WHEN 85=>tone<="0000110";
       WHEN 86=>tone<="0000111"; WHEN 87=>tone<="0010000";
       WHEN 88=>tone<="0000110"; WHEN 89=>tone<="0000110";
       WHEN 90=>tone<="0000110"; WHEN 91=>tone<="0000110";
       WHEN 92=>tone<="0000110"; WHEN 93=>tone<="0000110";
       WHEN 94=>tone<="0000101"; WHEN 95=>tone<="0000110";
       WHEN 96=>tone<="0001000"; WHEN 97=>tone<="0001000";
       WHEN 98=>tone<="0001000"; WHEN 99=>tone<="0010000";
       WHEN 100=>tone<="0101000"; WHEN 101=>tone<="0101000";
       WHEN 102=>tone<="0101000"; WHEN 103=>tone<="0011000";
       WHEN 104=>tone<="0010000"; WHEN 105=>tone<="0010000";
       WHEN 106=>tone<="0011000"; WHEN 107=>tone<="0010000";
       WHEN 108=>tone<="0001000"; WHEN 109=>tone<="0001000";
       WHEN 110=>tone<="0000110"; WHEN 111=>tone<="0000101";
       WHEN 112=>tone<="0000011"; WHEN 113=>tone<="0000011";
       WHEN 114=>tone<="0000011"; WHEN 115=>tone<="0000011";
       WHEN 116=>tone<="0001000"; WHEN 117=>tone<="0001000";
       WHEN 118=>tone<="0001000"; WHEN 119=>tone<="0001000";
       WHEN 120=>tone<="0000110"; WHEN 121=>tone<="0001000";
       WHEN 122=>tone<="0000110"; WHEN 123=>tone<="0000101";
       WHEN 124=>tone<="0000011"; WHEN 125=>tone<="0000101";
       WHEN 126=>tone<="0000110"; WHEN 127=>tone<="0001000";
       WHEN 128=>tone<="0000101"; WHEN 129=>tone<="0000101";
       WHEN 130=>tone<="0000101"; WHEN 131=>tone<="0000101";
       WHEN 132=>tone<="0000101"; WHEN 133=>tone<="0000101";
       WHEN 134=>tone<="0000101"; WHEN 135=>tone<="0000101";
       WHEN 136=>tone<="0000000"; WHEN 137=>tone<="0000000";
       WHEN others=>tone<="0000000";
    END CASE;

    CASE tone IS                                     --置数
       WHEN "0000011"=>origin<="011100001110001"; --7281
       WHEN "0000101"=>origin<="10001000011010"; --8730
       WHEN "0000110"=>origin<="10010101011101"; --9565
       WHEN "0000111"=>origin<="10100001000110"; --10310
       WHEN "0001000"=>origin<="10100110010111"; --10647
       WHEN "0010000"=>origin<="10110000001000"; --11272
```

```
            WHEN "0011000"=>origin<="101111000110111"; --11831
            WHEN "0101000"=>origin<="110000100001100"; --12556
            WHEN "0110000"=>origin<="110010101101110"; --12974
            WHEN "1000000"=>origin<="110100111001100"; --13516
            WHEN others=>   origin<="111111111111111"; --16383
        END CASE;
    END PROCESS;
END rtl;
```

上面的程序编译后，基于 DE10-Lite 目标板进行验证，spk 端口接到 W10 引脚，在此引脚外接蜂鸣器，下载后可听到乐曲演奏的声音。本例还可以加更多效果，比如将乐曲简谱输出通过数码管或液晶屏显示出来；用 PWM 信号输出驱动蜂鸣器，实现音量可调。

习 题 10

10.1 设计一个 16 位移位相加乘法器，其设计思路是：乘法通过逐项移位相加来实现，根据乘数的每一位是否为"1"进行计算，若为"1"则将被乘数移位相加。

10.2 设计一个图像显示控制器，自选一幅图像存储在 FPGA 中并显示在 VGA 显示器上，可增加必要的动画显示效果。

10.3 用 FPGA 控制数字摄像头，使其输出 480×272 分辨率的视频，FPGA 采集视频数据后放入外部 SDRAM 芯片中缓存，输出至 TFT 液晶屏实时显示，试选择一款摄像头，用 VHDL 完成上述功能。

10.4 设计模拟乒乓球游戏：

（1）每局比赛开始之前，裁判按动每局发球开始开关，决定由其中一方首先发球，乒乓球光点即出现在发球者一方的球拍上，电路处于待发球状态。

（2）A 方与 B 方各持一个按钮开关，作为击球用的球拍，有若干个光点作为乒乓球运动的轨迹。球拍按钮开关在球的一个来回中，只有第一次按动才起作用，若再次按动或持续按下不松开，将无作用。在击球时，只有在球的光点移至击球者一方的位置时，第一次按动击球按钮，击球才有效。击球无效时，电路处于待发球状态，裁判可判由哪方发球。

以上两个设计要求可由一人完成。另外，可设计自动判发球、自动判球记分电路，可由另一人完成。自动判发球、自动判球记分电路的设计要求如下。

（1）自动判球几分。只要一方失球，对方记分牌上则自动加 1 分，在比分未达到 20:20 之前，当一方记分达到 21 分时，即宣告胜利，该局比赛结束；若比分达到 20:20 以后，只有一方净胜 2 分时，方宣告胜利。

（2）自动判发球。每球比赛结束，机器自动置电路于下一球的待发球状态。每方连续发球 5 次后，自动交换发球。当比分达到 20:20 以后，将每次轮换发球，直至比赛结束。

10.5 设计一个 8 位频率计，所测信号频率的范围为 1～99 999 999 Hz，并将被测信号的频率在 8 个数码管上显示出来（或者用字符型液晶进行显示）。

10.6 设计一个 8 层楼的无人管理全自动电梯控制逻辑电路，应具有如下功能：

（1）每层楼电梯门口均设有上楼和下楼的请求开关，电梯内设有供进入电梯的乘客选择要求达到层次（1～8 层）的停站请求开关。

（2）应设有表示电梯目前正处在上升还是下降阶段及电梯正位于哪一层楼的指示装置。

（3）能记忆电梯内外的所有请求信号，并按照电梯的运行规则对信号分批进行响应。每个请求信号一直保留到执行后才撤除。

（4）电梯运行规则如下。

① 电梯处于上升阶段时，只响应电梯所在位置以上层次的上楼请求信号，依层次次序逐个执行，直至最后一个请求执行完毕。然后电梯便直接升到有下楼请求的最高一层楼接客，开始执行下楼请求。

② 电梯处于下降阶段时，只响应电梯所在位置以下层次的下楼请求信号，依层次次序逐个执行，直至最后一个请求执行完毕。然后电梯便直接降到有上楼请求的最低一层楼接客，开始执行上楼请求。

③ 一旦电梯执行完全部请求信号后，应停留在原来层次等待，有新的请求信号时，再进入运行。

（5）电梯以每秒升（降）一层楼的速度运行。到达某层楼位置，指示该层次的灯点亮，一直保持到电梯达到新的一层时，该层指示灯才熄灭。电梯达到有请求的层次停下时，该层次的指示灯即亮。经过 0.5 秒，电梯门自动打开（开门指示灯点亮）。开门 5 秒后，电梯门自动关闭（开门指示灯灭）。电梯继续运行，到新层次后，原层次指示灯才熄灭。开门时间还可通过手动按钮开关任意延长或缩短。

（6）开机（接通电源）时，电路应处于起始状态，此时电梯停留在一楼，上、下楼请求全部清除。

10.7 设计乐曲演奏电路，乐曲选择《铃儿响叮当》，或其他熟悉的乐曲。

10.8 用 PWM 信号驱动蜂鸣器实现音乐演奏，音乐选择《我的祖国》片段，用 PWM 信号驱动蜂鸣器，使输出的乐曲音量可调，用按键控制音量的增减。

10.9 设计保密数字电子锁。要求：

（1）电子锁开锁密码为 8 位二进制码，用开关输入开锁密码。

（2）开锁密码是有序的，若不按顺序输入密码，即发出报警信号。

（3）设计报警电路，用灯光或音响报警。

第 11 章　Test Bench 仿真与时序分析

本章概要：本章介绍 VHDL Test Bench 仿真，ModelSim 的使用方法，时序约束与时序分析。
知识要点：（1）VHDL Test Bench 仿真；
　　　　　　（2）ModelSim 使用方法；
　　　　　　（3）静态时序分析。
教学安排：本章教学安排 2 学时，同时安排 2 学时实践教学。通过本章的学习，使学生熟悉 VHDL Test Bench 仿真，掌握 ModelSim 软件的使用方法，熟悉时序约束与时序分析的概念与步骤。

11.1　VHDL 仿真

仿真（Simulation）或称为模拟，是对电路的功能进行验证，可以对整个系统或各模块进行仿真，验证电路功能是否正确，各部分的时序是否符合要求。发现问题，可以随时修改，从而避免设计错误。高级的仿真软件还能对设计的性能进行评估。越大规模的设计越需要进行仿真，否则设计的正确性无从得到验证，可以说仿真是 VHDL 数字设计不可或缺的重要步骤。

随着设计的复杂度越来越高，仿真验证比从前显得更加重要。在一个使用 IP 核的百万级 SoC 设计中，花费在仿真验证上的时间将占整个设计周期的 70% 以上，测试平台的代码数量将占整个设计代码总量的 80% 左右。

仿真时在输入端加入输入数据（称为测试矢量），在输出端得到输出数据，比较输出数据是否达到设计目标，就能完成仿真的目的。控制仿真过程需要有控制命令，包括仿真时间、仿真断点、仿真结果输出等。控制命令可以写入到一个文件中顺序执行，称为过程式方式，也可以通过用户随机输入控制命令，管理仿真过程，称为交互式仿真。

仿真分为功能仿真和时序仿真。不考虑信号时延特性的仿真，称为功能仿真。对于功能仿真而言，仿真器并不会考虑实际逻辑门和传输所造成的门延迟及传输延迟。取而代之的是，使用单一延迟的数学模型来粗略估计被测电路的逻辑行为，虽然如此无法获得精确的结果，但其所提供的信息已足够工程师用来针对电路功能的设计进行除错。

时序仿真是在选择了对应的 FPGA 器件并完成了布局布线后进行的包含时延特性的仿真。不同FPGA 器件，其内部时延是不一样的，不同的布局布线方案也会影响内部时延。因此，在设计实现之后进行时序仿真、评估设计性能是非常有必要的。有时功能仿真正确的，设计时序仿真却不一定正确，这说明设计的基本功能是可行的，但还需要调整一些影响时序的细节，使时序仿真也达到设计要求。在这个阶段，经过布线之后的电路，除需要重复验证是否仍符合原始功能设计外，还要考虑在实体的门延迟和连线延迟条件下，电路能否正常工作。此时，若有错误发生，将需要回到最原始的步骤：修改 HDL 设计描述，重新做一次仿真的流程。时序仿真的耗时通常比功能仿真的耗时多。

11.2　VHDL 测试平台

测试平台（Test Bench 或 Test Fixture）是为检验或仿真一个设计文件而搭建的一个平台，测试平

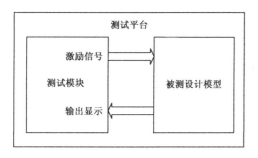

图 11.1 测试平台示意图

台通过施加激励信号到被测设计模型，观察其输出响应，从而判断被测设计模型的逻辑功能和时序关系是否正确，确保其中没有功能和时序缺陷。测试平台的关键部分是能验证特定功能的激励。

图 11.1 所示为测试平台示意图。图中测试模块向被测设计模型施加激励信号，被测设计模型在激励信号的驱动下产生输出，测试模块将被测设计模型产生的输出信息按照规定的格式以文本或图形的方式显示出来，供设计者验证。

11.2.1 用 VHDL 描述仿真激励信号

1. 测试模块的实体描述

在测试模块的实体中可以省略有关端口的描述。比如，下面的一个实体描述，实体的名称为 test，实体中无端口信号列表，这也是测试模块实体描述的常用做法。

```
ENTITY test IS
END test;
```

2. 用 VHDL 产生仿真激励信号

例 11.1 产生一个复位信号，其波形如图 11.2 所示，从 0 时刻开始 50 ns 后 reset 信号变为高电平，保持 50 ns 后回到低电平。用 ModelSim 仿真得到的波形如图 11.3 所示。

【例 11.1】 产生复位信号。

```
ENTITY reset_signal IS
END ENTITY;
ARCHITECTURE arch OF reset_signal IS
   SIGNAL reset: BIT;
BEGIN
   reset<='0','1' AFTER 50ns,'0' AFTER 100ns;
END arch;
```

图 11.2 复位信号波形图

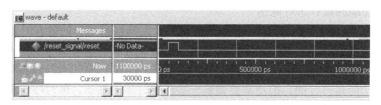

图 11.3 复位信号 ModelSim 仿真波形图

例 11.2 为产生一个占空比为 50%、周期为 80 ns 的时钟信号，其波形示意图见图 11.4。该例用 ModelSim 运行得到的仿真波形如图 11.5 所示。

【例 11.2】 产生占空比为 50% 的时钟信号。

```
ENTITY clk_signal IS
END ENTITY;
ARCHITECTURE arch OF clk_signal IS
```

```
    SIGNAL clk: BIT;
BEGIN
    clk<=NOT clk AFTER 40ns;
END arch;
```

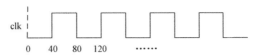

图 11.4 占空比为 50%的时钟信号波形图

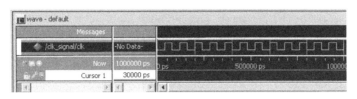

图 11.5 占空比为 50%的时钟信号的 ModelSim 仿真波形图

如果要产生占空比不是 50%的时钟信号，可以参照下面例 11.3 的程序进行设计，会产生如图 11.6 所示的占空比为 1/3 的时钟信号，其 ModelSim 仿真波形如图 11.7 所示。

【例 11.3】 产生占空比为 1/3 的时钟信号。

```
LIBRARY IEEE;
USE IEEE.STD_LOGIC_1164.ALL;
ENTITY clk_gene IS
    END clk_gene;
ARCHITECTURE one OF clk_gene IS
    SIGNAL clk: STD_LOGIC;
    CONSTANT clk_period: TIME := 30ns;
BEGIN
    PROCESS
    BEGIN
        clk<='1';  WAIT FOR clk_period/3;
        clk<='0';  WAIT FOR 2*clk_period/3;
    END PROCESS;
END one;
```

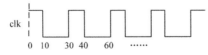

图 11.6 占空比为 1/3 的时钟信号示意图

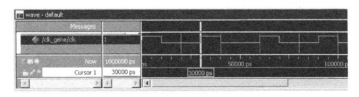

图 11.7 占空比为 1/3 的时钟信号 ModelSim 仿真波形图

例 11.4 的程序产生一个 3 位宽的信号，每 200 ns 改变一次输出。

【例 11.4】 一般的激励信号的例子。

```
LIBRARY IEEE;
```

```
USE IEEE.std_logic_1164.all;
ENTITY general_signal IS
END general_signal;
ARCHITECTURE arch OF general_signal IS
SIGNAL test_in : STD_LOGIC_VECTOR (2 DOWNTO 0);
PROCESS
    BEGIN
        test_in <="000";    WAIT FOR 200ns;
        test_in <="001";    WAIT FOR 200ns;
        test_in <="010";    WAIT FOR 200ns;
        test_in <="011";    WAIT FOR 200ns;
        test_in <="100";    WAIT FOR 200ns;
        test_in <="101";    WAIT FOR 200ns;
        test_in <="110";    WAIT FOR 200ns;
        test_in <="111";    WAIT FOR 200ns;
    END PROCESS;
END arch;
```

例 11.4 的程序在 ModelSim 中的仿真波形如图 11.8 所示。

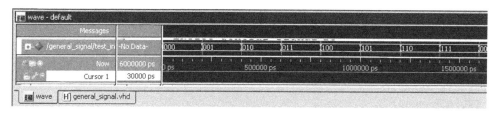

图 11.8　例 11.4 的 ModelSim 仿真波形图

例 11.5 的程序产生一个较为复杂的周期脉冲信号，其 1 个周期的波形如图 11.9 所示。程序中使用了 1 个时钟，也可以如例 11.4 那样用 "WAIT FOR xxns" 设定波形的持续时间。在 Quartus 仿真产生的波形如图 11.10 所示。

【例 11.5】　周期脉冲信号。
```
LIBRARY IEEE;
USE IEEE.std_logic_1164.all;
ENTITY wave_gen1 IS
END wave_gen1;
ARCHITECTURE arch OF wave_gen1 IS
CONSTANT cycle: TIME := 40 ns;
SIGNAL clk : STD_LOGIC;
SIGNAL wave : STD_LOGIC;
SIGNAL count:   INTEGER RANGE 0 TO 7;
BEGIN
always : PROCESS
BEGIN
clk <='1';  WAIT FOR cycle/2;
clk <='0';  WAIT FOR cycle/2;
END PROCESS always;
PROCESS
    BEGIN
        WAIT UNTIL (clk'EVENT AND clk='1');
        CASE count IS
            WHEN 0 => wave<='0';
```

```
                WHEN 1 => wave<='1';
                WHEN 2 => wave<='0';
                WHEN 3 => wave<='1';
                WHEN 4 => wave<='1';
                WHEN 5 => wave<='1';
                WHEN 6 => wave<='0';
                WHEN 7 => wave<='0';
                END CASE;
                count<=count+1;
      END PROCESS;
END arch;
```

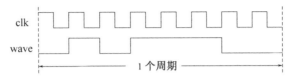

图 11.9 例 11.5 周期脉冲信号 1 个周期的波形图

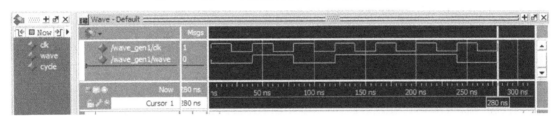

图 11.10 例 11.5 的 Quartus 仿真波形图

11.2.2 用 TEXTIO 进行仿真

1. TEXTIO 文件产生激励的方法

TEXTIO 是 VHDL 标准库 STD 中的一个程序包（Package）。在该程序包中定义了 3 个类型（LINE、TEXT 和 SIDE）和 1 个子类型（WIDTH）。此外，该包中还定义了一些访问文件所需的过程（Procedure）。

TEXTIO 提供了 VHDL 仿真时与磁盘文件的交互。在验证一个 VHDL 设计时，可以将所有的输入保存在一个文本文件中，仿真时，可以直接读取输入文件作为设计的输入，将计算的结果保存在另外的文件中，并将结果与事先保存的文件相比较，确定结果的正确与否。

想要使用 TEXTIO 中的函数，必须在源文件的开头做如下声明：

`USE STD.TEXTIO.ALL;`

VHDL'87 调用文件的语法：

`FILE input_dat_file : TEXT IS IN "file_path/file_name";`

其中，"input_dat_file"为输入数据文件的调用命名；"file_path/file_name"是文件存放的路径（包括文件名），可以是绝对路径，也可以是相对路径。

在最新的 VHDL'02 标准中，调用文件的语法发生了变化：

`FILE input_dat_file : TEXT OPEN READ_MODE IS "file_path/file_name";`

下面举例说明 TEXTIO 文件产生激励信号的方法，在例 11.6 中定义了一个带复位和使能端口的二进制计数器。

【例 11.6】 带复位和使能端口的二进制计数器。

```
LIBRARY IEEE;
USE IEEE.STD_LOGIC_1164.ALL;
```

```vhdl
USE IEEE.NUMERIC_STD.ALL;
ENTITY binary_counter IS
    GENERIC(MIN_COUNT : NATURAL:=0;
        MAX_COUNT : NATURAL := 255);
    PORT(clk,reset,enable: IN STD_LOGIC;
            q : OUT INTEGER RANGE MIN_COUNT TO MAX_COUNT);
END ENTITY;
ARCHITECTURE rtl OF binary_counter IS
BEGIN
    PROCESS(clk)
        VARIABLE cnt: INTEGER RANGE MIN_COUNT TO MAX_COUNT;
    BEGIN
        IF(RISING_EDGE(clk)) THEN
            IF reset='1' THEN   cnt:=0;        --计数器复位为零
            ELSIF enable='1' THEN
                cnt:=cnt+1;                    --当有使能信号时计数加1
            END IF;
        END IF;
        q<=cnt;                                --输出计数
    END PROCESS;
END rtl;
```

对上面的计数器编写测试程序如例 11.7 所示。

【例 11.7】 带复位和使能端口的二进制计数器的测试程序。

```vhdl
LIBRARY IEEE;
USE IEEE.STD_LOGIC_1164.ALL;
USE IEEE.NUMERIC_STD.ALL;
USE STD.TEXTIO.ALL;
USE IEEE.STD_LOGIC_TEXTIO.ALL;                 --TEXTIO
ENTITY tb_binary_counter IS
END tb_binary_counter;
ARCHITECTURE sim_tb OF tb_binary_counter IS
COMPONENT binary_counter IS
    PORT(clk,reset,enable  : IN STD_LOGIC;
            q : OUT INTEGER);
END  COMPONENT binary_counter;
FILE vector:TEXT OPEN READ_MODE IS "vectors";  --调用数据文件VHDL'02
SIGNAL tb_clk    : STD_LOGIC :='0';
SIGNAL tb_reset  : STD_LOGIC :='0';
SIGNAL tb_en     : STD_LOGIC :='0';
SIGNAL tb_q      : INTEGER RANGE 0 TO 255;
CONSTANT CLK_PERIOD : TIME := 20 ns;
BEGIN
    uut: binary_counter PORT MAP(
    clk=>tb_clk, reset=>tb_reset,enable=>tb_en,q=>tb_q);
    reading: PROCESS
        VARIABLE li: LINE;
        VARIABLE clk_v,reset_v,en_v: STD_LOGIC;
        BEGIN
            WHILE NOT endfile(vector) LOOP
                READLINE(vector,li);
                READ(li,clk_v);
                READ(li,reset_v);
```

```
                READ(li,en_v);
                tb_clk<=clk_v;
                tb_reset<=reset_v;
                tb_en<=en_v;
                WAIT FOR CLK_PERIOD/2;
            END LOOP;
        END PROCESS reading;
END architecture sim_tb;
```

仿真输入数据要求按行存储于一个文件中,在仿真时,根据定时要求按行读出,并赋值给相应的输入信号。下面是上述测试平台调用的数据文件"vectors"中的一段,其中每行有 3 位数据,每列从上到下代表了一个输入信号:

```
clk       reset      enable (本行不在数据文件中)
1         0          1
1         1          1
0         1          1
0         1          1
1         1          1
1         0          1
0         0          1
0         0          1
...       ...        ...
1         0          1
1         0          1
0         0          1
0         0          1
...       ...        ...
```

在 ModelSim 中的仿真波形如图 11.11 所示。

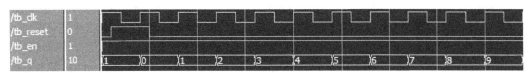

图 11.11　ModelSim 仿真波形图

2. 输出错误信息

在仿真的过程中可以对波形和逻辑关系进行检查,如果不满足设计的要求,应输出相应的错误信息,这有利于设计人员发现和排查错误。在 VHDL 中可使用 ASSERT(断言)语句检查错误并输出错误信息。

ASSERT 语句的语法格式如下:
```
ASSERT   判断条件
 [REPORT   错误信息]
   [SEVERITY   出错级别];
```

判断条件是指检查的对象,一般用逻辑表达式描述,如果满足判断出错的条件,就会输出错误信息和错误级别;错误信息给出出错的内容或原因;出错级别在 VHDL 中有 NOTE、WARNING、ERROR 和 FAILURE 四个级别。

比如,在下面的例子中使用了 ASSERT 语句,对奇偶检测的结果进行了检查和验证:
```
PROCESS
    VARIABLE error_status: BOOLEAN;
    BEGIN
```

```
        WAIT ON test_in;
        WAIT FOR 100ns;
        IF((test_in="000" and test_out='1') or
           (test_in="001" and test_out='0') or
           (test_in="010" and test_out='0') or
           (test_in="011" and test_out='1') or
           (test_in="100" and test_out='0') or
           (test_in="101" and test_out='1') or
           (test_in="110" and test_out='1') or
           (test_in="111" and test_out='0'))
        THEN    error_status := FALSE;
        ELSE    error_status := TRUE;
        END IF;
        ASSERT NOT error_status                 --错误报告
           REPORT "TEST FAILED!"
           SEVERITY note;
     END PROCESS;
```

程序在仿真时把错误的状态通过"error_status"布尔变量记录下来，然后通过 ASSERT 语句检查"NOT error_status"条件，如果出现错误就会输出"TEST FAILED"的信息，出错的级别定义为"note"。设计者在仿真后可通过这些出错的信息，判断出错的内容和原因，进而有针对性地修改程序。

11.3 ModelSim SE 仿真实例

ModelSim 是 Mentor 的子公司 Model Technology 的一个出色的 VHDL/Verilog 混合仿真器，属于编译型仿真器（进行仿真前须对 HDL 代码进行编译），仿真速度快，功能强。

ModelSim 分几种不同的版本：SE、PE 和 OEM，其中，集成在 Intel FPGA、Xilinx、Actel、Atmel 以及 Lattice 等 FPGA 厂商设计工具中的均为其 OEM 版本。比如，为 Altera 提供的 OEM 版本是 ModelSim-Altera，为 Xilinx 提供的版本为 ModelSim XE。ModelSim SE 版本在功能、性能和仿真速度等方面比 OEM 版本强一些，还支持 PC、UNIX、Liunx 混合平台。本例用 ModelSim SE 版本进行仿真。

用 ModelSim SE 进行仿真的步骤与对应的命令和菜单如表 11.4 所示，包括每个步骤对应的仿真命令、图形界面菜单和工具栏按钮。

表 11.4 ModelSim SE 仿真的步骤与对应的命令和菜单

步　骤	主要的仿真命令	图形界面菜单	工具栏按钮
步骤 1：映射设计库	vlib <library_name> vmap work <library_name>	① File→New→Project ② 输入库名称 ③ 添加设计文件到工程	无
步骤 2：编译	vcom file1.vhd file2.vhd ... (VHDL) vlog file1.v file2.v ... (Verilog)	Compile→Compile 或 Compile All	编译按钮
步骤 3：加载设计到仿真器	vsim <top> 或 vsim <opt_name>	① Simulate > Start Simulation ② 单击选择设计顶层模块 ③ 单击 OK 按钮	仿真按钮
步骤 4：开始仿真	run step	Simulate > Run	Run，Run continue，Run -all

续表

步　　骤	主要的仿真命令	图形界面菜单	工具栏按钮
步骤5：调试	常用的调试命令： bp describe drivers examine force log show	无	无

本节通过一个模 24 BCD 码加法计数器的例子，介绍 ModelSim SE 软件的仿真过程和使用方法，分别采用图形界面仿真方式、命令行仿真方式和批处理方式进行仿真，以及与 Quartus Prime 结合实现时序仿真。例 11.8 是带异步复位、同步置数的模 24 BCD 码加法计数器代码，其 Test Bench 激励脚本见例 11.9。

【例 11.8】 带异步复位、同步置数的模 24 BCD 码加法计数器。

```
LIBRARY IEEE;
  USE IEEE.STD_LOGIC_1164.ALL;
  USE IEEE.STD_LOGIC_UNSIGNED.ALL;
ENTITY cnt24bcd IS
PORT(clk:IN STD_LOGIC;                          --时钟
  en:IN STD_LOGIC;                              --使能端
  clr:IN STD_LOGIC;                             --清零端，高电平有效
  ld:IN STD_LOGIC;                              --置数端，高电平有效
  d:IN STD_LOGIC_VECTOR(7 DOWNTO 0);            --置数数据
  cout:OUT STD_LOGIC;                           --进位输出
  qh:OUT STD_LOGIC_VECTOR(3 DOWNTO 0);          --十位
  ql:OUT STD_LOGIC_VECTOR(3 DOWNTO 0));         --个位
END cnt24bcd;
ARCHITECTURE one OF cnt24bcd IS
SIGNAL temp:STD_LOGIC_VECTOR(7 DOWNTO 0);
BEGIN
  cout<='1' WHEN(temp=X"23" AND en='1')  ELSE '0';
PROCESS(clk,clr)
BEGIN
  IF (clr='1')THEN   temp<="00000000";
  ELSE
   IF(clk'EVENT AND clk='1')  THEN
   IF(ld='1') THEN  temp<=d;
   ELSIF(en='1') THEN
   IF(temp(3 DOWNTO 0)=3 and temp(7 DOWNTO 4)=2) or temp(3 DOWNTO 0)=9
        THEN temp(3 DOWNTO 0)<="0000";
    IF temp(7 DOWNTO 4)=2 THEN  temp(7 DOWNTO 4)<="0000";
      ELSE  temp(7 DOWNTO 4)<= temp(7 DOWNTO 4)+'1';
    END IF;
    ELSE  temp(3 DOWNTO 0)<= temp(3 DOWNTO 0)+'1';
   END IF; END IF;   END IF;
END IF;
END PROCESS;
qh<=temp(7 DOWNTO 4);
```

```
ql<=temp(3 DOWNTO 0);
END one;
```

【例 11.9】 带异步复位、同步置数的模 24 BCD 码加法计数器的 Test Bench 脚本。

```
LIBRARY ieee;
  USE ieee.std_logic_1164.all;
ENTITY cnt24_ts IS
END cnt24_ts;
ARCHITECTURE one OF cnt24_ts IS
CONSTANT cycle: TIME := 40 ns;
SIGNAL clk : STD_LOGIC;
SIGNAL clr : STD_LOGIC;
SIGNAL cout : STD_LOGIC;
SIGNAL d : STD_LOGIC_VECTOR(7 DOWNTO 0);
SIGNAL en : STD_LOGIC;
SIGNAL ld : STD_LOGIC;
SIGNAL qh : STD_LOGIC_VECTOR(3 DOWNTO 0);
SIGNAL ql : STD_LOGIC_VECTOR(3 DOWNTO 0);
COMPONENT cnt24bcd
  PORT (clk : IN STD_LOGIC;
    clr : IN STD_LOGIC;
    cout : OUT STD_LOGIC;
    d : IN STD_LOGIC_VECTOR(7 DOWNTO 0);
    en : IN STD_LOGIC;
    ld : IN STD_LOGIC;
    qh : OUT STD_LOGIC_VECTOR(3 DOWNTO 0);
    ql : OUT STD_LOGIC_VECTOR(3 DOWNTO 0));
END COMPONENT;
BEGIN
    i1 : cnt24bcd                         --被测试模块例化
  PORT MAP(clk => clk, clr => clr, cout => cout, d => d,
           en => en, ld => ld, qh => qh, ql => ql);
init : PROCESS
BEGIN
clr<='1';ld<='0';en<='0';
WAIT FOR cycle*2;   clr<='0';
WAIT FOR cycle*2;   en<='1';
WAIT FOR cycle*32;  d<="00011000";
WAIT FOR cycle*2;   ld<='1';
WAIT FOR cycle*4;   ld<='0';
WAIT;
END PROCESS init;
always : PROCESS
BEGIN
clk <='1';  WAIT FOR cycle/2;      --产生 clk 时钟
clk <='0';  WAIT FOR cycle/2;
END PROCESS always;
END one;
```

11.3.1 图形界面仿真方式

通过 ModelSim SE 的图形界面仿真，使用者不需要记忆命令语句，所有流程均可通过图形界面用交互的方式完成。

（1）启动 ModelSim SE 软件，进入工作界面其启动界面和工作界面，如图 11.12 所示。

第 11 章 Test Bench 仿真与时序分析

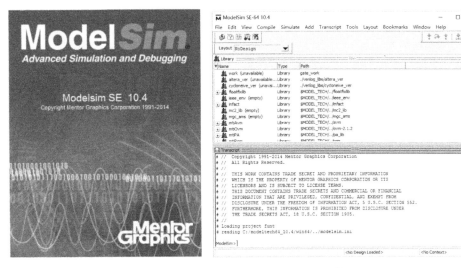

图 11.12 ModelSim SE 的启动界面和工作界面

（2）选择菜单 File→Change Directory，在弹出的 Choose directory 对话框中转换工作目录路径，本例设为 C:\VHDL\cnt24，单击确定按钮完成工作目录的转换。

（3）新建仿真工程项目，添加仿真文件：新建工程文件（Project File），选择菜单 File→New→Project...，弹出如图 11.13 所示的新建工程项目对话框，在对话框中输入新建工程文件的名称（本例为 cnttp）及所在的文件夹，单击 OK 按钮完成新工程项目的创建。此时，会弹出如图 11.14 所示的添加仿真文件对话框，提示添加仿真文件到当前项目，如果仿真文件已存在，则选择 Add Existing File 选项，将已存在的文件添加至当前工程，如图 11.15 所示；如果仿真文件不存在，则选择 Create New File 选项，新建一个仿真文件，如图 11.16 所示，在对话框中填写文件名为 cnt24_ts.vhd，选择文件的类型（Add file as type）为 VHDL，单击 OK 按钮，此时，Project 页面中会出现 cnt24_ts.vhd 的图标，然后双击图标，在右边的空白处填写文件的内容，输入例 11.9 的代码，编译激励代码如图 11.17 所示。

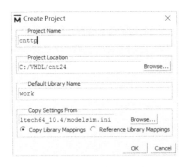

图 11.13 新建工程项目

图 11.14 添加仿真文件

图 11.15 将已存在的文件添加至当前工程

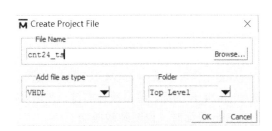

图 11.16 新建仿真文件

图 11.17 编译激励代码

（4）编译仿真文件和设计文件到 work 工作库：ModelSim SE 是编译型仿真器，所以在仿真前必须对 HDL 源代码和库文件进行编译，并加载到 work 工作库。

在图 11.17 的 Project 页面中选中 cnt24_ts.vhd 图标，单击鼠标右键，在出现的菜单中选择 Compile→Compile All，ModelSim SE 软件会对 cnt24_ts.vhd 和 cnt24bcd.vhd 文件进行编译，同时在命令窗口中会报告编译信息。如果编译通过，则会在 cnt24_ts.vhd 图标旁显示√，否则会显示×，并在命令行中出现错误信息提示，双击错误信息可自动定位到 HDL 源码中的错误出处，对其修改，重新编译，直到通过为止。

（5）加载设计：编译完成后，选择 Library 标签页，如图 11.18 所示，会发现在 work 工作库中已出现了 cnt24_ts 和 cnt24bcd 的图标，这是刚才编译的结果。

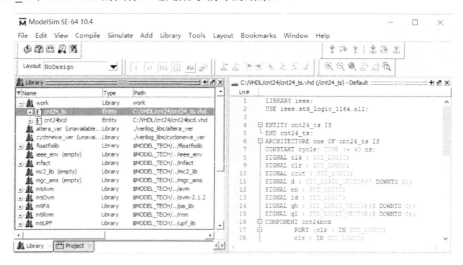

图 11.18 Library 标签页

在 work 工作库中选中 cnt24_ts 图标，双击，完成装载；也可以选择菜单 simulate→start simulation，或者选中 cnt24_ts 图标，单击鼠标右键，在出现的菜单中选择 Simulate，完成激励模块的装载，当工作区中出现 Sim 页面时，说明装载成功。

（6）加载信号到 Wave 窗口：设计加载成功后，ModelSim SE 会进入如图 11.19 所示的界面，有对象窗口（Objects）、波形窗口（Wave）等。如果 Wave 窗口没有打开，可选择菜单 View→Wave 打开

Wave 窗口；同样，选择菜单 View→Objects，可打开 Objects 窗口。

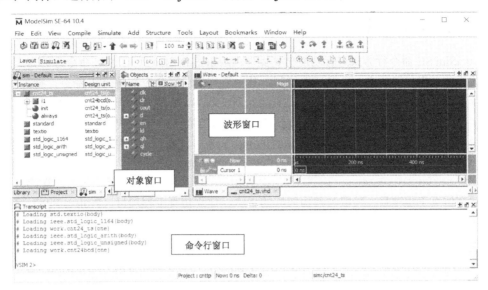

图 11.19　加载信号至 Wave 窗口

将 Objects 窗口中出现的信号用鼠标左键拖到 Wave 窗口中（不想观察的信号，则不需要拖）；如果要观察全部信号，可以在 sim 窗格中选中 cnt24_ts 图标，单击鼠标右键，在出现的菜单中选择 Add Wave，可将 Objects 窗口中信号全部加载至 Wave 窗口中。

对拖进来的信号的属性可做必要的设置，比如将信号 qh、ql 的进制选为 Unsigned（无符号十进制数），便于观察。

（7）查看波形图或者和文本输出：在图 11.19 所示窗口中选择菜单 Simulate→Run→Run All，或者单击调试工具栏中的 按钮，启动仿真。如果要单步执行则单击 按钮（或者选择菜单 Simulate→Run →Run –Next）。仿真后的输出波形如图 11.20 所示（图中的 qh、ql 均为无符号十进制数显示），命令行窗口（Transcript）中也会显示文本方式的结果，从输出波形可以分析得出，模 24 BCD 码加法计数器的功能是正确的，其同步置数、异步复位、计数等功能均正常，同时可看到刚才的仿真为功能仿真。

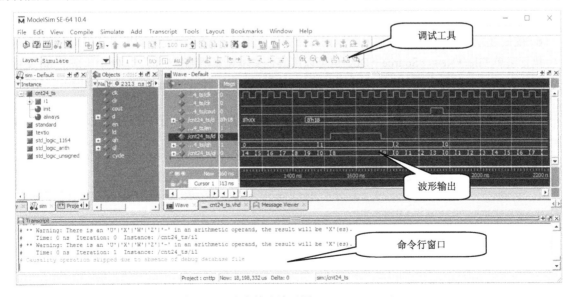

图 11.20　仿真输出波形图（ModelSim SE）

• 279 •

在仿真调试完成后如想退出仿真，只需在主窗口中选择菜单 Simulate→End Simulation 即可。

11.3.2 命令行仿真方式

用 ModelSim SE 命令行方式进行功能仿真操作：ModelSim SE 还可以通过命令行的方式进行仿真。命令行方式为仿真提供了更多、更灵活地控制，其中所有的仿真命令都是 Tcl 命令，把这些命令写入到*.do 文件形成一个宏脚本，在 ModelSim SE 中执行此脚本，即可按照批处理的方式执行一次仿真，大大提高了仿真的效率，在设计者操作比较熟练时建议采用此种仿真方式。

（1）转换工作目录：在图 11.20 的 ModelSim SE 的命令行窗口中，输入下面的命令并按回车键将 ModelSim 的工作目录转换到设计文件所在的目录，cd 是转换目录的命令。

```
cd C:/VHDL/cnt24
```

（2）建立仿真工程项目：采取与前面同样的步骤，建立仿真工程项目（Project File），建立并添加激励文件（cnt24_ts.vhd）和设计文件（cnt24bcd.vhd）。

（3）编译激励文件和设计文件到工作库：输入下面的命令并按回车键，把测试文件（cnt24_ts.vhd）和设计文件（cnt24bcd.vhd）编译到 work 库中，vlog 是对 VHDL 源文件进行编译的命令。

```
vcom -work work cnt24_ts.vhd cnt24bcd.vhd
```

（4）加载设计：加载设计需要执行下面的命令并按回车键，其中 vsim 是加载仿真设计的命令，"-t ns"表示仿真的时间分辨率，work.cnt24_ts 是仿真对象。

```
vsim -t ns work.cnt24_ts
```

如果设计中使用了 Intel FPGA（Altera）的宏模块，则可以在加载时将宏模块库一并加入，比如下面的命令，其中的 altera_mf 和 lpm 是 Altera 两个常用的预编译库。

```
vsim -t ns -L altera_mf -L lpm work.cnt24_ts
```

（5）启动仿真：开始仿真可执行下面的命令，add wave 是将要观察的信号添加到仿真波形中。

```
add wave clk
add wave clr
```

如果添加所有的信号到波形图中观察可输入如下的命令：

```
add wave *
```

启动仿真用 run 命令，后面的 4 μs、1000 ns 是仿真的时间长度：

```
run 4 us
run 1000 ns
```

（6）批处理方式仿真：还可以把上面用到的命令集合到.do 文件中，文件的生成可采用在 ModelSim SE 中执行菜单 File→New→Source→Do，也可以用其他文本编辑器编辑生成，本例中生成的.do 文件命名为 cnt24com.do，存盘放置在设计文件所在的目录下，然后在 ModelSim SE 命令行中输入：

```
do C:/VHDL/cnt24/cnt24com
```

就可以用批处理的方式完成一次仿真，其执行的结果如图 11.21 所示，同时会在波形窗口中显示输出波形，与采用图形界面仿真方式并无区别。

本例中 cnt24com.do 文件的内容如下：

```
cd C:/VHDL/cnt24
vcom -work work cnt24_ts.vhd cnt24bcd.vhd
vsim -t ns work.cnt24_ts
add wave *
run 4 us
```

第 11 章 Test Bench 仿真与时序分析

图 11.21 用批处理的方式完成一次仿真执行结果

11.3.3 ModelSim SE 时序仿真

上面进行的是功能仿真,如果要进行时序仿真,必须先对设计文件指定芯片并编译(比如用 Quartus Prime)生成网表文件和时延文件,再调用 ModelSim SE 进行时序仿真。

(1) 建立 Quartus Prime 和 Modelsim SE 间的链接。在 Quartus Prime 主界面执行 Tools→Options…命令,弹出 Options 对话框,在 Options 选项卡中选中 EDA Tool Options,在该选项卡的 ModelSim 栏目中指定 ModelSim SE 11.4 的安装路径,本例中为 C:\modeltech64_10.4\win64,如图 11.22 所示。

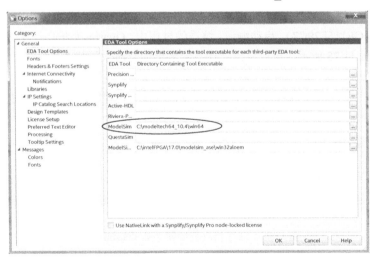

图 11.22 建立 Quartus Prime 和 Modelsim SE 间的链接

(2) 在 Quartus Prime 中对仿真进行设置。选择菜单 Assignments→Settings,弹出 Settings 对话框,选中 EDA Tool Settings 项,单击 Simulation,弹出如图 11.23 所示的 Simulation 窗口,对其进行设置。其中,在 Tool name 中选择 ModelSim,同时使能 Run gate-level simulation automatically after compilation,即工程编译成功后自动启动 ModelSim 运行门级仿真;在 Format for output netlist 中选择 VHDL;在 Output directory 处指定网表文件的输出路径,即.vho(或.vo)文件存放的路径为目录 C:\VHDL\cnt24\simulation\modelsim。

（3）假定 Test Bench 激励文件（cnt24_ts.vhd）和设计文件（cnt24bcd.vhd）已经输入并存在当前目录中。还需对 Test Bench 做进一步的设置，在图 11.23 所示的界面中，使能 Compile test bench 栏，并单击右边的 Test Benches 按钮，弹出 Test Benches 对话框，单击其中的 New 按钮，弹出 New Test Bench Settings 对话框，如图 11.24 所示。在其中填写 Test bench name 为 cnt24_ts，同时，Top level module in test bench 也填写为 cnt24_ts；使能 Use test bench to perform VHDL timing simulation，在 Design instance name in test bench 栏中填写 i1，End simulation at 选择 4 μs；Test bench and simulation files 选择 C:\VHDL\cnt24\simulation\modelsim\cnt24_ts.vhd，并将其加载（单击 Add 按钮）。

图 11.23　Simulation 窗口

图 11.24　对 Test Bench 进一步设置

（4）设置好上面的各项后，在 Quartus Prime 软件中，建立工程，添加设计文件（cnt24bcd.vhd），锁定芯片（比如 EP4CE115F29C7），启动编译，编译的过程中，Quartus Prime 会自动启动 ModelSim SE，产生输出波形，如图 11.25 所示，可以看出，计数器输出的延时大约为 7 ns。

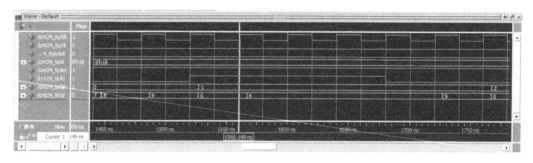

图 11.25　时序仿真波形图（ModelSim SE）

退出 ModelSim SE 后，Quartus Prime 才完成全部编译。采用上述的步骤进行时序仿真，ModelSim SE 会自动加载仿真所需元器件库，省掉了手工加载的烦琐。

11.4　时序约束与时序分析

Quartus Prime 软件包含 Timing Analyzer 时序分析器（原来名为 TimeQuest Timing Analyzer），可对设计进行静态时序分析（Static Timing Analysis，STA），此工具支持行业标准 Synopsys Design Constraints

(SDC）格式时序约束，使用图形界面或者命令行方式对设计中的所有时序路径（Timing Path）进行约束、分析和给出结果。

此处强调时序分析和时序仿真两个概念的不同，时序分析是静态的，又称静态时序分析，不需编写测试向量，但需编写时序约束，主要分析设计中所有可能的信号路径并判断其是否满足时序要求，主要目的在于保证系统的稳定性、可靠性，并提高工作频率，而工作频率的提高意味着数据处理能力的提升。时序仿真是动态的，需编写测试向量（Test Bench 脚本）。

11.4.1 时序分析的有关概念

首先对如下时序分析器术语（Timing Analyzer Terminology）进行介绍。

（1）时钟建立时间（Clock Setup Time）：T_{su}，时钟有效沿到来之前数据必须保持稳定的最小时间。

（2）时钟保持时间（Clock Hold Time）：T_h，时钟有效沿到来之后数据必须保持稳定的最小时间，图 11.26 所示为时钟建立、保持时间示意图。

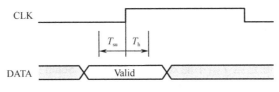

图 11.26 时钟建立、保持时间示意图

（3）时钟启动沿（Clock Launch Edge）：前级寄存器发送数据对应的时钟沿，是数据传输的源头，也是时序分析的起点。

（4）时钟锁存沿（Clock Latch Edge）：数据锁存的时钟边沿，是数据传输的目的地，也是时序分析的终点。图 11.27 所示为时钟启动、锁存沿示意图，一般 Latch Edge（锁存沿）比 Launch Edge（启动沿）晚 1 个时钟周期。

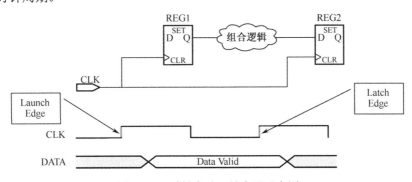

图 11.27 时钟启动、锁存沿示意图

（5）数据到达时间（Data Arrival Time）：输入数据在有效时钟沿后到达所需要的时间。

主要分为三部分：时钟到达寄存器时间（T_{clk1}）、寄存器输出延时（T_{co}）和组合逻辑的数据传输延时（T_{data}），如图 11.28 所示。

数据到达时间计算公式：Data Arrival Time = Launch Edge + T_{clk1} + T_{co} + T_{data}。

（6）时钟到达时间（Clock Arrival Time）：时钟从锁存沿（Latch Edge）到达目的寄存器（Destination Register）输入端所用的时间。

时钟到达时间计算公式：Clock Arrival Time = Latch Edge + T_{clk2}。

（7）数据需求时间（Data Required Time）：在时钟锁存的建立时间和保持时间之间数据必须稳定，从源时钟起点达到这种稳定状态需要的时间即为数据需求时间，如图 11.29 所示。

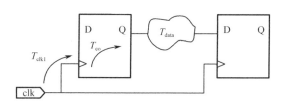

图 11.28 数据到达时间示意图

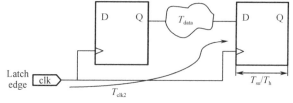

图 11.29 数据需求时间示意图

（建立）数据需求时间计算公式：（Setup）Data Required Time = Clock Arrival Time − T_{su}。

（保持）数据需求时间计算公式：（Hold）Data Required Time = Clock Arrival Time + T_h。

（8）时序裕量（Slack）：Slack 是表示设计是否满足时序要求的指标，当数据需求时间大于数据到达时间时：

建立裕量（Setup Slack）=建立（Setup）数据需求时间−数据到达时间（Data Arrival Time）。

保持裕量（Hold Slack）=保持（Hold）数据需求时间−数据到达时间（Data Arrival Time）。

图 11.30 所示为建立裕量（Setup Slack）的估算示意图。图中的 T_{co} 为 REG2 的寄存器输出延时；T_{data} 为组合逻辑的数据传输延时。此图中建立裕量为正，表示设计满足时序要求，这就要求源寄存器与目的寄存器之间的数据传输延迟 T_{data} 不能太长，延迟越长，Setup Slack 越小。保持裕量为正（下次数据到达时间要晚于保持数据需求时间），满足时序要求时，这要求源寄存器与目的寄存器之间的数据传输延迟 T_{data} 不能太短，延迟越短，Hold Slack 越小。

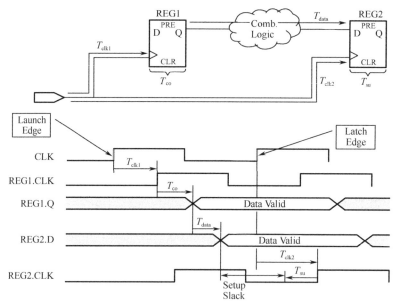

图 11.30 建立裕量（Setup Slack）的估算示意图

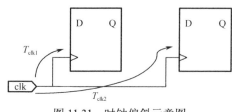

图 11.31 时钟偏斜示意图

（9）时钟偏斜（Clock Skew）：时钟偏斜是指 1 个时钟源到达两个不同寄存器时钟端的时间偏移，如图 11.31 所示。

时钟偏斜计算公式：$T_{skew} = T_{clk2} − T_{clk1}$。

（10）最大时钟频率（最小时钟周期）：系统时钟能运行的最高频率。当数据需求时间大于数据到达时间时，时钟具有裕量；当数据需求时间小于数据到达时间时，不满足时序要求,寄存器处于亚稳态或者不能正确获得数据;当数据需求时间等于数据到达时间时,此时处于最大时钟运行频率,刚好满足时序要求。

11.4.2 用 Timing Analyzer 进行时序分析

本例将在 8.8 节 2 级流水线 8 位全加器例程基础上对其进行时序约束和分析,以介绍时序分析的基本概念和基本操作。

(1) 适配(布局布线):在进行时序分析之前,必须至少完成适配(Fitter;布局布线,Route & Place),或者完成完全编译(Compilation)。

新建一个工程,不妨命名为 pipeline,将例 8.27 的 2 级流水线方式 8 位全加器作为源文件添加至工程中,指定 FPGA 器件为 10M50DAF484C7G。

启动完全编译,可以选择菜单 Processing→Start→Start Fitter,运行 Fitter(Route & Place);或者选择菜单 Processing→Start Compilation;或单击按钮 ▶。

(2) 启动 Timing Analyzer 时序分析器:在 Quartus Prime 主界面选择菜单 Tools→Timing Analyzer,启动 Timing Analyzer,Timing Analyzer 启动界面如图 11.32 所示,此窗口中包含如下的栏目。

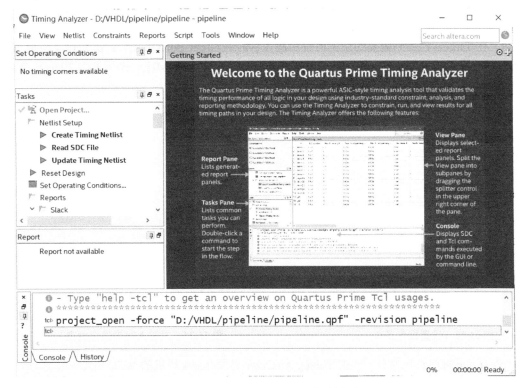

图 11.32 Timing Analyzer 启动界面

- Tasks(任务)栏:包含 Timing Analyzer 可执行的各种任务。
- Report(报告)栏:通过此栏可知 Timing Analyzer 都执行了哪些任务。
- Console(控制台):可输入 tcl 命令让 Timing Analyzer 执行相应任务。
- 信息显示子窗口:Timing Analyzer 把当前任务的结果信息显示在该子窗口中。

(3) 创建时序网表:双击 Tasks 栏中的 Create Timing Netlist,或者在 Timing Analyzer 窗口单击菜单 Netlist→Create Timing Netlist,启动生成当前设计的时序网表。

(4) 设置操作条件(Set Operating Conditions):在上一步的创建时序网表操作中,系统提示设置操作条件，Quartus 软件针对不同的运行条件（工作电压、温度范围等）、不同的器件、不同的速度等级使用不同的时序模型。

也可以通过单击图 11.32 中 Tasks（任务）栏中的 Set Operating Conditions 选项来设置，或者执行 Netlist→Set Operating Conditions 菜单，弹出如图 11.33 所示的设置操作条件的对话框，可以看到，针对 10M50DAF484C7G 器件，有如下 3 种时序模型：

- 7_slow_1200mv_0c，芯片内核电压 1200 mV，工作温度 0℃情况下的慢速时序模型。
- 7_slow_1200mv_85c，芯片内核电压 1200 mV，工作温度 85℃的慢速时序模型。
- MIN_fast_1200mv_0c，芯片内核电压 1200 mV，工作温度 0℃下的快速时序模型。

此处根据所选器件选择第 1 个模型，此模型为芯片工作在环境较差情况下的模型。如果设计工程在此模型下能满足时序要求，则在其他模型下时序裕量（Slack）会更高。

（5）施加时序约束：须指定时钟频率、I/O 时序要求等时序约束，Timing Analyzer 支持用 .sdc 文件（Synopsys Design Constraints）定义时序约束。

如果没有对时钟频率施加约束，软件会默认时钟频率为 1000 MHz。

如果对 .sdc 文件熟悉，可用任意文本编辑器创建 .sdc 文件，并添加到当前工程中。如果对 .sdc 文件不熟悉，则可以用图形用户界面（Graphical User Interface，GUI）模式创建 .sdc 文件。在 Timing Analyzer 窗口中选择菜单 Constraints→Create Clock，弹出如图 11.34 所示的对话框，在此对话框中对输入时钟进行约束，在 Targets 栏找到需要约束的时钟引脚（本例中为[get_ports{clk}]）；在 Period 栏填写时钟周期为 20 ns（目标板的时钟为 50 MHz 有源晶振，故将时钟约束为 50 MHz，即周期为 20 ns），Waveform edges 无须设置，采用默认设置，单击 Run 按钮使设置生效。

图 11.33　设置操作条件

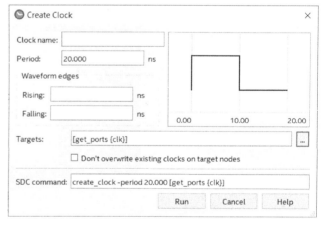

图 11.34　对输入时钟进行约束

（6）保存 .sdc 时序约束文件：双击 Timing Analyzer 界面 Tasks 栏里的 Write SDC File 选项，弹出如图 11.35 所示的 Write SDC File 窗口，默认的 SDC file name 为 pipeline.out.sdc，然后单击 OK 按钮即可。

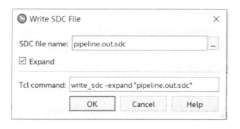

图 11.35　保存 .sdc 时序约束文件

此时，我们可以在当前工程目录下找到刚生成的 pipeline.out.sdc 文件，用文本编辑器打开该文件，可以看到，刚才施加的时钟约束语句如下：

```
#**************************************************************
# Create Clock
#**************************************************************
create_clock -name {clk} -period 20.000 -waveform { 0.000 10.000 } [get_ports {clk}]
```

（7）将.sdc 时序约束文件添加到工程：在 Quartus Prime 主界面中选择菜单 Assignments→Settings，在如图 11.36 所示的 Settings 对话框中选中 Timing Analyzer 栏，在右侧的 File name 会话框里找到 pipeline.out.sdc 文件并添加到工程中。

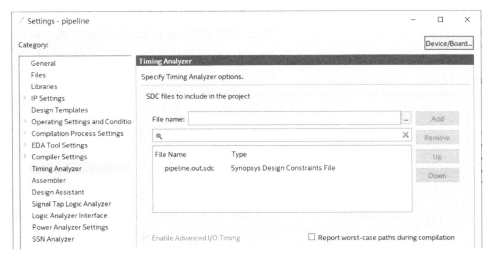

图 11.36　将.sdc 时序约束文件添加到工程

（8）运行时序分析：在 Quartus Prime 主界面中单击菜单 Processing→Start Compilation，重新运行包含时序分析的完整编译。

在 Timing Analyzer 界面的 Tasks 栏，依次双击 Read SDC File 和 Update Timing Netlist 选项，Timing Analyzer 加载时序网表，读取.sdc 时序约束文件并生成时序报告，包括 Timing Analyzer Summary and Advanced I/O Timing 报告等，然后就可以在 Report 窗口中查看时序报告并进行分析。

（9）查看时序裕量 Slack：首先可查看满足每个约束的时序裕量 Slack。在 Timing Analyzer 界面的 Tasks 窗格中，单击 Reports→Slack→Report Setup Summary，显示建立时间的 Slack 为 15.048 ns，说明建立时间裕量很充足；单击 Report Hold Summary，如图 11.37 所示，显示保持时间 Slack 为 0.390 ns，说明能满足时序要求。

图 11.37　查看满足时序裕量 Slack

（10）查看 Report Timing：Report Timing 命令用于报告设计中路径或时钟的时序。在 Tasks 窗格中，单击 Reports→Custom Reports→Report Timing，弹出如图 11.38 所示的 Report Timing 对话框，在此对话框可指定想要包含在报告中的时钟信号（Clocks）、目标（Targets）、分析类型（Analysis type）等选项。

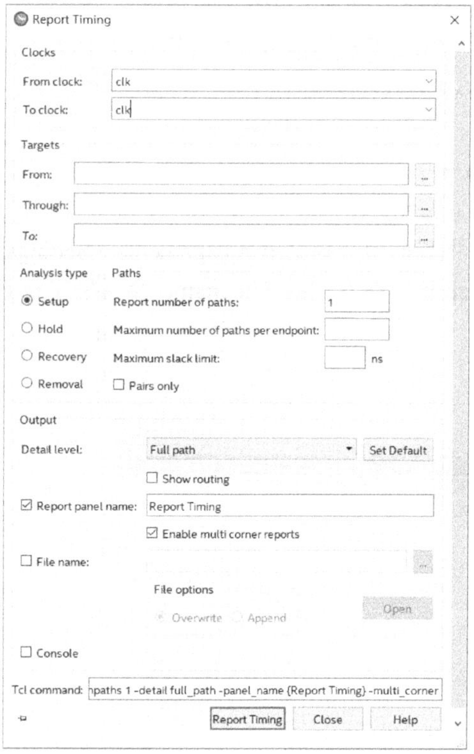

时钟信号（Clocks）的 From clock 和 To clock 是指定启动沿（Clock launch edge）和锁存沿（Clock latch edge）的选项，即指定时序分析的起点和终点；本例中 From clock 栏和 To clock 栏均选择 clk 信号；分析类型（Analysis type）选择 Setup。

单击图 11.38 中的 Report Timing 按钮，本例的 Setup 路径的详细分析便会以图表的形式呈现出来，如图 11.39 所示，这是一条 Setup 路径的详细分析，图中以波形图（Waveform）的形式展示了时钟 Setup 路径的时序关系，其中显示了 10 个变量的时序波形和时间量：Launch Clock（启动时钟沿）、Latch Clock（锁存时钟沿）、Data Arrival（数据到达时间）、Data Required（数据需求时间）等。

与此相似，可分析时钟的 Hold 路径时序；还可以右击节点（node）或约束（assignment），然后单击 Report Timing，查看其他路径的时序分析报告。

可根据需要，分析设计中所有的时序路径（Timing Path），计算每一条时序路径的延时，检查每一条时序路径尤其是关键路径（Critical Path）是否满足时序要求，只要该路径的时序裕量（Slack）为正，就表示该路径能满足时序要求。

图 11.38 Report Timing 对话框

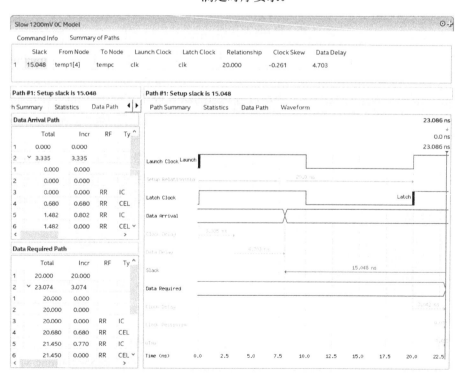

图 11.39 时钟建立时间 Report Timing

（11）时序的优化：如果设计不能满足时序要求（时序裕量 Slack 为负值），可通过改变适配策略的方式,重新进行适配(Fitter)。在 Quartus 主界面选择菜单 Settings,在图 11.40 所示的界面中选择 Compiler Settings,在右侧的 Optimization Mode(优化方式)中选择 Performance(High effort)选项,单击 Advanced Settings(Fitter)按钮,在弹出的 Advanced Fitter Settings 对话框中进行适当的设置,如 Optimize Hold Timing 项选择 All Paths、Optimize Timing 项选择 Normal Compilation 等。设置完成后,重新进行编译和适配,查看各路径的时序是否满足要求。

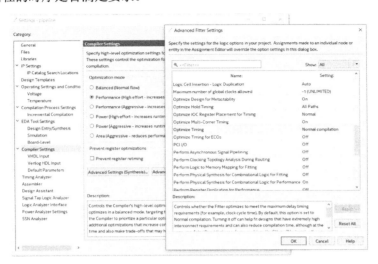

图 11.40　适配策略设置

（12）Chip Planner（芯片规划器）：还可以用 Chip Planner（芯片规划器）直接修改不满足时序要求的关键路径,在 Quartus 主界面中选择菜单 Tools→Chip Planner,进入 Chip Planner 视图,在此视图中可观察各模块的坐标、关键路径的延时、各 LUT 的 Fan-In 和 Fan-Out、布局连线的疏密程度（Routing Congestion）、节点信号间连接（Connections Between Nodes）及扇出连接（Fan-Out Connections）等信息,并手动微调。

本节只介绍了时序约束和时序分析的基础概念和基本操作,要深入了解可参考 Timing Analyzer 的官方文献。

习　题　11

11.1　什么是仿真？仿真一般分为哪几种？
11.2　什么是测试平台？测试平台有哪几个组成部分？
11.3　时序分析和时序仿真两个概念有何不同？
11.4　写出产生占空比为 1/4 的时钟信号的 VHDL 程序。
11.5　写出 VHDL'02 中 TEXTIO 调用一个文件的 VHDL 语句。
11.6　写出 ModelSim 仿真的 5 个步骤。
11.7　试写出 ModelSim 仿真加载设计的命令行语句。
11.8　编写一个时钟波形产生器,产生正脉冲宽度为 15 ns、负脉冲宽度为 10 ns 的时钟波形。
11.9　先编写一个模 10 计数器程序（含异步复位端）,再编写一个测试程序,并用 ModelSim 软件对其进行仿真。
11.10　编写奇偶检测电路,输入码字位宽为 3,用 ModelSim SE 对奇偶检测电路进行仿真。
参考设计：例 11.10 是奇偶检测电路参考设计,其 Test Bench 激励脚本见例 11.11。

【例 11.10】 奇偶检测电路的 VHDL 源代码。

```vhdl
LIBRARY IEEE;
  USE IEEE.STD_LOGIC_1164.ALL;
ENTITY even_det IS
    PORT(a : IN STD_LOGIC_VECTOR(2 DOWNTO 0);
      even : OUT STD_LOGIC);
END ENTITY;
ARCHITECTURE rtl OF even_det IS
BEGIN
    PROCESS (a)
    VARIABLE sum,r: INTEGER;
    BEGIN
        sum:=0;
        FOR i IN 2 DOWNTO 0 LOOP
            IF a(i)='1' THEN sum:=sum+1;
            END IF;
        END LOOP;
        r:=sum mod 2;
        IF(r=0) THEN even<='1';
            ELSE even<='0';
        END IF;
    END PROCESS;
END rtl;
```

【例 11.11】 奇偶检测电路 Test Bench 测试脚本。

```vhdl
LIBRARY IEEE;
  USE IEEE.STD_LOGIC_1164.ALL;
ENTITY even_ts IS
END even_ts;
ARCHITECTURE tb_arch OF even_ts IS
    COMPONENT even_det
        PORT(a : IN STD_LOGIC_VECTOR(2 DOWNTO 0);
          even : OUT STD_LOGIC);
    END COMPONENT;
    SIGNAL test_in: STD_LOGIC_VECTOR(2 DOWNTO 0);
    SIGNAL test_out: STD_LOGIC;
    BEGIN
        i1: even_det  PORT MAP(a=>test_in,even=>test_out);
    PROCESS
    BEGIN   test_in<="000";
        WAIT FOR 200ns;     test_in <="001";
        WAIT FOR 200ns;     test_in <="010";
        WAIT FOR 200ns;     test_in <="011";
        WAIT FOR 200ns;     test_in <="100";
        WAIT FOR 200ns;     test_in <="101";
        WAIT FOR 200ns;     test_in <="110";
        WAIT FOR 200ns;     test_in <="111";
        WAIT FOR 200ns;
    END PROCESS;
    -- 验证器
    PROCESS
        VARIABLE error_status: BOOLEAN;
    BEGIN
```

```
            WAIT ON test_in;
            WAIT FOR 100ns;
            IF((test_in ="000" and test_out ='1') or
               (test_in ="001" and test_out ='0') or
               (test_in ="010" and test_out ='0') or
               (test_in ="011" and test_out ='1') or
               (test_in ="100" and test_out ='0') or
               (test_in ="101" and test_out ='1') or
               (test_in ="110" and test_out ='1') or
               (test_in ="111" and test_out ='0'))
                THEN    error_status :=FALSE;
                ELSE    error_status :=TRUE;
            END IF;

            ASSERT NOT error_status                  --错误报告
                REPORT "TEST FAILED!"
                SEVERITY note;
        END PROCESS;
END tb_arch;
```

可采用批处理的方式执行仿真，编写.do 文件，内容如下，命名为 evencom.do（执行批处理前，应打开工程）。

```
vcom -work work even_ts.vhd even_det.vhd
vsim -t ns work.even_ts
add wave *
run 1800 ns
```

在 ModelSim SE 命令行中输入：

```
do C:/VHDL/even/evencom
```

启动批处理仿真方式，观察仿真结果，图 11.41 所示为奇偶检测电路的 ModelSim SE 仿真波形。

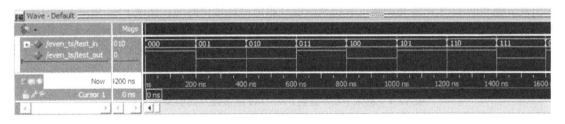

图 11.41 奇偶检测电路的 ModelSim SE 仿真波形图

第 12 章 VHDL 设计实例

> **本章概要**：本章介绍 VHDL 在通信和信号处理领域的设计实例。
> **知识要点**：（1）标准 PS/2 键盘设计实例；
> （2）超声波测距设计实例；
> （3）m 序列与 Gold 码产生器；
> （4）数字过零检测和等精度频率测量；
> （5）FIR 滤波器设计实例。
>
> **教学安排**：本章教学安排 4 实践学时，完成 2～3 个实验。通过本章的学习，可使学生熟悉 VHDL 实现较为复杂数字逻辑电路的方法，以及实现信号处理算法的方法，培养理论联系实际、分析解决实际问题的能力。

12.1 标准 PS/2 键盘

本例设计一个接收 PS/2 键盘通码并把通码通过数码管显示出来的电路。

1. 标准 PS/2 键盘物理接口的定义

PS/2 键盘接口标准是由 IBM 在 1987 年推出的，该标准定义了 84—101 键的键盘，主机和键盘之间采用 6 引脚 mini-DIN 连接器连接，采用双向串行通信协议进行通信。标准 PS/2 键盘 mini-DIN 连接器及其引脚定义见表 12.1。6 个引脚中只使用了 4 个，其中，第 3 脚接地，第 4 脚接+5 V 电源，第 2 与 6 脚保留；第 1 脚为 Data（数据），第 5 脚为 Clock（时钟），Data 与 Clock 这 2 个引脚采用了集电极开路设计，因此，标准 PS/2 键盘与接口相连时，这 2 个引脚要接一个上拉电阻方可使用。

表 12.1 标准 PS/2 键盘 mini-DIN 连接器及其引脚定义

标准 PS/2 键盘 mini-DIN 连接器		引脚号	名 称	功 能
插头（Plug）	插座（Socket）	1	Data	数据
		2	N.C	未用
		3	GND	电源地
		4	VCC	+5 V 电源
		5	Clock	时钟信号
		6	N.C	未用

2. 标准 PS/2 接口时序及通信协议

PS/2 接口与主机之间的通信采用双向同步串行协议。PS/2 接口的 Data 与 Clock 这 2 个引脚都是集电极开路的，平时都是高电平。数据从 PS/2 设备发送到主机或从主机发送到 PS/2 设备，时钟都是 PS/2 设备产生的。主机对时钟控制有优先权，即主机想发送控制指令给 PS/2 设备时，可以拉低时钟线至少 100 μs，然后再下拉数据线，传输完成后释放时钟线为高。

当 PS/2 设备准备发送数据时，首先检查 Clock 是否为高。如果 Clock 为低电平，则认为主机抑制了通信，此时它缓冲数据直到获得总线的控制权；如果 Clock 为高电平，PS/2 则开始向主机发送数据，数据发送按帧进行。

PS/2 键盘接口时序和数据格式如图 12.1 所示。数据位在 Clock 为高电平时准备好，在 Clock 下降沿被主机读入。数据帧格式为：1 个起始位（逻辑 0）；8 个数据位，低位在前；1 个奇校验位；1 个停止位（逻辑 1）；1 个应答位（仅用在主机对设备的通信中）。

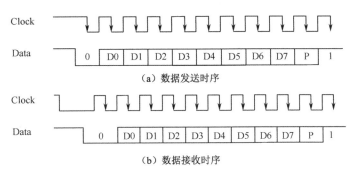

图 12.1 PS/2 键盘接口时序和数据格式

3. PS/2 键盘扫描码

现在 PC 使用的 PS/2 键盘都默认采用第二套扫描码集，扫描码有两种：通码（Make code）和断码（Break code）。当一个键被按下或持续按住时，键盘将该键的通码发送给主机；当一个键被释放时，键盘将该键的断码发送给主机。每个键都有自己唯一的通码和断码。

通码都只有 1 字节宽度，但也有少数"扩展按键"的通码是 2 字节或 4 字节宽，根据通码字节数，可将按键分为如下 3 类：

- 第 1 类按键，通码为 1 字节，断码为 0xF0+通码形式。如 A 键，其通码为 0x1C，断码为 0xF0 0x1C。
- 第 2 类按键，通码为 2 字节 0xE0 + 0xXX 形式，断码为 0xE0+0xF0+0xXX 形式。如 Right Ctrl 键，其通码为 0xE0 0x14，断码为 0xE0 0xF0 0x14。
- 第 3 类特殊按键有 2 个：Print Screen 键通码为 0xE0 0x12 0xE0 0x7C，断码为 0xE0 0xF0 0x7C 0xE0 0xF0 0x12；Pause 键通码为 0x E1 0x14 0x77 0xE1 0xF0 0x14 0xF0 0x77，断码为空。

PS/2 键盘各按键的通码如图 12.2 所示，其中 0~9 十个数字键和 26 个英文字母键对应的通码、断码如表 12.2 所示。

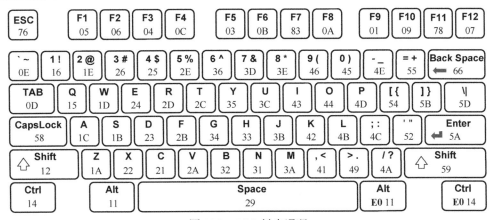

图 12.2 PS/2 键盘通码

表 12.2 PS/2 键盘中 0～9 十个数字键和 26 个英文字母键对应的通码、断码

键	通码	断码	键	通码	断码
A	1C	F0 1C	S	1B	F0 1B
B	32	F0 32	T	2C	F0 2C
C	21	F0 21	U	3C	F0 3C
D	23	F0 23	V	2A	F0 2A
E	24	F0 24	W	1D	F0 1D
F	2B	F0 2B	X	22	F0 22
G	34	F0 34	Y	35	F0 35
H	33	F0 33	Z	1A	F0 1A
I	43	F0 43	0	45	F0 45
J	3B	F0 3B	1	16	F0 16
K	42	F0 42	2	1E	F0 1E
L	4B	F0 4B	3	26	F0 26
M	3A	F0 3A	4	25	F0 25
N	31	F0 31	5	2E	F0 2E
O	44	F0 44	6	36	F0 36
P	4D	F0 4D	7	3D	F0 3D
Q	15	F0 15	8	3E	F0 3E
R	2D	F0 2D	9	46	F0 46

4．PS/2 键盘接口电路设计与实现

根据上面介绍的 PS/2 键盘的功能，用 VHDL 设计实现一个能够识别 PS/2 键盘输入编码，并把按键的通码通过数码管显示出来的电路，源代码如例 12.1 所示。

【例 12.1】 PS/2 键盘键值扫描及显示电路。

```
LIBRARY IEEE;
  USE ieee.std_logic_1164.all;
  USE WORK.ex_pkg.ALL;          --声明使用ex_pkg程序包
ENTITY ps2_key IS
   GENERIC(
      deb_time: INTEGER := 200;      --4us用于消抖(@50MHz)
      idle_time: INTEGER := 3000);   --60us(>1/2周期ps2_clk)
   PORT(
      clk50m: IN STD_LOGIC;          --系统时钟(50 MHz)
      ps2clk: IN STD_LOGIC;          --键盘时钟(10-17kHz)
      ps2data: IN STD_LOGIC;         --键盘数据
      hex1: OUT STD_LOGIC_VECTOR(6 DOWNTO 0);  --用2个数码管显示按键通码
      hex0: OUT STD_LOGIC_VECTOR(6 DOWNTO 0));
END;
ARCHITECTURE one OF ps2_key IS
SIGNAL deb_ps2clk: STD_LOGIC;       --去抖后ps2_clk
SIGNAL deb_ps2data: STD_LOGIC;      --去抖后ps2_data
SIGNAL temp, m_code: STD_LOGIC_VECTOR(10 DOWNTO 0);
SIGNAL idle: STD_LOGIC;             --数据线空闲为'1'
SIGNAL error: STD_LOGIC;            --开始、停止和校验错误时为'1'
BEGIN
---------ps2clk信号去抖----------------
PROCESS (clk50m)
VARIABLE count: INTEGER RANGE 0 TO deb_time;
BEGIN
```

```vhdl
        IF (clk50m'EVENT AND clk50m='1') THEN
          IF (deb_ps2clk=ps2clk) THEN count := 0;
          ELSE count := count + 1;
          IF (count=deb_time) THEN
              deb_ps2clk <= ps2clk;  count := 0;
          END IF; END IF; END IF;
    END PROCESS;
    --------ps2data信号去抖--------------
    PROCESS (clk50m)
    VARIABLE count: INTEGER RANGE 0 TO deb_time;
    BEGIN
        IF (clk50m'EVENT AND clk50m='1') THEN
          IF (deb_ps2data=ps2data) THEN count := 0;
          ELSE count := count + 1;
          IF (count=deb_time) THEN
             deb_ps2data <= ps2data; count := 0;
          END IF; END IF; END IF;
    END PROCESS;
    -----------空闲状态检测--------------
    PROCESS (clk50m)
    VARIABLE count: INTEGER RANGE 0 TO idle_time;
    BEGIN
        IF (clk50m'EVENT AND clk50m='0') THEN
          IF (deb_ps2data='0') THEN  idle <= '0'; count := 0;
          ELSIF (deb_ps2clk='1') THEN  count := count + 1;
          IF (count=idle_time) THEN  idle <= '1';
          END IF;
        ELSE count := 0;
        END IF; END IF;
    END PROCESS;
    ----------接收键盘数据--------------------
    PROCESS (deb_ps2clk)
    VARIABLE i: INTEGER RANGE 0 TO 15;
    BEGIN
        IF (deb_ps2clk'EVENT AND deb_ps2clk='0') THEN
          IF (idle='1') THEN i:=0;
          ELSE  temp(i) <= deb_ps2data; i := i + 1;
          IF (i=11) THEN i:=0; m_code <= temp;
          END IF; END IF; END IF;
    END PROCESS;
    ----------错误检测----------------------
    PROCESS (m_code)
    BEGIN
      IF(m_code(0)='0' AND m_code(10)='1' AND (m_code(1) XOR m_code(2)
        XOR m_code(3) XOR m_code(4) XOR m_code(5) XOR m_code(6) XOR m_code(7)
        XOR m_code(8) XOR m_code(9))='1')
      THEN error <= '0';
      ELSE error <= '1';
      END IF;
    END PROCESS;
    ------用数码管显示按键通码-------------------
     PROCESS (m_code, error)
```

```vhdl
BEGIN
  IF (error='0') THEN
    hex1 <= hex_to_ssd(m_code(8 DOWNTO 5));    --数码管译码显示函数例化
    hex0 <= hex_to_ssd(m_code(4 DOWNTO 1));    --数码管译码显示函数例化
           -----hex_to_ssd函数源码见例8.24--------
  ELSE hex1 <= "0000110"; --显示"E"
       hex0 <= "0000110"; --显示"E"
  END IF;
END PROCESS;
END;
```

基于DE10-Lite目标板进行验证，编辑引脚约束文件（.qsf）如下：
```
set_location_assignment PIN_P11 -to clk50m
set_location_assignment PIN_W10 -to ps2clk
set_location_assignment PIN_W9 -to ps2data
set_location_assignment PIN_C18 -to hex1[0]
set_location_assignment PIN_D18 -to hex1[1]
set_location_assignment PIN_E18 -to hex1[2]
set_location_assignment PIN_B16 -to hex1[3]
set_location_assignment PIN_A17 -to hex1[4]
set_location_assignment PIN_A18 -to hex1[5]
set_location_assignment PIN_B17 -to hex1[6]
set_location_assignment PIN_C14 -to hex0[0]
set_location_assignment PIN_E15 -to hex0[1]
set_location_assignment PIN_C15 -to hex0[2]
set_location_assignment PIN_C16 -to hex0[3]
set_location_assignment PIN_E16 -to hex0[4]
set_location_assignment PIN_D17 -to hex0[5]
set_location_assignment PIN_C17 -to hex0[6]
```

DE10-Lite目标板没有专门的PS/2接口，可将PS/2键盘连接至扩展I/O引脚，需连接PS/2接口中的4根线，分别为ps2_clk时钟线、ps2_dat数据线、电源（+5V）和地线（GND）。下载本例至目标板，按动键盘上的按键，将按键的通码在数码管上显示出来。PS/2键盘连接至目标板如图12.3所示。

图12.3 PS/2键盘连接至目标板

12.2 超声波测距

由于超声波指向性强，能量损耗慢，在介质中传播的距离较远，因而经常用于距离的测量，如测距仪和公路上的超声测速等。超声波测距易于实现，并且在测量精度方面能达到工业实用的要求，成本也相对便宜，在机器人、自动驾驶等方面得到了广泛的应用。HC-SR04超声波测距模块可提供2～400cm的距离测量范围，性能稳定，精度较高。本节将基于该模块实现超声波测距。

1. 超声波测距原理

超声波发射器向某一方向发射超声波，在发射时刻的同时开始计时，超声波在空气中传播，途中碰到障碍物返回，超声波接收器收到反射波就立即停止计时，传播时间共计为t（s）。声波在空气中的

传播速度为340m/s，易得到发射点距障碍物的距离（S）为

$$S = 340 \times t/2 = 170t(m) \tag{12-1}$$

超声波测距的原理就是利用声波在空气传播的稳定不变的特性，以及发射和接收回波的时间差来实现测距。

2. HC-SR04 超声波测距模块

HC-SR04 超声波测距模块可提供 2～400cm 的非接触式距离测量功能，测距精度可高达 3mm，其电气参数如表 12.3 所示。

图 12.4 所示为 HC-SR 超声波测距模块实物图（正、反面），其接口共 4 个引脚：电源（+5V）、触发信号输入（Trig）、回响信号输出（Echo）、地线（GND）。

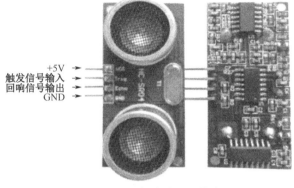

表 12.3 HC-SR 超声波测距模块电气参数

电气参数	HC-SR04 超声波测距模块
工作电压/工作电流	DC 5V / 15mA
工作频率	40Hz
最远射程/最近射程	4m / 2cm
测量角度	15
输入触发信号	10μs 的高电平信号
输出回响信号	输出 TTL 电平信号

图 12.4 HC-SR 超声波测距模块实物

HC-SR04 超声波模块工作时序如图 12.5 所示。

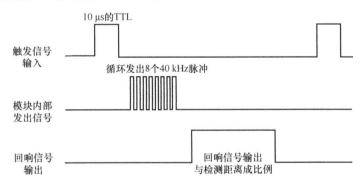

图 12.5 HC-SR04 超声波测距模块工作时序图

从图 12.5 的时序可以看出，HC-SR 超声波模块的工作过程如下：初始化时将 Trig 和 Echo 端口都置低，首先向 Trig 端发送至少 10 μs 的高电平脉冲，模块自动向外发送 8 个 40kHz 的方波，然后进入等待，捕捉 Echo 端输出上升沿。捕捉到上升沿的同时，打开定时器开始计时，再次等待捕捉 Echo 的下降沿，当捕捉到下降沿，读出计时器的时间，即为超声波在空气中传播的时间，按照式（12-1）即可算出距离。

3. 超声波测距顶层设计

超声波测距是通过测量时间差来实现测距，FPGA 通过检测超声波测距的 Echo 端口电平变化控制计时的开始和停止。即当检测到 Echo 信号上升沿时开始计时，检测到 Echo 信号下降沿时停止计时。其顶层设计源代码如例 12.2 所示。

【例 12.2】 超声波测距顶层设计源代码。

```vhdl
LIBRARY IEEE;
  USE IEEE.STD_LOGIC_1164.ALL;
  USE IEEE.NUMERIC_STD.ALL;
  USE WORK.ex_pkg.ALL;                --包含 hex_to_ssd 函数
--------------------------------------------------------
ENTITY ultrasound IS
  PORT(
     clk50m  : IN STD_LOGIC;          --50MHz 时钟
     sys_rst : IN STD_LOGIC;
     echo    : IN STD_LOGIC;          --回响信号,高电平持续时间为t,距离=340*t/2
     hex0    : OUT STD_LOGIC_VECTOR(6 DOWNTO 0);
     hex1    : OUT STD_LOGIC_VECTOR(6 DOWNTO 0);
     hex2    : OUT STD_LOGIC_VECTOR(6 DOWNTO 0);
     hex3    : OUT STD_LOGIC_VECTOR(6 DOWNTO 0);
     trig    : OUT STD_LOGIC);        --发送一个持续时间超过 10us 的高电平
END ultrasound;
--------------------------------------------------------
ARCHITECTURE trans OF ultrasound IS
COMPONENT sig_prod IS
  PORT(
     clk  : IN STD_LOGIC;
     rst  : IN STD_LOGIC;
     trig : OUT STD_LOGIC);
END COMPONENT;
COMPONENT bin2bcd IS
PORT(
    bin: IN STD_LOGIC_VECTOR(13 DOWNTO 0);
    bcd: OUT STD_LOGIC_VECTOR(15 DOWNTO 0));
END COMPONENT;
SIGNAL count    : INTEGER range 0 to 16777215;
SIGNAL distance : INTEGER range 0 to 16777215;
SIGNAL data_bin0 : STD_LOGIC_VECTOR(13 DOWNTO 0);
SIGNAL echo_reg1 : STD_LOGIC;
SIGNAL echo_reg2 : STD_LOGIC;
SIGNAL state    : STD_LOGIC_VECTOR(1 DOWNTO 0);
SIGNAL dec_tmp  : STD_LOGIC_VECTOR(15 DOWNTO 0);  --用于存储4位十进制数
SIGNAL data_bin_tmp : INTEGER range 0 to 16383;
BEGIN
data_bin0 <= STD_LOGIC_VECTOR(TO_UNSIGNED(data_bin_tmp, 14));
data_bin_tmp <= 17 * distance / 5000;
state <= (echo_reg2 & echo_reg1);
PROCESS (clk50m,sys_rst)
BEGIN
    IF(sys_rst = '0') THEN
        echo_reg1 <= '0';                         --当前脉冲
        echo_reg2 <= '0';                         --后一个脉冲
        count <= 0;  distance <= 0;
    ELSIF (clk50m'EVENT AND clk50m = '1') THEN
        echo_reg1 <= echo; echo_reg2 <= echo_reg1;
        CASE state IS
            WHEN "01" =>  count <= count + 1;
```

```
                WHEN "11" => count <= count + 1;
                WHEN "10" => distance <= count;
                WHEN "00" => count <= 0;
            END CASE;
        END IF;
END PROCESS;
i1 : sig_prod
    PORT MAP(
        clk  => clk50m,
        rst  => sys_rst,
        trig => trig);
i2 : bin2bcd                                  --二进制结果转换为相应BCD码
  PORT MAP(
        bin => data_bin0,
        bcd => dec_tmp);
------数码管显示测距结果,hex_to_ssd函数源代码见例8.24-------
hex3 <= hex_to_ssd(dec_tmp(15 DOWNTO 12));
hex2 <= hex_to_ssd(dec_tmp(11 DOWNTO 8));
hex1 <= hex_to_ssd(dec_tmp(7 DOWNTO 4));
Hex0 <= hex_to_ssd(dec_tmp(3 DOWNTO 0));
END trans;
```

上例中的 sig_prod 模块用于产生控制信号,其源代码如例 12.3 所示,该模块产生一个持续 10μs 以上的高电平(本例高电平持续时间为 20μs);为防止发射信号对回响信号产生影响,通常两次测量间隔控制在 60ms 以上,本例的测量间隔设置为 100ms。

【例 12.3】 超声波控制信号产生子模块。

```
LIBRARY IEEE;
  USE IEEE.STD_LOGIC_1164.ALL;
ENTITY sig_prod IS
  PORT (
      clk   : IN STD_LOGIC;
      rst   : IN STD_LOGIC;
      trig  : OUT STD_LOGIC);
END sig_prod;
--------------------------------------------
ARCHITECTURE trans OF sig_prod IS
CONSTANT PWM_N : INTEGER := 1000;          --高电平持续20us
CONSTANT CLK_N : INTEGER := 5_000_000;     --两次测量间隔100ms
SIGNAL count : INTEGER range 0 to 16777215;
BEGIN
PROCESS(clk,rst)
BEGIN
    IF(rst = '0') THEN count <= 0;
      ELSIF(clk'EVENT AND clk = '1') THEN
        IF (count = CLK_N) THEN count <= 0;
        ELSE count <= count + 1;
    END IF; END IF;
END PROCESS;
trig <= '1' WHEN((count >= 100) AND (count<=(100+PWM_N))) ELSE
        '0';
END trans;
```

例 12.2 中的 bin2bcd 模块用于将二进制数转化为 BCD 码,此模块将输入的 STD_LOGIC_VECTOR

类型的二进制数转换成 INTEGER 型整数，然后逐位除以 10 取余变为 BCD 码。bin2bcd 模块源代码见例 12.4，本例中将 BCD 码限定为 16 位宽度（对应十进制数最高为 9999），相应输入的二进制数限定为 14 位。

【例 12.4】 二进制数转换为 BCD 码子模块。

```vhdl
LIBRARY IEEE;
  USE IEEE.STD_LOGIC_1164.ALL;
  USE IEEE.NUMERIC_STD.ALL;
ENTITY bin2bcd IS
PORT(
    bin: IN STD_LOGIC_VECTOR(13 DOWNTO 0);
    bcd: OUT STD_LOGIC_VECTOR(15 DOWNTO 0));
END ENTITY bin2bcd;

ARCHITECTURE one OF bin2bcd IS
BEGIN
PROCESS(bin)
   VARIABLE temp: INTEGER;
   VARIABLE bin_temp: INTEGER;
   VARIABLE bcd_temp: STD_LOGIC_VECTOR(15 DOWNTO 0);
BEGIN
  bcd_temp:=X"0000";
  bin_temp:=TO_INTEGER(UNSIGNED(bin));       --数据类型转换
   FOR k IN 0 TO 3 LOOP
   temp:=bin_temp REM 10;
   bcd_temp(3+4*k DOWNTO k*4):= STD_LOGIC_VECTOR(TO_UNSIGNED(temp,4));
   bin_temp:=(bin_temp-temp)/10;
      IF bin_temp=0 THEN
        EXIT;
        END IF;
     END LOOP;
     bcd<=bcd_temp;
END PROCESS;
END one;
```

引脚约束（采用.qsf 文件）如下（基于 DE10-Lite 目标板锁定）：

```
set_location_assignment PIN_P11 -to clk50m
set_location_assignment PIN_C10 -to sys_rst
set_location_assignment PIN_W9 -to echo
set_location_assignment PIN_W10 -to trig
set_location_assignment PIN_C14 -to hex0[0]
set_location_assignment PIN_E15 -to hex0[1]
set_location_assignment PIN_C15 -to hex0[2]
set_location_assignment PIN_C16 -to hex0[3]
set_location_assignment PIN_E16 -to hex0[4]
set_location_assignment PIN_D17 -to hex0[5]
set_location_assignment PIN_C17 -to hex0[6]
set_location_assignment PIN_C18 -to hex1[0]
set_location_assignment PIN_D18 -to hex1[1]
set_location_assignment PIN_E18 -to hex1[2]
set_location_assignment PIN_B16 -to hex1[3]
set_location_assignment PIN_A17 -to hex1[4]
set_location_assignment PIN_A18 -to hex1[5]
```

```
set_location_assignment PIN_B17 -to hex1[6]
set_location_assignment PIN_B20 -to hex2[0]
set_location_assignment PIN_A20 -to hex2[1]
set_location_assignment PIN_B19 -to hex2[2]
set_location_assignment PIN_A21 -to hex2[3]
set_location_assignment PIN_B21 -to hex2[4]
set_location_assignment PIN_C22 -to hex2[5]
set_location_assignment PIN_B22 -to hex2[6]
set_location_assignment PIN_F21 -to hex3[0]
set_location_assignment PIN_E22 -to hex3[1]
set_location_assignment PIN_E21 -to hex3[2]
set_location_assignment PIN_C19 -to hex3[3]
set_location_assignment PIN_C20 -to hex3[4]
set_location_assignment PIN_D19 -to hex3[5]
set_location_assignment PIN_E17 -to hex3[6]
```

将本例基于 DE10-Lite 目标板进行下载和验证，其实际显示效果如图 12.6 所示，HC-SR 超声波模块连接在目标板的扩展接口，采用 4 个数码管显示距离，单位是毫米（mm），经实测验证准确度较高。

图 12.6　超声波测距的实际显示效果

12.3　m 序列与 Gold 码产生器

　　m 序列是最大长度线性反馈移位寄存器序列的简称。m 序列有很多优良的特性，例如，它同时具有随机性和规律性，好的自相关性等。m 序列的应用非常广泛，比如，在扩频 CDMA（码分多址）通信系统中，采用伪随机序列（即 PN 码）作为扩频序列。同时，m 序列还是构成其他序列的基础，如在 WCDMA 中采用的 GOLD 码就是 2 个 m 序列模 2 相加形成的。此外，m 序列在雷达、遥控遥测、通信加密、无线电测量等领域也有着广泛的应用。

12.3.1　m 序列产生器

1．m 序列的原理与性质

　　图 12.7 所示为由 n 级线性反馈移位寄存器（Linear Feedback Shift Register，LFSR）构成的码序列发生器，n 级线性反馈移位寄存器可产生序列周期最长为 2^n-1。图中 $C_0, C_1, \cdots, C_n$ 均为反馈线，其中 C_0 和 C_n 肯定为 1，即参与反馈。而反馈系数 $C_1, C_2, \cdots, C_{n-1}$ 若为 1，表示参与反馈；若为 0，表示不参与反

馈。一个线性反馈移位寄存器能否产生 m 序列,取决于它的反馈系数,表 12.4 中列出了部分 m 序列的反馈系数 C_i,按照表中的系数来构造移位寄存器,就能产生相应的 m 序列。

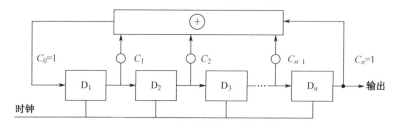

图 12.7 n 级线性反馈移位寄存器模型

以 7 级 m 序列反馈系数 $C_i=(211)_8$ 为例,先将八进制的系数转化为二进制的系数即 $C_i=(010001001)_2$,可得各级反馈系数为 $C_0=1$、$C_1=0$、$C_2=0$、$C_3=0$、$C_4=1$、$C_5=0$、$C_6=0$、$C_7=1$,由此可构造出相应的 m 序列发生器,C_i 的取值可用其序列多项式(特征方程)表示为 $f(x) = c_0 + c_1 x + c_2 x^2 + \cdots + c_n x^n$,该式又称为序列生成多项式,反馈系数 $C_i=(211)_8$ 的 m 序列的生成多项式可表示为 $f(x) = 1 + x^4 + x^7$。

表 12.4 部分 m 序列的反馈系数表

级数 n	周期 P	反馈系数 C_i(八进制)
3	7	13
4	15	23
5	31	45,67,75
6	63	103,147,155
7	127	203,211,217,235,277,313,325,345,367
8	255	435,453,537,543,545,551,703,747
9	511	1021,1055,1131,1157,1167,1175
10	1023	2011,2033,2157,2443,2745,3471
11	2047	4005,4445,5023,5263,6211,7363
12	4095	10123,11417,12515,13505,14127,15053
13	8191	20033,23261,24633,30741,32535,37505
14	16383	42103,51761,55753,60153,71147,67401
15	32765	100003,110013,120265,133663,142305

反馈系数一旦确定,所产生的序列就确定了,当移位寄存器的初始状态不同时,所产生的周期序列的初始相位不同,也就是观察的初始值不同,但仍是同一序列。

注:表 12.4 中列出的是部分 m 序列的反馈系数,将表中的反馈系数比特反转,即进行镜像,也可得到相应的 m 序列。例如,取 $C_i=(23)_8=(10011)_2$,进行比特反转之后为 $(11001)_2=(31)_8$,所以 4 级的 m 序列共有 2 个。

2. 用原理图方式产生 m 序列

下面以 n=5、周期为 $2^5-1=31$ 的 m 序列的产生为例,介绍 m 序列的设计方法。

查表 12.4 可得,表中 n=5,反馈系数 $C_i=(45)_8$,将其变为二进制数为 $(100101)_2$,即相应的反馈系数依次为 $C_0=1$,$C_1=0$,$C_2=0$,$C_3=1$,$C_4=0$,$C_5=1$。生成多项式可表示为 $f(x) = 1 + x^3 + x^5$,根据上面的反馈系数,画出 n=5 的 m 序列发生器的电路原理图如图 12.8 所示。根据图 12.8 所示电路,给定一种移位寄存器的初始状态,即可产生相应的码序列,初始状态不能为 00000,因为全零状态为非法状态,一旦进入该状态,系统就陷入死循环,为了防止全零状态,需要为其设置一个非零初始态,比如设置为00001。

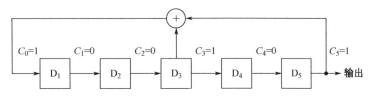

图12.8　n 为5的 m 序列发生器的电路原理图

根据上面的 m 序列发生器原理图，采用原理图设计方式，可以非常容易地实现，比如，在 Quartus II 环境下，只需调用 DFF（D 触发器）和 XOR（两输入异或门）即可构成，如图12.9所示，图中的 clr 是复位端，用于在系统初始化时，将5个 D 触发器的初始态设置为00001，以防止进入全零状态，所以该电路在上电工作时，应给 clr 复位端一个0信号。

图12.9 所示的 n 为5、反馈系数为 $C_i=(45)_8$ 的 m 序列发生器的功能仿真波形如图12.10 所示，通过波形图可以看出码序列周期长度为 $P=31$。

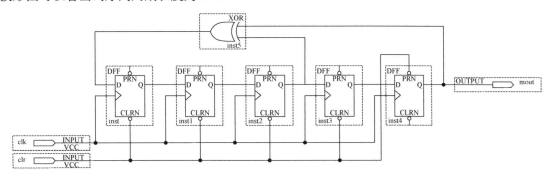

图12.9　n 为5、反馈系数为 $C_i=(45)_8$ 的 m 序列发生器的原理图

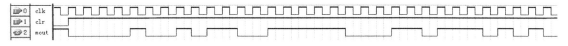

图12.10　n 为5、反馈系数为 $C_i=(45)_8$ 的 m 序列发生器功能仿真波形图

另外，移位寄存器级数 n 相同，反馈逻辑不同，产生的 m 序列就不同。例如，5级移位寄存器（$n=5$），其反馈系数 C_i 除 $(45)_8$ 外，还可以是 $(67)_8$ 和 $(75)_8$。

3．用 VHDL 实现 m 序列

图12.9 所示的 n 为5、反馈系数为 $C_i=(45)_8$ 的 m 序列发生器可用 VHDL 描述，如例12.5 所示。

【例12.5】　n 为5、反馈系数为 $C_i=(45)_8$ 的 m 序列发生器。

```
-- the generation poly is 1+x**3+x**5
LIBRARY IEEE;
  USE IEEE.STD_LOGIC_1164.ALL;
ENTITY m_seq IS
  PORT(clr : IN STD_LOGIC;                    --复位信号
       clk : IN STD_LOGIC;                    --时钟信号
      m_out: OUT STD_LOGIC);                  --m 序列输出信号
END;
ARCHITECTURE rtl OF m_seq IS
SIGNAL shift_reg : STD_LOGIC_VECTOR(0 TO 4);  --5级移位寄存器
BEGIN
PROCESS(clr,clk)
```

```
BEGIN
    IF(clr='0') THEN shift_reg <="00001";           --异步复位
    ELSE IF(clk'EVENT AND clk='1') THEN
    shift_reg(0) <= shift_reg(2) XOR shift_reg(4);
    shift_reg(1 TO 4)<=shift_reg(0 TO 3);
    m_out <= shift_reg(4);
    END IF; END IF;
END PROCESS;
END rtl;
```

例 12.5 的功能仿真波形与图 12.10 一致。

查表 12.4 可得，级数为 5 的 m 序列，反馈系数还有$(45)_8$、$(67)_8$、$(75)_8$ 等，在例 12.6 中，通过 sel 设置端可以选择反馈系数，并分别产生相应的 m 序列。

【例 12.6】 n 为 5、反馈系数 C_i 分别为$(45)_8$、$(67)_8$、$(75)_8$ 的 m 序列发生器。

```
LIBRARY IEEE;
  USE IEEE.STD_LOGIC_1164.ALL;
ENTITY m_seq5 IS
  PORT(clr : IN STD_LOGIC;                          --复位信号
    clk : IN STD_LOGIC;                             --时钟信号
    sel : IN STD_LOGIC_VECTOR(1 DOWNTO 0);          --设置端，用于选择反馈系数
    m_out: OUT STD_LOGIC);                          --m 序列输出信号
END;
ARCHITECTURE rtl OF m_seq5 IS
SIGNAL shift_reg : STD_LOGIC_VECTOR(0 TO 4);        --5 级移位寄存器
BEGIN
PROCESS(clr,clk)
BEGIN
    IF(clr='0') THEN shift_reg<="00001";            --异步复位
    ELSE IF(clk'EVENT AND clk='1') THEN
    CASE sel IS
    WHEN "00" =>                                    --反馈系数 Ci 为(45)8
    shift_reg(0)<=shift_reg(2) XOR shift_reg(4);
    shift_reg(1 TO 4)<=shift_reg(0 TO 3);
    WHEN "01" =>                                    --反馈系数 Ci 为(67)8
    shift_reg(0)<=shift_reg(0) XOR shift_reg(2) XOR shift_reg(3)
              XOR shift_reg(4);
    shift_reg(1 TO 4)<=shift_reg(0 TO 3);
    WHEN "10" =>                                    --反馈系数 Ci 为(75)8
    shift_reg(0)<=shift_reg(0) XOR shift_reg(1) XOR shift_reg(2)
              XOR shift_reg(4);
    shift_reg(1 TO 4)<=shift_reg(0 TO 3);
    WHEN others=> shift_reg<="XXXXX";
    END CASE;
    m_out<=shift_reg(4);
END IF; END IF;
END PROCESS;
END rtl;
```

例 12.6 的功能仿真波形如图 12.11 所示，图中是当 sel 为 1，反馈系数为 $C_i = (67)_8$ 时的功能仿真波形图，可看到此时输出的 m 序列一个周期为 1000011100110111101 00010010101。

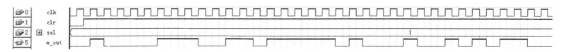

图 12.11　例 12.6 的功能仿真波形图

12.3.2 Gold 码产生器

1. Gold 码的原理与性质

m 序列的自相关特性很好，但其互相关特性并不都令人满意，只有优选对之间的互相关特性较好，因而这对于扩频 CDMA 系统而言，可用作地址码的序列数目就太少了。由于 m 序列良好的伪随机性，为其他序列的生成奠定了基础，Gold 码就是选用两个互为优选对的 m 序列模二加形成的，它是 Gold 于 1967 年提出的，由于 Gold 序列具有良好的自、互相关特性，且地址数远远大于 m 序列的地址数，结构简单，易于实现，在工程上特别是在第三代移动通信系统中得到了广泛的应用。

两个 m 序列发生器的级数相同，即 $n_1 = n_2 = n$。如果两个 m 序列相对相移不同，所得到的是不同的 Gold 码序列。对 n 级 m 序列，共有 $2^n - 1$ 个不同相位，所以通过模二加后可得到 $2^n - 1$ 个 Gold 码序列，这些码序列的周期均为 $2^n - 1$。

随着级数 n 的增加，Gold 码序列的数量远超过同级数的 m 序列的数量，且 Gold 码序列具有良好的自相关特性和互相关特性，因此，Gold 码得到了广泛的应用。产生 Gold 码序列的结构形式有两种，一种是将两个 n 级 m 序列发生器并联，另一种是将两个 m 序列发生器串联成级数为 2n 的线性移位寄存器，这两种结构如图 12.12 所示。

图 12.12 Gold 码框图

2. Gold 码产生器的实现

根据上面的 Gold 码发生器的原理，在 Quartus 环境下采用原理图方式实现，Gold 码序列发生器原理图如图 12.13 所示。图中用 D 触发器和异或门构成，图中的 clr 是复位端，用于将 D 触发器的初始状态设置为 00001，防止进入全零状态，此电路的功能仿真波形如图 12.14 所示。

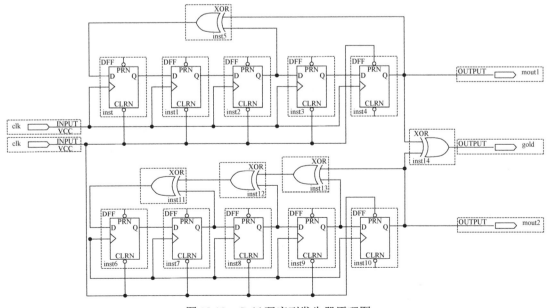

图 12.13 Gold 码序列发生器原理图

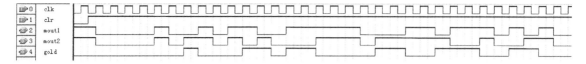

图 12.14 电路仿真波形图

用 VHDL 描述的 Gold 码发生器见例 12.7,其功能仿真波形与图 12.14 相同。

【例 12.7】 n 为 5、反馈系数 C_i 分别为 $(45)_8$ 和 $(57)_8$ 的 Gold 码序列发生器。

```
LIBRARY IEEE;
  USE IEEE.STD_LOGIC_1164.ALL;
ENTITY gold IS
 PORT(clr : IN STD_LOGIC;          --复位信号
      clk : IN STD_LOGIC;          --时钟信号
      gold_out: OUT STD_LOGIC);   --m 序列输出信号
END;
ARCHITECTURE rtl OF gold IS
SIGNAL shift_reg1 : STD_LOGIC_VECTOR(0 TO 4);   --5 级移位寄存器
SIGNAL shift_reg2 : STD_LOGIC_VECTOR(0 TO 4);   --5 级移位寄存器
BEGIN
PROCESS(clr,clk)
BEGIN
   IF(clr='0') THEN
   shift_reg1 <="00001"; shift_reg2 <="00001";  --异步复位
   ELSE IF(clk'EVENT AND clk='1') THEN
   shift_reg1(0) <= shift_reg1(2) XOR shift_reg1(4);
                       --反馈系数 Ci 为(45)8
   shift_reg1(1 TO 4) <= shift_reg1(0 TO 3);
   shift_reg2(0) <= shift_reg2(1) XOR shift_reg2(2) XOR
   shift_reg2(3) XOR shift_reg2(4);
                       --反馈系数 Ci 为(57)8
shift_reg2(1 TO 4) <= shift_reg2(0 TO 3);
END IF; END IF;
END PROCESS;
gold_out<=shift_reg1(4) XOR shift_reg2(4);   --两个 m 序列异或
END rtl;
```

12.4 数字过零检测和等精度频率测量

要测量正弦波的频率,先要将它整形为窄脉冲信号,以便进行可靠的计数,本节将介绍一种全数字化的脉冲形成方法——数字过零检测法,采用这种方法不需要外部模拟脉冲形成电路,直接在 AD 采样之后利用正弦数字波形的过零点特征形成脉冲,然后在一定的基准时间内测量被测的脉冲个数。传统的直接频率测量法的测量精度随着被测信号频率变化而变化,在使用中存在问题,而等精度频率测量使基准时间长度为整数个被测脉冲,能在整个频率测量范围内保持恒定的精度。数字过零检测法和等精度频率测量结合在一起就构成了一个片上频率测量系统。本小节将给出两个模块实现方法和 VHDL 源程序,并把二者连接起来形成一个完整的实例。

12.4.1 数字过零检测

数字过零检测法首先对 AD 采样的数据点进行最大值和最小值搜索,经过一段时间的搜索找到最大值和最小值，两值相加得到零点值，然后用零点值与后续的数据点按时间顺序进行比较，当发现前后两个值，前一大于零点值，而后一个大于零点值，便产生一个过零脉冲，其中搜索求零点值的过程是循环不断进行的，以保证零点值的准实时刷新。实现数字过零检测的 VHDL 程序源代码如例 12.8 所示。

【例 12.8】 数字过零检测法 VHDL 源代码。

```vhdl
LIBRARY IEEE;
  USE IEEE.STD_LOGIC_1164.ALL;
  USE IEEE.NUMERIC_STD.ALL;
ENTITY cross_zero_cal IS
    GENERIC(AVG_TIME : NATURAL := 10000;
        DATA_WIDTH : NATURAL := 14;
        MIN_COUNT : NATURAL := 0;
        MAX_COUNT : NATURAL := 1000000);
    PORT(clk       : IN STD_LOGIC;
        reset      : IN STD_LOGIC;
        enable     : IN STD_LOGIC;
        sine_in    : IN SIGNED ((DATA_WIDTH-1) DOWNTO 0);
        pulse_out  : OUT STD_LOGIC;
        clr_out    : OUT STD_LOGIC;
        ctrl_out   : OUT STD_LOGIC);
END ENTITY;
-------------------------------------------------------------
ARCHITECTURE rtl OF cross_zero_cal IS
SIGNAL max_d, max_temp : SIGNED ((DATA_WIDTH-1) DOWNTO 0);
SIGNAL min_d, min_temp : SIGNED ((DATA_WIDTH-1) DOWNTO 0);
SIGNAL zero            : SIGNED ((DATA_WIDTH-1) DOWNTO 0);
SIGNAL prev, aft       : SIGNED ((DATA_WIDTH-1) DOWNTO 0);
BEGIN
searching: PROCESS (clk)           -- 搜索零点
VARIABLE  cnt :   integer RANGE MIN_COUNT TO MAX_COUNT;
BEGIN
    IF (RISING_EDGE(clk)) THEN
        IF reset = '1' THEN
            max_d <= "00000000000000"; min_d <= "00000000000000";
            cnt := 0;   clr_out <= '0';
        ELSIF enable = '1' THEN
            cnt := cnt + 1;
            IF (cnt = AVG_TIME-1) THEN
            max_d <= max_temp; min_d <= min_temp;
            max_temp <= "00000000000000";
                min_temp <= "00000000000000";
            ELSE IF (cnt = AVG_TIME) THEN
                zero <= (max_d + min_d)/2;
                cnt := 0; END IF;
                IF(cnt = 0) THEN
                clr_out <= '1'; ctrl_out <= '0'; END IF;
                IF (cnt = 30)  THEN clr_out <= '0';  END IF;
                IF (cnt = 32) THEN ctrl_out <= '1';  END IF;
                IF (aft > max_temp) THEN max_temp <= aft; END IF;
                IF (aft < min_temp) THEN min_temp <= aft; END IF;
        END IF; END IF; END IF;
    END PROCESS;
```

```
generating: PROCESS (clk)              -- 生成脉冲
BEGIN
    IF (RISING_EDGE(clk)) THEN
        IF reset = '1' THEN
            prev <= "00000000000000"; aft <= "00000000000000";
        ELSIF enable = '1' THEN
            aft <= sine_in; prev <= aft;
            IF((zero>=prev) AND (zero<=aft)) THEN pulse_out <= '1';
            ELSE  pulse_out <= '0';
    END IF; END IF; END IF;
END PROCESS;
END rtl;
```

图 12.15 所示为数字过零检测 ModelSim 仿真波形，第 3 行是模拟 AD 采样得到的正弦波，第 4 行信号 pulse_out 就是在正弦波每一个过零点产生的脉冲信号。

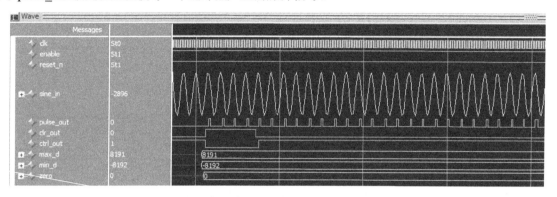

图 12.15　数字过零检测的 ModelSim 仿真波形

12.4.2　等精度频率测量

等精度频率测量有两个计数器，一个对标准频率时钟计数，另一个对被测频率时钟计数，计数器的 ctrl 输入端是使能输入，用于控制计数器计数的长度，clr 输入端是同步清零输入。测量开始之前首先 clr 置高电平，使所有寄存器和计数器清零。然后由外部控制器发出频率测量使能信号，即使 ctrl 为高电平，而内部的门控信号 ena 要到被测脉冲的上升沿才会置为高电平，同时两个计数器开始计数。当 ctrl 持续一段时间之后，由外部控制器置为低电平，而此时 ena 信号仍将保持下一个被测脉冲的上升沿到来时才为 0，此时计数器停止工作。这样就使得计数器的工作时间总是等于被测信号的完整周期，这就是等精度频率测量的关键所在。比如，在一次测量中，被测信号的计数值为 N_t，对基准时钟的计数值为 N_r，设基准时钟的频率为 F_r，则被测信号的频率为 $F_t = F_r \times N_t \div N_r$。最后两个计数值传输到主控制器中计算得到被测信号的频率。例 12.9 给出了等精度频率测量的 VHDL 源代码。

【例 12.9】　等精度频率测量 VHDL 源代码。

```
LIBRARY IEEE;
  USE IEEE.STD_LOGIC_1164.ALL;
  USE IEEE.NUMERIC_STD.ALL;
ENTITY freq_count IS
    PORT(clk_ref  : IN STD_LOGIC;
         clk_test : IN STD_LOGIC;
         clr      : IN STD_LOGIC;
         ctrl     : IN STD_LOGIC;
         ref_cnt  : BUFFER integer;
```

```
            test_cnt : BUFFER integer);
END ENTITY;
----------------------------------------------
ARCHITECTURE rtl OF freq_count IS
SIGNAL ena : STD_LOGIC;
BEGIN
counter1: PROCESS (clk_test)        --测量时钟计数器
    BEGIN
        IF (RISING_EDGE(clk_test)) THEN
            IF clr = '1' THEN   test_cnt <= 0;
            ELSIF ena = '1' THEN
                test_cnt <= test_cnt + 1;
            END IF; END IF;
    END PROCESS;
counter2: PROCESS (clk_ref)         --参考时钟计数器
    BEGIN
        IF (RISING_EDGE(clk_ref)) THEN
            IF clr = '1' THEN   ref_cnt <= 0;
            ELSIF ena = '1' THEN  ref_cnt <= ref_cnt + 1;
            END IF; END IF;
    END PROCESS;
enable: PROCESS(clk_test)           --门控信号产生
    BEGIN
        IF (RISING_EDGE(clk_test)) THEN
            IF clr = '1' THEN ena <= '0';
            ELSE ena <= ctrl;
            END IF; END IF;
    END PROCESS;
END rtl;
```

图 12.16 所示为等精度频率测量模块的 ModelSim 仿真波形，其中最后一行 test_cnt 输出端输出的是被测信号的计数值，倒数第 2 行 ref_cnt 输出端输出的是基准时钟的计数值。

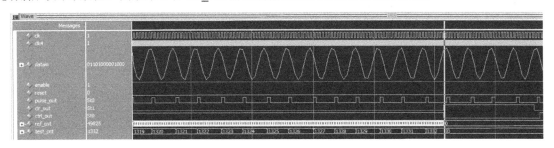

图 12.16　等精度频率测量模块的 ModelSim 仿真波形

12.4.3　数字测量系统

数字过零检测法和等精度频率测量结合起来组成一个数字测量系统，其顶层设计 VHDL 源代码如例 12.10 所示，过零检测得到的脉冲输入到等精度频率测量模块，同时输入的还有清零信号和门控信号。

【例 12.10】　数字测量系统顶层设计 VHDL 源代码。
```
LIBRARY ieee;
  USE ieee.std_logic_1164.all;
ENTITY freq_top IS
    PORT(inclk : IN STD_LOGIC;
```

```vhdl
        ad : IN  STD_LOGIC_VECTOR(13 DOWNTO 0);
        pulse_out : OUT  STD_LOGIC;
        adclk : OUT  STD_LOGIC;
        c1 : OUT STD_LOGIC;
        ref_cnt : OUT  STD_LOGIC_VECTOR(31 DOWNTO 0);
        test_cnt : OUT  STD_LOGIC_VECTOR(31 DOWNTO 0));
END;
--------------------------------------------------------
ARCHITECTURE behav OF freq_top IS
COMPONENT fre_clk
    PORT(inclk0 : IN STD_LOGIC;
         c0, c1 : OUT STD_LOGIC);
END COMPONENT;
COMPONENT cross_zero_cal
    GENERIC(AVG_TIME : INTEGER;
        DATA_WIDTH: INTEGER;
        MAX_COUNT : INTEGER;
        MIN_COUNT : INTEGER);
    PORT(clk,reset,enable : IN STD_LOGIC;
        sine_in : IN STD_LOGIC_VECTOR(13 DOWNTO 0);
        pulse_out : OUT STD_LOGIC;
        clr_out, ctrl_out: OUT STD_LOGIC);
END COMPONENT;
COMPONENT freq_count
    PORT(clk_ref,clk_test : IN STD_LOGIC;
        clr, ctrl : IN STD_LOGIC;
        ref_cnt : OUT STD_LOGIC_VECTOR(31 DOWNTO 0);
        test_cnt : OUT STD_LOGIC_VECTOR(31 DOWNTO 0));
END COMPONENT;
SIGNAL c0 : STD_LOGIC;
SIGNAL clk100m : STD_LOGIC;
SIGNAL test : STD_LOGIC;
SIGNAL tmp1,tmp2,tmp3,tmp4:STD_LOGIC;
BEGIN  tmp4 <= '1';
u1 : fre_clk
  PORT MAP(inclk0 => inclk,
        c0 => c0, c1 => clk100m);
tmp1 <= NOT(tmp4);
u2 : cross_zero_cal
  GENERIC MAP(AVG_TIME => 1000000,
        DATA_WIDTH => 14,
        MAX_COUNT => 10000000, MIN_COUNT => 0)
  PORT MAP(clk => c0, reset => tmp1,
        enable => tmp4, sine_in => ad,
        pulse_out => test, clr_out => tmp2,
        ctrl_out => tmp3);
u3 : freq_count
PORT MAP(clk_ref => clk100m, clk_test => test,
        clr => tmp2, ctrl => tmp3,
        ref_cnt => ref_cnt,
        test_cnt => test_cnt);
pulse_out <= test;
```

```
adclk <= c0;
c1 <= clk100m;
END;
```

上例中调用 altpll 锁相环模块产生系统所需的 2 个时钟信号，其中 c0 是将输入时钟（50MHz）2 分频，其设置页面如图 12.17 所示；c1 是将输入时钟 2 倍频，其设置页面如图 12.18 所示。

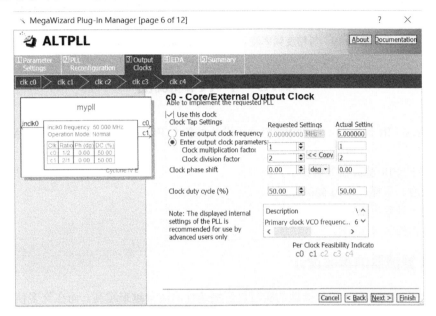

图 12.17　锁相环模块 c0 端设置为将输入时钟 2 分频

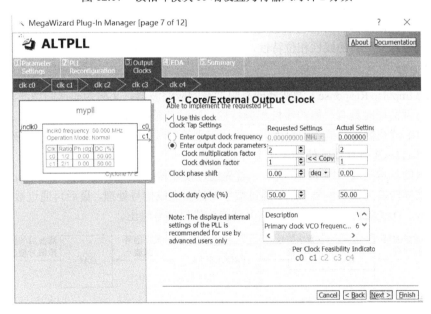

图 12.18　锁相环模块 c1 端设置为将输入时钟 2 倍频

将整个设计编译后下载到 FPGA 开发板，用 SignalTap II 波形调试工具观察，图 12.19 所示为等精度频率测量得到的 SignalTap II 实时信号波形，其中第 4 行 test_cnt 输出端输出的是被测信号的计数值，第 5 行 ref_cnt 输出端输出的是基准时钟的计数值。

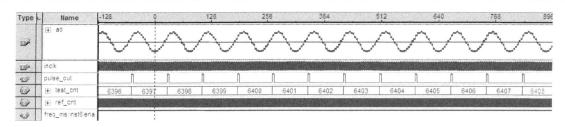

图 12.19 等精度频率测量得到的 SignalTap II 实时信号波形

12.5 FIR 滤波器

本节设计实现 FIR 滤波器，基于 MATLAB 设计并仿真 FIR 滤波器的性能，下载至 FPGA 实际验证其滤波效果。

本例将设计的 FIR 滤波器参数如下：
- 低通滤波，采样频率为 500kHz；
- 通带截止频率为 10kHz；
- 阻带截止频率为 30kHz。

12.5.1 FIR 滤波器的参数设计

在信号处理领域中，对于信号处理的实时性、快速性的要求越来越高。而在许多信息处理过程中，如对信号的过滤、检测、预测等，都要广泛地用到滤波器。数字滤波器具有稳定性高、精度高、设计灵活、实现方便等突出的优点，避免了模拟滤波器所无法克服的电压漂移、温度漂移和难以去噪等问题，用数字技术实现滤波器的功能越来越受到人们的注意和广泛的应用，其中 FIR 滤波器能在设计任意幅频特性的同时保证严格的线性相位特性，在语音处理、数据传输中应用广泛。

1. FIR 滤波器

FIR（Finite Impulse Response）滤波器即有限冲激响应滤波器，又称为非递归型滤波器，它可以在保证任意幅频特性的同时具有严格的线性相频特性，同时其单位抽样响应是有限长的，因而滤波器是稳定的系统。FIR 滤波器在通信、图像处理、模式识别等领域都有着广泛的应用。本例主要从 FIR 滤波器的原理、MATLAB 仿真及硬件实现 3 个方面介绍。

数字滤波器的基本构成如图 12.20 所示，首先通过模数转换（Analog Digital converter，ADC）将模拟信号通过采样转换为数字信号，然后通过数字滤波器完成信号处理，最后再通过数模转换（Digital Analog converter，DAC）将滤波后的数字信号转换为模拟信号输出。

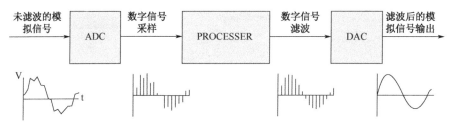

图 12.20 数字滤波器的基本构成

假设低频传输信号 $x_S(t) = \sin(2\pi f_0 t)$（$f_0 = 5\text{kHz}$）受到高频噪声信号 $x_N(t) = \sin(2\pi f_1 t)$（$f_1 = 20\text{kHz}$）干扰，如图 12.21 所示为叠加噪声前后信号时域图。

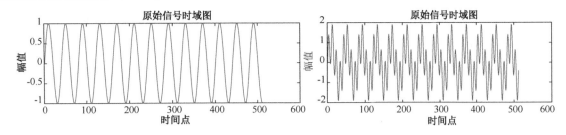

图 12.21 叠加噪声前后信号时域图

原始传号的傅里叶变换为 $X_S(f)$，噪声信号的傅里叶变换为 $X_N(f)$，则含噪信号的傅里叶变换可表示为

$$X(f) = X_S(f) + X_N(f) \tag{12-2}$$

如图 12.22 所示为含噪声信号频谱图，分析频谱图可知，要想滤除高频干扰信号，只需要将该频谱与一个低通频谱相乘即可。

假设该低通频谱为 $X_L(f)$，其理想低通滤波器频谱图如图 12.23 所示。

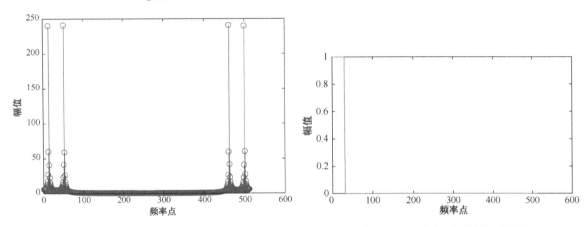

图 12.22 含噪声信号频谱图   图 12.23 理想低通滤波器频谱图

经过低通滤波后的输出信号频谱为

$$X_{out}(f) = X(f) * X_L(f) \tag{12-3}$$

通过以上分析可知，从频域的角度来说，只需要将信号与滤波器在频域内相乘即可完成滤波。但由于实际系统是基于时域实现的，所以还需要进一步转换到时域，在时域完成滤波。频域乘积对应于时域的卷积，而卷积的实质即为一系列的乘累加操作。

若 $x_L(t)$ 为 $X_L(f)$ 的傅里叶逆变换，则滤波器后的信号在时域内可表示为

$$x_{out}(t) = x(t) \otimes x_L(t) \tag{12-4}$$

在离散情况下，上述滤波过程可表示为乘累加的形式。长度为 N 的滤波输出表达如下

$$x_{out}(n) = \sum_{k=0}^{N-1} x(n) * x_L(k-n) \tag{12-5}$$

可将该滤波过程用图 12.24 表示。输入序列 $x(n)$ 经过 N 点延时后，和对应的滤波器系数相乘再求和并输出。

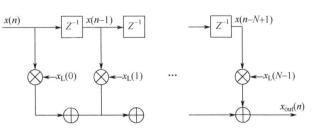

图 12.24 FIR 滤波过程示意图

2. 基于 MATLAB 设计 FIR 滤波器参数

由上述内容可知，设计 FIR 滤波器的关

键在于求出符合预期要求的滤波器系数。这里采用 MATLAB 工具箱求解 FIR 滤波器系数。

打开 MATLAB 软件，在命令行窗口输入 fdatool 命令，如图 12.25 所示，打开滤波器设计工具。

图 12.25　打开 MATLAB 软件中的滤波器设计工具箱

图 12.26 所示为滤波器设计工具箱界面，在 Response Type 栏内选择滤波器的种类，有低通、高通、带通、带阻等。在 Design Method 栏内选择 FIR 方法，常见的有窗函数法、最小均方误差法、等波纹法等，默认为等波纹法。当选择窗函数法时，可进一步选择汉明窗、凯塞窗等类型。在 Filtter Order 中可以设置滤波器的阶数，有两种方法：Specify order 为个人自定义阶数；当选择 Minimum order 时，软件会根据用户设置的其他参数，自动生成最小的阶数要求。Options 栏的 Density Factor 是指频率网密度，一般该参数值越高，滤波器越接近理想状态，滤波器复杂度也越高，通常取默认值。Frequency Specifications 栏用于设置采样频率 Fs、通带截止频率 Fpass 及阻带截止频率等。Magnitude Specifications 栏用于设置通带增益 Apass（通常采用默认值 1dB），Astop 是指阻带衰减，可根据需要设置。

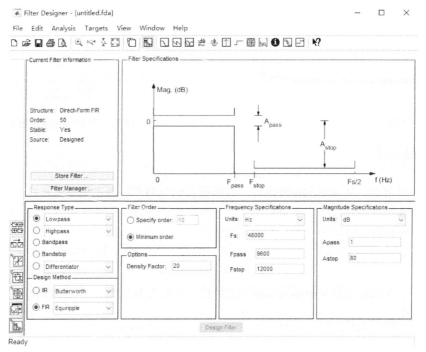

图 12.26　滤波器设计工具箱界面

当设置好参数后，单击 Design Filtter 按钮即可完成滤波器设计。该滤波器频率响应会在 Magnitude Response 中显示，如图 12.27 所示。

此时，单击 File 菜单栏中的 Export... 按钮，弹出如图 12.28 所示的滤波器系数导出对话框，自定义系数名称后，单击 Export 按钮，将系数导出至 MATLAB 软件工作区。

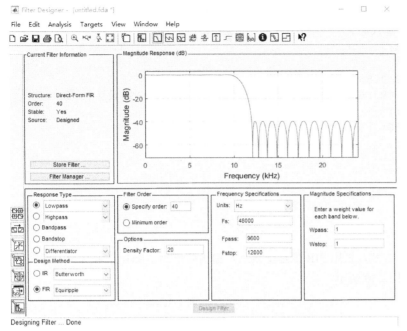

图 12.27　滤波器设计参数及其频率响应曲线　　图 12.28　滤波器系数导出设置对话框

3．FIR 滤波器效果仿真实验

本例以低通滤波器为例，通过设计 FIR 滤波器，验证其滤波效果。

滤波器参数为采样频率为 500kHz，通带截止频率为 10kHz，阻带截止频率为 30kHz，具体参数如图 12.29 所示。

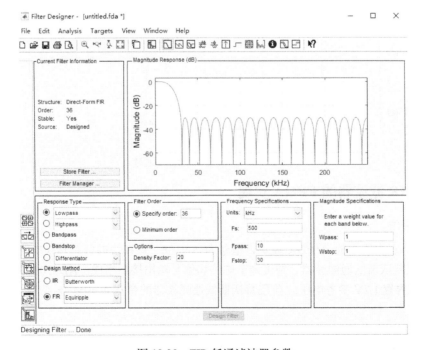

图 12.29　FIR 低通滤波器参数

编写 MATLAB 代码，使用该滤波器从矩形波中滤出基波分量，验证其滤波效果。

【例 12.11】 FIR 滤波器仿真代码。

```
N=512;fs=500e3;f1=10e3;
t=0:1/fs:(N-1)/fs;
in=square(2*pi*f1*t)/2+0.5;
%此处将浮点型滤波器参数放大 2^16 倍，并取整，滤波后再缩小，以与后续 FPGA 设计中一致
Num2=floor(Num1*65536);
out=conv(in,Num2)/65536;
figure;
subplot(2,1,1);
plot(in);
xlabel('滤波前');
subplot(2,1,2);
plot(out);
xlabel('滤波后');
```

信号输入是频率为 10kHz 的方波，采用 FIR 低通滤波后，输出波形为 10kHz 的正弦波，滤波效果较好。滤波前后的波形比对如图 12.30 所示。

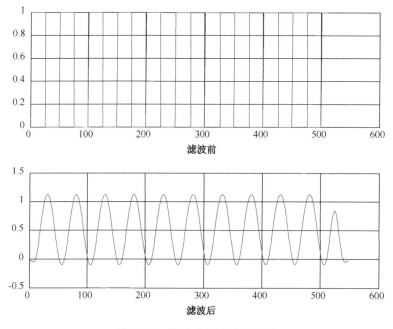

图 12.30 滤波前后的波形比对

12.5.2 FIR 滤波器的 FPGA 实现

1. AD/DA 模块

如图 12.31 所示为所用的 AD/DA 模块，型号为 AN108。该模块的数模转换电路由 AD9708 高速 DA 芯片、7 阶巴特沃斯低通滤波器、幅度调节电路和信号输出接口组成。AD9708 是 8 位，125MSPS 的 DA 转换芯片，内置 1.2V 参考电压；7 阶巴特沃斯低通滤波器的带宽为 40MHz；信号输出范围为-5V～5V（10Vpp）。

该模块的模数转换电路由 AD 芯片 AD9280、衰减电路和信号输入接口组成。AD9280 是 8 位，最大采样率为 32MSPS 的 AD 芯片。信号输入范围为-5V～5V（10Vpp）。信号在进入 AD 芯片前，使用衰减电路将信号幅度降为 0～2V。

图 12.31　AD/DA 模块

2. FIR 滤波器的 FPGA 实现

将 MATLAB 中求得的 FIR 滤波器系数放大 65 536（2^16）倍后保存在数组中，由于该系数具有对称性，故而只需要存储一半的数据（代码中的变量名为 coef）。

【例 12.12】 FIR 滤波器的 VHDL 实现源码。

```
LIBRARY IEEE;
USE IEEE.std_logic_1164.all;
USE IEEE.numeric_std.all;
USE WORK.ex_pkg.ALL;              --含 clk_div 元件声明
ENTITY myfir IS
   GENERIC(
      n: INTEGER := 37 );         --滤波器的阶数
   PORT(
      clk    : IN STD_LOGIC;
      clr    : IN STD_LOGIC;
      datain : IN  SIGNED(7 DOWNTO 0);
      dataout: OUT SIGNED(7 DOWNTO 0));
END;
--------------------------------------------------------
ARCHITECTURE one OF myfir IS
CONSTANT m  : INTEGER := (n+1)/2;  --滤波系数的个数
SIGNAL datatmp,tap0 : SIGNED(47 DOWNTO 0);
TYPE sign_type1 IS ARRAY(0 TO n-1) OF SIGNED(15 DOWNTO 0);
TYPE sign_type2 IS ARRAY(0 TO n-1) OF SIGNED(31 DOWNTO 0);
SIGNAL delay: sign_type1;
SIGNAL tap:   sign_type2;
TYPE ROM_type IS ARRAY (0 TO m-1) OF integer RANGE -16383 TO 16383;
CONSTANT coef: ROM_type := (
            0  => -1225,
            1  => -471,
            2  => -492,
            3  => -454,
            4  => -343,
            5  => -151,
            6  => 128,
            7  => 495,
            8  => 944,
            9  => 1462,
            10 => 2032,
            11 => 2631,
            12 => 3232,
```

```vhdl
                    13 => 3807,
                    14 => 4326,
                    15 => 4762,
                    16 => 5093,
                    17 => 5298,
                    18 => 5368);
BEGIN
tap(0)<=delay(0)*coef(0);    tap(1)<=delay(1)*coef(1);
tap(2)<=delay(2)*coef(2);    tap(3)<=delay(3)*coef(3);
tap(4)<=delay(4)*coef(4);    tap(5)<=delay(5)*coef(5);
tap(6)<=delay(6)*coef(6);    tap(7)<=delay(7)*coef(7);
tap(8)<=delay(8)*coef(8);    tap(9)<=delay(9)*coef(9);
tap(10)<=delay(10)*coef(10);tap(11)<=delay(11)*coef(11);
tap(12)<=delay(12)*coef(12);tap(13)<=delay(13)*coef(13);
tap(14)<=delay(14)*coef(14);tap(15)<=delay(15)*coef(15);
tap(16)<=delay(16)*coef(16);tap(17)<=delay(17)*coef(17);
tap(18)<=delay(18)*coef(18);tap(19)<=delay(19)*coef(17);
tap(20)<=delay(20)*coef(16);tap(21)<=delay(21)*coef(15);
tap(22)<=delay(22)*coef(14);tap(23)<=delay(23)*coef(13);
tap(24)<=delay(24)*coef(12);tap(25)<=delay(25)*coef(11);
tap(26)<=delay(26)*coef(10);tap(27)<=delay(27)*coef(9);
tap(28)<=delay(28)*coef(8);tap(29)<=delay(29)*coef(7);
tap(30)<=delay(30)*coef(6);tap(31)<=delay(31)*coef(5);
tap(32)<=delay(32)*coef(4);tap(33)<=delay(33)*coef(3);
tap(34)<=delay(34)*coef(2);tap(35)<=delay(35)*coef(1);
tap(36)<=delay(36)*coef(0);

tap0<= RESIZE(tap(0),datatmp'LENGTH);
    datatmp<= tap0+tap(1)+tap(2)+tap(3)+
    tap(4)+tap(5)+tap(6)+tap(7)+tap(8)+
    tap(9)+tap(10)+tap(11)+tap(12)+tap(13)+
    tap(14)+tap(15)+tap(16)+tap(17)+tap(18)+
    tap(19)+tap(20)+tap(21)+tap(22)+tap(23)+
    tap(24)+tap(25)+tap(26)+tap(27)+tap(28)+
    tap(29)+tap(30)+tap(31)+tap(32)+tap(33)+
    tap(34)+tap(35)+tap(36);
dataout<=RESIZE((datatmp SRL 16),8);
PROCESS(clk, clr)
BEGIN
  IF(clr='0') THEN
  delay <= (OTHERS => (OTHERS => '0'));
  ELSIF RISING_EDGE(clk) THEN
     FOR i IN 0 TO n-2 LOOP        --FOR LOOP 语句
     delay(i)<=delay(i+1);         --对输入样点进行移位寄存
     END LOOP;
  delay(36)<=RESIZE(datain,delay(36)'LENGTH);
END IF;
END PROCESS;
END;
```

3. FIR 滤波器顶层设计

FIR 滤波器顶层源码如例 12.13 所示，调用 clk_div 模块产生 AD/DA 模块时钟（500kHz），用 myfir

模块实现信号滤波。

【例 12.13】 FIR 滤波器顶层源码。

```vhdl
LIBRARY IEEE;
USE IEEE.std_logic_1164.all;
USE IEEE.numeric_std.all;
USE WORK.ex_pkg.ALL;                    --含 clk_div 元件声明
ENTITY fir_top IS
   PORT(
       clk50m   : IN STD_LOGIC;
       clr      : IN STD_LOGIC;
       da_clk   : BUFFER STD_LOGIC;
       ad_clk   : OUT STD_LOGIC;
       ad_data  : IN  UNSIGNED(7 DOWNTO 0);
       da_data  : OUT STD_LOGIC_VECTOR(7 DOWNTO 0));
END;
--------------------------------------------------
ARCHITECTURE one OF fir_top IS
SIGNAL firin  : SIGNED(7 DOWNTO 0);
SIGNAL firout : SIGNED(7 DOWNTO 0);
COMPONENT myfir
   GENERIC (n : INTEGER);
     PORT(clk: IN STD_LOGIC;
          clr: IN STD_LOGIC;
          din: IN SIGNED;
          dout: OUT SIGNED);
END COMPONENT;
BEGIN
ad_clk<=da_clk;
da_data<=STD_LOGIC_VECTOR(firout+10);
firin<=SIGNED(ad_data-100);
i1: myfir                               --FIR 滤波器
    GENERIC MAP(n => 37)
     PORT MAP(clk =>da_clk,
          clr => clr,
          din => firin,
          dout => firout);
i2: clk_div                             --clk_div 源代码见例 8.22
    GENERIC MAP(FREQ => 500000)         --从 50MHz 得到 500kHz 时钟
     PORT MAP(clk =>clk50m,
          clr => '1',
       clk_out => da_clk);
END;
```

12.5.3 下载与验证

引脚约束如下：

```
set_location_assignment PIN_E1  -to clk50m
set_location_assignment PIN_E15 -to clr
set_location_assignment PIN_J14 -to ad_clk
set_location_assignment PIN_E8  -to da_clk
set_location_assignment PIN_F7  -to da_data[7]
set_location_assignment PIN_F9  -to da_data[6]
```

```
set_location_assignment PIN_E9  -to da_data[5]
set_location_assignment PIN_C9  -to da_data[4]
set_location_assignment PIN_D9  -to da_data[3]
set_location_assignment PIN_E10 -to da_data[2]
set_location_assignment PIN_C11 -to da_data[1]
set_location_assignment PIN_D11 -to da_data[0]
set_location_assignment PIN_J13 -to ad_data[7]
set_location_assignment PIN_J12 -to ad_data[6]
set_location_assignment PIN_J11 -to ad_data[5]
set_location_assignment PIN_G16 -to ad_data[4]
set_location_assignment PIN_K10 -to ad_data[3]
set_location_assignment PIN_K9  -to ad_data[2]
set_location_assignment PIN_G11 -to ad_data[1]
set_location_assignment PIN_F14 -to ad_data[0]
```

基于 C4_MB 目标板进行下载和验证，其实际滤波效果如图 12.32 所示，图中的输入为 10kHz 的方波信号，经 FIR 滤波器在输出端得到了 10kHz 的正弦波，从方波中滤掉奇数次谐波，只保留基波信号，当然这属于定性测量，如果要定量测得滤波器性能指标，应采用更为具体的测量方法。

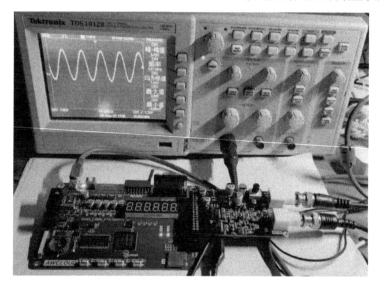

图 12.32　FIR 滤波效果定性测量

习　题　12

12.1　设计一个基于直接数字式频率合成器（DDS）结构的数字相移信号发生器。

12.2　用 VHDL 设计并实现一个 11 阶固定系数的 FIR 滤波器，滤波器的参数指标可自定义。

12.3　用 VHDL 设计并实现一个 32 点的 FFT 运算模块。

12.4　某通信接收机的同步信号为巴克码 1110010。设计一个检测器，其输入为串行码 x，当检测到巴克码时，输出检测结果 $y=1$。

12.5　用 FPGA 实现步进电机的驱动和细分控制，首先实现用 FPGA 对步进电机转角进行细分控制；然后实现对步进电机的匀加速和匀减速控制。

12.6　由 8 个触发器构成的 m 序列产生器如图 12.33 所示。

（1）写出该电路的生成多项式。

（2）用 VHDL 描述 m 序列产生器，写出源代码。
（3）编写仿真程序对其仿真，查看输出波形图。

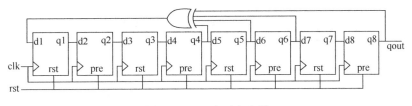

图 12.33　m 序列产生器

12.7　用 VHDL 编程实现 UART 串口通信，在 PC 机的 USB 口与目标板的 UART 串口间实现信息传输。

12.8　用 FPGA 控制 TFT 液晶屏，实现汉字字符的显示。首先设计 ROM 模块，再通过字模提取工具将汉字字模数据存为.mif 文件并指定给 ROM 模块，再从 ROM 中把字模数据读取至 TFT 液晶屏显示。

12.9　用 FPGA 设计实现一个语音编码模块，对经 A/D 采样（采样频率为 8kHz，每个样点 8bit 量化编码）得到的 64kbit/s 数字语音信号进行压缩编码，将语音速率压缩至 16kbit/s，编码算法采用 CVSD（Continuously Variable Slope Delta，连续可变斜率增量）调制算法，编写 VHDL 源代码，用 FPGA 实现该编码算法。

附录　VHDL 保留字

以下是 VHDL—87 标准中的保留字（Reserved words），以及 VHDL—93 标准、VHDL—2008 标准中新增的保留字，不可用做标识符。

VHDL—87			
ABS	MAP		
ACCESS	MOD	**VHDL—93**	
AFTER	NAND	GROUP	
ALIAS	NEW	IMPURE	
ALL	NEXT	INERTIAL	
AND	NOR	LITERAL	
ARCHITECTURE	NOT	POSTPONED	
ARRAY	NULL	PURE	
ASSERT	OF	REJECT	
ATTRIBUTE	ON	ROL	
BEGIN	OPEN	ROR	
BLOCK	OR	SHARED	
BODY	OTHERS	SLA	
BUFFER	OUT	SLL	
BUS	PACKAGE	SRA	
CASE	PORT	SRL	
COMPONENT	PROCEDURE	UNAFFECTED	
CONFIGURATION	PROCESS	XNOR	
CONSTANT	RANGE		
DISCONNECT	RECORD	**VHDL—2008**	
DOWNTO	REGISTER	ASSUME	
ELSE	REM	ASSUME_GUARANTEE	
ELSIF	REPORT	CONTEXT	
END	RETURN	COVER	
ENTITY	SELECT	DEFAULT	
EXIT	SEVERITY	FAIRNESS	
FILE	SIGNAL	FORCE	
FOR	SUBTYPE	PARAMETER	
FUNCTION	THEN	PROPERTY	
GENERATE	TO	PROTECTED	
GENERIC	TRANSPORT	RELEASE	
GUARDED	TYPE	RESTRICT	
IF	UNITS	RESTRICT_GUARANTEE	
IN	UNTIL	SEQUENCE	
INOUT	USE	STRONG	
IS	VARIABLE	VMODE	
LABEL	WAIT	VPROP	
LIBRARY	WHEN	VUNIT	
LINKAGE	WHILE		
LOOP	WITH		
	XOR		

参 考 文 献

[1] IEEE Computer Society. IEEE Standard VHDL Language Reference Manual. IEEE Std 1076-2008. 2008.
[2] Design Automation Standards Committee of the IEEE Computer Society. IEEE Standard VHDL Language Reference Manual. IEEE Std 1076-1993. 1993.
[3] Volnei A. Pedroni. Circuit Design and Simulation with VHDL（second edition）. The MIT Press. 2010.
[4] Charles H. Roth, Jr. and Lizy Kurian John. Digital Systems Design Using VHDL. 3rd Edition. Cengage Learning. 2016.
[5] Volnei A. Pedroni. Circuit Design with VHDl. Third Edition. The MIT Press. 2020.
[6] Andrew Rushton. VHDL for Logic Synthesis, Third Edition. John Wiley & Sons, Ltd. 2011.
[7] 潘松，黄继业. EDA 技术实用教程. 3 版. 北京：科学出版社，2006.
[8] 潘文明，易文兵. 手把手教你学 FPGA 设计 基于大道至简的至简设计法. 北京：北京航空航天大学出版社，2017.

反侵权盗版声明

电子工业出版社依法对本作品享有专有出版权。任何未经权利人书面许可，复制、销售或通过信息网络传播本作品的行为；歪曲、篡改、剽窃本作品的行为，均违反《中华人民共和国著作权法》，其行为人应承担相应的民事责任和行政责任，构成犯罪的，将被依法追究刑事责任。

为了维护市场秩序，保护权利人的合法权益，我社将依法查处和打击侵权盗版的单位和个人。欢迎社会各界人士积极举报侵权盗版行为，本社将奖励举报有功人员，并保证举报人的信息不被泄露。

举报电话：（010）88254396；（010）88258888

传　　真：（010）88254397

E-mail：　dbqq@phei.com.cn

通信地址：北京市万寿路173信箱
　　　　　电子工业出版社总编办公室

邮　　编：100036